普通高等教育“十二五”重点规划教材·物理系列
中国科学院教材建设专家委员会“十二五”规划教材

大学物理实验

徐　寒　主编

科学出版社
北　京

内 容 简 介

本书是根据教育部高等工科院校教材编写大纲，为适应学校发展和人才培养模式的需要而编写的。本书秉承“分层次、多模块、组合式且相互衔接”的教学原则，建立了较先进的实验教学内容与课程新体系。全书将实验教学内容分为四个层次，即技能实验、基础实验、提高实验和设计实验。实验内容涵盖力学、热学、电学、电磁学、光学实验，近代物理与信息处理综合实验等，具有较鲜明的特色。

本书适用于高等工科院校理、工科各专业的物理实验课程的教学，也可供工程技术、实验人员参考。

图书在版编目（CIP）数据

大学物理实验/徐寒主编. —北京：科学出版社，2011

ISBN 978-7-03-032895-3

Ⅰ.①大… Ⅱ.①徐… Ⅲ.①物理学-实验-高等学校-教材 Ⅳ.①04-33

中国版本图书馆 CIP 数据核字（2011）第 244475 号

责任编辑：赵丽欣　杨　阳／责任校对：耿耘

责任印制：吕春珉／封面设计：耕者设计工作室

科学出版社 出版

北京东黄城根北街 16 号

邮政编码：100717

http://www.sciencep.com

三河市骏杰印刷有限公司印刷

科学出版社发行　各地新华书店经销

*

2012 年 1 月第　一　版　开本：787×1092　1/16

2021 年 1 月第十一次印刷　印张：20 1/2

字数：482 480

定价：34.80 元

（如有印装质量问题，我社负责调换〈骏杰〉）

销售部电话 010-62134988　编辑部电话 010-62134021

前　言

本书是根据教育部高等工科院校教材编写大纲，为适应学校发展和人才培养模式的需要，在物理实验教学改革的基础上，汲取了当前国内外优秀实验教学改革成果而编写的。本书秉承“分层次、多模块、组合式、衔接化”的教学原则，建立了较先进的实验教学内容与课程新体系。

本书将实验教学内容分为四个层次，即技能实验、基础实验、提高实验和设计实验。全书涵盖力学、热学、电学、电磁学、光学实验，近代物理与信息处理综合实验等，具有较鲜明的特色。与传统的工科物理实验教材相比，本书力求完整、系统地反映当前主流的实验理论、技术和方法；注重实验教学内容与课程新体系分层次、多模块相结合；增添了新的实验内容。例如，对误差理论与数据处理基础知识的介绍具有系统性、完整性。全书以力、热、声、电、光及近代物理实验、计算机在物理问题中的应用等内容为基础，较多地选编、增设了设计与综合性实验，以便学生自主设计性学习与创新训练。在许多传统的实验中，也使用了新的实验仪器和技术，并介绍了利用计算机进行数据处理。为了帮助学生写好实验报告，书中还给出了实验数据记录和参考表格。

本书由徐寒担任主编，周在进、胡光、印海辰和李志坤担任副主编。参与本书编写的还有唐亚陆、高春来、曹前、肖宇飞、黄睿、郝云荣、张俊等。全书由徐寒统稿审校。

本书在编写过程中参考了许多院校同行编写的相关书籍和资料，在此一并表示感谢。限于编者水平，书中难免存在错漏和不足之处，恳请读者批评指正。

目　　录

第一部分　理论基础知识

第二部分　实　　验

第一部分
理论基础知识

绪　论

科学理论来源于科学实验，并受到科学实验的检验。所谓科学实验，是人们按照一定的研究目的，借助特定的仪器，人为地控制和模拟自然规律，突出主要因素，对自然事物和自然现象进行仔细、反复的研究，探究其内部规律性的一种研究方法。它是自然科学的根本，是工程技术的基础。因而作为培养21世纪全面发展的、高素质的高级工程技术人才的高等学校，不仅要使学生具备比较深层的理论知识，而且要使学生具有较强的从事科学实验的能力，以适应21世纪现代化建设的需要。

一、大学物理实验的地位和作用

物理实验是科学实验的重要组成部分之一。物理实验在科学技术的发展以及现代技术的应用中有着独特、重要的作用。物理学本质上是一门实验科学。无论是物理规律的发现、物理概念的确立还是物理理论体系的建立，都来源于对实验的观察和研究，并接受实验的检验。例如，牛顿是在伽利略、开普勒等人的实验及工作的基础上总结出万有引力定律并建立了经典力学体系；杨氏的干涉实验使光的波动学说得以确立；赫兹的电磁波实验使麦克斯韦的电磁场理论得到普遍承认；卢瑟福的α粒子散射实验揭开了原子的秘密；电磁学中的一系列定律也都是从大量的实验数据中归纳、总结出来的。在物理学的发展中，人类已积累了丰富的实验方法，创造出各种精密巧妙的实验仪器，涉及到广泛的物理现象，因而使物理实验课有了充实的教学内容。

物理实验除了在物理学自身发展中起着重要作用以外，在推动自然科学、工程技术的发展中也起着很重要的作用。特别是在21世纪现代技术迅猛发展的过程中，物理实验的思想、方法和技术与化学、生物学、电子学、天体学等许多学科相互结合，并取得了一定的成果。例如，光谱分析、质谱、波谱及电子显微镜、激光、全息、微波、超导、核磁共振、自动控制等多种现代物理实验技术和手段正活跃地应用在各种领域之中。

对高等理工学校学生来说，大学物理实验是进行科学实验基本训练的一门独立的必修的基础课程，是大学生进入大学后受到系统实验方法和实验技能训练的开端，也是工科类专业对学生进行科学实验训练的重要基础。

大学物理实验和大学物理是两门各自独立的课程，它们同属于物理学科，但有着各自的研究内容和研究方法，不能用其中的一门课程去取代另一门课程，应该通过一门课程的学习去推动和促进另一门课程的学习。

二、大学物理实验课的目的和任务

大学物理实验作为一门独立的基础课程，它有以下三方面目的和任务。

（一）掌握物理实验基本知识、基本方法和基本技能

通过对实验现象的观察、分析和对物理量的测量，学习并逐步掌握物理实验的基本知识、基本方法和基本技能，并能运用物理学原理、物理实验方法研究物理现象和规律，加深对物理学原理的理解。同时也将已掌握的理论知识应用于指导实验和分析实验。

（二）培养与提高学生的科学实验能力

1. 自学能力

能够自行阅读实验教材或参考资料，正确理解实验内容，在实验前做好准备，能写出简明的预习报告。

2. 动手实践能力

能够借助教材、网络课件和仪器说明书，正确调整和使用常用仪器。

3. 思维判断能力

能够运用物理学理论，对实验现象进行初步的分析和判断。

4. 书写表达能力

能够正确记录和处理实验数据，绘制实验图线，说明实验结果，并写出合格的实验报告。

5. 简单的设计能力

能够完成较简单的设计性实验，即能够根据课题要求，确定实验方法和实验条件，合理选择和使用实验仪器，拟定具体的实验程序，并完成实验。

（三）培养和提高学生的科学实验素质

注重培养学生理论联系实际和实事求是的科学作风，以及严肃认真的实验态度。

三、大学物理实验课教学基本要求

（一）注重培养学生的辩证唯物主义世界观和方法论

在教学过程中要适当地介绍有关的物理实验史料，以便使学生了解科学实验的重要性。

（二）树立学生的优良学风

在整个实验教学过程中，要教育学生养成良好的实验习惯，爱护公共财物，自觉遵守实验规则。

（三）培养学生正确处理实验数据的能力

具体内容包括：测量误差和不确定度的基本概念；有效位数的概念；实验数据的正

确记录；直接测量数据的处理和实验结果的表示；间接测量数据的处理和结果的表示；常用的数据处理方法如列表法、作图法、逐差法和简单线性函数的最小二乘法等；系统误差产生原因的分析及其减小或消除方法。

（四）培养学生其他基本技能

通过物理实验要求学生做到以下几点。

1）自行完成预习，独立进行实验操作，写出完整的实验报告。

2）掌握常用物理实验装置的调试和基本操作技能。例如，零点校准、水平和铅直的调整、光路的等高同轴调整、视差的消除、逐次逼近调节以及根据已给的线路图正确连线等。

3）熟悉物理实验中的一些基本实验方法和测量方法，例如比较法、放大法、转换测量法、模拟法、补偿法等。

4）学会常用物理量的一般测量，并了解常用仪器的性能及使用方法。例如测长仪器、质量称衡仪器、计时仪器、测温仪器、变阻器、直流电表、直流电桥、电位测量仪器、通用示波器、低频信号发生器、分光计、常用电源和光源等的性能及使用方法。

当在进行上述各项基本训练时，教师要强调对物理现象的观察与分析，引导学生运用已学过的理论进一步指导实践，解决实验中的问题。

四、大学物理实验课的基本环节

21世纪的物理基础实验教学趋于全面开放式，传统的实验教学模式已不再适应时代的要求，实验的过程主要依靠学生独立完成，因此，学习物理实验课需要花费学生较多精力并要求学生具有较强的独立自学和工作能力，学好物理实验课的关键，在于把握以下三个基本环节。

（一）实验前预习

为了保证在正常课时内顺利、按时地完成实验，实验前必须要进行预习。预习一般以实验教材为主，也可以借助网络通过物理实验预习系统进行预习，要求对实验原理、待测物理量、实验仪器结构和原理、实验要获得的结果等预先了解。若事先不熟悉，只是机械地按照教材实验中的实验步骤看一步操作一步，即使得到了实验数据，也无法了解其物理意义，实验课程就失去了意义，因此一定要认真进行预习，尽量搞清楚实验导航中的问题。为了使测量结果清楚，防止漏测数据，应按实验要求画好数据表格，并理解实验数据表格的内容。

预习时，必须书写预习报告。预习报告主要包括以下内容：实验名称；实验目的；仪器设备；基本原理，包括重要的计算公式、简单的电路图、光路图及简要的文字说明；数据草表；预习所遇到的问题。其中数据草表是供实验时记录原始数据使用的。

（二）进行实验

实验操作是物理实验课的重要环节，即完成实验的整个过程，其基本过程和要求如下。

1）进入实验室之前首先要按预约名单进行登记、签到。

2）教师检查预习报告，并进行适当的讲解后，实验才可进行。

3）实验正式进行前，学生要做到：①熟悉将要使用的仪器、设备等的性能以及正确的操作规程，切忌盲目操作；②全面地想一想实验操作程序，不要急于动手，因为任何微小的错误，都有可能使整个实验前功尽弃。

4）实验中要注意对现象的观察，尤其对所谓的“反常”现象，更要仔细观察分析，不要单纯地追求“顺利”。要学习对观察到的现象和测得的数据随时进行判断，判断正在进行的实验过程是否正常合理。对实验过程中出现的故障，要学会及时排除。

5）及时记录实验数据。在观察和测量时，要做到正确读数，在数据表格内实事求是地记录客观现象和数据。当实验结果与实验条件有关时，还要记下相应的实验条件，例如室温、湿度、大气压等。

6）实验结束时，要把测得的数据交给指导教师检查签字。对不合理或错误的实验结果，经分析后还要补做或重做实验。离开实验室前，要整理好使用过的仪器，关闭电源，做好清洁工作。

（三）书写实验报告

书写实验报告的目的是为了培养和训练学生以书面形式总结工作和报告科学成果的能力。要以简单扼要的形式将实验结果完整而又真实地表达出来。书写实验报告要使用设计好的实验报告本。要求记录齐全、文字通顺、字迹端正、图表规范、结果正确、讨论认真，报告整洁，并及时将写好的实验报告交给相关的教师。

一份完整的实验报告通常包括以下内容。

1）实验名称，一般应与教材中说法一致。

2）实验目的，一般应与教材中说法一致。

3）仪器设备，应根据实验中用到的仪器写明仪器设备的型号或规格、精度等。

4）基本原理，包括重要的计算公式、电路图、光路图及简要的文字说明。

以上几部分内容，如无大的变动，可以使用预习报告中的相应内容代替，不必重写。

5）数据表格及处理（包括计算和作图）。这里的数据表格不同于预习报告中的数据草表。要求把数据草表记录的原始数据填入数据表格中，数据要用有效数字和单位正确表示，且不得涂改，要写出数据处理的主要过程。

6）实验结果，包括计算相对误差、误差分析或不确定度的评定。

7）问题讨论，一般以实验后的思考题为准。

8）课后小结，写出自己的感想体会或建议（实验仪器、实验方法和实验过程设计思想的改进等）。

第一章　物理实验基本知识

一、力学与热学实验基本知识

（一）长度测量

在物理实验中，长度测量是最基本的测量。测量长度的方法和仪器多种多样，而最基本的测量工具是米尺、游标卡尺和螺旋测微器等，通常用量程和分度值表示这些仪器的规格。量程是测量范围，分度值是仪器所标示的最小分划单位，它的大小反映仪器的精密程度。一般来说，分度值越小，仪器越精密。学习使用这些仪器要注意掌握它们的构造特点、规格性能、读数原理、使用方法以及维护知识等，并注意在今后的实验中适当地选择和使用。

1. 游标卡尺

在米尺上附加一个能够滑动的有刻度的小尺，称为游标，利用它可以将米尺估读的数值准确地读出来。

游标卡尺主要由两部分构成（见图 1-1）：与量爪 A、A′相连的尺身 D（尺身为米尺刻度）；与量爪 B、B′及深度尺 C 相连的游标 E。游标可贴着尺身滑动。量爪 A、B 用来测量厚度和外径，量爪 A′、B′用来测量内径，深度尺 C 用来测量深度。读数值都是由游标的 0 线与尺身的 0 线之间的距离表示出来的。F 为固定螺钉。

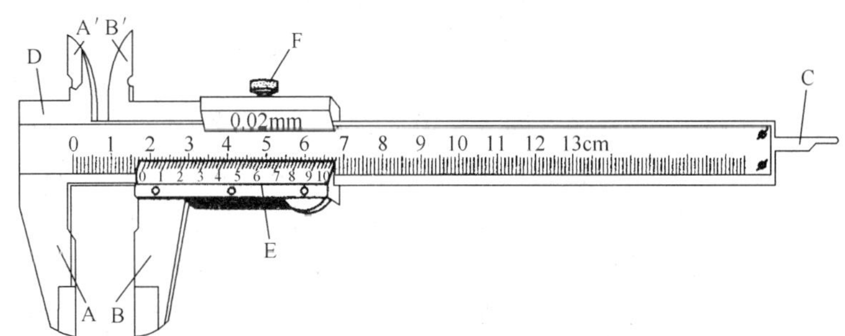

图 1-1　游标卡尺

要了解游标卡尺，首先要了解游标。游标 E 是附在尺身 D 上的一个可移动的附件，利用它可以使测量的数据更精确。以游标来提高测量精度的方法，不仅用在游标卡尺上，而且还广泛地用于其他仪器上，例如分光计、经纬仪和测高仪等。游标的长度和分格可以不同，但基本原理和读数方法是相同的。

下面介绍游标卡尺的读数原理。游标卡尺在构造上的主要特点是：游标上 p 个分格的总长与尺身上（$p-1$）个分格的总长相等。设 y 代表尺身上一个分格的长度，x 代

表游标上一个分格的长度，则有

$$p_x=(p-1)y \tag{1-1}$$

那么尺身与游标上每个分格的差值是

$$\delta_x=y-x=\frac{1}{p}y \tag{1-2}$$

以 $p=10$ 的游标卡尺为例，尺身上一分格是1mm，那么游标上10个分格的总长等于9mm，这样游标上一个分格的长度是0.9mm，$\delta_x=y-x=0.1\text{mm}$，当量爪A、B合拢时，游标上的“0”线与尺身上的“0”线重合，如图1-2所示。这时，游标上第一条刻线在尺身第一条刻线的左边0.1mm处，游标上第二条刻线在尺身第二刻线的左边0.2mm处，以次类推。这就提供了利用游标进行测量的依据。如果在量爪A、B间放进一张厚度为0.1mm的纸片，那么，与量爪B相连的游标要向右移动0.1mm，这时，游标的第一条线就与尺身的第一条线相重合，而游标上所有其他各条线都不与尺身上任一条刻度线重合；如果纸厚为0.2mm，那么，游标就要向右移动0.2mm，游标的第二条线就与尺身的第二条线重合。反过来讲，如果游标上第二条线与尺身的刻度线重合，那么纸片的厚度就是0.2mm，如图1-3所示。

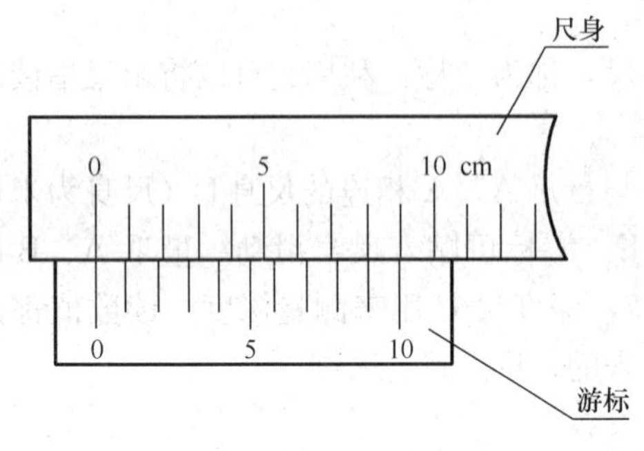

图1-2 量爪A、B合拢

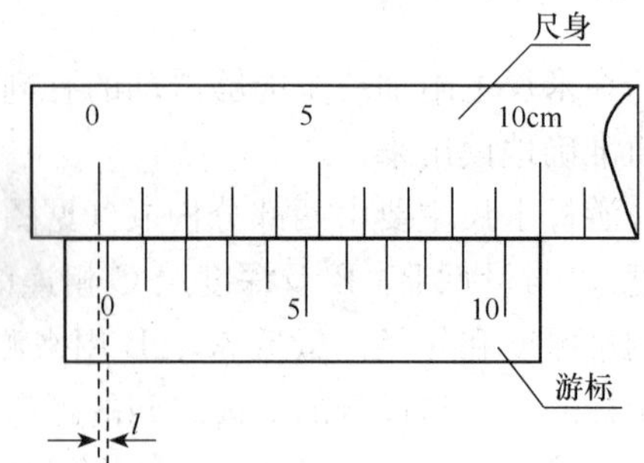

图1-3 测量厚度为0.2mm

这种把游标等分为10个分格（即 $p=10$）的游标卡尺称为“十分游标”。“十分游标”的 $\delta_x=0.1\text{mm}$，这是由尺身的刻度值和游标卡尺刻度值之差得出的，因此，δ_x 不是直读的，它是游标卡尺能读准的最小数值，即游标卡尺的分度值。

上述图中测量纸片厚度的读数 l 由于用了游标，毫米后面的一位数是准确读出的。因此，根据仪器读数的一般规则，读数的最后一位应该是读数误差所在的一位，所以应该写成

$$l=0.20\text{mm}=0.020\text{cm}$$

最后的一个“0”表示读数误差。如果不能判定游标上相邻的两条刻度线哪一条与尺身重合或更近些，则最后一位可估读为“5”，如图1-4所示，可读为

$$l=0.55\text{mm}=0.055\text{cm}$$

由此可见，使用游标可以提高读数的准确程度。

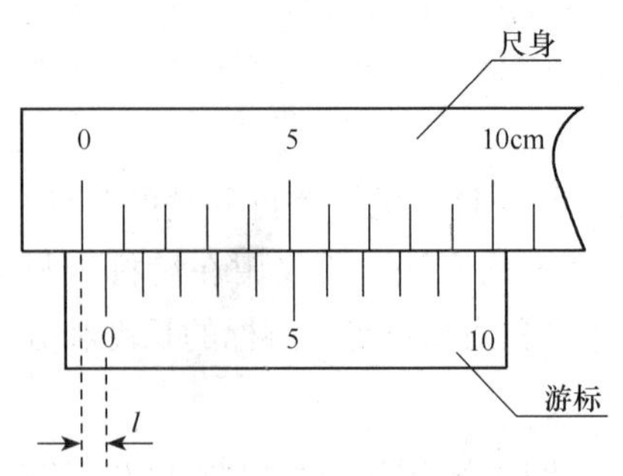

图1-4 估读

游标卡尺的估读误差小于$\frac{1}{2}\delta_x$。

还有一种常见的游标是“二十分游标”（$p=20$），即将尺身上的 19mm 等分为游标上的 20 个分格，或者将尺身上的 39mm 等分为游标上的 20 个分格，这样它们的分度值为

$$\delta_x = 1.0 - \frac{19}{20} = 0.05\text{mm} \qquad \delta_x = 2.0 - \frac{39}{20} = 0.05\text{mm}$$

因此在这种情况下，尺身上两格（2mm）与游标上一格相等，见图 1-5 和图 1-6。

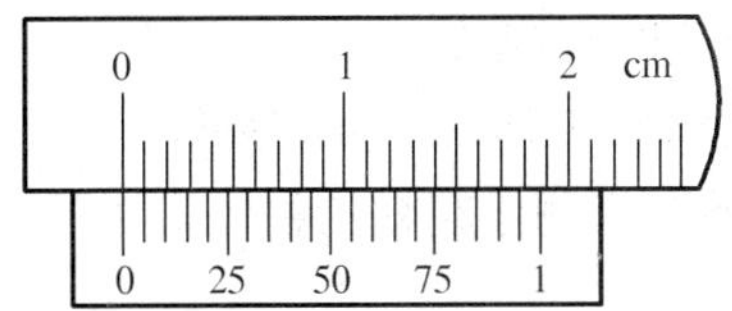

图 1-5 二十分度游标卡尺 1

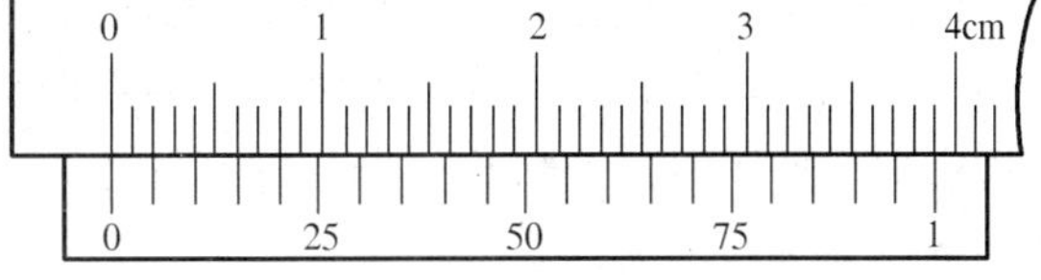

图 1-6 二十分度游标卡尺 2

二十分游标常在游标上刻有 0、25、50、75、1 等标度，以便于直接读数。如游标上第 5 根刻线（标为 25）与尺身对齐，则读数的尾数为 $5\times\delta_x=0.25$mm，即可直接读出。二十分游标的估读误差（小于$\frac{1}{2}\delta_x$）可认为在 0.01mm 这一位上，因此，如 $l=0.55$mm，不再在后面加“0”。

另一种常用的游标是五十分游标（$p=50$），即尺身上 49mm 与游标上 50 个分格相等，如图 1-7 所示。五十分游标的分度值 $\delta_x=0.02$mm。游标上刻有 0、1、2、3、…、9，以便于读数。五十分游标的读数误差也是 0.01mm 这一位。

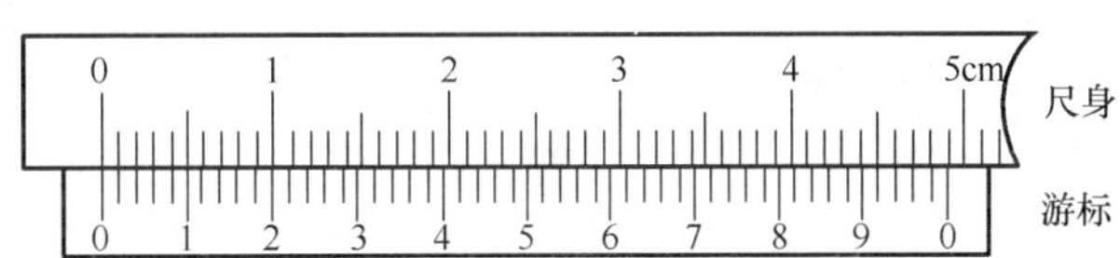

图 1-7 五十分度游标卡尺

综上所述，游标卡尺的分度值是由尺身与游标卡尺刻度的差值决定的，亦即是由游标分度数目决定的；各种常用游标卡尺的读数误差都在 0.01mm 这一位上。

需要提醒的是，游标只给出毫米以下的读数，毫米以上的读数要从游标“0”线在尺身上的位置读出。

测量大于 1mm 的长度时，就先从游标卡尺“0”线在尺身的位置读出毫米的整数位，再从游标上读出毫米的小数位。即用游标卡尺测量长度 l 的普遍表达式为

$$l = ky + n\delta_x \tag{1-3}$$

式中，k 是游标的“0”线所在尺身刻度的整毫米数，n 是游标的第 n 条线与尺身的某一条线重合，$y=1$mm。图 1-8 所示的情况，即 $l=21.58\text{mm}=2.158\text{cm}$。

在使用游标卡尺测量之前，应先把量爪 A、B 合拢，检查游标卡尺的“0”线是否与主尺“0”重合。如不重合，应记下零点读数，加以修正，即待测量 $l=l_1-l_0$。其中，l_1 为未作零点修正前的读数值，l_0 为零点读数。l_0 可以为正，也可以为负。

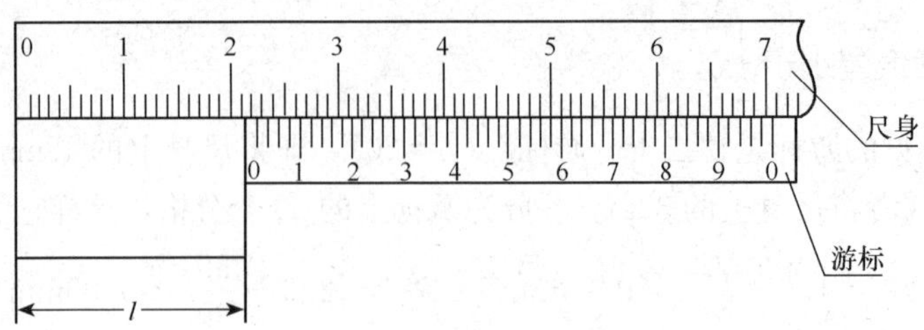

图 1-8　观察读数

在使用各种测量仪器时，一般都要注意校准零点或进行零点修正。

使用游标卡尺时，可一手拿物体，另一手持尺，如图 1-9 所示。要特别注意保护量爪不被磨损。使用时轻轻将物体卡住即可读数，不允许用来测量粗糙的物体，切忌将被夹紧的物体在卡口内挪动。

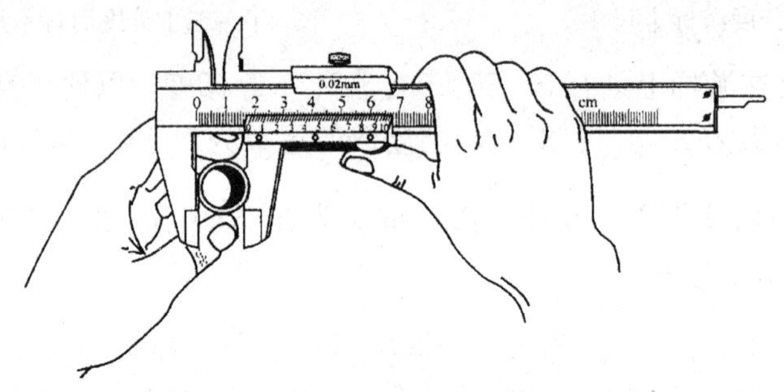

图 1-9　使用游标卡尺测量

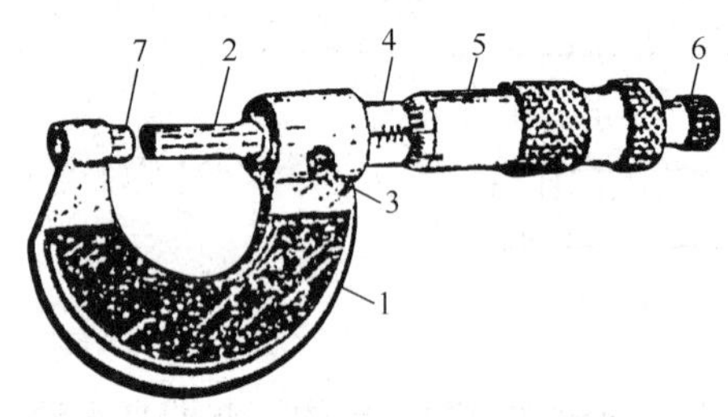

图 1-10　螺旋测微器

1. 尺架；2. 测微螺杆；3. 锁紧装置；4. 固定套管；5. 微分筒；6. 棘轮旋柄；7. 测量砧

2. 螺旋测微器

螺旋测微器是比游标卡尺更精密的长度测量仪器，常见的一种如图 1-10 所示。它的量程是 25mm，分度值是 0.01mm。螺旋测微器结构的主要部分是微螺旋杆，螺距是 0.5mm。因此，当螺旋杆旋转一周时，它沿轴线方向只前进 0.5mm。螺旋杆沿轴线方向前进 0.01mm 时，螺旋柄上的刻度转过一分格。这就是所谓机械放大原理。测量物体长度时，应轻轻转动螺旋柄后端的棘轮旋柄，推动螺旋杆，把待测物体刚好夹住时读数，可以从固定标尺上读出整格数（每格 0.5mm）。0.5mm 以下的读数则由螺旋柄圆周上的刻度读出，估读到 0.001mm 这一位上。如图 1-11（a）和图 1-11（b）所示，其读数分别为 5.650mm（0.5650cm）和 5.150mm（0.5150cm）。

使用螺旋测微器要注意以下几点。

1）记录零点读数，并对测量数据做零点修正。螺旋测微器的零点可以调整，各种型号的螺旋测微器调零点的方法不同，具体可见仪器说明书。

2）记录零点及将待测物体夹紧测量时，应轻轻转动棘轮旋柄推进螺杆，不要直接拧转螺旋柄，以免夹得太紧，影响测量结果或损坏仪器。转动小棘轮时，只要听到“喀

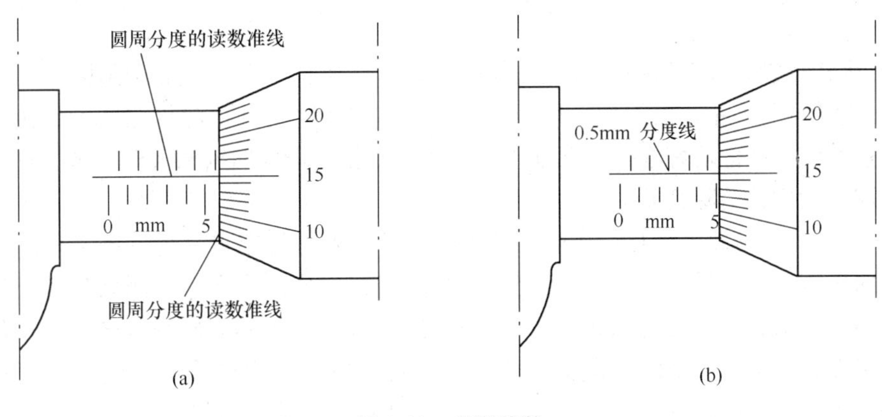

图 1-11　观察读数

喀”的声音，就不要再推进螺杆，即可读数。

3. 读数显微镜（测距显微镜，测长仪）

读数显微镜可以放大物体，还可测量物体的大小，主要用来精确测量微小物体的长度。

（1）仪器构造

读数显微镜的构造如图 1-12 所示。它由两个主要部件组成：一是用来观看被测物体放大像的带十字叉丝的显微镜，如图 1-12（a）所示；另一个是用来读数的螺旋测微器装置，如图 1-12（b）所示。

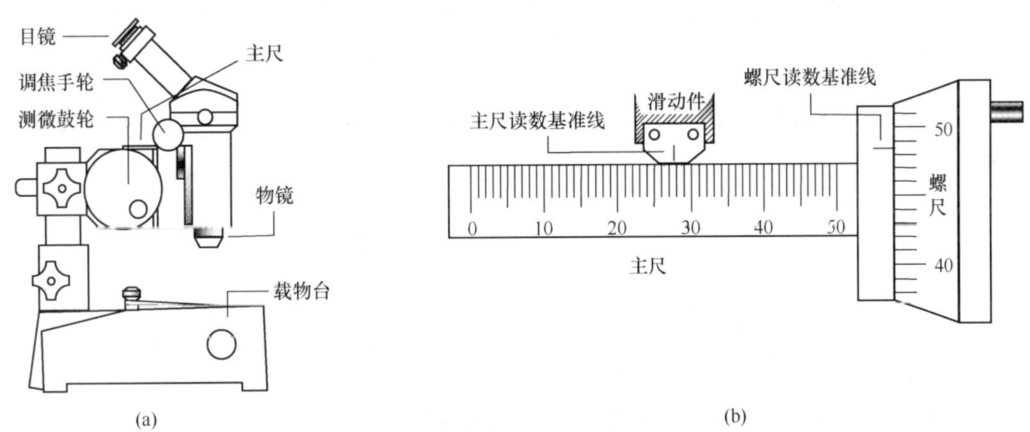

图 1-12　JCD_3 型读数显微镜

显微镜由目镜、物镜和十字叉丝（装在目镜筒内）组成。主尺是毫米刻度尺，测微鼓轮的周界上等分为 100 个分格，每转动一个分格，显微镜移动 0.01mm。转动测微鼓轮使显微镜移动的距离，可从主尺上的指示值（毫米整数）加上测微鼓轮上的读数（精确到 0.01mm，估读到 0.001mm）得到。

（2）使用步骤

1）将待测件置于工作台上，旋转反光镜调节手轮，改变反光镜的角度，使反光镜将待测件照亮。

2）旋转目镜，改变目镜与叉丝之间的距离，直至十字叉丝成像最清晰。

3）旋转调焦手轮，由下而上移动显微镜筒，改变物镜到待测件之间的距离，使待测件通过物镜成的像恰好在叉丝平面上，直到在目镜中能同时看清叉丝和放大的、清晰的、待测件的像并消除视差为止。

4）转动测微鼓轮，使目镜中的纵向叉丝对准被测件的起点（另一条叉丝和镜筒的移动方向平行），从指标箭头和主尺读出毫米的整数部分，从指标和测微鼓轮上读出毫米以下的小数部分，两数之和即为被测件的起点读数 x。沿同方向继续转动测微鼓轮移动显微镜筒，使十字叉丝的纵丝恰好停在被测件的终点，读得终点读数 x'，于是被测件的长度 $L=|x'-x|$。为提高精度，可重复测量，取其平均值。

（3）注意事项

1）在注视目镜，用调焦手轮对被测件进行调焦前，应先使物镜筒下降接近被测件，然后从目镜中观察，旋转调焦手轮，使镜筒慢慢向上移动，这就避免了两者相碰挤坏被测件的危险。

2）防止空程误差。由于螺杆和螺母不可能完全密接，当螺旋转动方向改变时，它们的接触状态也将改变，因此移动显微镜，使其从反方向对准同一目标与正向测量的两次读数将不同，由此产生的误差称为空程误差。为防止空程误差，在测量时应向同一方向转动测微鼓轮，使叉丝和各目标对准，若移动叉丝超过目标时，应多退回一些，再重新向同一方向转动测微鼓轮去对准目标。

（二）时间测量

1. 电子秒表

电子秒表有各种规格和样式，它们的构造和使用方法略有不同。这里只介绍常用的一种。

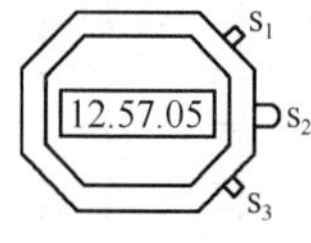

图 1-13　多功能电子秒表

多功能电子秒表，具有基本秒表显示、累加计时、取样等计时功能，最小测量单位为 0.01s，可累计 59′59.99″，其外形如图 1-13 所示。

S_1 按钮：启动/停止钮；

S_2 按钮：调正置位；

S_3 按扭：计时和秒表状态选择钮，秒表复零钮。

电子秒表使用方法如下。

1）基本秒表显示（即机械秒表的单针功能）。当 S_3 在秒表状态时，应先使它复零，然后按 S_1，秒表开始计时，再按 S_1 一次，秒表计时停止。再按 S_3，秒表即复零。

2）累加计时。按 S_1 秒表开始计时，再按一下 S_1，秒表停止计时，若继续再按 S_1，即开始累计时，如此可以重复继续累加。

2. 数字毫秒计

数字毫秒计以石英晶体振荡周期控制计时，它的工作过程如图 1-14 所示。

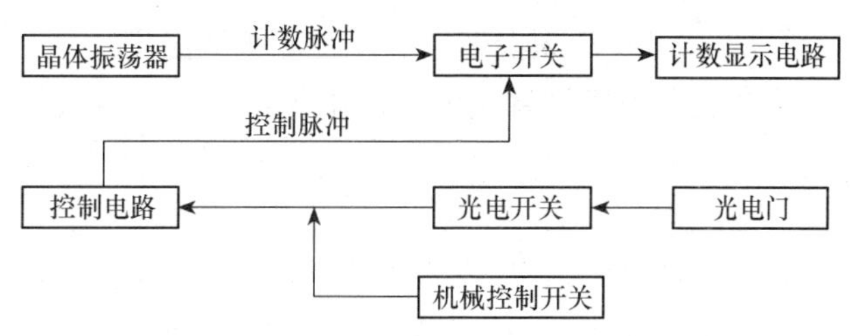

图 1-14　数字毫秒计工作过程

首先将晶体振荡器产生的等时高频振荡通过特定的电路转换成频率较低的计数脉冲，计数显示电路的作用是记录进入的电脉冲，并用数码管显示出脉冲累计数字，计数的开始与终止是由电子开关来控制的。当电子开关接通时，计数脉冲进入计数电路，开始计数；电子开关断开时，终止计数。假如每秒钟产生 10^4 个计数脉冲，那么，一个计数脉冲就相当于 0.1ms。由累计的电脉冲数可以计算出电子开关由接通到断开的时间间隔。由计数显示电路把这个时间间隔换算成毫秒显示出来。

数字毫秒计有如下两种计时控制方法。

1）机控。用机械接触来控制电子开关的接通和断开，使毫秒计“开始计时”和“停止计时”。

2）光控。利用光信号来控制“开始计时”和“停止计时”。

（三）温度测量

1. 玻璃液体温度计

常用的感温液体材料有水银、酒精、甲苯、煤油等，其中水银应用最广。水银作为感温材料有许多优点：不浸润玻璃，膨胀系数变化很小，测温范围广（在标准大气压下，水银在−38.87～356.58℃都保持液态）等。玻璃水银温度计可分为标准用、实验室用和工业用三种。标准用玻璃水银温度计组总测温范围为 30～300℃，最小分度可做到 0.05℃；实验室用玻璃水银温度计组总测温范围也为 30～300℃，分度值为 0.1℃和 0.2℃；工业用玻璃水银测温范围分为 0～50℃、0～100℃、0～1500℃等多种，分度值一般为 1℃，物理实验中也常使用这种温度计，读数时一般估读一位。

使用玻璃液体温度计应注意以下问题。

1）在对玻璃液体温度计进行读数时，应使视线与液柱面位于同一平面。水银玻璃温度计按凸面最高点读数；有机液体玻璃温度计按凹面最低点读数。

2）为了使测量的数据准确可靠，应使玻璃液体温度计的感温泡与被测对象的容器壁保持一定距离。

3）使用时须注意其浸没标记。如果是全浸式，应将温度计尽可能深地浸入被测介质中；如果全浸式温度计无法完全浸入，或局部浸式温度计无法浸没至规定的深度时，则应根据下式对示值进行修正：

$$\Delta T = Kn(T_2 - T_1) \tag{1-4}$$

式中，ΔT 为修正值（℃）；K 为感温液体的视膨胀系数；n 为露出段的长度，以刻度数计值；T_2为玻璃温度计的示值；T_1为借辅助温度计测出的温度。

辅助温度计一般放在被测温度计露出液柱的中部，应注意与被测温度计良好接触。

2. 热电偶温度计

(1) 结构原理

热电偶也称为温差电偶，是由A、B两种不同成分的金属或合金彼此紧密接触形成一个闭合回路而形成。如图1-15 (a) 所示。当两个接点处于不同温度t和t_0时，在回路中就有直流电动势产生，该电动势称为温差电动势或热电动势。它的大小与组成热电偶的两种金属（或合金）的材料、热端温度t和冷端温度t_0这三个因素有关。$t-t_0$越大，温差电动势也越大。一般可使t_0保持某一恒定值，例如0℃。这样就可以根据温差电动势的大小来确定热端温度t。可以证明，在A、B两种金属之间插入第三种金属C，且它与A、B的连接点处于同一温度t_0时，如图1-15 (b) 所示，该闭合回路的温差电动势与只有A、B组成回路时的数值完全相同。所以把A、B两根不同成分的金属丝的一端焊在一起，构成热电偶的热端（工作端）；将它们各自的另一端分别与铜引线（金属C）焊接，构成两个温度相同的冷端，两铜引线的另一端接至测量直流电动势的仪表，这样就组成了一个热电偶温度计，如图1-16 (a) 所示。如果A、B两种金属中有一种是铜，例如很常用的铜-康铜热电偶，则可简化成图1-16 (b) 所示情况。

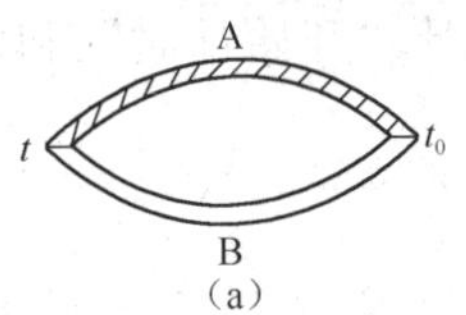

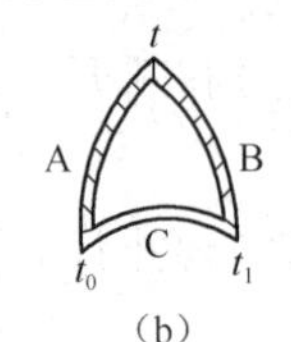

图1-15　热电偶的形成

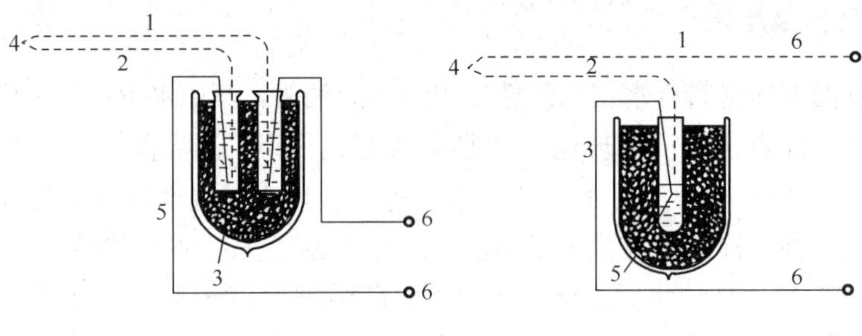

(a) 热电偶温度计

1. 金属丝A；2. 金属丝B；3. 冷端接头；
4. 被测温度接头；5. 铜引线；
6. 电位差计或毫伏计接头

(b) 简化热电偶温度计

1. 铜线；2. 康铜线；3. 铜线；
4. 被测温度接头；5. 冷端接头；
6. 电位差计接头

图1-16　热电偶温度计

(2) 使用方法

1) 热电偶的校准。通常用比较法或定点法对热电偶进行校准。比较法是将待校热电偶的热端与标准温度计同时直接插入恒温槽的恒温区内，改变槽内介质的温度，每隔一定温度观测一次示值，直接用比较方法对热电偶进行校准。定点法是利用某些纯物质相平衡时温度唯一确定的特点（如水的沸点等）测出热电偶在这些固定点的电动势然后根据温差电动势的表达式

$$\varepsilon = a(t-t_0) + b(t-t_0)^2 + c(t-t_0)^3 \tag{1-5}$$

解出各常数 a、b、c 之值，就能确定温度差电动势与温度之间的函数关系。式（1-5）的一级近似式是

$$\varepsilon = a(t - t_0) \tag{1-6}$$

在要求不高时，可以用此式确定 ε 和 t 之间的函数关系。

2）测量温差电动势的仪器。通常需要用电位测量仪器来测量温差电动势。在某些要求不太高的场合，也可用毫伏表进行测量。

（3）几种常用的热电偶

热电偶种类繁多，具有测温范围宽广（－272～3000℃）、结构简单、体积小、响应快、灵敏度高等优点。常见的热电偶有 300 多种，标准化的热电偶有 7 种，其型号、成分、使用温区如表 1-1 所示。

表 1-1　标准化热电偶的型号、成分、使用温区

类型代号	材　　料	使用温区/℃	类型代号	材　　料	使用温区/℃
T	铜/康铜	－200～350	S	铂-10%铑/铂	0～1600
E	镍铬/康铜	－250～1000	R	铂-13%铑/铂	0～1600
J	铁/康铜	0～750	B	铂-13%铑/铂-6%铑	500～1700
K	镍铬/镍铝	70～1100			

3．电阻温度计

利用纯金属、合金或半导体的电阻随温度变化这一特征来测温的温度计称为电阻温度计。目前，常用电阻温度计的感温元件有铂、镍、铑铁、锗、碳和热敏电阻等。

热敏电阻的温度系数比金属材料大得多。所以提高了测量的灵敏度，同时由于热敏电阻的体积小，探头可以做得很小，热容量也很小，使测量精度提高，测量时间缩短。因此其应用越来越广泛，但稳定性较差。

二、电磁学实验基本知识

（一）电磁学实验的目的要求

电磁学实验是理论联系实际系统学习电磁基本特性和电磁基本测量的课程。因此，在电磁学实验的教学过程中，学生应注意以下几点主要要求。

1）了解交流市电的性能，有避免触电和防止仪器损坏的意识，养成科学操作的习惯。

2）能准确地接好电磁学实验电路，并能用万用表查明电路故障。

3）会使用三个调节器（分压器、控流器和调压变压器）。

4）掌握三类仪器（电源、电阻器、电表）的性能和使用方法，会使用标准电池、标准电阻、标准电感器、标准电容器，学会阅读说明书使用低频信号发生器、通用示波器、数字电压表等仪器。

5）掌握六种基本测量法（伏安法、电桥法、补偿法、冲击法、谐振法、示波法）的原理和方法，以及具体实验的设计思想。

6）掌握用有效数值读数和计算，能用计算机处理数据，并能分析实验结果的精确度。

7）学习分析测量误差等因素，力求以最佳状态做实验。

（二）实验的安全问题

保证实验的安全，即保证实验者不触电、仪器不受损坏，这是实验的首要问题。

1. 避免触电的原则

如图 1-17 所示，某同学若不细心，其身体两端（如手端和脚端）产生了一个电位差，这个电位差和身体电阻值决定了流过身体的电流的大小。若此电流大于 0.6mA，就会刺激或破坏人体生理机能，引起麻痹、昏倒，甚至死亡，这就是触电事故。

图 1-17　触电事数

由此可知，既要“操作”电，又要绝对避免触电，其原则是：采取有效绝缘措施，杜绝所有引起触电的可能因素，使操作者身上流过的电流远小于 0.6mA。比如，对 220V 交流市电电路，能切断电源进行检修的，则一定要切断电源后再检修；一定要带电检修的，则必须采取有效措施，使操作者与电绝缘、操作者与地绝缘。

在一般情况下，电压可分成三种情况对待。

1）当电压低于 36V 时，手触摸电，一般不会有触电感觉，即使在潮湿的环境下有触电的感觉也不会有生命危险，故 36V 以下电压称为安全电压。

2）当电压高于安全电压而在 380V 以下时（实验室的交流市电：单相 220V，三相 380V），必须按照上述避免触电的原则处理。

3）当电压高至上千伏时，绝对不能再简单地用绝缘措施直接操作，必须按照专门的措施和规则工作，否则很容易发生触电，造成生命危险。万伏以上的电压，人靠近时就有可能引起电击。

2. 防止电损坏仪器的原则

电磁学实验室里发生电损坏仪器事故，一般为两种类型。

1）不懂得或不注意每件仪器（器具）都有额定电压、额定电流和额定功率。使用仪器时，误将其用在超过额定值的情况下，因而仪器被损坏甚至烧毁。例如，误把其交流电源电压为 110V 的仪器接插在 220V 电源上。

2）有时尽管注意到仪器的额定值，但因连接电路有误，接通电源时仪器被损坏甚至烧毁。例如，把万用电表的安培计误当成伏特计使用，指针被撞断甚至表内线圈被烧断。

要防止电损坏仪器，必须了解仪器损坏的实质，严格按照安全规程进行实验。

3. 安全操作的规则

从以前的经验教训中，总结出以下几点主要安全操作规则。

1）连接电路时，一定要将电路完全连接好再将电源与电路连通；拆电路时，一定要首先将电源断开。

2）实验中途改换电路或仪器时，必须切断电源。

3）对可调电压电路，一般采取边逐步升压边观察、有意外立即断电的方法，使电路和仪器处于安全工作状态。

4）对 36V 以上至数百伏的电源电路或仪器，操作者要有可靠的绝缘措施，并养成每次只操作电路中一个部分的习惯。

5）发生触电或损坏仪器事故，不要惊慌失措，应立即切断电源，查找原因。

从以上讨论可知，对待电既不能害怕，又不能盲目地轻视，应该在科学的基础上端正态度。只有这样，才能大胆而安全地做好电磁学实验。

（三）电源及其使用规则

电源是提供电能的设备，分交、直流两种。实验用的交流电源是市电（50Hz，220V）或是经变压器变压的交流电。直流电源则多用直流稳压电源或干电池。电源的性能由五个主要指标反映。

1）额定电压——电源维持正常工作时所能输出的最高电压。

2）额定电流——电源维持正常工作时所能输出的最大电流。

3）额定功率——额定电压和额定电流的乘积。

4）输出阻抗（对电池来说就是内阻）——对稳压源来说，其值越小越好。

5）稳定性——指电源端电压的稳定程度。

这些性能指标是选择电源的主要依据。

如果负载电路和电源不匹配，电源会击穿、烧坏负载或电源自身被烧坏。为避免这类事故，使用电源时必须遵守三条基本规则。

1）必须估算电源和负载电路连接时，各自的电流、电压是否都小于其额定值。

2）绝对不能使电源两极短路。

3）使用电源时，电路检查无误后才能连接；实验结束后，应先拆除电源，再拆卸电路。

（四）电阻器

电阻器是电磁学实验的最基本仪器之一。经常用到的电阻器是电阻箱和滑线式变阻器。它们都是用电阻率、温度系数均很小的金属丝绕制而成。

1. 电阻箱

常用的电阻箱是转盘式的，其原理如图 1-18 所示。旋转电阻箱上的旋钮可以得到不同的电阻值。实验室用 ZX36 型旋转式电阻箱，面板如图 1-19 所示。

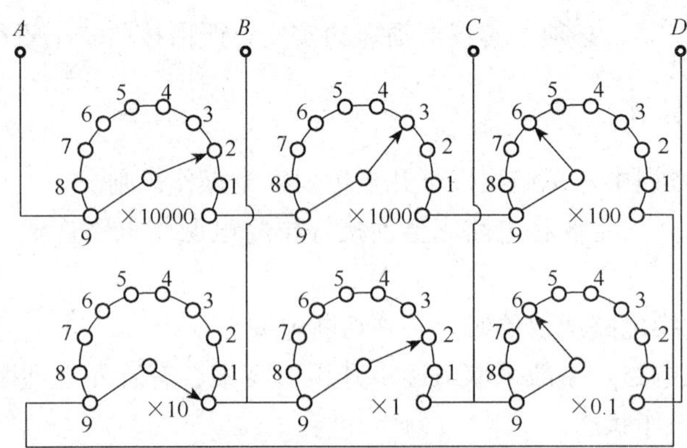

图 1-18　转盘式电阻箱原理

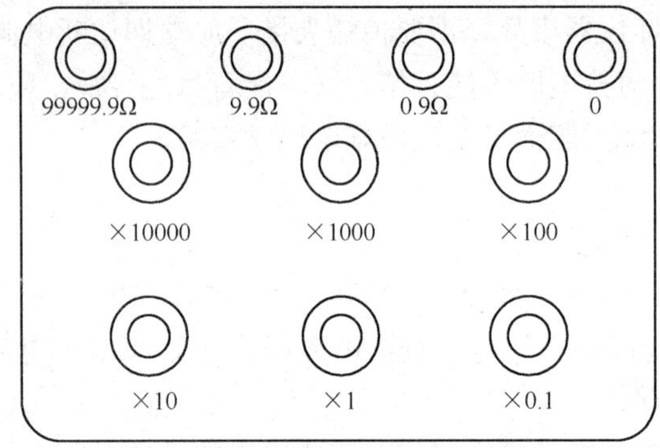

图 1-19　2X36 电阻箱操作面板

电阻箱的主要规格如下。

调整范围：(0～99999.9) Ω。

零值电阻：≤0.03Ω。

准确度等级：0.1 级（即在环境温度为 20±8℃，相对湿度小于 80%的条件下，允许误差为 0.1%。若电阻为 326Ω，允许误差为 326Ω×0.1%≈0.3Ω)。

额定功率：一般电阻箱中各挡每个电阻的额定功率为 0.25W。如×100 挡，是指每个 100Ω 电阻的额定功率。

最大允许电流：

×0.1	×1	×10
1.5A	0.5A	0.15A
×100	×1000	×1000
0.05A	0.015A	0.005A

电阻箱旋钮的接触电阻因其准确度等级不同而不同，ZX36 型电阻箱规定每个旋钮的接触电阻不大于 0.002Ω。当所用电阻较大时，误差很小，可忽略。但当阻值较低时，它引入的误差就不可忽略了。为了减少接触电阻，ZX36 型电阻箱增加了低电阻头（见图 1-18 中的 B 和 C 接头）。当电阻小于 10Ω 时，用 A 和 C 两个接头，此时接触电阻不大于 0.002Ω×2=0.004Ω。

在不超过额定电流的情况下，电阻箱的误差为允许误差和接触误差之和。对 ZX-21

型这种 0.1 级的旋转式电阻箱来说，电阻的误差可表示为

$$AR = \pm (0.1\% R + 0.002M) \tag{1-7}$$

式中，R 为电阻箱示值；M 为所用的旋钮数。

电阻箱主要用于电路中需要准确电阻值的地方。由于它具有改变阻值方便的优点，有时也用来调节电路中的电流。但因其额定功率较小，一般不用于控制电路中较大的电流和电压。

2. 滑线变阻器

(1) 变阻器的结构

滑线式变阻器的结构如图 1-20 所示，它由电阻丝密绕在绝缘瓷管上制成，电阻丝的表面有绝缘膜，使电阻丝间绝缘。电阻丝两端固结在瓷管两端的接线柱 A、B 上。滑键 D 可在电阻丝与金属杆间接触滑动。电阻丝与滑键相接触的地方绝缘膜已被刮掉。滑动滑键的位置可以改变 AC 或 BC 之间的电阻值。

变阻器的指标有如下两项。

1) 全电阻：即 AB 间的电阻。

2) 额定电流：变阻器允许通过的最大电流。

(2) 变阻器的用法

变阻器在电路中经常用来控制电流或电压。用它可以连成控流电路和分压电路。

1) 控流电路，如图 1-21 所示，把滑键与任一固定端（如 A）串联在电路中作为一个可变电阻，整个回路的电流为

$$I = \frac{E}{R_{AC} + R}$$

移动滑键，当 $R_{AC}=0$ 时，$I_{max}=\frac{E}{R}$；当 $R_{AC}=R_0$ 时，$I_{min}=\frac{E}{R+R_0}$。

选用时要注意：变阻器额定电流必须大于实验要求的电流，全阻值大于 R_0。

2) 分压电路，如图 1-22 所示。借助滑键的滑动可以分担电源电压的任何一部分，以达到控制负载电压的目的。分压法适用于负载 R 较大的场合，这是因为当 $R \gg R_0$ 时，R 和 R_{AC} 并联的总阻值只由 R_{AC} 决定。但 R_0 不能过小，因为 R_0 过小则电源消耗能量过大，故选作分压器时，要注意以下两点。

1) 兼顾分压均匀和减小能耗，取 $R_0 \leqslant \frac{1}{2}R$。

2) 变阻器的额定电流大于 $\frac{E}{R'} = \frac{RR_0}{R+R_0}$。

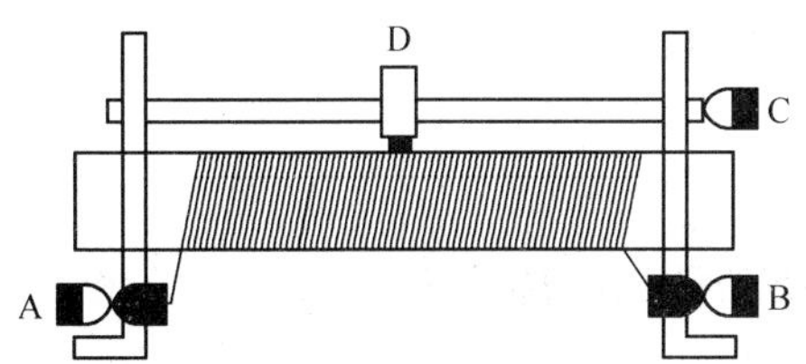

图 1-20　滑线式变阻器

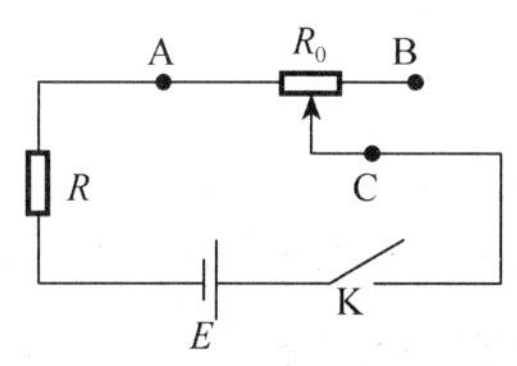

图 1-21　控流电路

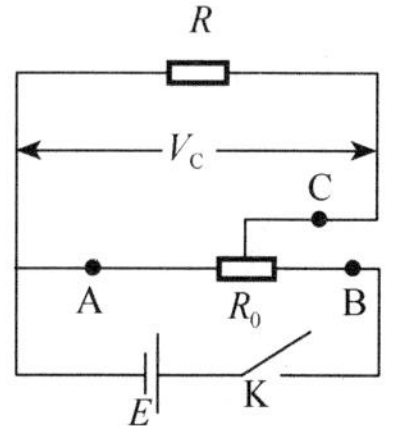

图 1-22　分压电路

（五）电表的使用知识

用于测量各种电参数的指示仪表统称电工仪表。它能用于测量电压、电流、电阻、功率、相位、频率等。电表有多种形式，下面列出一些典型的形式。

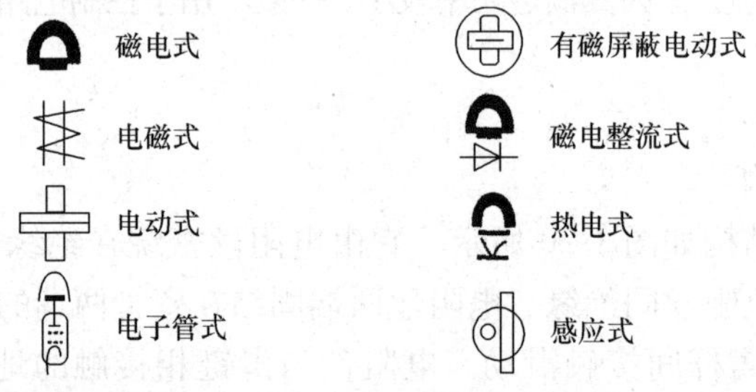

电表是电磁学实验的最基本仪器之一。下面就使用电表时的相关知识简述如下。

1. 电表上的符号

1）电表的类型。表示电表的结构、工作原理。

2）电表的用途。分别如下：

Ⓥ——伏特计，测电压用。

Ⓐ——安培计，测电流用。

Ⓦ——瓦特计，测功率用。

3）被测电流的种类。分别如下：

—	直流	～	交流
≃	交流和直流	≋	三相交流

4）电表的量程。当表针偏转至最大刻度（满刻度处）时，电表所量出的值。换句话说，电表的量程就是电表（在用该量程挡时）能够测量的最大值。

5）级别。表示电表的测量准确度。分别如下：

(0.1)	0.1 级	(0.2)	(0.2 级)	(0.5)	0.5 级
(1.0)	1.0 级	(1.5)	(1.5 级)	(2.5)	2.5 级
(4.0)	4.0 级				

6）方位。表示电表应按什么方位放置使用。分别如下：

↑或⊥	垂直放置
→或□	水平放置
∠60°	倾斜 60°安置

7）其他符号。

2kV	绝缘耐压 2000V
△B	表示可以在 B 类条件下使用。B 类条件是：温度范围－20℃～＋50℃；相对湿度低于 80％
[Ⅱ]	防御周围磁场影响的等级为Ⅱ级

2. 电表的选用要点

(1) 选择要点

1) 根据被测量的性能选电表的类型。

2) 根据被测量的数值选电表的量程。

3) 根据测量的精确度要求选电表的级别。

例如，要测量的量是 50Hz 正弦交流电压，其值约为 100V，测量精确度要求 1%，则应选能测这种电压的电表——电磁式或电动式伏特计，电表的量程为 150V 左右，其级别为 0.5 级。

(2) 使用要点

1) 注意选取量程。

在未了解被测量的情况时，应用最大量程挡测试；测出了大约值以后，应选用稍大于待测值的量程挡精确测量。

2) 连线要正确，即安培计应与待测电路串联；伏特计应与待测电路并联；直流电表应注意正、负极。

3) 按电表的规定位置放置电表。

4) 检查、调整机械零点。

5) 读数时应注意避免斜视差。

3. 电表的级别、读数和测量值的误差

(1) 电表的级别

电表按精确度由高到低共分为七级，即 0.1，0.2，0.5，1.0，1.5，2.5，4.0 级。0.1 级电表其准确度就是 0.1 级，4.0 级其准确度就是 4.0 级。

电表的级别值 r 略大于（或等于）刻度基本误差的最大值与量程绝对误差的百分比的绝对值，即

$$r \geqslant \left| \frac{(\Delta N)_{\max}}{N_{\max}} \times 100\% \right|$$

例如 $r=1.0\%$的电表，即（0.1）级的电表，其刻度值中最大的基本误差为 0.5%～1.0%范围内的某个值。而刻度值中最大基本误差为 0.21%～0.50%范围内某个值的电表，其级别是（0.5）。

电表的基本误差是由电表本身的结构、质量决定的。它是在所规定的一系列周围环境和使用条件下测定出来的。如果电表未在所规定的条件下使用，还会产生所谓附加误差。

(2) 电表的读数法

设有一个直流毫安计，它的读数刻度共有 150 个小分格，有 1.5mA 和 7.5mA 两个量程（见图 1-23）。现先后用这两个量程测量同一个稳定的电流值，测量时其指针偏转情况如图 1-23 所示，应如何读数？

1) 当使用 1.5mA 挡时，其指针在 1.00～1.01mA 的分格内，如图 1-24 所示，且估计处在该分格的 4/5 的位置（应垂直于刻度盘观察，以消除斜视差），因此读数为

$$I = 1.00 + \frac{1.5}{150} \times \frac{4}{5} = 1.008(\text{mA})$$

2）当使用 7.5mA 挡时，其指针在 1.00～1.05mA 的分格内（见图 1-25），且估计处在该分格的$\frac{1}{5}$的位置，因此读数为

$$I = 1.00 + \frac{75}{100} \times \frac{1}{5} = 1.01(\text{mA})$$

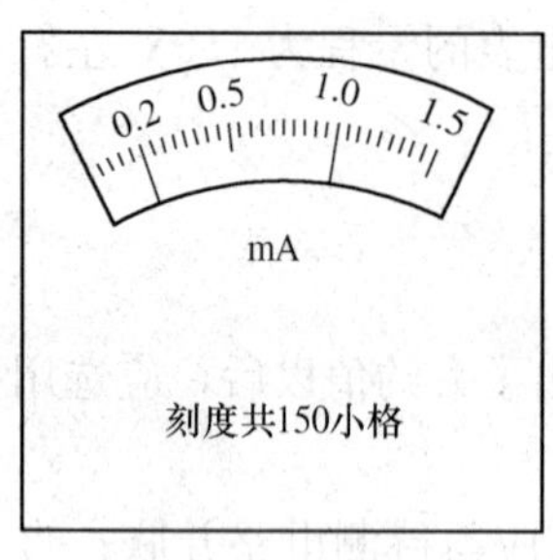

图 1-23　直流毫安计

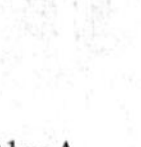

图 1-24　1.5mA 挡

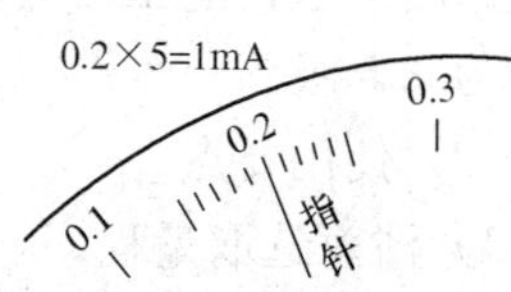

图 1-25　7.5mA 挡

（3）电表测得值的误差

仍以上例继续说明。若上例所用毫安计为 0.5 级的，则测得的 I 值的绝对误差的范围可根据 r 的定义算出，即

$$\Delta I = I_{\max} \times r$$

1）对 1.5mA 挡：绝对误差　$\Delta I = \pm 1.5 \times 0.5\% = \pm 0.0075$（mA）

相对误差　$\frac{\Delta I}{I} = \pm \frac{0.0075}{1.008} = \pm 0.8\%$

2）对 7.5mA 挡：绝对误差　$\Delta I = \pm 7.5 \times 0.5\% = \pm 0.0375$（mA）

相对误差　$\frac{\Delta I}{I} = \pm \frac{0.0375}{1.01} = \pm 3.8\%$

（4）误差记录

1）上例中 1.5mA 挡测得的电流值若记录大小和误差，则应为 $I=$（1.008±0.008）mA。若只用有效数值记录，则 $I=1.008$mA。

2）对 7.5mA 挡，则有 $I=$(1.01±0.04) mA 或 $I=1.01$mA。

比较两种记录法可知，用有效数值记录的测量值，只能表明其最后一位是估读的，但不能表示出最后一位数准的确切范围。

（5）如何选取量程来测量

比较上面两量程的测量误差值可知：测量同一值，用小量程测量时误差较小。

为避免电表损坏，要选用大量程挡；为减小测量误差，要选用小量程挡。两者看来是矛盾的。前文中介绍的电表的使用要点就是解决这一矛盾的方法。

三、光学实验基本知识

光学是物理学中最早发展起来的一门学科，也是当前科学领域中最活跃的前沿领

域之一。光学实验方法和光学仪器在科研、生产、国防等领域应用十分广泛。例如，它可将影像放大、缩小或记录存储；可实现非接触的高精度测量；利用光谱仪可研究原子、分子、原子核的结构，测量各种物质的成分和含量等。特别是20世纪60年代激光问世以来，随着激光科学技术的发展，现代光学与电子技术密切配合，在科学研究和精密测量中越来越多地应用光学方法和仪器。激光已广泛应用于材料加工、精密测量、远距离测距、全息检测、通信、医疗及农作物育种等方面。光学纤维已发展成为一种新型的光学元件，为光学窥视和光通信的实现创造了条件。许多现代化的精密光学仪器的出现，不但促进了光学学科自身的发展，也为其他学科的发展，如天文、化学、生物和医学提供了重要的实验手段。应该看到，光学实验技术正发挥着日益重大的作用。

为了使同学们更有效地进行光学实验，提高学习效果，特在此介绍一些基本知识和要求，供同学们阅读，以期达到指导光学实验的目的。

（一）光学实验的特点

1. 实验与理论联系紧密

光波的本质是频率极高的电磁波。例如可见光的频率为10^{14} Hz，即在10^{-9} s的时间内，光波动就有几十万次之多，而实验只能测定在观察时间内的平均结果。因此，在光学实验中，必须利用理论知识来指导实践。如果不掌握光的基本理论，不熟悉光源发光的宏观特性，不了解光波的相干性和偏振态，有些光学实验（如干涉）将很难做好，而有些光学实验（如偏振）甚至无法进行。光学元件的选择、实验光路的布置、实验现象的观察、光学仪器的调节和检验等各个操作环节均需要理论指导。如果不经过周密思考而盲目操作，就不会得到好的学习效果。

2. 仪器调节的要求较高

与其他实验相比，光学实验中的仪器调节工作更为重要，它决定了实验能否顺利进行、测量结果是否精确可靠。可以说，仪器调节工作是进行光学实验成败的关键。在研究或观察某一光学现象（如光的干涉）时，首先必须调节仪器或装置的各个部件，使一切有用的光线按规定的路径和方向进行传播，并遮挡一切无用的光线，以形成该光学现象。在要求测量某些物理量（如波长、焦距、折射率等）时，由于这些物理量一般都要求测量长度或角度等几何量，因此要求进一步调整仪器，使要测量的各个几何量与仪器系统的机械结构一致（如光具座的刻度尺、分光计上的刻度盘）。只有这样，才能保证结果的可靠性。光学仪器的调节，不仅是一项基本的实验操作，而且包含丰富的物理内涵，必须在详细了解仪器性能和特点的基础上，建立起清晰的物理图像。只有这样，才能选择有效而准确的调节方法，根据观察到的现象，检验和判断仪器是否处于正常的工作状态，提出应该采取的解决办法。只有在理论指导下，通过反复耐心细致的操作训练，才能切实地掌握调节要领。

（二）光学实验基本仪器

1. 反射镜

反射镜有平面镜和球面镜，依据反射定律工作。平面镜在光学实验中常常用来改变光束行进的方向。实物在平面镜中成虚像。虚像与实物处于对称位置，对称面是平面镜的镜面。球面镜分为凸球面镜和凹球面镜两种。实物发出的光经凸球面镜反射后发散，故不能成实像，而在该镜面后面成缩小的虚像。由于可将视场扩大，车辆上供司机观察车后以及侧面环境的反射镜多采用凸球面镜或凸柱面镜。凹球面镜成像的光路图如图 1-26 所示。平行于凹球面镜某半径 OC 的光入射到凹球面镜后，反射光与该半径的交点 F 称为凹球面镜的焦点。C 为球心，O 为原点，r 为半径，$f=\overline{OF}$ 为焦距，可以证明 $f=r/2$。物距 $S=\overline{OS}$，像距 $S'=\overline{OS'}$。凹球面镜的成像公式为

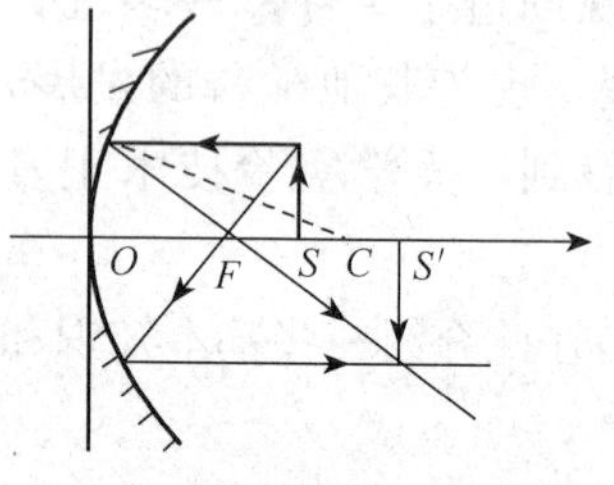

图 1-26　凹球面镜成像光路

$$\frac{1}{S}+\frac{1}{S'}=\frac{1}{f} \tag{1-8}$$

使用式（1-8）以及后面所述的透镜成像公式时，除了考虑各物理量的大小外，还要考虑其符号。

常用的符号规则有两种。一种为“实—正；虚—负”的规则，另一种为笛卡儿规则。

“实—正；虚—负”符号规则中规定，在成像中凡与实物、实像、实焦点对应的参量均取正号；与虚物、虚像、虚焦点对应的参量均取负号。例如凹球面镜与凸透镜的焦点为实焦点，其焦距为正量；而凹透镜的焦距则为负量。

笛卡儿符号规则是首先人为地确定坐标原点和坐标轴。在成像系统中，常选取某些有特殊意义的点作坐标原点，例如透镜的光心或凹球面镜的顶点等。坐标轴则通常选取成像系统各器件的光轴，而成像时常令光线与轴平行并且近轴入射。坐标轴一般选取从左到右为正方向。已确定了坐标原点、坐标轴及其方向之后，便应考虑各参量在被定义时所规定的方向。若其方向与坐标轴一致则取正号，如果其方向与坐标轴相反则取负号。

2. 薄透镜

透镜有凸透镜和凹透镜，依据折射定律工作。其成像规律和焦距的测定，在以后实验中有详细的介绍。

由于薄透镜条件的限制及近轴光线条件也不能绝对满足和其他各种原因，透镜成像系统的实际成像与理想成像之间发生偏离。这种偏离称为像差。

像差有色差、球差、彗差和像散等。由于不同波长的光在同一介质中折射率不同，因此如果在光轴上焦点外放置一个复色光点光源，通过透镜后并不成像于一点，紫光像点离透镜最近，红光最远，于是该点光源发出的复色光经透镜折射后所成的像不是一个点，而是一个模糊的彩色光斑，这种像差称为色差；如果在光轴上焦点外放置的是一个

单色点光源，由于透镜有一定大小，使近轴条件不能满足，因此光线经透镜折射后也不会聚于一点，使得成像变得模糊，这种像差称为球差；如果是光轴外或远离轴外的点光源发出的单色光，经过透镜折射后，由于其不符合近轴条件及不对称性，得到的是彗星状或椭圆状光斑，这种像差分别称为彗差和像散。

由于单个透镜存在像差，使像产生失真，故在实际中使用的各种光学仪器的镜头，多采用两个或两个以上的透镜构成透镜组，以消除或尽量减小像差。

3. 眼睛

实际上，眼睛就是自动化程度很高的接收像的“仪器”。在光学实验中，往往要用眼睛来观察许多光学现象，眼睛的结构相当复杂，但从光学原理上来说，眼球里的水晶体相当于一个凸透镜，视网膜相当于一个成像屏幕。如果要看清外界物体，则必须使物体发出的光射入眼睛，经水晶体后在视网膜上成一实像，再通过视神经引起视觉。水晶体到视网膜的距离可以近似地看作不变，眼睛之所以能看清远近不同的物体，是靠肌肉的松弛或紧张来调节水晶体的曲率，从而在视网膜上成一清晰实像。

眼睛的水晶体改变曲率的过程称为“调焦”。眼睛的“调焦”能力有一定限度。要长时间观察而不感觉疲倦，物体离眼睛的最短距离是25cm，称为“明视距离”。正常眼睛能看到的最远距离在无限远处，但对很远的物体实际上不能分辨清楚，这是因为用眼睛直接观察时，要使两个点能被眼睛区分开来，必须使它们的像落在两个不同的感光细胞上，因此两点所在的视角必须大于某一数值。眼睛可分辨清楚的最小视角约为$1'$，称为“最小分辨角”。这相当于在明视距离处相距为0.7mm的两个点对眼睛所张的角。所以，要分辨清楚细小的物体，将取决于物体对眼睛所张的角。我们借助光学仪器来观察细小物体，就是为了增大视角。

人眼可观察到的光的波长为0.40～0.76μm，这个范围内的光称为可见光。波长比它长的光称为红外光；波长比它短的光称为紫外光。

4. 助视仪器

助视仪器的种类很多，放大镜、显微镜、望远镜均属常用的助视仪器。助视仪器的作用是放大视角。

（1）放大镜

短焦距的凸透镜可以作为放大镜。如图1-27所示。设原物体长度为AB，放在明视距离处，眼睛的视角为θ_0，通过放大镜观察，成像仍在明视距离处，此时眼睛的视角为$\theta_0\theta$与θ_0之比称为视角放大率M

$$\theta_0 \approx \frac{AB}{25}, \theta \approx \frac{A'B'}{25} \approx \frac{AB}{f}$$

$$M = \frac{\theta}{\theta_0} \approx \frac{25}{f} \tag{1-9}$$

式中，f为放大镜焦距，单位为cm。

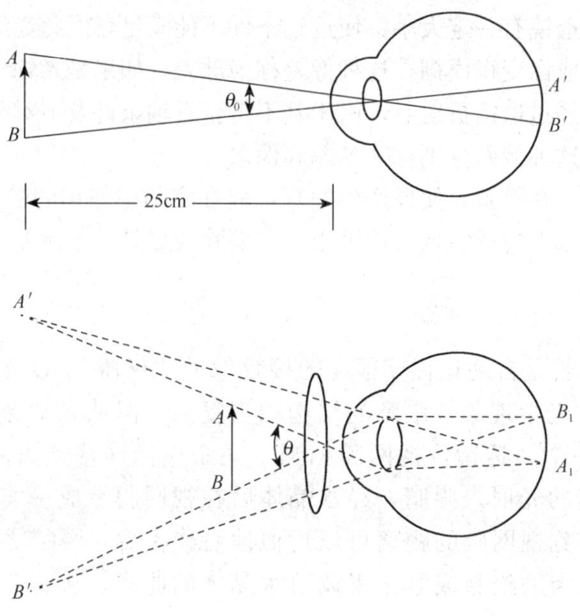

图 1-27　放大镜工作原理图

(2) 望远镜

望远镜一般用来观察处于远距离的物体，或作为测量和对准的工具。它由长焦距（$f_{物}$）的物镜和短焦距（$f_{目}$）的目镜所组成。物镜焦点 F_1 和目镜焦点 F_2 重合在一起，并且在它们的共同焦平面附近安装叉丝或分划板，以供观察或读数之用，其光路如图 1-28 所示。

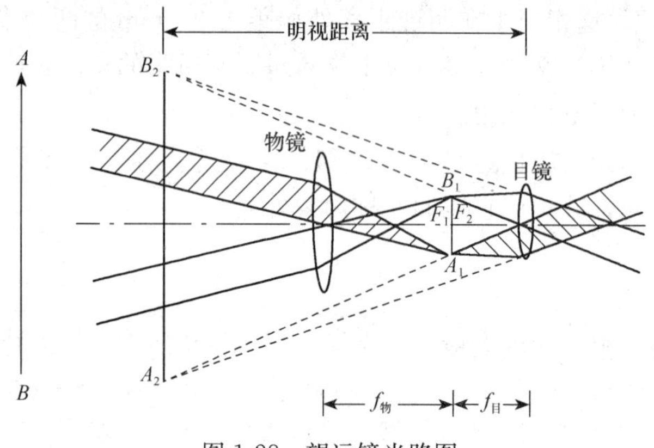

图 1-28　望远镜光路图

物镜的作用是使远处的物体 AB 在其焦平面附近成一个缩小而移近的实像 A_1B_1，然后再用眼睛通过目镜观察这个由物镜形成的像，从而看到一个放大的虚像 A_2B_2，目镜的作用与放大镜相同。望远镜的放大率（放大倍数）为

$$M = \frac{f_{物}}{f_{目}} \tag{1-10}$$

(3) 显微镜

显微镜用来观察细小物体。显微镜也由目镜和物镜组成。物体 AB 放在物镜焦点

F_1外不远处，使物体成一放大实像A_1B_1，落在目镜焦点F_2内靠近焦点处。目镜的作用相当于一个放大镜。它将物镜形成的中间像A_1B_1再放大成一个虚像A_2B_2，位于眼睛的明视距离处。图 1-29 所示为显微镜的光路图。显微镜的放大倍数为

$$M = 25d/f_{物} \cdot f_{目} \tag{1-11}$$

式中，d 为显微镜的光学筒长 cm；$f_{物}$为物镜焦距 cm；$f_{目}$为目镜焦距 cm。

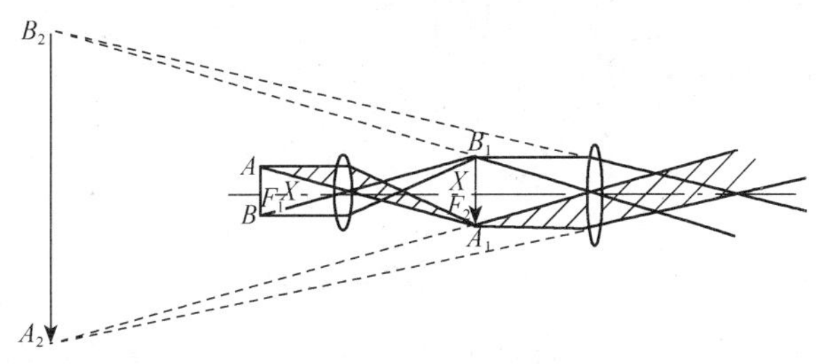

图 1-29　显微镜光路图

5. 分光器件

分光器件的作用是把复色光分解成各种单色光。物理实验中常用的分光器件有三棱镜和衍射光栅。

（1）三棱镜

不同介质对同一波长的光的折射率不同。同一介质对不同波长的光的折射率也不相同。因此当复色光线射入三棱镜时，经过两次折射后出射的光便被分离成单色光，如图 1-30 所示。图中的θ_1、θ_2称为偏向角。波长短的光折射率大，偏向角也大，如图 1-30 中的θ_2；波长长的光折射率小，偏向角也小，如图 1-30 中的θ_1。同一波长光的偏向角与入射角有关。

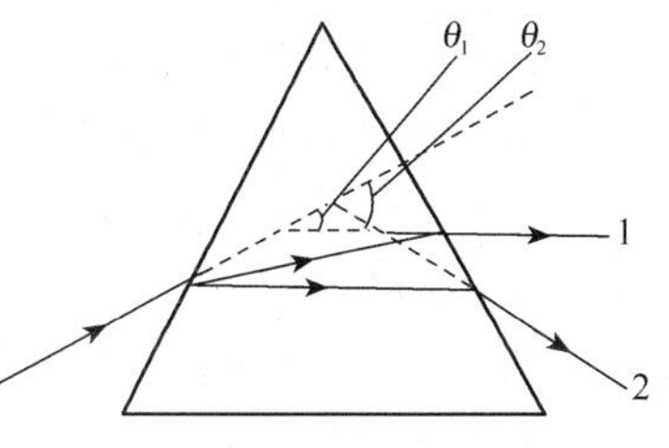

图 1-30　三棱镜分光

（2）衍射光栅

衍射光栅由大量等间距的平行狭缝构成。用于透射光衍射的称为透射光栅，用于反射光衍射的称为反射光栅。

透射光栅可以是刻划光栅、复制光栅或全息光栅。下面以刻划光栅为例进行说明。在刻划透射光栅上刻有大量等间距等宽的平行刻痕，在每条刻痕处，入射光向各个方向散射而不易穿透，两刻痕间的光滑部分可以透光，相当于缝，如图 1-31 所示。a 为缝宽，b 为刻痕宽，$d=a+b$ 称为光栅常数。当复色光射入光栅后，会形成衍射条纹。光栅的衍射条纹应看作衍射的总效果。当平行光垂直入射到光栅上，满足

$$d\sin\varphi = (a+b)\sin\varphi = \pm 2k\frac{\lambda}{2} = \pm k\lambda \qquad k = 0,1,2,\cdots \tag{1-12}$$

所有相邻的狭缝射出的光线的光程差是波长的整数倍，因而相互加强，形成明条纹。

如果满足式（1-12）的 φ 角，还满足单缝衍射暗纹条件

$$a\sin\varphi = \pm 2k'\frac{\lambda}{2} \qquad k' = 1,2,\cdots \tag{1-13}$$

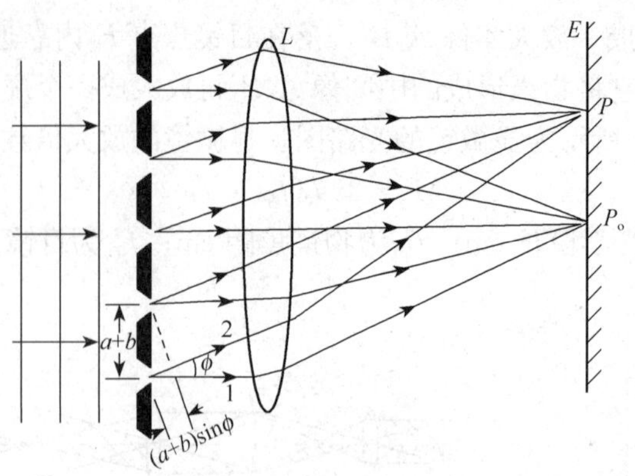

图 1-31　衍射光栅

则相应的明条纹不能出现，称为缺级现象。由式（1-12）可知，对于同一 k 值，不同波长的光有不同的 φ 角，所以光栅能起到分光作用。由该式还可看出，对于同一 k 值，波长越大，衍射角越大。

反射光栅是在光洁度很高的金属面上刻划出等间距等宽的平行条纹而构成。

6. 常用光源

光源可分为天然光源和人造光源。人造光源又可分为电光源、激光光源和固体发光光源等。其中最常用的是电光源，它是将电能转换为光能的装置。按其从电能转换到光能的形式来区分，大致可以分为两类。一类是热辐射光源，它利用电能将物体加热而发光，例如白炽灯、卤钨灯。二是气体放电光源，它利用电能使气体（包括某些金属蒸气）放电而发光，例如日光灯、钠灯、汞灯等。

现将实验室常用的白炽灯、钠灯、汞灯、氢灯和 He-Ne 激光器简介如下。

（1）白炽灯

白炽灯是靠电能将灯丝加热至白炽状态而发光的热辐射光源，其光谱为连续光谱，其中以近红外成分居多。光谱的成分和光强与灯丝的温度有关。

（2）汞灯

汞灯是一种气体放电灯。在真空石英玻璃管内充以汞蒸气和少量氩气，汞蒸气为发光物质。汞蒸气的压强不同，其光谱的亮度也不同。按汞蒸气压强的大小可分为低压汞灯、高压汞灯和超高压汞灯。图 1-32 所示为汞灯结构及其电原理图。灯管两端各有一个放电电极，为主电极。在一个主电极旁边有一个辅助电极，辅助电极通过一只几十千欧的电阻 R 与另一端电极相连接。氩气为辅助气体，起帮助起辉的作用。整个石英玻璃管外再用硬玻璃外壳保护起来。当石英玻璃管加上 220V 交流电后，由于辅助电极与相邻的主电极相距很近，此区域电场很强，造成气体被击穿产生辉光放电。由此产生的大量电子和离子使主电极间产生弧光放电。刚开启时，是低压汞蒸气和氩气放电，之后逐渐向高压放电过渡；当汞全部蒸发后，管压开始稳定，灯管发出正常的青白色光。这个过程大约需要 10min。

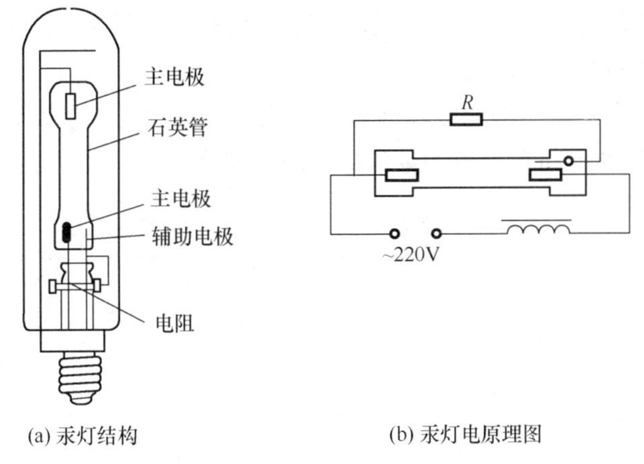

(a) 汞灯结构　　(b) 汞灯电原理图

图 1-32　汞灯结构及电原理图

（3）钠灯

钠灯也是气体放电灯，放电物质是钠蒸气。钠灯的发光原理及特性与汞灯相似，也分为高压钠灯和低压钠灯。

钠灯与汞灯应在额定电压下使用。并依据灯管的额定功率配置相应的限流器与其串联使用。由于其启动发光过程对灯管寿命的损耗远大于连续点燃的损耗，因此一旦点燃后，应待实验做完后熄灭；熄灭后，须等待约 10min，待灯管冷却后方可再次点燃，切勿在熄灭后立即启动，以免影响使用寿命。

（4）氢灯

氢灯又称氢放电管，它是一种高电压的气体放电电源，属于辉光放电。常用作氢谱光源。图 1-33 所示为氢放电管的结构原理与电路图。图 1-33（b）所示方框内为霓虹灯变压器，其高压输出可达上万伏。

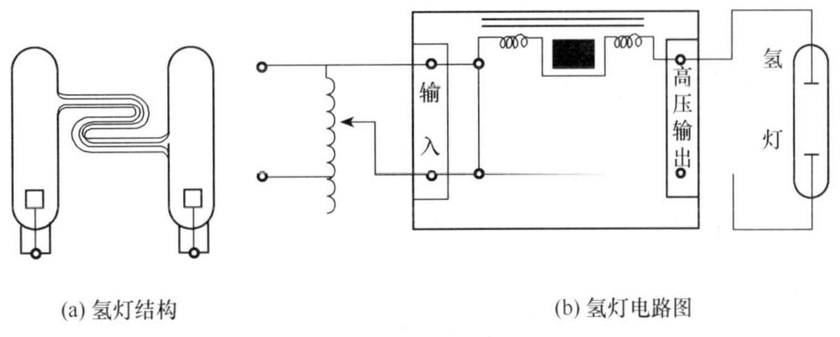

(a) 氢灯结构　　(b) 氢灯电路图

图 1-33　氢放电管的结构原理和电路图

（5）He-Ne 激光器

激光具有单色性好、方向性强和能量集中等优点，已被广泛应用于各个领域。He-Ne 激光器是实验室中普遍应用的一种激光器。它是一种气体激光器。激光管内充有气体 He 和气体 Ne，由受激辐射发光。发光波长为 632.8nm，输出功率在几到几十毫瓦不等。

使用激光器时要注意以下几点。

1）He-Ne 激光管需要供给高电压，约为 1500～3000V，要严防电击事故。

2）每支激光管都有其最佳工作电流，一般情况下已经调好，使用时不要随意调节，以免影响其输出功率和使用寿命。

3）激光束能量集中，不得用眼睛迎着激光束或其反射光直接观看，以免损伤眼睛。

表 1-2 列出了几种不同光源的参量数据，以供参考。

表 1-2　不同型号的几种光源的主要参量

名称	型号	电源电压/V	管端工作电压/V	工作电流/A	功率/W	主要谱线波长/nm	备注
钠灯	GP20Na	220	15±5	1～1.3	20	589.0，589.6	
低压汞灯	GP20Hg	220	20	1.3	20	404.7，435.8，577.0，579.0，546.1	
高压汞灯	Ggq50Hg	220	95±15	0.62	50	404.7，407.8，434.7，435.8，491.6，538.5，546.1，577.0，579.0，607.2，612.3	
氢灯	GP10H	220	起辉电压 8000	15×10^{-3}	10	434.05 466.13 656.28	用霓虹灯变压器
He-Ne 激光器	DN-1	220	触发电压 ≥3500	$(3\sim5)\times10^{-3}$	$(1\sim2)\times10^{-3}$	632.8	光束发散角 10^{-3}rad

7. 常用光探测器

常用的光探测器可分为光电探测器和热电探测器两大类，各种光探测器的工作原理、工作特性也不相同。下面介绍几种常用的光探测器。

（1）光电二极管和光电晶体管

光电二极管利用光生伏特效应制成。核心部分是一个 PN 结。与普通二极管不同的是使 PN 结能接受光照以获得光电流。一般在反向偏压下工作，也可以是零偏压。其光谱响应范围与材料有关。锗管为 0.4～1.8μm，峰值波长 1.4～1.5μm；硅管为 0.4～1.1μm，峰值波长为 0.86～0.90μm。

光电晶体管还具有对光电流的放大作用。

（2）光电池

光电池也是利用光生伏特效应而制成的。在半导体片和金属片之间有一个 PN 结，它吸收能量足够大的光子后在 PN 结处形成电动势，金属一边带负电，半导体一边带正电。用导线把两极连接就会形成光电流。在一个比较大的范围内，短路光电流与光照度成线性关系。硅光电池的光谱响应范围为 0.4～1.1μm，峰值波长为 0.86μm；硒光电池的光谱响应范围为 0.35～0.80μm，峰值波长为 0.57μm。光电池的响应时间在 $10^{-3}\sim10^{-5}$s。

（3）光敏电阻

硫化镉、硒化镉等光导管受光照射后电阻变小，且电阻值的变化与照射的光通量有一定关系，因而可通过测量光导管受光照后电阻的变化来测量入射光辐射量的大小。其光谱响应一般在可见光 0.40～0.76μm 范围内。硫化镉光敏电阻的峰值波长为 0.51μm；硒化镉为 0.72μm。光敏电阻的响应时间为 10^{-1}～10^{-5}s。

（4）光电倍增管与光电管

光电倍增管由一个阴极、多个倍增极和一个阳极组成。当光照在阴极上时，由于外光电效应产生光电子。在电场作用下，光电子得以加速，打到倍增极上产生二次电子，且逐级倍增。最后由阳极收集电子而形成电子流。它是一种很灵敏的光探测器，常用于探测微弱光。其放大倍数一般在 10^6～10^8。其光谱响应范围与阴极材料有关，可以根据需要选择不同的光电倍增管，以适应各种不同波长范围。其响应时间可达 10^{-8}～10^{-9}s。

光电管由阴极和阳极组成，利用外光电效应工作。

以上几种光探测器均属于光电探测器，以下介绍的属于热电探测器。

（5）热电偶

某些晶体受到光辐射后，温度升高引起与辐射功率成正比的电信号输出。其光谱特性类似于热电偶。响应时间可达 10^{-4}～10^{-5}s。

8. 分光计

分光计是一种分光测角光学实验仪器。在利用光的反射、折射、衍射、干涉和偏振原理的各项实验中用作角度测量。例如利用光的反射原理测量棱镜的顶角；利用光的折射原理测量棱镜的最小偏向角，从而计算棱镜玻璃的折射率和色散率；与光栅配合，做光的衍射实验，测量光栅常数或光波波长；与偏振片、波片配合，做光的偏振实验等。

下面介绍 JJY 型分光计。JJY 型分光计的外形如图 1-34 所示。

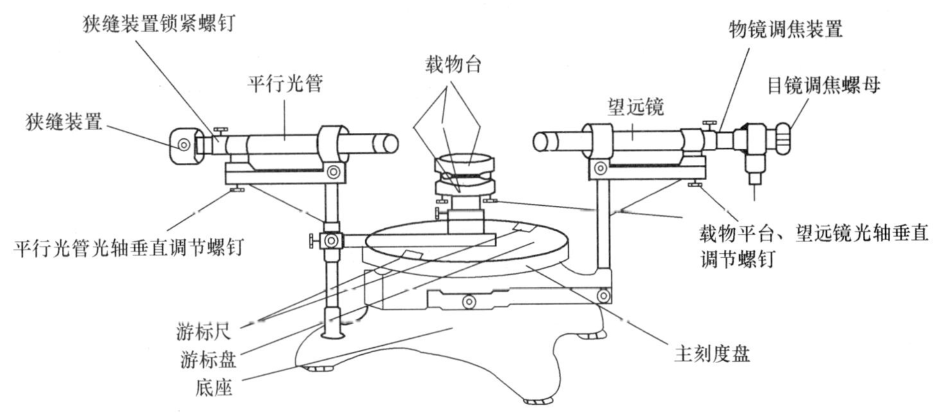

图 1-34　JJY 型分光计结构图

（1）结构原理

（2）分光计的调节

1）分光计调节的标准。

分光计调节的标准有三条：①望远镜能接收平行光；②平行光管能发出平行光；③望远镜的光轴和平行光管的光轴均垂直于旋转主轴。

2）调节步骤。

目镜的调焦：目镜调焦的目的是使眼睛通过目镜能清楚地看到目镜中分划板上的刻

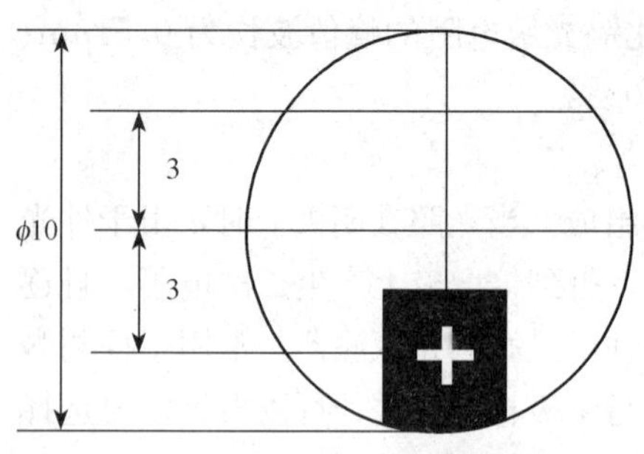

图 1-35 JJY 型分光计分划板参数图

线。调焦方法是：旋转目镜调焦螺母，一边旋进一边从目镜中观察，直至分划板刻线成像清晰。分划板参数如图 1-35 所示。

望远镜的调焦：望远镜调焦的目的是将目镜分划板上的十字线调整到物镜的焦平面上，也就是使望远镜能接收平行光（即望远镜对无穷远调焦）。可采用自准直法进行调焦。其原理是：当分划板上的十字线调整到物镜焦平面上时，十字线通过物镜后成像于无穷远处，也即成为平行光。这时，如果在垂直于望远镜光轴位置放一个反射平面，平行光被反射回来，通过物镜后成像于它的焦平面上，也即成像于分划板平面。具体过程如下。

连接光源（把从变压器接出来的 6.3V 电源插头插到底座的插座上，把目镜照明器上的插头插到转座的插座上）。

把望远镜光轴位置的调节螺钉调到适中的位置。

在载物台的中央放上附件光学平行平板。其反射面对着望远镜，且与望远镜光轴大致垂直。

通过调节载物台的调平螺钉并转动载物台，使望远镜在光学平行平板中的反射像和望远镜在一条直线上。

从目镜中观察，此时可以看到一亮斑。前后移动目镜，对望远镜进行调焦，使亮十字线成清晰像。然后，利用载物台上的调节螺钉，把这个亮十字线调节到与分划板上方的十字线重合。再往复移动目镜，使亮十字和十字线无视差地重合。

调整望远镜的光轴垂直于旋转主轴：此步调节采用“各半调节法”，具体步骤如下。

调整望远镜光轴上下位置调节螺钉，使反射回来的亮十字精确地成像在十字线上。

把游标盘连同载物台、平行平板旋转 180°。这时观察到的亮十字可能与十字线有垂直方向的位移，即亮十字可能偏高或偏低。

调节载物台调节螺钉，使上述位移减少一半。

调整望远镜光轴上下位置调节螺钉，使垂直方向的位移完全消除。

把游标盘连同载物台、平行平板再转过 180°，检查其重合程度。如不重合，重复前面步骤，直至转动 180°后仍完全重合。

平行平板在载物台上的放置位置可按图 1-36 (a) 或 1-36 (b) 中的任一个。如选用图 1-36 (a) 所示位置，调节 b_1 或 b_2 这两个螺钉即可；如选用图 1-36 (b) 所示位置，调节时可只调 b_3 这个螺钉。

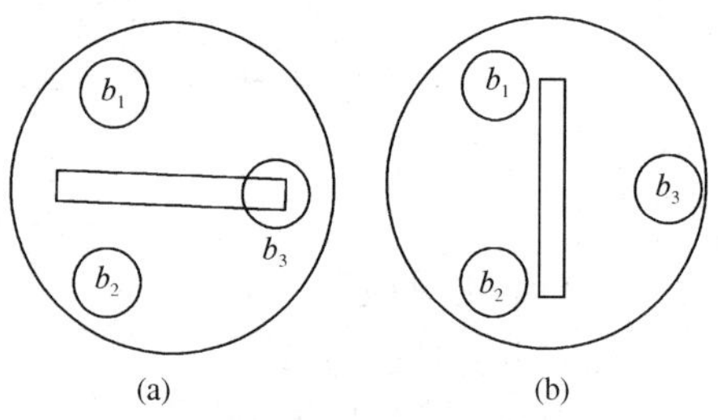

图 1-36 平行平板放置法

将分划板十字线调成水平和垂直：当载物台与光学平行平板相对于望远镜旋转时，观察亮十字的移动方向是否与分划板十字线的水平刻线平行，如果不平行，则转动目镜使其平行。注意不要破坏望远镜的调焦。调好后将目镜锁紧螺钉旋紧。

平行光管的调节：目的是把狭缝调整到物镜的焦平面上，即平行光管对无穷远调焦，使平行光管能发出平行光。具体方法如下。

去掉目镜照明器上的光源，打开狭缝，用漫散光照明狭缝。

在平行光管物镜前放一张白纸，检查在纸上形成的光斑，调节光源与分光计的相对位置，使得在整个物镜孔径上照明均匀。

除去白纸，把平行光管光轴左右位置调节螺钉调到适中的位置，将望远镜正对平行光管，从望远镜目镜中观察，调节望远镜微调机构和平行光管上下位置调节螺钉，使狭缝位于视场中央。

前后移动狭缝机构，使得在目镜中能清晰地看到狭缝像。此时平行光管调焦完成。

调整平行光管的光轴垂直于旋转主轴：调整平行光管光轴上下位置调节螺钉，升高或降低狭缝的像，使其对目镜视场的中心对称。

将平行光管狭缝调成垂直：旋转狭缝机构，使狭缝与目镜分划板的垂直刻线平行。注意不要破坏平行光管的调焦。最后将狭缝装置锁紧螺钉旋紧。

9. 迈克尔逊干涉仪

迈克尔逊干涉仪可用于观察光的干涉现象，测定单色光的波长，测定光源的相干长度；配以法布里-珀罗干涉仪后可观察多光束干涉现象，并做相应的测量；附加适当装置后还可以扩大实验范围，如演示偏振光的干涉、测量压电陶瓷静态特性、测空气折射率等。因此，它是一种用途很广的实验仪器。

下面介绍 WSM-100 型迈克尔逊干涉仪。

（1）结构原理

图 1-37 所示是迈克尔逊干涉仪的外形图。图 1-38 所示是其结构示意图，分束板与补偿板未在其上画出。

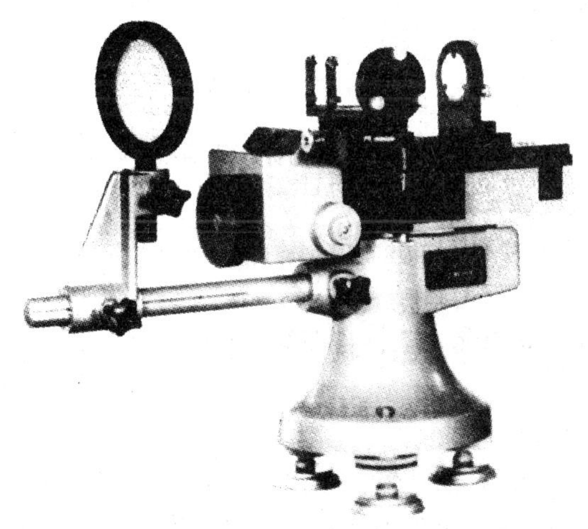

图 1-37　迈克尔逊干涉仪外形图

导轨 7 固定在一只稳定的底座上，由三只调平螺钉 9 支撑，调平后可以拧紧锁紧圈 10 以保持座架稳定。丝杆 6 螺距为 1mm，转动粗动手轮 2 经一对传动比大约为 2∶1 的齿轮带动丝杆旋转与丝杆啮合的可调螺母 4，通过防转挡块及顶块带动移动镜 11 在导轨上滑动，实现粗动。粗动手轮每转一圈，移动镜移动 1mm。移动距离的毫米数可在机体侧面的毫米刻度尺上读得，通过读数窗口 3 可以读得刻度盘上的读数，刻度盘最小分度为 0.01mm。转动微动手轮 1，经 1∶100 涡轮付传动，可实现微动。微动手轮每转一圈，移动镜移动 0.01mm，微动手轮上有 100 个分度，每一分度为 0.0001mm。移动镜 11 和固定镜 13 的倾角可分别用镜背后的三颗粗调滚花螺钉 12 来调节，各螺钉的调节范围是有限的，切勿调节过度。在固定镜 13 的附近有两个微调螺钉 14，其中垂直的螺钉能使镜面干涉图像上下微动，水平的螺钉则使干涉图像左右微动。丝杆顶进可通过滚花螺母 8 来调整。

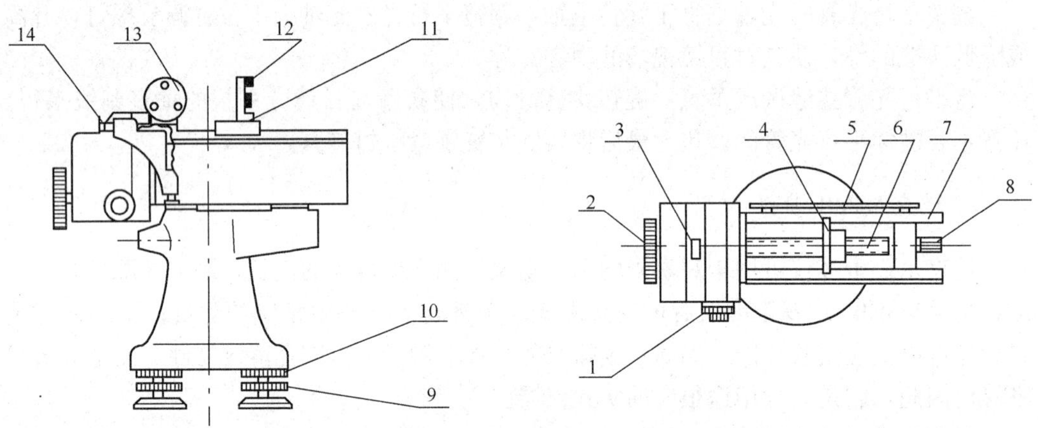

图 1-38　WSM-100 型迈克尔逊干涉仪结构示意图

1. 微动手轮；2. 粗动手轮；3. 读数窗口；4. 可调螺母；5. 毫米刻度尺；6. 丝杆；7. 导轨；8. 滚花螺母；9. 调平螺钉；10. 锁紧圈；11. 移动镜；12. 粗调螺钉；13. 固定镜；14. 微调螺钉

（2）主要技术参数

移动镜行程：100mm；

微动手轮分度值：0.0001mm；

波长测量精度：当条纹数为 100 时，测定单色光波长的相对误差<2%；

外形尺寸：430mm×180mm×320mm；

净质量：11kg。

（3）使用方法

需配备适当的光源，如激光、钠灯、加滤色片的汞灯、白光等。在实验前应将仪器调整至水平。

1）观察非定域干涉条纹。

① 点光源：建议使用 JGQ-250 氦氖激光源或 HNL-55700 多束光纤激光源。

② 使用 JGQ-250 氦氖激光源作光源时，先把扩束镜装在激光器上，并将扩束的激光斑照在干涉仪分光板上，光轴基本与固定镜垂直。

③ 使用 HNL-55700 多束光纤激光源作光源时，按其说明书将一束光纤安装在分光板的前端，使出射的激光斑照射在分光板上，光轴基本与固定镜垂直。因从光纤出射的

激光已经扩束，故不需另加扩束镜。

④ 转动粗动手轮，将移动镜 M_1 的位置置于机体侧面标尺所示约 32mm 处，此位置为固定镜 M_2 和移动镜 M_1 相对于分光板大概的等光程位置。从投影屏处观察（此时不放投影屏），可看到由 M_1 和 M_2 各自反射的两排光点像，仔细调整 M_1 和 M_2 后的三只调节螺钉，使两排光点像严格重合，这样 M_1 和 M_2 就基本垂直即 M_1 和 M_2' 就互相平行了。装上投影屏，即可在屏上观察到非定域干涉条纹，再轻轻调节 M_2 后的调节螺钉，使出现的圆条纹中心处于投影屏中心。

⑤ 转动粗动手轮和微动手轮，使 M_1 在导轨上移动，并观察干涉条纹的形状、疏密及中心“吞”、“吐”条纹随程差的改变而变化的情况。

2）测量 He-Ne 激光的波长。

利用非定域的干涉条纹测定波长。按上述 1）的方法调出干涉圆条纹，单向缓慢转动微调手轮移动 M_1，将干涉环中心调至最暗（或最亮），记下此时 M_1 的位置，继续转动微调手轮，当条纹“吞进”或“吐出”变化数为 m 时，再记下 M_1 的位置，设 M_1 位置的变化数为 ΔL，则根据双光束干涉原理，测得 He-Ne 激光的波长为

$$\lambda=2\Delta L/m$$

测量时，m 的总数要不少于 500 条，可每进 50 条时读取一次数据，连续取 10 个数据，应用逐差法加以处理。

3）观察定域干涉条纹。

扩展光源：建议采用可升降式低压钠灯（GP_{20}Na-II），He-Ne 激光器作调整仪器用辅助光源。

等倾干涉：先用 He-Ne 激光器调整仪器，在激光器前放一小孔光栏，使扩束的激光束通过光栏，并经分光板 G_1 反射到移动镜 M_1 上（此时应将固定镜的反射面遮住），再反射经分光板返回至小孔光栏上，仔细调整 M_1 后的三个调节螺钉使最后的反射光点像与光栏的小孔严格重合。转动粗动手轮移动 M_1，要求反射光点像不随 M_1 的移动而产生漂移。此后的实验过程中，不可再旋动 M_1 后的三颗调节螺钉。

换上钠光灯，出光口装有毛玻璃，以使光源成为面光源，用眼睛直接观察毛玻璃，仔细调节 M_2 后的调节螺钉，可看到圆条纹，进一步调节 M_2 的调节螺钉，使眼睛上下左右移动时，各圆的大小不变，仅是圆心随眼睛移动，这就是严格的等倾条纹。移动 M_1 观察条纹的变化情况。

等厚干涉：移动 M_1 和 M_2' 大致重合，调节 M_2 后的螺钉使 M_1 和 M_2' 有一个很小的夹角，这时视场中出现直线干涉条纹，这就是等厚干涉条纹。仔细调节 M_2 后的螺钉和微调螺钉，即改变夹角的大小，观察条纹的疏密变化。

4）测量钠光的相干长度。

可利用等厚条纹的观察方式，用等厚干涉条纹测出钠光的相干长度。首先把干涉仪两臂调到接近相等，此时干涉条纹的对比度最佳，然后移动 M_1，直至干涉条纹由模糊变为几乎消失，这时的光程差即为相干长度。钠光灯的相干长度为 2cm 左右。

可观察 He-Ne 激光的相干情况，因为激光的单色性很好，相干长度为几米到几十米，故不必在干涉仪上测出。

5）测钠黄光波长及钠黄光双线的波长差。

按等倾干涉的调节方法将仪器调整好，并调出干涉圆条纹，再按测量 He-Ne 激光波长的方法进行测量。

同上调整仪器。如果使用绝对单色光源，当干涉光的光程差连续改变时，条纹的可见度是一直不变的。当使用的光源包含两种波长 λ_1 及 λ_2，且 λ_1 及 λ_2 相差很小，当光程差为

$$L=m\lambda_1=(m+1/2)\lambda_2 \qquad (m \text{ 为正整数})$$

时，两种光的条纹为重叠的亮纹和暗纹，使得视野中条纹的可见度减低，若 λ_1 及 λ_2 的光的亮度又相同，则条纹的可见度为零，即看不清条纹。再逐渐移动 M_1 以增加（或减少）光程差，可见度又逐渐提高，直到 λ_1 的亮条纹与的 λ_2 亮条纹重合，暗条纹和暗条纹重合，此时可看到清晰的干涉条纹，再继续移动 M_1，可见度又下降，在光程差

$$L+\Delta L=(m+\Delta m)\lambda_1=(m+\Delta m+3/2)\lambda_2$$

时，可见度最小（或为零）。因此，可测出从某一可见度为零的位置到下一个可见度为零的位置，位置为 ΔL，其间光程差变化应为

$$\Delta\lambda=\frac{\lambda_1\lambda_2}{\Delta L}=\frac{\lambda^2}{\Delta L}$$

$\Delta\lambda$ 即为欲测的钠黄光双线的波长差，λ 为 λ_1 及 λ_2 的平均值，可用上述方法测出的波长值代入。

6）观察白光干涉条纹。

按等倾干涉的调节方法将仪器调整好，并调出干涉圆条纹，转动粗动手轮，使圆条纹变宽，当出现 1～2 条条纹时，用微动手轮再仔细地调到条纹消失，即零光程位置，此时，将光源换成平行的白光光源，在 E 处可观察到中央为直线黑纹，两旁有对称分布的彩色条纹的白光干涉条纹。

用本方法可以测量固体透明薄片折射率 n 或厚度。当调出中央条纹后，在 M_1 和 G_1 之间放入一透明薄片，中央条纹移出视场，将 M_1 向 G_1 前移，会重新观察到中央条纹，测出放入薄片前后均可观察到彩色条纹的位置差 ΔL，由式

$$\Delta L=2l(n-1)$$

可求出 l 或 n，一般 $l<0.5\text{mm}$ 为宜。

7）多光束干涉。

将干涉仪上的分光板部件和移动镜拆除，换上法布里-珀罗系统。转动粗动手轮，使法布里-珀罗系统的移动镜和参考镜保持一定的距离（2～3mm）。用扩束的 He-Ne 激光从移动镜的后面射入，仔细调整两镜后面的螺钉，使两镜平行，此时可在 E 处观察到干涉圆条纹。

由于法布里-珀罗干涉仪具有较高的分辨本领，理论上固定间隔的法布里-珀罗干涉的分辨率可达 0.001nm。对本仪器而言，无论换用钠光或白光，其实验现象或测量结果均大大优于平板式单光束干涉，而干涉滤光片就是应用此法制作的具有较好波长半宽度的选光元件。

（4）维护保养

1）仪器应妥善放在干燥、清洁的环境中，防止振动，仪器搬动时应托住底座，以

防导轨变形。

2）分束板，反射镜等的光学表面不能用手触摸。一般情况不允许擦拭，必要擦拭时，须先用备件毛刷小心掸去灰尘，再用清洁脱脂棉花球滴上酒精、乙醚混合液轻拭。

3）使用时各调整部位用力要适当，不准强旋、硬扳。

4）传动部件应有良好的润滑，特别是导轨、丝杆、螺母与轴孔部分，应用 T5 精密仪表油润滑。

5）导轨面、丝杆应防止划伤、锈蚀，用完后仍应保持不失油状态。

6）经过精密调整的仪器部件上的螺钉都涂有红漆，不要擅自转动。

第二章　常用物理实验方法

物理实验包括在实验室人为再现自然界的物理现象、寻找物理规律和对物理量进行测量三部分。物理实验和物理测量虽然不完全等同，但却有着紧密的联系。在任何物理实验中，几乎都要对物理量进行测量，故有时也把物理测量称为物理实验，把具有共性的测量方法归纳起来，叫做物理实验方法。下面介绍几种常用的物理实验方法。

一、比较法

比较法是物理量测量中最普遍、最基本的测量方法。它是将被测量与标准量具进行比较而得到测量值的。比较法可分为直接比较和间接比较两类。替代法、置换法实际上也属于比较法，它们的特点是异时比较。

（一）直接比较法

直接比较是将测量与同类物理量的标准量具直接进行比较。因此要求制成相应的供比较用的标准量具，如直尺、砝码等，它们被赋予标准量值，供比较使用。

有些物理量难以制成标准量具，因而先制成与标准量值相关的仪器，再用它们与待测量进行比较。例如温度计、电表等。

有时，只有标准量具还不够，还必须配置一定的比较系统，才能实现被测量与标准量之间的比较。例如，只有砝码不能测质量，要借助天平；只有标准电池不能测电压，要由比较电阻等附属装置组成电位差计，这些装置就是比较系统。

这种情况下，常常采用平衡、补偿或零示测量来进行直接比较。在利用天平测量物体质量时，即为平衡测量。利用天平这一仪器，使待测量和砝码进行比较，当天平平衡时两者质量相等。其测量结果的准确度受到天平自身灵敏度的制约，只能接近砝码的精度。在惠斯登电桥实验中，测量未知电阻使用的是平衡测量，而作为表征电桥是否平衡却使用的是检流计零示法。在电位差计测量电动势实验中，测量电源电动势的原理是补偿法测量。零示测量的最突出优点是测量的精度高低与示零仪器的灵敏度密切相关，而对于仪器而言，实现一个高精度的电流计是困难的，但高灵敏度的检流计却容易实现。故常常利用零示法来实现较高精度的测量。

必须指出，有效地运用直接比较法应考虑以下两个问题。

1）创造条件使待测量与标准量能直接对比；

2）无法直接对比时，则视其能否用零示法比较。此时只要注意选择灵敏度足够高的示零仪器即可。

（二）间接比较法

间接比较法是在测量中应用得更为普遍的比较法。因为多数物理量无法通过直接比较而测出，往往需要利用物理量之间的函数关系制成相应的仪器来简化测量过程。

例如电流表，它是利用通电线圈在磁场中受到的电磁力矩与游丝的扭力矩平衡时，电流的大小与电流表指针的偏转量之间有一定的对应关系而制成的，因此可以用电流表指针的偏转量间接比较出电路中的电流。

（三）替代法

有时利用被测量与标准量对某一物理过程具有等效的作用，而用标准量替代被测量，从而提高测量的准确度。

例如用伏安法测未知电阻阻值，可以先读出未知电阻两端的电压值及流经它的电流值，再用标准电阻替代未知电阻，改变电阻箱的阻值，使其两端的电压值及流经它的电流值与前面相同，此时，未知电阻的阻值即与电阻箱所示的值相等。

二、放大法

测量中，有时由于被测量过小，以至无法被实验者或仪表直接感觉和反应，那么可以先通过某种途径将被测量放大，然后再进行测量。放大被测量所用的原理和方法就称为放大法。常用放大方法有以下几种。

（一）机械放大

机械放大是利用机械部件之间的几何关系将物理量在测量过程中加以放大，从而提高测量仪器的分辨率的。

例如游标卡尺，利用游标原理进行放大。螺旋测微计、读数显微镜和迈克尔逊干涉仪中都用到了螺旋放大的原理。百分表中则通过齿轮齿条的传动，实现了放大。

（二）电磁放大

在电磁学物理量的测量中，如果被测量很小，常常通过电子电路放大后再进行测量；在非电学量的电测量中，由于转换出来的电学量往往很微弱，这种方法几乎已成为科技人员的惯用方法，并加以深入的研究。

例如对于微弱电流，除了可以用灵敏电流计测量外，也常用微电流放大器将其放大后再测量；光电倍增管利用电场加速电子以及电子的二次发射，实现光电流的放大。

（三）光学放大

光学放大在物理实验中以及许多仪器中都得到了广泛的应用。

例如利用光杠杆测微小的长度变化（详见实验九）；利用镜尺法测量微小的角度；利用放大镜、望远镜、显微镜等光学仪器放大视角等。

三、补偿法

补偿法在实验中常被使用，它的定义如下：某系统受某种作用产生效应 A，受另一种作用产生效应B，如果由于效应B的存在而使效应A显示不出来，即称为B对A进行了补偿。补偿法大多用在补偿法测量和补偿法消除系统误差两个方面。

（一）补偿法测量

设某系统中A效应的量值为被测量对象，但由于物理量A不能直接测量或不易测准，就用人为方法制造出一个B效应与A效应补偿，然后用测量B效应量值的方法求出A效应的量值。制造B效应的原则是B效应的量值应该是已知的或易于测量的。

完整的补偿测量系统由待测装置、补偿装置和指零装置组成。待测装置产生待测效应，要求待测量尽量稳定，便于补偿。补偿装置产生补偿效应，要求补偿量值准确达到设计的精度。测量装置可将待测量与补偿量联系起来进行比较。指零装置是一个比较系统，它显示出待测量与补偿量比较的结果。比较方法除了上面所述的零示法外，还有差示法。零示法对应于完全补偿，差示法对应于不完全补偿。

电位差计是测量电动势和电位差的主要仪器之一。由于应用了补偿原理和比较法，测量准确度大为提高。用电压表无法测量电源的电动势。如图2-1所示，它测的是电源的端电压U（$U=E_x-I_r$，r为电源的内阻，I为流过电源的电流。仅在$I=0$时，端电压U才等于电源电动势E_x。但是只要电压表与电源连接，I就不可能为零，即$U\neq E_x$）。电位差计的基本原理如图2-2所示。设E_0为一连续可调的标准电源电动势，而E_x为待测电动势，若调节E_0，使检流计G指零，此时回路中电流$I=0$，则有$E_x=E_0$。E_0产生的效应与E_x产生的效应相补偿。

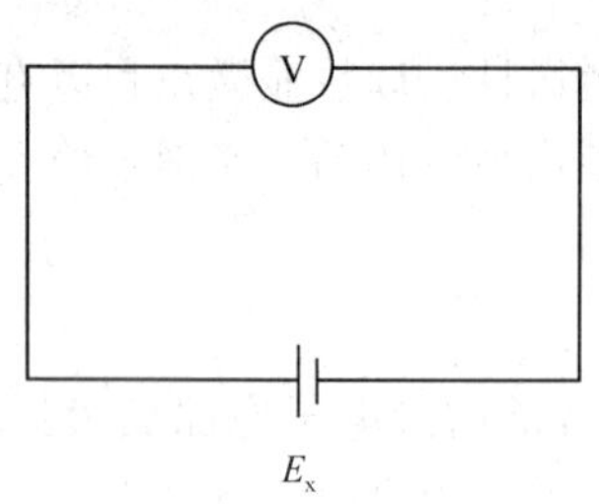

图2-1　用电压表测电源电压

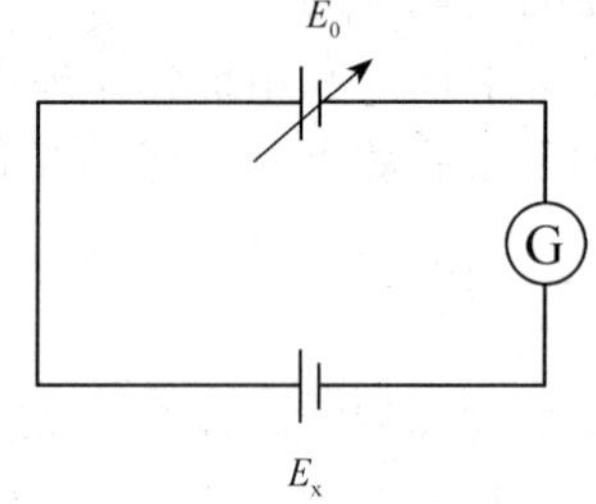

图2-2　电位差计的基本原理图

（二）补偿法消除系统误差

用补偿法还可以修正系统误差。测量中，往往由于存在某些因素导致系统误差，而又无法排除，此时可以想办法制造另一种因素去补偿这种因素的影响，使这种因素的影响消失或减弱。这个过程就是用补偿法修正系统误差。例如在电路里常使用廉价的碳膜电阻和金属膜电阻。这两种电阻的温度系数都很大。只要环境温度发生变化，它们的阻值就会产生较大的变化，影响电路的稳定性。但是金属膜电阻的温度系数为正，碳膜电阻的温度系数为负，若适当地将它们搭配串联在电路里，可使电路不受温度变化的影响。又如，在电子电路里常配置各种补偿电路来减小电路的某种浮动；在光学实验中为防止由于光学器件的引入而影响光程差，在光路里常人为地适当配置光学补偿器来抵消这种影响，迈克尔逊干涉仪中的补偿板即是典型的一例。

四、转换法及传感器

很多物理量，由于其属性关系，无法用仪器直接测量，或者测量不很方便、准确性差等原因，常常将这些物理量转换成其他物理量进行测量，之后再利用测量量求得被测物理量，这种方法称为转换法。最常见的是玻璃液体温度计，即利用材料在一定范围内热膨胀与温度的线性关系，将温度测量转换为长度测量。

在电磁学测量发展之后，由于其具有方便、迅速、可自动控制等多种优点，有很多方法将许多物理量测量转换为电学量测量。这种转换方法常称为非电量电测法。激光器问世后，由于其单色性好、强度高、稳定性好等因素，人们又将某些需要精确测量的物理量转换为光学量测量，这种转换方法叫做光测法。光测法可以获得非常高的精度。

转换法测量最关键的器件是传感器。一般传感器都由两个部分组成，一个是敏感元件，另一个是转换元件。敏感元件的作用是接收被测信号，转换元件的作用是将所接受的信号按一定的物理规律转换为可测信号。有时，一个器件也可以同时具有上述两种功能。传感器的性能优劣，由其敏感程度及转换规律是否单一来决定。敏感程度越高，测量便越精确；转换规律越单一，干扰就越小，测量效果就越好。

传感器种类有很多。从原则上讲，所有物理量，比如尺寸、速度、加速度、振动参量、表现粗糙度等力学量，以及温度、压力、流量、湿度、气体成分等都能找到与之相应的传感器，从而将这些物理量转换为其他信号进行测量。下面对电测法和光测法分别作出介绍。

（一）电测法

电磁测量速度快，灵敏度高，便于自动控制和遥控，所以电测法具有许多优越性，被广泛地应用。实际上，传感器的制作就是根据某些物理原理和物理效应找出转换规律的。以下对几种常用的传感器作简单的介绍。

1. 电阻式传感器

（1）应变传感器

某些力学量，如力、速度、加速度等可以转换成某种材料的形变，再由形变引起材料电阻的变化来实现电测法，这种转换装置就称为电阻应变式传感器，简称应变片。

应变片一般由敏感栅、基底、引线和覆盖层组成。图 2-3 所示是它的基本结构。其中敏感栅的往返折线布置是为了尽可能加大栅丝的长度，以便增大电阻的实际变化量，易于取得较大的电信号输出。基底的作用是定位和保护敏感栅，并使敏感栅与弹性体之间绝缘。若基底的一端固定，当外力施加在基底的另一端时，基底的形变引起敏感材料的形变，从而改变了材料的电阻值。引出线用于连接测量电路。覆盖层也是为了保护敏感栅，提高防潮和抗腐蚀作用。

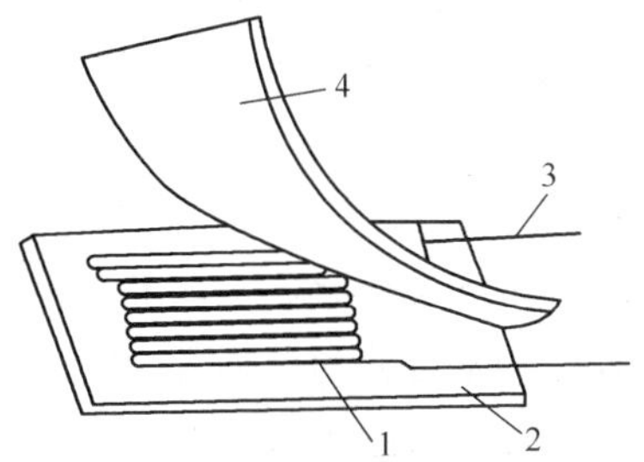

图 2-3　电阻应变片的结构

1. 敏感栅；2. 基底；3. 引线；4. 覆盖层

现代电阻应变计已发展成为一个很大的品种系列，其分类方式多种多样。按基底材料分有纸基底、胶基底（树脂基底）、玻璃纤维增强基底等；按敏感栅材料分，有康铜、卡玛合金等金属材料，也有各种半导体材料；按结构和加工分，有丝式、箔式、薄膜式等；还有按使用温度范围分类的等等。

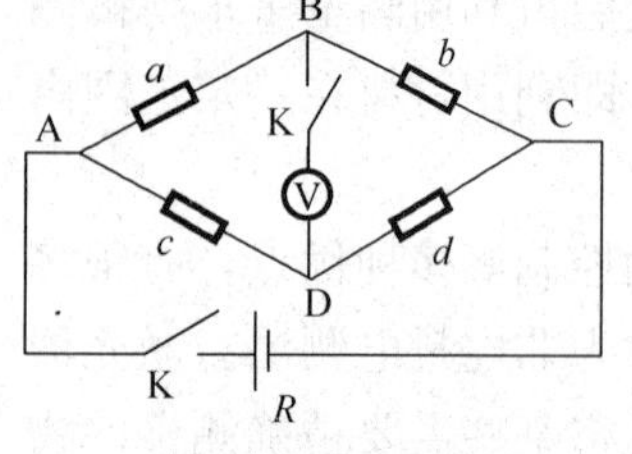

图 2-4 单臂电桥

为了提高灵敏度，常把四块结构相同的敏感栅一起对称地粘在基底上，从而构成单臂电桥。如图 2-4 所示，在 A、C 两端接上电源后，a、b、c、d 四个应变敏感栅在形变前后电阻的变化引起了 B、D 两端电位的变化。只要提高电桥的灵敏度，就可使应变传感器更加灵敏。当然，必须注意应变片怎样粘才能使灵敏度尽量高。

(2) 半导体应变计

金属丝式、箔式等应变计性能稳定、可靠，在高准确度的应变式传感器中应用广泛。半导体应变计的优点是：灵敏度系数可以高出金属应变计 50～80 倍，蠕变和滞后很小，体积也小，适于动态测量。

它是利用半导体的压阻效应工作的。当半导体单晶的某一晶向受到压力作用时，电阻率的变化与应力成正比。其灵敏度系数远大于金属应变计的灵敏度系数。目前常用的半导体应变材料有锗和硅。由于硅的灵敏度系数和稳定性较高，使用更广。

(3) 热敏、光敏和气敏电阻传感器

1) 热敏电阻传感器。电阻率随温度而变化的现象在许多场合是产生误差的因素，是需要设法加以补偿和消除的；而这个现象正是金属热电阻和半导体热敏电阻传感器的工作原理。

2) 光敏电阻传感器。某些半导体材料在光照射下，由于导带内的电子和价带内的空穴浓度增大，使其电阻率减小，这个现象称为内光电效应。光敏电阻传感器即是用具有此效应的光导材料制成，通常也称为光导管，其阻值随光照增强而降低。

3) 气敏电阻传感器。某些金属氧化物半导体材料，当其表面吸附到某种气体时，电导率便发生明显变化。这就是气敏电阻传感器工作的基本原理。例如，可燃性气体（属还原性气体）的电离能较小，容易失去电子，当这些电子从气体分子向 N 型（或 P 型）半导体移动时，使半导体中的载流子浓度增加（或减小），从而使电阻减小（或增大）。当吸附氧化性气体时，电阻变化的方向正好相反。为了提高气敏电阻传感器的灵敏度，应使气敏电阻在 200～400℃温度下工作。因此，应寻找热稳定性良好的金属氧化物及其陶瓷材料。

2. 电感式传感器

电感式传感器是基于电磁感应原理，将被测量转换为自感变化或互感变化的传感器。通常可分为自感式、差动变压器式、涡流式及压磁式等几种。

(1) 自感式传感器

自感式传感器将被测量转换为线圈自感的变化。分为改变气隙厚度、改变气隙截面面积及可动铁心三种形式。第一种灵敏度高，但线性差、示值范围小；后两种线性较好，但灵敏度较低一些。

（2）差动变压器式传感器

差动变压器式传感器本身是一个变压器，如图 2-5 所示，能将被测量转换成线圈互感的变化。当初级线圈 5 接入交流电源时，由于互感的作用在次级线圈 6 和 3 中产生输出电动势 e_1 和 e_2，其大小与铁心 4 在线圈中的位置有关。由于两个线圈按差动方式串接，故此差动变压器的输出电动势 $e=e_1-e_2$ 显然，当铁心处于中间位置时 $e=0$。图 2-5（a）所示中 1 为被测量的工件，2 为测杆，7 为线圈架。它的线性比自感式好，测量准确度也高，但应消除零点残余的电动势影响。

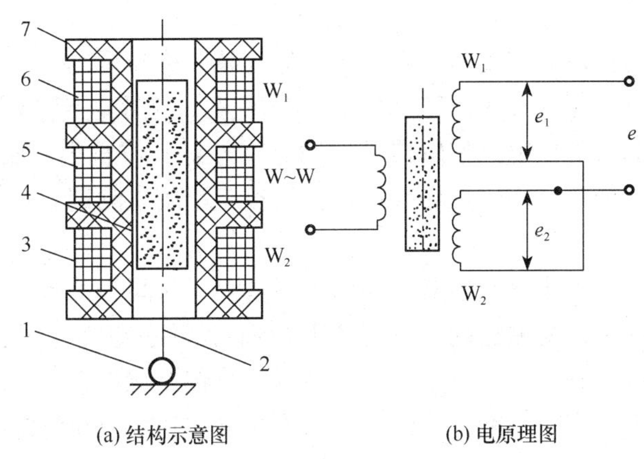

(a) 结构示意图　　(b) 电原理图

图 2-5　差动变压器式传感器

（3）涡流式传感器

根据电磁感应原理，当金属块放在变化的磁场中或在磁场中移动时，金属内会产生闭合的感应电流，即为涡流。将被测量的位移、振幅、厚度、热膨胀系数、电导率（非铁磁材料）、转速等量转换为涡流变化的传感器称为涡流传感器。它的特点是可以进行非接触式测量，而且灵敏度高、简便可靠。

（4）压磁式传感器

物体受外力作用时内部会产生应力，对某些铁磁物质还会引起导磁率的变化，从而使磁回路的磁阻和电感发生变化。此即压磁效应。它的规律是：承受接力时，顺拉力方向导磁率增大，磁阻减小，垂直于拉力方向的导磁率略有下降，磁阻略增；受压力时情况相反。压磁式传感器实际上是一种具有可变导磁率的电感式传感器，它利用压磁效应将被测量转换成电信号。它的过载能力强、输出功率大、抗干扰能力强，但线性和稳定性较差，适用于恶劣的环境条件。

3. 电容式传感器

电容式传感器是将被测量转换为电容变化的传感器。两块平行金属极板间的电容 C，当忽略边缘效应时为

$$C=\frac{\varepsilon A}{d} \tag{2-1}$$

式中，A 为两极板相互覆盖的面积；d 为两极板间的距离；ε 为两极板间介质的介电常数。

由式（1-14）可知，当被测量改变 ε、A、d 之一时，均可引起电容 C 的变化。因此，电容传感器分别是按介质变化（$\Delta\varepsilon$）、面积变化（ΔA）和极距变化（Δd）的原理而工作的，从这个意义上说，电容传感器就是参数可变的电容器。

这种传感器特点是灵敏度和分辨力均较高，响应快，耗电小，几乎不存在自然效应；但是易受外界分布电容的干扰及泄漏电容的影响。

4. 压电式传感器

晶体受机械力的作用激发出晶体表面电荷的现象，称为压电效应。这种具有压电效应的晶体，例如石英晶体（SiO_2）和 PZT 压电陶瓷等，是压电传感器的敏感元件。

利用压电效应制成的压电式传感器具有动态特性好、体积小、质量小、结构坚实、便于安装、使用寿命长以及稳定性好等优点。已被广泛用来测量力、压力、加速度以及表面粗糙度等机械量。

目前力和压力的石英压电传感器已经用于测量上升时间为 1μs 的动态过程，石英振动传感器可以测量的最高机械振动频率达 MHz，而且动态范围也很宽。这些特点都是应变式传感器所难以达到的。压电加速度计还有一个特点就是它是自发电的，无需外接电源；而且它的电阻很高，一般为 GΩ 量级，故要求与其匹配的前置放大器也必须有很高的输入阻抗。

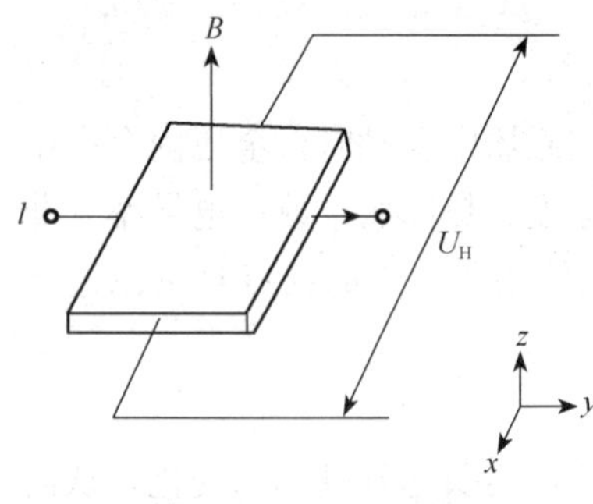

图 2-6　霍尔片示意图

5. 磁电传感器——霍尔片

霍尔片如图 2-6 所示，是由半导体材料制成的片状物。若在半导体薄片的两端沿 y 方向通以电流 I，在与薄片垂直的 z 方向加上磁场 B，那么在 x 方向上就产生霍耳电势

$$U_H = K_H IB$$

式中，K_H为霍尔元件的灵敏度。对霍尔片来说，K_H是一个常数。所以可以利用 I、U_H的测量得到 B 的值。

6. 光电传感器

将光信号转换成电信号再进行测量。光探测器都可以看成光电传感器。

（二）光测法

将某些物理量转换为光信号的测量，能够获得很高的精度。比如用光的干涉现象来测量物体的长度、微小位移等。另外，还可利用声-光、电-光、磁-光等效应来进行一些特殊的测量。

近年来利用光导纤维的传输特性和集成光学技术，已经研制成不少光导纤维传感器。

目前，光导纤维传感器可分为两类：一类利用光导纤维本身具有的某种敏感特性或功能，称为功能（FF，Function Fiber）型传感器；另一类的光导纤维仅仅起传输光波的作用，必须在纤维面加装其他敏感元件才能构成传感器，称为非功能（NFF，Non Function Fiber）型传感器。NFF 型传感器的基本原理如图 2-7 所示。

FF 型传感器的基本原理如图 2-8 所示。在这类传感器中，光导纤维不仅起到传播光线的作用，而且还利用在被测外界因素（如温度、压力、力、电场、磁场等）作用下改变了光纤本身特性，即被测物理量、化学量的变化直接影响其传光特性，使传光特性发生变化来实现传感测量。

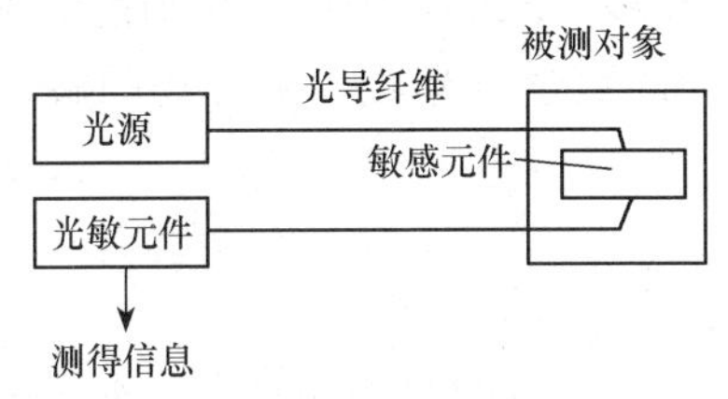

图 2-7 NFF 型光导纤维传感器原理框图

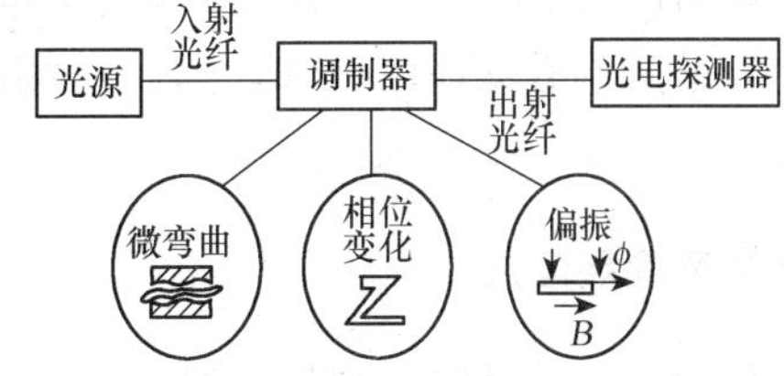

图 2-8 FF 型光纤传感器原理框图

用光纤传感器可以解决许多以前认为难以解决，甚至是不能解决的测试技术难题。它具有一些常规传感器无可比拟的优点，除灵敏度高、响应快、动态范围宽等以外，光导纤维中所传输的光不受周围的电磁干扰，可以用它作为传递信息的媒介体，还有与电和磁存在的某些相互作用的效应。这样，可以直接用它传递电、磁信号。它没有可动部分，也不含电源，所以在测量高电压时常常遇到的绝缘或接地等难题也可以容易地解决。光导纤维抗腐蚀性强，可用于在化学腐蚀溶液中进行测量。由于不含电源，非常适用于易爆场所。

光纤传感器可实现传感的物理量很多，如磁、声、力、温度、位移、旋转、加速度、流速、密度、电流、电压等等。

五、模拟法

由于某些特殊原因，比如研究对象过大，危险，或变化缓慢等限制，难于对研究对象直接进行测量，于是便制造了与研究对象有一定关系的模型，用对模型的测试代替对原型的测试。这种测试方法称为模拟法，模拟法分为两个类型。

（一）物理模拟

可以想象，并不是任意一个模型都可以代替原型进行测量的，它还必须具备一定的条件。首先，要求模型的几何尺寸与原型的几何尺寸成比例地缩小或放大，即在形状上模型与原型完全相似，这称为几何相似。除此之外，还要求模型与原型遵从同样的物理规律，只有这样才能用模型代替原型进行物理规律范围内的测试，这称为物理相似。值得注意的是，模型和原型不管经过怎样的变换和处理，也只能做到某些方面的物理相似，不可能使两种型体在所有的物理性质上完全相似。

在风洞里，用大型风扇吹动空气流动，产生具有一定流速的人造风，将飞机模型静止置于其中，调整好模型与原型的尺寸比较以及风的速度，便可用模型的动力学参量的测量，代替原型的动力学参量的测量。这种方法就是物理模拟法。大型水槽中，在以一定速度流动的水里放置船舶、桥梁的模型，用模型的动力学参量测量代替原型的动力学参量测量也是应用极其广泛的物理模拟。

（二）数学模拟

数学模拟又称类比，它与几何相似、物理相似都不相同，原型和模型在物理形式上和实质上均毫无共同之处，但它们却遵守着相同的数学规律。例如在静电场的测绘实验中，就是用稳恒电流场的等位线来模拟静电场的等位线。虽然稳恒电流场与静电场完全不同，但是由电磁场理论可知，这两种场具有相同的数学方程式，两种场的解也自然相同。

六、测量宽度展延法

当待测量的数量级与测量仪器的误差较为接近时，其测量结果可信度很低。如何改进测量方法，增加测量值的有效位数，从而提高测量的准确度？测量宽度展延法将在一定程度上解决这一问题。

所谓测量宽度展延法，就是在不改变被测物理量性质的情况下，将被测量展延若干倍，从而增加了被测量的有效位数，减小了测量结果相对不确定的测量方法。这种方法在物理实验中得到广泛的应用。如要测某均匀细丝直径，可将其并排密绕 100 匝，量出其宽度从而求出细丝的直径；又如在单摆实验和三线摆实验中要测量摆动的周期，可以采用测量 50 或 100 个周期的时间，然后求出摆动的周期等。

测量宽度展延法的优点如下。

设用某仪器对某物理量进行单次直接测量，测得值为 x，不确定度为 $\Delta_x=\Delta_{ins}$，则相对不确定度为

$$E=\frac{\Delta_{ins}}{x}$$

若将该物理量展延 m 倍（m 为大于 1 的整数），仍用该仪器作单次直接测量，其测得值应为 mx，而其不确定度仍为 Δ_{ins}，则其相对不确定度为

$$E_m=\frac{\Delta_{ins}}{mx}=\frac{1}{m}E$$

可见展延后的相对不确定度减小为原来的 $1/m$。X 的不确定度变为 Δ'_x

$$\Delta'_x=E_m\cdot x=\frac{1}{m}\Delta_{ins}=\frac{1}{m}\Delta_x$$

也减小为原来的 $1/m$。由于测量结果的不确定度减小了，故其有效位数得到了增加。

注意：要使用测量宽度展延法，首先在展延过程中被测量不能有变化；其次在展延过程中应避免引入新的误差因素（例如将细丝并排密绕时应避免出现空隙）。

七、量纲分析法

在间接测量中，一个十分重要的问题是建立被测量与可测量之间的函数关系式。将

直接测量得到的可测量的值代入函数关系式，就可以间接求出被测量。当函数关系式不易用其他方法确立时，可考虑采用量纲分析法。

设与某物理现象有关的物理量 y 是被测量，x_1、x_2、x_3是与此物理现象有关的全部其他独立物理量，而且它们可以直接测量。于是 y、x_1、x_2、x_3之间必为某种物理规律联系在一起，假定它们之间具有如下指数关系

$$y = K \cdot x_1^p \cdot x_2^m \cdot x_3^n \tag{2-2}$$

式中，K 为无量纲的比例常数；p、m、n 分别是 x_1、x_2、x_3的幂指数。

如果用量纲分析法具体确定出 p、m、n 的值，那么 y 与 x_1、x_2、x_3之间的函数关系式就很容易被确定下来了。

量纲分析法的具体做法是将 y、x_1、x_2、x_3各物理量的量纲代入式（2-2），从而建立起量纲恒等式。再令等式两边的各基本物理量的幂指数相等。于是，有几个基本物理量就可以建立几个关于幂指数的方程式，联立这些方程可解得各幂指数的值。

【例 2-1】用量纲分析法求弦振动激励信号的频率表达式。

解：弦能振动起来的条件是激励信号频率 f 与弦的固有频率 f_0相同，固有频率又与弦长 l，弦的线密度 μ 以及弦中受到的张力三个量有关，于是设有关系式

$$f = Kl_{p}T_{m}\mu_{n} \tag{2-3}$$

等式两边量纲必然相等

$$[f] = [l]_p[T]_m[\mu]_n \tag{2-4}$$

其中 $[f]=\mathrm{T}^{-1}$；$[l]=\mathrm{L}$；$[T]=\mathrm{MLT}^{-2}$；$[\mu]=ML^{-1}$。将上述各量的量纲代入式（2-3），有

$$T^{-1} = L_pM_mL_mT_{-2m}M_nL_{-n} \tag{2-5}$$

L、M、T 三个量纲在等式两边的幂指数之和均应相等，从而

$$\left.\begin{aligned} &\text{对 } L \text{ 有} \quad & 0 &= p+m-n \\ &\text{对 } M \text{ 有} \quad & 0 &= m+n \\ &\text{对 } T \text{ 有} \quad & -1 &= -2m \end{aligned}\right\}$$

解此方程组，得

$$\begin{cases} p=-1 \\ m=\dfrac{1}{2} \\ n=-\dfrac{1}{2} \end{cases}$$

所以

$$f = K\frac{1}{L}\sqrt{\frac{T}{\mu}}$$

这个结果与用其他方法得到的完全相符。只要测出 L、T、μ 就可求得 f。这里 K 是无量纲常数，可以多次测量确定。

量纲分析法的特点是所有问题均可尝试用它解决，但是很可能要反复试验。必须在复杂的物理现象中，准确地找出全部彼此独立的各相关物理量（例如 y、x_1、x_2、x_3），既不能多列也不能漏列。多列会使问题更加复杂；漏列则会导致错误结果。故这项工作必须仔细。

第三章　数据处理基础知识

第一节　测量与误差

进行大学物理实验时总是会使用一定的实验测量方法，由实验者选用一定的实验仪器，在一定的条件下对某些物理量进行测量。最后用正确的形式将实验结果表示出来。由于实验方法的完善性、实验仪器的精度、实验环境、实验条件以及实验者的习惯等因素，不可能使实验结果非常完美，即一定存在着误差。那么如何进行正确的实验数据处理，使得测量结果尽可能的接近真值、误差更小，这是实验过程中必须掌握的一些基础知识。

一、测量

（一）测量的定义

物理实验离不开测量，所谓测量，就是借助仪器或量具来确定被测物理量大小的全部操作。例如，用游标卡尺测量某圆柱体的直径 d、高度 h，从而计算出它的体积 V；用天平测量某物体的质量 M；测量某导体的电阻 R、长度 L 和截面积 S，以确定它的电阻率 ρ、用电流表测量电路中的电流 I 等。

（二）测量的分类

按照测量方法的不同，可将测量方法分为直接测量法、间接测量法和组合测量法。

1. 直接测量

能够用仪器或量具直接得到被测量值大小的测量方法称为直接测量法。测得的相应物理量称为直接测量量。例如用米尺测量物体的长度 L，用等臂天平测量物体的质量 M 等就是直接测量。

2. 间接测量

有些物理量不能用所给的仪器直接测量，而是要以直接测量为基础，并通过直接测量量利用一定的函数关系求出被测量的大小，这种测量方法称为间接测量法。例如利用游标卡尺测量圆柱体的体积 V。首先要通过对其直径 d、高度 h 的测量，然后用函数关系 $V=\pi d^2h/4$ 求得 V，所以这种测量是间接测量。前述对导体电阻率的测量也是间接测量。

大学物理实验中的测量，大多是间接测量。而间接测量又是以直接测量为基础的，只有通过直接测量得到一些必须的测量量，再通过一定的函数关系算出目标测量量，才能得到最终被测量的量值。

3. 组合测量

在一系列不同的取值下，对几个量进行测量，然后再根据这一组合数据进行相关关系的分析，最后确定相关公式中的各参数。

组合测量进行数据处理的方法，常见的有描点作图法，逐差法和最小二乘法等。按照测量的精度情况分类，则测量又可分为等精度测量和不等精度测量。

1）在整个测量过程中，若影响和决定误差大小的全部因素（条件）始终保持不变，如由同一个观测者、用同一台仪器、用同样的方法、在同样的环境条件下、同样认真仔细地对同一物理量做相同次数的测量，称为等精度测量。

2）在整个测量过程中，影响和决定误差大小的因素各异，如由不同的观测者、用不同的仪器、不同的方法、在不同的环境条件下对物理量做不同次数的测量，称为非等精度测量或不等精度测量。

二、误差

（一）真值与误差的定义

物理实验离不开测量。测量的目的就是要得到被测量的真值。由于测量仪器、测量方法、实验条件以及种种因素的局限，测量是不可能无限精确的。通过有限的实验手段所得的测量结果与真值之间总是有一定的差异，也就是说总是存在测量误差。那么，什么是真值与测量误差？

1. 真值

一个待测物理量的大小，在客观上应该有一个真实存在的数值称为“真值”。也就是指当某一个量能被完全确定并能排除所有测量上的缺陷时，通过测量所得到的数值。当对某量的测量不完善时，通常就不能获得真值。从测量的角度来讲，测量是不可能绝对完美的，因此绝对真值是不可能确定的、也是无法测得的。

一个物理量的真值，是指这个物理量本身客观应具有的真实大小，它是一个理想的概念。

2. 测量误差

测量误差，是指测量结果与被测量真值之间的偏差。如果用 Δx 来代表误差，用 x 来代表测量结果，用 $x_{真}$ 来代表被测量的真值，则有

$$\Delta x = x - x_{真} \tag{3-1}$$

由此式可知，误差是有正负的。当 $x>x_{真}$ 时，Δx 为正，当 $x<x_{真}$ 时，Δx 为负。Δx 反映了测量值偏离真值的大小和方向，故称为绝对误差。

（二）绝对误差与相对误差

式（3-1）所定义的误差称为绝对误差。

绝对误差与被测量真值之比称为相对误差。相对误差往往用百分比来表示。即

$$E=\frac{\Delta x}{x_{真}}=\frac{\Delta x}{x_{真}}\times 100\% \tag{3-2}$$

绝对误差反映了误差本身的大小，而相对误差反映了误差的严重程度。必须注意，绝对误差大的，相对误差不一定大。例如

$$L_1=250.00\text{mm} \qquad \Delta L_1=0.05\text{mm}$$
$$L_2=2.50\text{mm} \qquad \Delta L_2=0.01\text{mm}$$
$$L_3=0.25\text{mm} \qquad \Delta L_3=0.1\text{mm}$$

根据式（3-2）可得

$$E_1=2\%$$
$$E_2=0.4\%$$
$$E_3=4\%$$

由上述数据可知：$\Delta L_3>\Delta L_1>\Delta L_2$，而 $E_3>E_1>E_2$。可见绝对误差的大小与相对误差的大小之间没有必然的联系。

由上述可知，“真值”既然无法确定，那如何求出绝对误差和相对误差？

在物理实验中，一般可以采用以下几种方法来处理，即用一些非常接近真值的近似值或理论值来代替真值。

1）公认值：由国际计量大会约定的值，包括基本物理常数、基本单位标准等。

2）高级仪器的测量值：由更高级的仪器测量出来的值。

3）理论值：由理论公式计算出来的值。如三角形三个角度的和为 180°。

4）多次测量的平均值：在理想条件下，可以用多次测量所得的平均值来代替真值。这也是常用方法。

（三）误差的分类

产生误差的原因很多。按照误差产生的原因和不同性质，可将误差分为系统误差、随机误差和过失误差三类。

1. 系统误差

系统误差是指在同一测量条件下，对同一被测量进行多次测量的过程中，其误差的绝对值和符号保持恒定或以可预知方式变化的测量误差。系统误差及其产生的原因可能已知，也可能未知。系统误差包括已定系统误差和未定系统误差。已定系统误差是指符号和绝对值已经确定的系统误差；未定系统误差是指符号或绝对值未经确定的系统误差。

系统误差的特征是有明显的确定性（恒定或按一定的规律变化）。

系统误差的来源主要有：①仪器的固有缺陷（例如电表的示值不准、零点未调好；等臂天平的两臂不相等）；②环境因素（如温度、压强偏离标准条件等）；③实验方法不完善或方法依据的理论具有近似性（如伏安法测电阻时没有考虑电表内阻的影响；测量质量时未考虑空气浮力的影响等）；④实验者个人的不良习惯或偏向（如有的人习惯侧坐或斜坐读数，使读得数值偏大或偏小）；⑤动态测量的滞后，等等。

由于系统误差在测量条件不变时有确定的大小和正负号，因此在同一测量条件下多次测量求平均值并不能减小或消除它。

对于系统误差，必须找出其产生原因，针对原因去消除或引入修正值对测量结果进行修正。系统误差的处理是一个比较复杂的问题，没有简单的公式可以遵循，需要根据具体情况作出具体的处理。首先要对误差进行判别，然后要将误差尽可能地减小到可以忽略的程度，这需要实验者具有相应的经验、知识与技巧。一般可以从以下几个方面进行处理。

1）检验、判别系统误差的存在。

2）分析造成误差的原因，并在测量前尽可能消除。

3）测量过程中采取一定方法或技术措施，尽量消除或减小系统误差的影响。

4）估计系统误差的数值范围，对于已知系统误差，可用修正值（包括修正公式和修正曲线）进行修正；对于未定系统误差，尽可能估计出其误差限值，以掌握对测量结果的影响。

在后述的某些实验中，针对具体情况将对系统误差进行具体的分析和讨论。

2. 随机误差

随机误差也称偶然误差，是指在同一物理量的多次测量过程中，以不可预知方式变化的测量误差的分量。

根据随机误差的特点可以知道，随机误差不能修正。随机误差就个体而言是不确定的，但其总体（大量个体的总和）服从一定的统计规律，因此可以用统计方法估计其对测量结果的影响。

随机误差的特征是其随机性。随机误差的主要来源有测量仪器、环境条件和测量人员。这些因素对测量会产生微小的影响，而这些影响往往是随机变化的。

大量的随机误差服从正态分布。它的特点是：绝对值小的误差比绝对值大的误差出现的概率要大；绝对值相等的正误差和负误差出现的概率相等，绝对值很大的误差出现的概率趋于零，即实际上不出现。

随着测量次数的增加，随机误差的算术平均值趋向于零。一般说来，适当增加测量次数求平均值可以减小随机误差。

3. 过失误差

过失误差又称粗差、疏失误差等。它是明显超出规定条件下预期的误差。一般是由测量者的粗心大意、或仪器的损坏以及实验环境的突然变化导致的测量或计算错误。

这类误差的特征是误差值非常大。在测量中，应该避免过大误差的出现。在处理测量数据时，应首先检查是否有过失误差的测量值（即明显异常的值），如有，一定要将它剔除。

一般来说，只要测量者认真细心地观测、读数、记录和正确的处理数据，过失误差是完全可以而且必须避免的。

（四）精密度、正确度与准确度

精密度、正确度与准确度分别用来反映随机误差、系统误差和综合误差的大小。如

图 3-1（a）所示情况属于随机误差小、系统误差大的情况，故可以称为“精密度高、正确度不高”；如图 3-1（b）所示的情况属于系统误差小，随机误差大，故可以称为“正确度高、精密度不高”；如图 3-1（c）所示的情况属于随机误差与系统误差都小，故可以称为“精密度与正确度都高”。显然，只有在图 3-1（c）所示的情况下，准确度才高，而另两种情况的准确度都不高。

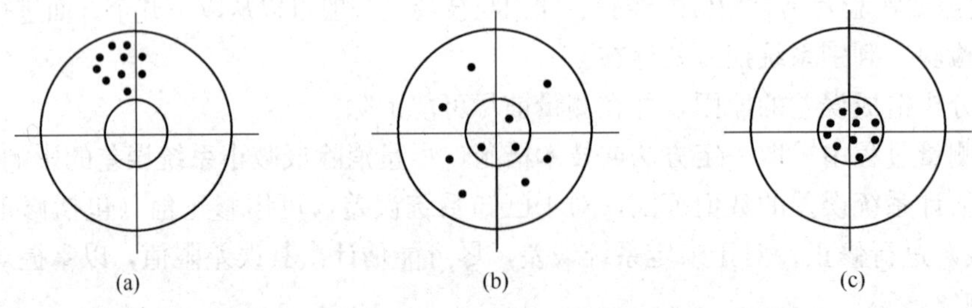

图 3-1　精密度、正确度、准确度的示意图

除了上述三个名词外，还会常常遇到“精度”这个名词。以前经常用它来描述实验仪器或测量的误差。精度是误差的反义词，精度的高低是用误差来衡量的。误差大则精度低，误差小则精度高。

第二节　不确定度与测量结果表达的基本知识

一、不确定度的基本知识

由于在英文中误差（error）一词同义于过失、错误、差别、不符、差异，而不确定度（uncertainty）一词同义于有疑问、含糊、不明确、不知道、不完善的知识，因此“不确定度”一词更能表示测量结果的性质，因此使用“不确定度”的情况越来越多。

由于误差表示测量结果与真值的差异，但真值经常无法得知，因而误差通常也无法知道。实际上更多遇到的是不确定问题。

（一）不确定度的概念

不确定度是对测量误差的一种综合评定，是被测量的真值以一定的概率落在某一量值范围的估算。

由上所述，误差通常无法确定，而不确定度是可以估算的。不确定度是测量质量的一个极其重要的指标。测量结果的使用与其不确定度有密切的关系，不确定度大，则其使用价值低，不确定度小，则其使用价值高。不确定度是具有概率的概念。若为正态分布，不确定度的概率为 68.3%。当乘以置信因数后得出总不确定度，此时对置信因数或置信概率必须加以说明。置信概率是指真值落在所确定的范围内的概率。

例如一个测量结果，$L=1.50$mm，$\sigma=0.05$mm，服从正态分布。则表示真值有 68.3%的概率落在 $L-\sigma$ 到 $L+\sigma$ 之间，即落在 1.45mm 到 1.55mm 之间。如果在前面乘以置信因数 3，则总不确定度变为 $3\sigma=0.15$mm，相应地其置信概率增大为 99.73%。

即真值有 99.73%的概率落在 $L-3\sigma$ 到 $L+3\sigma$ 之间，也即 1.35mm 到 1.65mm 之间。

（二）不确定度的分类

测量中的误差是不同类型误差的总体表现，因此测量结果的不确定度一般包含几个分量。按其数值的评定方法，不确定度可分为两类。

1）A 类不确定度 Δ_A：用统计方法计算的分量。

2）B 类不确定度 Δ_B：用其他方法估算的分量。

将不确定度的 A 类分量与 B 类分量合成，得到的就是合成不确定度 Δ。一般常用“方和根”的合成方法作为合成不确定度。即

$$\Delta=\sqrt{\Delta_A^2+\Delta_B^2} \tag{3-3}$$

式中，Δ 为合成不确定度；Δ_A 为 A 类分量；Δ_B 为 B 类分量。

注意：Δ_A 和 Δ_B 分量一般又含有几个分量。本书约定 Δ_A 只考虑由统计方法估算评定的随机误差中的标准偏差。Δ_B 只考虑由估算方法评定的仪器误差。其他分量不需考虑。

（三）A 类不确定度分量 Δ_A 估算方法

假设对某物理量 x 进行了 n 次等精度测量，测得的测量值分别为 x_1，x_2，x_3，…，x_n，

1）先求其平均值　$\overline{x}=\dfrac{1}{n}(x_1+x_2+x_3+\cdots+x_n)=\dfrac{1}{n}\sum\limits_{i=1}^{n}x_i$

2）算术平均偏差和标准偏差

算术平均偏差　$\Delta x=\dfrac{1}{n}(|x_1-\overline{x}|+|x_2-\overline{x}|+\cdots+|x_n-\overline{x}|)=\dfrac{1}{n}\sum\limits_{i=1}^{n}(|x_i-\overline{x}|)$

标准偏差

$$S_x=\sqrt{\frac{\sum\limits_{i=1}^{n}(x_i-\overline{x})^2}{n(n-1)}} \tag{3-4}$$

此式称为贝塞尔公式，S_x 表示这一组测量中算术平均值 $\overline{x}$ 标准偏差，其物理含义是：在这一组测量中，$\overline{x}$ 落在（$\overline{x}-S_x$，$\overline{x}+S_x$）区间的概率为 68.3%，$\overline{x}$ 为最佳值。

一般情况下，当测量次数 n 大于 5 时，S_x 就可以作为 A 类不确定度分量 Δ_A，即

$$\Delta_A=S_x=\sqrt{\frac{\sum\limits_{i=1}^{n}(x_i-\overline{x})^2}{n(n-1)}}$$

大学物理实验中，测量次数较少，常用算术平均偏差作为 A 类不确定度分量 Δ_A，即

$$\Delta_A=\Delta x=\frac{1}{n}\sum_{i=1}^{n}|x_i-\overline{x}|$$

【例 3-1】在测量某圆柱体的直径 D 时，共测量 10 次，数值如下表所示，试求测定直径 D 的 A 类不确定度分量 Δ_A。

次数	1	2	3	4	5	6	7	8	9	10
D/cm	2.00	2.01	2.02	1.99	1.99	2.00	1.98	1.99	1.97	2.00

解：D 的平均值为

$$\overline{D}=\frac{2.00+2.01+\cdots+2.00}{10}=1.995\text{cm}$$

D 的标准偏差为

$$S_x=\sqrt{\frac{(2.00-1.995)+\cdots+(2.00-1.995)}{10\times(10-1)}}=0.045\text{cm}$$

D 的算术平均偏差为

$$\Delta x=\frac{1}{10}(|2.00-1.995|+|2.01-1.995|+\cdots+|2.00-1.995|)=0.0083\text{cm}$$

因为此时 $n=10$ 大于 5，故直径 D 的 A 类不确定度分量 $\Delta_A=S_x=0.045\text{cm}$.

大学物理实验中，常只计算 Δx，也即 $\Delta_A=\Delta x=0.008\text{cm}$.

（四）B 类不确定度分量 Δ_B 的估算

Δ_B 是仪器误差所对应的不确定度 B 类分量。由生产厂家按国家标准给出的仪器基本误差或仪器示值误差，作为仪器误差限，置信概率一般都在 0.95 以上。故本书约定：将仪器误差 $\Delta_{仪}$ 简化地等于不确定度的 B 类分量 Δ_B，即

$$\Delta_B=\Delta_{仪}$$

注意：$\Delta_{仪}$ 一般可以在仪器的说明书上或仪表面板上查到。若仪器给出准确等级，则 $\Delta_{仪}$ 就要用下面公式计算

$$\Delta_{仪}=\frac{量程\times准确度等级}{100}$$

所以在估算得到 Δ_A 和 Δ_B 分量后，就可以用公式 $\Delta=\sqrt{\Delta_A^2+\Delta_B^2}$，求出合成不确定度 Δ。

【例 3-2】 用量程为 25mm、准确度等级为 0.01 的螺旋测微器测量一个小球的直径，测量数值如下表所示，求测量结果的合成不确定度 Δ。

序号	1	2	3	4	5
d/mm	1.038	1.039	1.033	1.041	1.030

解：1）求 d 的平均值。

$$\overline{d}=\frac{1}{n}\sum_{i=1}^{n}d_i=\frac{1}{5}(1.038+1.039+1.033+1.041+1.030)=1.0362\text{mm}$$

2）求 $\overline{d}$ 的标准偏差 S_x 和 A 类不确定度 Δ_A。

$$S_x=\sqrt{\frac{\sum_{i=1}^{n}(d_i-\overline{d})^2}{n(n-1)}}=\sqrt{\frac{(1.038-1.0368)^2+\cdots+(1.030-1.0362)^2}{5\times(5-1)}}=0.0020\text{mm}$$

故 A 类不确定度分量 $\Delta_A=S_x=0.0020\text{mm}$

3）求 B 类不确定度 Δ_B。

$$\Delta_{仪}=\frac{量程\times准确度等级}{100}=\frac{25\times0.01}{100}=0.0025\text{mm}$$

故 $$\Delta_B = \Delta_{仪} = 0.0025\text{mm}$$

4）求合成不确定度 Δ。

$$\Delta = \sqrt{\Delta_A^2 + \Delta_B^2} = \sqrt{(0.0020)^2 + (0.0025)^2} = 0.0032\text{mm}$$

Δ_A也可用 Δd 算出，请自行计算。

二、测量结果表达的基本知识

（一）一般测量结果的表示形式

对于科学实验中任何一个测量结果，只有同时给出其最佳值（平均值）、不确定度和单位时，结果才算是完整的。有时还要给出测量结果的置信概率 p。即测量结果的表示形式中，应含有合成测量不确定度 Δ、相对不确定度 E 和置信概率 p。

若被测量为 X，则一般表示形式为

$$X = \overline{X} \pm \Delta x(p = 0.68), \qquad E = \frac{\Delta x}{\overline{X}} \times 100\%$$

$$X = \overline{X} \pm \Delta x(p = 0.95), \qquad E = \frac{\Delta x}{\overline{X}} \times 100\%$$

$$X = \overline{X} \pm \Delta x(p = 0.99), \qquad E = \frac{\Delta x}{\overline{X}} \times 100\%$$

其中，$\overline{X}$ 可以为多次直接测量的平均值，也可以是一次直接测量值，还可以是间接测量值。

注意：置信概率 $p=0.95$，是普遍采用的约定概率，若测量结果选用约定概率表示，则在结果表示中不必注明 p 值。本书约定采用 $p=0.95$ 的置信概率。

故结果表达为
$$\begin{cases} X = (\overline{X} \pm \Delta x) \qquad \text{单位} \\ E = \dfrac{\Delta x}{\overline{X}} \times 100\% \end{cases}$$

上式表示被测量的真值落在 $(\overline{X} - \Delta x, X + \Delta x)$ 的范围之内的可能性约为 95%。

（二）直接测量结果的表示

1. 多次直接测量

测得的测量值为 x_1，x_2，x_3，…，x_n，测量使用仪器的仪器误差为 $\Delta_{仪}$。

（1）测量值的最佳值$\overline{x}$——算术平均值

$$\overline{x} = \frac{1}{n}(x_1 + x_2 + x_3 + \cdots + x_n) = \frac{1}{n}\sum_{i=1}^{n} x_i$$

（2）A 类不确定度分量 Δ_A

$$\Delta_A = S_x = \sqrt{\frac{\sum_{i=1}^{n}(x_i - \overline{x})^2}{n(n-1)}}$$

或 $$\Delta_A = \Delta x = \frac{1}{n}\sum_{i=1}^{n}|x_i - \overline{x}| \quad （常用）$$

（3）B类不确定度分量 Δ_B

$$\Delta_B = \Delta_{仪}$$

（4）合成不确定度 Δx

$$\Delta x = \sqrt{\Delta_A^2 + \Delta_B^2}$$

（5）直接测量值结果表示

$$\begin{cases} X = (\overline{X} \pm \Delta x) \\ E = \dfrac{\Delta x}{\overline{X}} \times 100\% \end{cases}$$

式中，E 为 X 的相对不确定度。

2. 单次直接测量

物理实验中单次测量一般有两种情况。

1）若被测量的不确定度对实验结果的影响很小，实验可以只进行一次测量。这时A类不确定度分量 Δ_A 不能用统计方法估算，可以简单地用仪器误差 $\Delta_{仪}$ 或仪器最小刻度的一半来表示 Δ_A。

2）在动态测量或因条件限制时，不容许进行多次测量，此时只能进行一次测量。这时的不确定度 Δ 也可以简单地用仪器误差 $\Delta_{仪}$ 来表示。

故本书约定：若只进行一次测量，则测量的不确定度 Δ 可以简单地取为仪器误差 $\Delta_{仪}$ 或仪器最小刻度一半。

所以单次直接测量结果可表示为

$$\begin{cases} X = X_{测} \pm \Delta_{仪} \\ E = \dfrac{\Delta_{仪}}{X_{测}} \times 100\% \end{cases}$$

（三）间接测量结果的表示

1. 间接被测量的最佳值

设：间接测量量 N 是由 n 个直接测量量 $x_1, x_2, \cdots, x_n$ 构成的函数关系

$$N = f(x_1, x_2, \cdots, x_n)$$

若对直接测量各量 $x_1, x_2, \cdots, x_n$ 进行多次测量，则可以证明间接测量量的最佳值为

$$\overline{N} = f(\overline{x}_1, \overline{x}_2, \cdots, \overline{x}_n)$$

2. 间接测量的不确定度 ΔN 的估算

若各直接测量量之间是相互独立的，且各直接测量量的不确定度分别为 ΔX_1，$\Delta X_2, \cdots, \Delta X_n$，则有误差理论可以证明。

$$\Delta N = \sqrt{\left(\frac{\partial f}{\partial x_1}\right)^2 \Delta^2 x_1 + \left(\frac{\partial f}{\partial x_2}\right)^2 \Delta^2 x_2 + \cdots} = \sqrt{\sum_{i=1}^{k}\left(\frac{\partial f}{\partial x_i}\right)^2 \Delta^2 x_i} \tag{3-5}$$

或

$$\Delta N=\left|\frac{\partial f}{\partial x_1}\right|\cdot\Delta x_1+\left|\frac{\partial f}{\partial x_2}\right|\cdot\Delta x_2+\cdots+\left|\frac{\partial f}{\partial x_n}\right|\cdot\Delta x_n=\sum_{i=1}^{n}\left|\frac{\partial f}{\partial x_i}\right|\cdot\Delta x_i \quad (3\text{-}6)$$

$$E_{\mathrm{N}}=\frac{\Delta N}{\overline{N}}=\sqrt{\left(\frac{\partial\ln f}{\partial x_1}\right)^2\Delta^2 x_1+\left(\frac{\partial\ln f}{\partial x_2}\right)^2\cdot\Delta^2 x_2+\cdots}=\sqrt{\sum_{i=1}^{k}\left(\frac{\partial\ln f}{\partial x_i}\right)^2\Delta^2 x_i} \quad (3\text{-}7)$$

式（3-6）中 E_N 为间接测量量 N 的相对不确定度。

上述是对于复杂函数关系而言的。表 3-1 所示是一些常用函数的不确定度公式。

表 3-1　常用函数的不确定度传递公式

函 数 形 式	不确定度传递公式
$y=x_1+x_2$	$\Delta y=\sqrt{\Delta^2 x_1+\Delta^2 x_2}$
$y=x_1-x_2$	$\Delta y=\sqrt{\Delta^2 x_1+\Delta^2 x_2}$
$y=x_1\cdot x_2$	$\frac{\Delta y}{y}=\sqrt{\left(\frac{\Delta x_1}{x_1}\right)^2+\left(\frac{\Delta x_2}{x_2}\right)^2}$
$y=x_1/x_2$	$\frac{\Delta y}{y}=\sqrt{\left(\frac{\Delta x_1}{x_1}\right)^2+\left(\frac{\Delta x_2}{x_2}\right)^2}$
$y=kx$（k 为常数）	$\Delta y=k\Delta x;\frac{\Delta y}{y}=\frac{\Delta x}{x}$
$y=\frac{x_1^{l}x_2^{\pi}}{x_3^{n}}$	$\frac{\Delta y}{y}=\sqrt{l^2\left(\frac{\Delta x_1}{x_1}\right)^2+m^2\left(\frac{\Delta x_2}{x_2}\right)^2+n^2\left(\frac{\Delta x_3}{x_3}\right)^2}$

表中这些函数关系，在实验中遇到的较多，因此对这些函数形式的不确定度传递公式应该熟记。

3. 间接测量结果的表示式

$$\begin{cases} N=(\overline{N}\pm\Delta N)\ \text{单位} \\ E=\dfrac{\Delta N}{\overline{N}}\times 100\% \end{cases}$$

【例 3-3】用精度为 0.02mm 的游标卡尺测量一个圆柱体的直径 D 和高度 H 的值并填入下表，求其体积 V。

次　数	D/mm	H/mm	次　数	D/mm	H/mm
1	60.04	80.96	8	60.04	80.98
2	60.02	80.94	9	60.00	80.94
3	60.06	80.92	10	60.00	80.96
4	60.00	80.96	平均值	60.028	80.950
5	60.06	80.96	S_x（Δ_A）	0.027	0.017
6	60.00	80.94	$\Delta_{仪}$	0.02	0.02
7	60.06	80.94	ΔV	0.034	0.026

解：用计算器分别求得 $\overline{D}$ 和 S_D 以及 $\overline{H}$ 和 S_H，再根据 $\Delta=\sqrt{S_A^2+\Delta_{仪}^2}$ 求得 ΔD 和 ΔH，填于上表中。

此题体积的测量是间接测量，函数关系为 $V=\frac{\pi}{4}D^2H$

则
$$\overline{V}=\frac{\pi}{4}\overline{D}^2\overline{H}=2.3102\times10^5\text{mm}^3$$

由于是乘除方运算，故不确定度的公式为

$$E_V=\frac{\Delta V}{\overline{V}}=\sqrt{\left(\frac{\partial\ln V}{\partial D}\right)^2\Delta^2D+\left(\frac{\partial\ln V}{\partial H}\right)^2\Delta^2H}$$
$$=\sqrt{\left(\frac{2\Delta D}{D}\right)^2+\left(\frac{\Delta H}{H}\right)^2}$$
$$=\sqrt{\left(\frac{2\times0.034}{60.028}\right)^2+\left(\frac{0.026}{80.950}\right)^2}$$
$$=\sqrt{1.28\times10^{-6}+1.03\times10^{-7}}$$
$$=\sqrt{1.383\times10^{-6}}=1.2\times10^{-3}$$
$$\Delta V=\overline{V}\cdot\frac{\Delta V}{\overline{V}}=0.0028\times10^{-5}\text{mm}^3\approx0.003\times10^5mm^3$$
$$V=\overline{V}\pm\Delta V=(2.310\pm0.003)\times10^5\text{mm}^3$$

实际计算结果及不确定度，常按下面的方法计算，请读者自行计算。

$$\overline{D}=\frac{1}{10}\sum_{i=1}^{10}D_i=60.028\text{mm}$$
$$\overline{H}=\frac{1}{10}\sum_{i=1}^{10}H_i=80.950\text{mm}$$
$$\Delta D=\frac{1}{10}\sum_{i=1}^{10}|D_i-\overline{D}|=$$
$$\Delta H=\frac{1}{10}\sum_{i=1}^{10}|H_i-\overline{H}|=$$
$$\Delta V=\left|\frac{\pi}{2}\overline{D}\,\overline{H}\right|\cdot\Delta D+\left|\frac{\pi}{4}\overline{D}^2\right|\cdot\Delta H=$$
$$E_r=\frac{\Delta V}{\overline{V}}\times100\%=$$

【例 3-4】 用函数关系 $\rho=\frac{m}{m-m_1}\rho_0$ 通过间接测量测出固体的密度 ρ，若 m、m_1、ρ_0 及它们的总不确定度 Δ_m、Δ_{m1}、$\Delta\rho_0$ 均已知，试导出 $\Delta\rho$ 的表达式。

解：本题的函数关系既非简单的加减关系，又非简单的乘除关系，下面分别依式（3-6）和式（3-7），用两种不同方法求解。

解法一：

$$\Delta_\rho=\sqrt{\left(\frac{\partial\rho}{\partial m}\right)^2\Delta_m^2+\left(\frac{\partial\rho}{\partial m_1}\right)^2\Delta_{m1}^2+\left(\frac{\partial\rho}{\partial\rho_0}\right)^2\Delta_{\rho_0}^2}$$

$$=\sqrt{\left[\frac{-m_1\rho_0}{(m-m_1)^2}\right]^2\Delta_m^2+\left[\frac{m\rho_0}{(m-m_1)^2}\right]^2\Delta_{m_1}^2+\left(\frac{m}{m-m_1}\right)^2\Delta_{\rho_0}^2}$$

$$=\frac{m}{m-m_1}\rho_0\sqrt{\left[\frac{-m_1}{m(m-m_1)}\right]^2\Delta_m^2+\left(\frac{1}{m-m_1}\right)^2\Delta_{m_1}^2+\left(\frac{1}{\rho_0}\right)^2\Delta_{\rho_0}^2}$$

解法二：$\ln\rho=\ln m-\ln(m-m_1)+\ln\rho_0$

$$\frac{\Delta_\rho}{\rho}=\sqrt{\left(\frac{\partial\ln\rho}{\partial m}\right)^2\Delta_m^2+\left(\frac{\partial\ln\rho}{\partial m_1}\right)^2\Delta_{m_1}^2+\left(\frac{\partial\ln\rho}{\partial\rho_0}\right)^2\Delta_{\rho_0}^2}$$

$$=\sqrt{\left[\frac{-m_1}{m(m-m_1)}\right]^2\Delta_m^2+\left(\frac{1}{m-m_1}\right)^2\Delta_{m_1}^2+\left(\frac{1}{\rho_0}\right)^2\Delta_{\rho_0}^2}$$

$$\Delta_\rho=\rho\cdot\frac{\Delta_\rho}{\rho}=\frac{m}{m-m_1}\rho_0\sqrt{\left[\frac{-m_1}{m(m-m_1)}\right]^2\Delta_m^2+\left(\frac{1}{m-m_1}\right)^2\Delta_{m_1}^2+\left(\frac{1}{\rho_0}\right)^2\Delta_{\rho_0}^2}$$

用两种解法得出的结果是一致的。由于函数关系中乘除运算所占的成分较大，用解法二在计算时较为便利。

三、计算器在数据处理中的应用

目前计算器的应用已相当普遍。一般的函数计算器都已编入计算标准差的程序。现以 SHARPEL-506H 计算器为例说明其用法。

1）按[2ndF][STAT ↕]键。计算器进入[STAT]状态。

2）键盘上输入一个数据后，按[DATA M+]键，将该数据输入计算器。此时计算器所显示的是已经输入的数据个数。

3）全部数据输入完毕后，可以按需要调出相应的数据。如

[n x ）]——数据个数 n；

[$\bar{x}$ x^2 $x\to M$]——数据的平均值 $\bar{x}$；

[S σ R M]——数据样本的标准差 S。注意它不是平均值的标准差 $S_{\bar{x}}$，而是用式（3-4）计算得出的 $S_{\bar{x}}$。如果要求 $S_{\bar{x}}$，只需将 S_x 再除以$\sqrt{n}$就行了。

[2ndF][n x ）]——全部数据的总和 $\sum$ x；

[2ndF][$\bar{x}$ x^2 $x\to M$]——全部数据先平方后再相加的值 $\sum$ x^2；

[2ndF][S σ R M]——全部数据依公式 $\sigma=\sqrt{\dfrac{\sum(x_1-\bar{x})^2}{n}}$ 计算得出的值。

4）如果在输入时，发现前面有某个数据的值输错了，例如应该是 3，错输入为 8。

这时可以将该错误数据再次输入，然后按[2ndF] [M+]键，该错误数据便清除。屏上显示的数据个数相应减少一个。再将正确数据输入即可。

以下用计算器计算一组数据的平均值和标准差。

使计算器进入[STAT]状态；

依次按 63.57，[M+ (DATA)]，63.58，[M+ (DATA)]，63.55，[M+ (DATA)]，63.56，[M+ (DATA)]，63.56，[M+ (DATA)]，63.59，[M+ (DATA)]，63.55，[M+ (DATA)]，63.54，[M+ (DATA)]，63.57，[M+ (DATA)]，63.57，[M+ (DATA)]；

按[x→M ($\bar{x}$ Σx^2)]键，得出 $\bar{x}=63.564$；

按[RM (S σ)]键，得出 $S_x=0.015055453$；

如果要求出 $S_{\bar{x}}$，则可将此值除以 $\sqrt{10}$，得 $S_{\bar{x}}=0.004760952$

至于结果中的数字保留到哪一位，将在后文介绍。

由于计算器的型号不一，具体的操作过程也会有所不同，但不会有太大差距。例如有些计算器的函数模式不是[STAT]，而是 SD。具体的使用方法，请查阅计算器的说明书。

计算器的使用，使计算算术平均值和标准差的工作，以及评定不确定度的工作变得简便。

第三节　有效数字及测量结果有效位数的保留

由于测量总含有误差，因此表示测量结果数字不宜太多也不宜太少。太多了容易使人误认为测量精度很高，太少了则会损失精度。

一、有效数字

（一）有效数字的概念

物理实验离不开测量，直接测量需要记录数据，间接测量不仅需要记录数据，而且还要进行数据的计算。记录数据时应取几位数字，运算后需要保留几位数字，这是实验数据处理中的一个重要问题。为了正确地反映测量的精密程度，引入有效数字的概念。

将测量结果中可靠的几位数字加上一位不可靠数字统称为有效数字。

对没有小数位，且以若干个零结尾的数值，从非零数字最左一位向右数得到的位数，减去无效零（即仅为定位用的零）的个数；对其他十进位数，从非零数字最左一位向右数而得到的位数，就是有效位数。

例如，35000，若有两个无效零，则为三位有效位数，应写成 350×10^2 或 3.50×10^4；若有三个无效零，则为两位有效位数，应写成 35×10^3 或 3.5×10^4。又如，3.2、0.32、0.0032 均为两位有效位数；而 0.0320 为三位有效位数。

（二）注意事项

1）有效位数与十进制单位的变换无关。例如 1.35g 有三位有效位数。如果换成 kg 作单位，则有 1.35g＝0.00135kg；如果换成毫克作单位，则有 1.35×10^{3} mg，仍是三位有效位数。不要写成 1.35g＝1350mg，因为在没有说明的情况下，一般都会认为最后的零也是有效数字。

2）数字 1～9 全是有效数字。数字中间的“0”或后面的“0”是有效数字。数据后面的“0”，不能随意舍掉，也不能随意加上。例如不能把 200mm 写成 20cm，因为这样一来有效位数就少了一位；同理，也不能把 20cm 写成 200mm，或者把 9.0×10^{2} V 写成 900V。数字前面的“0”不是有效数字。

3）推荐使用科学记数法。其形式为

$$K\times10^{n}$$

其中 $1\leqslant K<10$，n 为整数。例如 200mm 可以记为 2.00×10^{2} mm。这样在十进制单位变换时，只要改变指数就行了。例如 2.00×10^{2} mm＝2.00×10^{1} cm＝2.00×10^{5} μm＝2.00×10^{-1} m，等等，在这些变换中，2.00 这几个数字始终不变。

（三）有效数字的运算规则

间接测量值是通过直接测量量计算出来的，各直接测量量都有一定的有效位数，则间接测量量的有效位数应由不确定度来确定。但在估算不确定度之前，间接测量值的运算过程中，可通过有效数字的运算规则来暂定。下面是常用的有效数字的运算规则。

1. 加减运算规则

在有效数字相加或相减时，小数点后较多的有效数字只要比小数点后位数最少的那个多保留一位。其计算结果应保留的位数与参与运算的各有效数字中小数点后位数最少的那个相同。

2. 乘除运算规则

在有效数字相乘或相除时，有效位数较多的有效数字只要比有效位数最少的那一个多保留一位。其计算结果应保留的有效数字位数应与参与运算的各有效数字中位数最少的那一个相同。

注意：这里的“位数”指的是有效数字的位数，而加减运算中的“位数”指的是小数点后面的有效数字位数。

3. 幂的运算规则

计算结果的有效数字的位数与底数的有效数字位数相同。

4. 三角函数和对数运算规则

一般先进行不确定度估算，运算结果取到不确定度所在的那一位。

5. 常数

常数（指数学中的常数如 π、e 等），一般不影响有效位数。

二、数据处理结果中的有效数字的保留规则

通过前一节的介绍可知，间接测量结果的表示形式为

$$N=(\overline{N}\pm\Delta_N)\text{单位}$$

其中不确定度 Δ_N 和 $\overline{N}$ 是由公式计算出来的，那么其结果应该保留几位有效位数？若直接测量之间是加减关系或乘除关系时，Δ_N 是根据公式容易计算的；若直接测量量之间既有加减关系也有乘除关系时，Δ_N 根据公式是很难计算的，那么这时结果 $\overline{N}$ 应该保留几位有效位数？下面分几种情况进行说明。

（一）不确定度 Δ_N 能够计算出来

1. 不确定度 Δ_N 计算结果的有效位数的保留

不确定度（包含相对不确定度）的有效位数一般可以取为 1～2 位。

本课程约定 Δ_N 只保留 1 位，且取舍原则为“全进位”。

不确定度是与置信概率相联系的，所以不确定度的有效位数不必过多，一般只需保留 1～2 位，则其后数位上数字的舍入，不会对置信概率造成太大的影响。一般说来，如果不确定度（包括相对不确定度）首位的数字较大，例如大于或等于 5，则保留一位有效位数；如果不确定度首位的数字较小，例如 1 或 2，则保留两位有效位数。首位为 3 或 4 的，可根据情况需要保留一位，或保留二位有效位数。

在本书中，为了处理方便，约定不确定度与相对不确定度都只保留一位。但必须意识到这是一种简化处理方法，尤其是当不确定度的首位数字为 1 或 2 时，这样处理有可能使结果的置信概率有较大的变化。

2. 间接测量量 $\overline{N}$ 的结果有效位数的保留

间接测量量 $\overline{N}$ 的结果有效位数由不确定度 Δ_N 来决定。即间接测量量 $\overline{N}$ 的有效位数的末位应与其不确定度的末位的数位对齐（即 $\overline{N}$ 的小数位数应与不确定度 Δ_N 的小数位数相同）。最终写成 $N\pm\Delta_N$ 形式。N 与 Δ_N 的末位数字对齐。

例如，某量的不确定度 Δ_N 为 0.06mm，由计算器求得该量的平均值 $\overline{N}$ 为 216.3576321mm，则该量的值应记为 216.36mm，其末位与不确定度的末位均在百分位上，最终写成（216.36±0.06）mm。

注意：1）只在最终结果中进行数字取舍保留，而所有先前进行的计算可以有多余的位数。

2）对于平均值 $\overline{N}$ 尾数采用“四舍六入五凑偶”的原则进行取舍。所谓“五凑偶”，意即当尾数恰好为“5”时，若前一位是偶数，则舍去这个“5”；若前一位是奇数，则将该“5”进位成前一位上的“1”。例如 2.845，如果保留到小数点后第二位，则成

2.84；如果 2.835，若也保留到小数点后第二位，则也成 2.84。

3）对直接测量量各结果的表示中也遵循上述原则。

3. 直接测量结果和间接测量结果数据处理举例

（1）直接测量结果有效位数的确定

【例 3-5】 用精度为 0.05mm 的游标卡尺，通过单次测量得到一个规则金属块厚度 H 为 2.45mm，写出其结果。

解：这是单次直接测量，且 A 类不确定度较小，故取 $\Delta H = \Delta_{仪} = 0.05\text{mm}$，

$$H \pm \Delta H = (2.45 \pm 0.05)\text{mm}$$

【例 3-6】 用最小分度为 1mm 的钢卷尺测量某一长度，教师告知总不确定度为毫米量级，但未说明具体数值。测量时测得长度 L 恰为 1m。写出其结果。

解：这也是单次直接测量。由于 ΔL 的具体数值不确明，故结果中无法写明 ΔL。但是 L 的末位应该和 ΔL 对齐，故也应毫米量级上，因此结果为

$$L = 1000\text{mm} 或 L = 1.000\text{m}$$

【例 3-7】 $\overline{x} = 63.564\text{mm}, \Delta_A = 0.01505543\text{mm}, \Delta_{仪} = 0.02\text{mm}$。写出测量结果。

解：$\Delta x = \sqrt{\Delta_A^2 + \Delta_{仪}^2} = 0.025033297 = 0.03\text{mm}$

$$\overline{x} \pm \Delta x = (63.56 \pm 0.03)\text{mm}$$

（2）间接测量结果有效位数的确定

$$L_1 \pm \Delta L_1 = (125.50 \pm 0.02)\text{mm}$$

$$L_2 \pm \Delta L_2 = (20.30 \pm 0.05)\text{mm}$$

【例 3-8】 已知 $L = L_1 + L_2 - L_3, L_3 \pm \Delta L_3 = (2.446 \pm 0.004)\text{mm}$，求 $L \pm \Delta L$。

解：$\Delta_L = \sqrt{\Delta^2 L_1 + \Delta^2 L_2 + \Delta^2 L_3} = \sqrt{0.02^2 + 0.05^2 + 0}$

$= \sqrt{0.0029} = 0.0538 \approx 0.05$

$L = 125.50 + 20.30 - 2.446 = 143.354$

所以 $L \pm \Delta L = (143.35 \pm 0.05)\text{mm}$

【例 3-9】 已知 $g = 4\pi^2 \dfrac{L}{T^2}, \overline{L} \pm \Delta L = (130.4 \pm 0.1)\text{cm}, \overline{T} \pm \Delta T = (2.291 \pm 0.02)\text{s}$，求 $\overline{g} \pm \Delta g$。

解：$\overline{g} = 4 \times \pi^2 \times \dfrac{130.4}{2.291^2} = 980.815$

$$\frac{\Delta y}{g} = \sqrt{\left(\frac{\Delta L}{L}\right)^2 + \left(2\frac{\Delta T}{\overline{T}}\right)^2} = \sqrt{\left(\frac{0.1}{130.4}\right)^2 + \left(2 \times \frac{0.002}{2.291}\right)^2}$$

$$= 0.002$$

$$\Delta g = \overline{g} \cdot 0.002 = 980.815 \times 0.002 = 2\text{cm/s}$$

所以 $$\overline{g} \pm \Delta g = (981 \pm 2)\text{cm/s}^2$$

（二）不确定度 ΔN 较难计算

如果各直接测量量 x_i 的不确定度未明确给出，只是各 x_i 的有效位数已知。或间接

测量的函数关系中既有加减又有乘除时，ΔN 较难计算。这时 $\overline{N}$ 取舍可根据有效数字的运算规则进行保留。此时，结果中若要求相对误差时，本书约定此时相对误差的结果中最多保留 2 位有效数字。

1. 加减运算

以各 x_i 的末位中位数最大的为准，y 的末位也保留到这一位。

【例 3-10】 已知 $L=L_1+L_2-L_3$，$L_1=125.50\text{mm}$，$L_2=20.30\text{mm}$，$L_3=2.446\text{mm}$。

解： 由于 L_1 和 L_2 的末位都在百分位上，因此 L 的末位也保留至百分位。

$$L=125.50+20.30-2.446=143.354=143.35\text{mm}$$

2. 乘除运算

以各 x_i 有效位数最少的为准，y 的有效位数与 x_i 一样。

【例 3-11】 已知：$g=4\pi^2\dfrac{L}{T^2}$，$L=130.4\text{cm}$，$T=2.291\text{s}$。

解： L 和 T 都有 4 位有效位数，故 g 也保留 4 位有效位数

$$g=\pi^2\times\frac{130.4}{2.291^2}=980.8\text{cm/s}^2$$

如果有混合运算，可以分步确定有效位数，最后确定结果的有效位数。

【例 3-12】 求 $\dfrac{30.00\times(25.0-17.003)}{(203-3.0)\times(2.00+.001)}$。

解： 原式 $=\dfrac{30.00\times 8.0}{200\times 2.00}=0.60$

在第一步中，计算的是三个括号中的内容，依据加减运算的处理方法，分别决定三个值的有效位数。在第二步中，全部是乘除运算，由于 8.0 的有效位数最少，是 2 位，故结果的有效位数也是 2 位。

3. 某些常见函数运算的有效位数

（1）对数函数 $y=\lg x$

因为 $\Delta y=\sqrt{\left(\dfrac{\partial \lg x}{\partial x}\right)^2\Delta^2 x}=\dfrac{\mathrm{d}\lg x}{\mathrm{d}x}\cdot\Delta x=\lg e\cdot\dfrac{\Delta x}{x}=0.43\dfrac{\Delta x}{x}$，可见 Δy 与 $\dfrac{\Delta x}{x}$ 同数量级。Δy 决定了 y 的末位，而 $\dfrac{\Delta x}{x}$ 基本上取决于 x 的有效位数。所以，对数函数运算后的尾数取得与真数的位数相同。

【例 3-13】 $\lg 1.938=0.2973$，$\lg 1983=3.2973$

自然对数也按上述方法处理。

（2）指数函数 $y=10^x$

仿照与对数函数相类似的分析方法，可以得出，运算后的有效位数可与指数的小数点后面的位数（包括小数点后的零在内）相同。

【例 3-14】 $10^{6.25}=1.8\times106$

$10^{0.0035}=1.008$

对 e^x 也按上述方法处理。如指数为整数，函数取 1 位有效位数。

（3） $y=\sin x$

因为 $D_y=\cos x\cdot\Delta x$，当 $0°<x<70°$时，$0.34<\cos x<1$，近似地有 Δy 与 Δx 为同一数量级。如果 $\Delta x=1'=0.0003\text{rad}$，则 y 应保留到小数点后第 4 位。同理，当 $20°<x<90°$ 时，如果 $\Delta x=1'$，则 $\cos x$ 也应保留到小数点后第 4 位。

第四节　常用数据处理方法

科学实验的目的是为了找出事物的内在规律，或检验某种理论的正确性，或作为以后实践工作的依据，因而对实验测量收集的大量数据资料必须进行正确的处理。数据处理是指从获得数据起到得出结论为止的加工过程。包括记录、整理、计算、作图、分析等方面的处理方法。根据不同的需要，可以采取不同的处理方法。本节主要介绍大学物理实验中常用的数据处理方法，包括列表法、图示法和图解法、逐差法、最小二乘法等。

一、列表法

在记录和处理数据时，常常将数据列成表格。这样做可以简单而明确地表示出有关物理量之间的对应关系，便于随时检查测量结果是否合理，及时发现问题和分析问题，有助于找出有关物理量之间的规律，求出经验公式等。数据列表还可以提高处理数据的效率，减少和避免错误。

列表记录、处理数据是一种良好的科学工作习惯。对初学者来说，要设计出一个栏目清楚合理、行列分明的表格不难，但也不是一蹴而就的，需要不断训练，逐渐形成良好的习惯。

本书的许多实验，已经设计了数据表格，在使用时应思考为什么将表格如此设计？能否更加合理化？有些实验没有现成的数据表格，希望能根据要求，设计出尽量合理的数据表格。列表的要求如下。

1）各栏目（纵及横）均应标明名称和单位；若名称用自定的符号，则需加以说明。

2）原始数据应列入表中。计算过程中的一些中间结果和最后结果也可列入表中。

3）栏目的顺序应充分注意数据间的联系和计算的程序，力求简明、齐全、有条理。

4）若是函数关系测量的数据表，应按自变量由小到大的顺序或由大到小的顺序排列。

5）必要时附加说明。

下面以使用读数显微镜测量一个圆环直径为例列表记录和处理数据，如下表所示。

测量次序	左读数/mm	右读数/mm	直径 D_i/mm
1	12.764	16.762	5.998
2	10.843	16.838	5.995
3	11.987	17.978	5.996
4	11.588	17.584	5.996
5	12.346	18.338	5.992
6	11.015	17.010	5.994
7	12.341	18.335	5.994
直径平均值 $\overline{D}$			5.9944

测圆环直径 D

仪器：读数显微镜　　$\Delta_{仪}=0.004\text{mm}$

先将原始数据填入表中，然后求出各 D_i。用计算器计算得出

$$\overline{D}=5.9944\text{mm}\qquad \Delta_A=0.0024\text{mm}$$

根据不确定度的合成公式

$$\Delta_D=\sqrt{\Delta_A^2+\Delta_{仪}^2}=0.0046=0.005\text{mm}$$

最终结果

$$D\pm\Delta_D=(5.994\pm0.005)\text{mm}$$

二、图示法和图解法

（一）图示法

物理实验中测得的各物理量之间的关系，可以用函数式表示，也可以用各种图线表示。后者称为实验数据的图线表示法，简称图示法。工程师和科学家一般对定量的图线很感兴趣，因为定量图线形象直观，一目了然，它不仅能简明地显示物理量之间的相互关系、变化趋势，而且能方便地找出函数的极大值、极小值、转折点、周期性和其他奇异性。特别是尚未找到适当的解析函数表达式的实验结果，可以从图示法所画出的图线中去寻找相应的经验公式，从而探求物理量之间的变化规律。

制作一幅完整的、正确的图线，其基本步骤包括：图纸的选择；坐标的分度和标记；标出每个实验点；作出一条与许多实验点基本符合的图线；以及注解和说明等。

1. 图纸的选择

最常用的图纸是线性直角坐标纸（毫米方格纸），还有对数坐标纸、半对数坐标纸、极坐标纸等。应根据具体情况选取合适的坐标纸。

由于直线是最容易绘制的图线，也便于使用，所以在已知函数关系的情况下，作两个变量之间的关系图线时，最好通过适当的变换将某种函数关系的曲线改为线性函数的直线。

例如：

1）$y=a+bx$，y 与 x 为线性函数关系。

2）$y=a+b\dfrac{1}{x}$，若令 $u=\dfrac{1}{x}$，则得 $y=a+bu$，y 与 u 为线性函数关系。

3）$y=ax^b$，取对数，则 $\lg y=\lg a+b\lg x$，$\lg y$ 与 $\lg x$ 为线性函数关系。

4）$y=ae^{bx}$，取自然对数，则 $\ln y=\ln a+bx$，$\ln y$ 与 x 为线性函数关系。

对于1)，选用线性直角坐标纸就可得直线；对于2)，以 y，u 为坐标时，在线性直角坐标纸上也是一条直线；对于3)，在选用对数坐标纸后，不必对 x、y 作对数计算，就能得到一条直线；对于4)，则应选用半对数坐标纸。如果只有线性直角坐标纸，而要作3)、4）两类函数关系的直线时，则应将相应的测量值进行对数计算后再作图。

图纸大小的选择，原则上以不损失实验数据的有效位数和能包括所有实验点作为选取图纸大小的最低限度，即图上的最小分格至少应与实验数据中最后一位准确数字相等。

2. 确定坐标轴和标注坐标分度

习惯上，常将自变量作为横轴，因变量作为纵轴。坐标轴确定后，应在顺轴的方向注明该轴所代表的物理量名称和单位，还要在轴上均匀地标明该物理量的数值。在标注坐标分度时应注意以下几点。

1）坐标的分度应以不用计算便能确定各点的坐标为原则，通常只用1、2、5进行分度，禁忌用3、7等进行分度。

2）坐标分度值不一定从零开始。一般情况可以用低于原始数据最小值的某一整数作为坐标分度的起点，用高于原始数据最大值的某一整数作为终点。两轴的比例也可以不同。这样，图线就能比较充满所选用的整个图纸。

3. 标实验点

要根据所测得的数据，用明确的符号准确地标明实验点。要做到不错不漏。常用的符号“+”、“×”、“●”、“○”、“△”、“□”等。

若要在同一张图上画不同的图线，标点时应选用不同的符号，以便区分。

4. 连接实验图线

连线时必须使用工具，最好用透明的直尺、三角板、曲线板等。

多数情况下，物理量之间的关系在一定范围内是连续的，因此应根据图上各实验点的分布和趋势，作出一条光滑连续的曲线或直线。所绘的曲线或直线应光滑匀称，而且要尽可能使所绘的图线通过较多的实验点。对那些严重偏离图线的个别点，应检查一下标点是否有误，若没错误，表明这个点对应的测量存在粗大误差，在连线时应将其舍去不作考虑。其他不在图线上的点，应比较均匀地分布在图线的两侧。如果连直线，最好通过（$\bar{x}$，$\bar{y}$）这一点。

对仪器仪表的校正曲线，连接时应将相邻两点连成直线段，整个校正曲线图呈折线形式。

5. 注解和说明

应在图纸的明显位置处写清图的名称。图名一般可以用文字说明，例如“电压表的校准曲线 δU-U”等。如果在行文或实验报告中已对图有过明确的说明，也可以简单地写成 y-x 图，其中的 y 和 x 分别是纵轴和横轴所代表的物理量。此外，还可加注必要的简短说明。

（二）图解法

利用已作好的图线，定量地求得待测量或得出经验公式，称为图解法。例如，可以通过图中直线的斜率或截距求得待测量的值；可以通过内插或外推求得待测量的值；还可以通过图线的渐近线以及图线的叠加、相减、相乘、求导、积分、求极值等来得出某些待测量的值。这里主要介绍直线图解求出斜率和截距，进而得出完整的直线方程，以及插值法求待测量的值。

直线图解法的步骤如下。

（1）选点

为求直线的斜率，一般用两点法而不用一点法，因为直线不一定通过原点。在直线的两端任取两点 A（x_1，y_1）和 B（x_2，y_2）。一般不用实验点，而是在直线上选取，并用不同于实验点的记号表示，在记号旁注明其坐标值。这两点应尽量分开些，如图 3-3所示。如果这两点靠得太近，计算斜率时就会使结果的有效位数减少；但也不能取得超出实验数据的范围，因为选这样的点没有实验依据。

（2）求斜率

设直线方程为 $y=ax+b$，则斜率

$$a=\frac{y_2-y_1}{x_2-x_1} \tag{3-8}$$

（3）求截距

若坐标起点为零，可将直线用虚线延长，使其与纵坐标轴相交，交点的纵坐标就是截距。若坐标轴的起点不为零，则可用公式计算出截距

$$b=\frac{x_2y_1-x_1y_2}{x_2-x_1} \tag{3-9}$$

由得到的斜率和截距，可以得出待测量的值。

例如，热敏电阻的阻值 R_T与热力学温度 T 的函数关系为

$$R_T=a\mathrm{e}^{\frac{b}{T}}$$

其中，a、b 为等定常数。现在测得在一系列 T_{i}下的 $R_{T\mathrm{i}}$，要用图解法求 a、b。

先将上式作变换，得

$$\ln R_T=\ln a+\frac{b}{T}$$

令 $y=\ln RT$，$x=\frac{1}{T}$，$a'=b$，$b'=\ln a$,，上式变成 $y=a'x+b'$的形式。由 $\mathrm{T_i}$和 RTi 值可

得到一系列的 x_i 和 y_i 值。用这些值作图，所得图线是一条直线。依照上面介绍的方法求出 a' 和 b'，再通过换算就能得出 a、b 的值。

在作出实验图线（见图 3-2）后，实际上就确定了两个变量之间的函数关系。因此，如果知道了其中一个物理量的值，就可以从图线上找出另一个物理量相应的值。如果需要求的值能直接在图线上找到，这就是内插法；如果需要把图线（一般应是直线）延长后才能找到需要求的值，就是外推法。

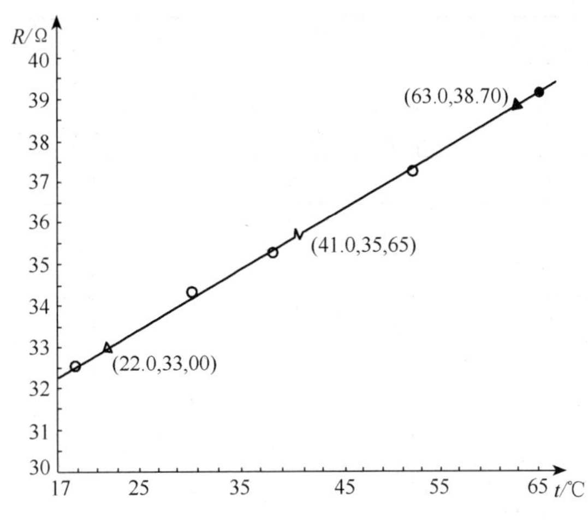

图 3-2　直线图解法求斜率与截距

作好实验图线后内插（外推）法的步骤如下。

1）根据已经知道的物理量的值，在相应的坐标轴上找到与该值对应的点；

2）用虚线作通过该点而且与该点所在坐标轴垂直的线段，与图线相交于一点；

3）用虚线作通过上述交点而且与原虚线垂直的线段，与待求物理量所在的坐标轴交于一点，该点的坐标对应的值就是与前述已知物理量值所对应的另一个物理量的值。

例如，已经通过实验绘制出波长 λ 和偏向 θ 的关系图线。现在用同一装置在相同的条件下测出某条谱线的偏向角为 θ_1，要求用图解法求这条谱线的波长。

如图 3-3 所示，先在图上的 θ 轴上找到 θ_1 这一点，再用前面介绍的方法作两条虚线，后一条虚线与 λ 轴的交点对应的就是 λ_1 的值。在作图时一般应将 θ_1 和 λ_1 的值用括号标注在相应的点旁。

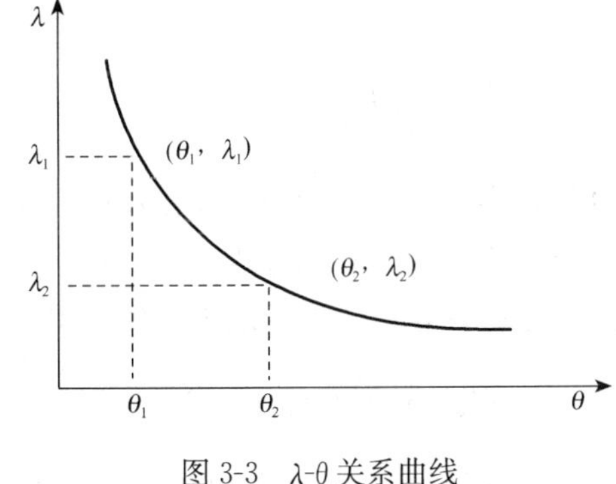

图 3-3　λ-θ 关系曲线

三、逐差法

逐差法是物理实验中常用的数据处理方法之一。它适合于两个被测量之间存在多项式函数关系、自变量为等间距变化的情况。

逐差分为逐差和分组差。逐项逐差就是把实验数据进行项相减，用这种方法可以验证被测量之间是否存在多项式函数关系，如果函数关系满足 $y=x+b$，逐项逐差所得差值应近似为一常数。分组逐差是将数据分成高、低两组，实行对应项相减。这样做可以充分利用数据，具有对数据取平均值的作用。从而较准确求得多项式系数的值。

下面通过一个具体的例子来说明如何使用逐差法，以及它的优点。

用伏安法测电阻，得到一组数据如下表所示。测量时电压每次增加 2.00V。现在要验证关系式 $U=IR$，并求出 R 值（数学形式上相当于 I 的系数）。

序号 i	电压 U_i/V	电流 I_i/mA	$\Delta I_{1,i}=I_{i+1}-I_i$/mA	$\Delta I_{5,i}=I_{i+5}-I$/mA
1	0	0	3.95	20.05
2	2.00	3.95	4.05	20.10
3	4.00	8.00	4.05	20.00
4	6.00	12.05	4.05	20.05
5	8.00	16.10	3.95	20.05
6	10.00	20.05	4.00	
7	12.00	24.05	3.95	
8	14.00	28.00	4.10	
9	16.00	32.10	4.05	
10	18.00	36.15		

由上表中逐项所得的 $\delta I_{1,i}$ 值可以看出它们基本相等，因此可以说明 I 与 U 之间存在着一次线性函数关系。

但是，如果要求得电压每升高 2.00V 时，电流的平均增加量，有两种不同的方法，若用所得到的 9 个逐项逐差的值取平均值，则

$$\overline{\delta I_1}=\frac{\sum_{i=1}^{9}\delta I_{1,i}}{9}=\frac{(I_2-I_1)+(I_3-I_2)+(I_4-I_3)+(I_5-I_4)+\cdots+(I_{10}-I_9)}{}$$

$$=\frac{I_{10}-I_1}{9}$$

这样，中间值全部无用，起作用的只是始末两次测量值。可见这样做效果是不好的。若用分组逐差，将数据分成高组（I_6、I_7、I_8、I_9、I_{10}）和低组（I_1、I_2、I_3、I_4、I_5）两组，求得各 $\delta I_{5,i}$，然后求平均值，得

$$\overline{\delta I_5}=\frac{1}{5}[(x_{10}-x_5)+(x_9-x_4)+(x_8-x_3)+(x_7-x_2)+(x_6-x_1)]$$

再除以 5 便得到每升高 2.00V 电压时的电流增量值。这样做，全部测量数据都得到了利用。

$$R=\frac{\delta U_1}{\frac{1}{5}\delta I_5}=\frac{2.00}{\frac{1}{5}\times 20.05}=\frac{2.00}{4.01}=0.499\text{k}\Omega$$

用逐差法处理数据时，需要注意以下几个问题。

1）在验证函数表达式的形式时，要用逐项逐差，而不要用分组逐差，这样可以检验每个数据点之间的变化是否符合规律，而不致发生假象，避免不规律性被平均效果掩盖。

2）在用逐差法求多项式的系数值时，不能逐项逐差，必须把数据分成两组，高组和低组的对应项逐差，这样才能充分利用数据。

3）用分组逐差时，应把数据分成两组。如果数据为 $2l$ 个（$l \in Z$），则每低组与高组各为 l 个；如果数据为（$2l-1$）个（$l \in Z$），则低组由第一个数据到第（$l-1$）个数据，高组由第（$l+1$）个数据到第（$2l-1$）个数据。

四、最小二乘法与直线拟合

用图解法处理数据虽然有许多优点，但它是一种粗略的数据处理方法，因为不是建立在严格的统计理论基础上的数据处理方法。在图纸上人工拟合直线或曲线时有一定的主观随意性。不同的人用同一组测量数据作图，可以得出不同的结果。因而人工拟合的直线往往不是最佳的。所以用图解法处理数据时一般是不求解误差和不确定度的。

由一组实验数据找出一条最佳的拟合直线或曲线，常用的方法是最小二乘法，所得到的变量之间的相关函数关系称为回归方程，因此最小二乘线性拟合也称为最小二乘线性回归。

在本部分仅讨论用最小二乘法进行一元线性拟合问题。

最小二乘法原理是：若能找到一条最佳的拟合直线，那么这条拟合直线上各相应点的值与测量值之差的平方和在所有拟合直线中是最小的。

假定变量 x 与 y 之间存在着线性关系，回归方程的形式为

$$y = a_0 + a_1 x \tag{3-10}$$

是一条直线。测得一组数据 x_i、y_i（$i=1, 2, \cdots, k$）。怎样根据这组数据算出式（3-10）中的系数 a_0 和 a_1 来。

以最简单的情况为例，即每个数据点的测量都是等精度的，且假定 x_i 和 y_i 中只有 y_i 有明显的随机误差。如果实际问题中两个变量都有随机误差，可把相对来说误差较小的变量当作 x。

由于存在误差，实验点不可能全部落在式（3-10）拟合的直线上。对于与某一个 x_i 相对应的 y_i，它与用回归法求得的直线与式（3-10）在 y 方向上的残差为 v_i

$$v_i = y_i - y = y_i - a_0 - a_1 x_i \tag{3-11}$$

按最小二乘法原理，应使

$$S = \sum_{i=1}^{k} v_i^2 = \sum_{i=1}^{k} (y_i - a_0 - a_1 x_i)^2 \tag{3-12}$$

满足该式的条件为

$$\begin{aligned} \frac{\partial S}{\partial a_0} &= 0; \qquad \frac{\partial^2 S}{\partial a_0^2} > 0 \\ \frac{\partial S}{\partial a_1} &= 0; \qquad \frac{\partial^2 S}{\partial a_1^2} > 0 \end{aligned} \tag{3-13}$$

即

$$\left.\begin{aligned}-2\sum_{i=1}^{k}(y_i-a_0-a_1x_i)=0\\-2\sum_{i=1}^{k}(y_i-a_0-a_1x_i)x_i=0\end{aligned}\right\}\tag{3-14}$$

整理后得

$$\left.\begin{aligned}\overline{x}a_1+a_0=\overline{y}\\\overline{x^2}a_1+\overline{x}a_0=\overline{xy}\end{aligned}\right\}\tag{3-15}$$

式中

$$\left.\begin{aligned}\overline{x}=\frac{1}{k}\sum_{i=1}^{k}x_i\\\overline{y}=\frac{1}{k}\sum_{i=1}^{k}y_i\\\overline{x^2}=\frac{1}{k}\sum_{i=1}^{k}x_i^2\\\overline{xy}=\frac{1}{k}\sum_{i=1}^{k}x_iy_i\end{aligned}\right\}\tag{3-16}$$

式（3-15）的解为

$$a_1=\frac{\overline{x}\,\overline{y}-\overline{xy}}{\overline{x}^2-\overline{x^2}}\tag{3-17}$$

$$a_0=\overline{y}-a_1\overline{x}\tag{3-18}$$

式（3-14）对 a_1、a_0 再求一次微商，得到 $\sum_{i=1}^{k}v_i^2$ 的二级微商大于零。这样，式（3-17）和式（3-18）给出的 a_1 和 a_0 对应 $\sum_{i=1}^{k}v_i^2$ 的极小值。于是就得到了直线的回归方程式（3-10）。式（3-18）还表示回归直线是通过（$\overline{x}$，$\overline{y}$）这一点的。这就是用作图法连直线时，应该使直线通过（$\overline{x}$，$\overline{y}$）这一点的原因。

第二部分
实　　验

第四章　技能实验

实验一　密度的测定

在生产和科学实验中，为了对材料成分进行分析及纯度鉴定，常需要测定材料的密度。测定密度的方法很多，根据被测量的对象及所提供的仪器，可采用相应的方法。流体静力称衡法和比重瓶法是常用的两种测量方法。

【预习思考题】

1）如何正确使用螺旋测微器和游标卡尺？它们的精度分别是多少？

2）为什么要在使用螺旋测微器和游标卡尺前记录零点读数？

3）正确使用物理天平的主要步骤是什么？

【实验目的】

1）掌握物理天平的正确使用方法。

2）学习用流体静力称衡法和比重瓶法测定物体的密度。

3）学习实验数据的处理方法及用复称法消除系统误差。

【实验仪器】

物理天平、游标卡尺、螺旋测微器、烧杯、蒸馏水、配重物、细线、小毛巾、温度计、待测固体（规则圆柱体、不规则物体）、待测液体（酒精或煤油等）、待测浮体（黄蜡或乳胶管等）。

【实验原理】

物体的密度是指在某一温度时物体单位体积的质量。设在某一温度时，物体的质量为 m，体积为 V，则这一温度下物体的密度 ρ 为

$$\rho = \frac{m}{V} \tag{4-1}$$

由此可知，只要知道物体的质量 m 和体积 V，就可以由式（4-1）计算出物体的密度 ρ。针对不同的物体，可以采用不同的测量方法。

一、测定固体的密度

固体又可分为规则固体和不规则固体。

（一）测定规则圆柱体的密度——直接测量法

当待测物体是一直径为 d，高度为 h 的圆柱体时，其体积 V 为

$$V = \frac{1}{4}\pi d^2 h \tag{4-2}$$

将式（4-2）代入式（4-1），可得

$$\rho=\frac{4m}{\pi d^2 h} \tag{4-3}$$

由式（4-3）可知，只要测出圆柱体的质量 m、直径 d 和高度 h，则可求出规则圆柱体的密度 ρ。

（二）测定不规则固体的密度——流体静力称衡法

由于不规则固体的体积很难通过仪器直接测量出，故一般采用流体静力称衡法来测量。此方法简便、准确度高，其测量的原理如下。

分别在空气中和水中测量被测物体的质量，得到的质量分别为 m_1（$p_1=m_1g$）和 m_2（$p_2=m_2g$），根据阿基米德原理，物体在水中所受到的浮力 $F_浮$（即物体在液体中所减少的重量 $\Delta p=p_1-p_2$）等于它所排开的同体积水的重量 $p_水$，即

$$F_浮=\Delta p=p_1-p_2=m_1g-m_2g=\rho_水\ gV_物 \quad (\rho_水\text{为水的密度})$$

则

$$V_物=\frac{m_1-m_2}{\rho_水}$$

故

$$\rho_物=\frac{m_1}{m_1-m_2}\rho_水 \tag{4-4}$$

式（4-4）中，只要用天平测出不规则固体在空气中的质量 m_1 和浸入水中后的质量 m_2，再根据水温可查得相应温度下水的密度 $\rho_水$，就可求出不规则固体的密度。

二、测定液体的密度——中间物静力称衡法

设固体在空气中质量为 m_1，浸没在水中后的质量为 m_2，浸没在待测液体中后的质量为 m_3，由不规则固体的密度测量公式知 $\rho_物=\frac{m_1}{m_1-m_2}\rho_水$。同理，不规则固体浸没在待测液体中时的密度测量公式为 $\rho_物=\frac{m_1}{m_1-m_3}\rho_液$，显然 $\rho_物=\frac{m_1}{m_1-m_2}\rho_水=\frac{m_1}{m_1-m_3}\rho_液$，则液体的密度为

$$\rho_液=\frac{m_1-m_3}{m_1-m_2}\rho_水 \tag{4-5}$$

三、测定浮体的密度——配重法

所谓浮体，是指密度比水小、依靠自身重量不能完全浸没于水中的物体。因此，可借助另一重物悬挂在浮体的下端，先将重物浸没水中，浮体处在水的上方，天平平衡时，读出砝码的质量 m_4（$p_4=m_4g$），如图 4-1 所示；再将重物和浮体一起浸没水中（可在烧杯中增加水），如图 4-2 所示，读出此时砝码的质量 m_5（$p_5=m_5g$），则待测浮体所受到的浮力为

$$F_浮=p_4-p_5=m_4g-m_5g=p_排=\rho_水\ gV_{浮体}$$

则

$$V_{浮体}=\frac{m_4-m_5}{\rho_{水}}$$

若浮体在空气中的质量为 m_6，则浮体的密度为

$$\rho_{浮体}=\frac{m_6}{V_{浮体}}=\frac{m_6}{m_4-m_5}\rho_{水} \tag{4-6}$$

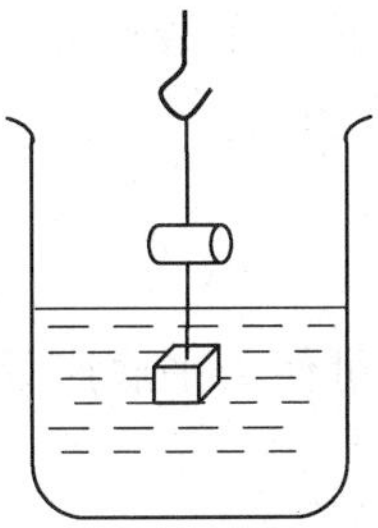

图 4-1 浸没重物

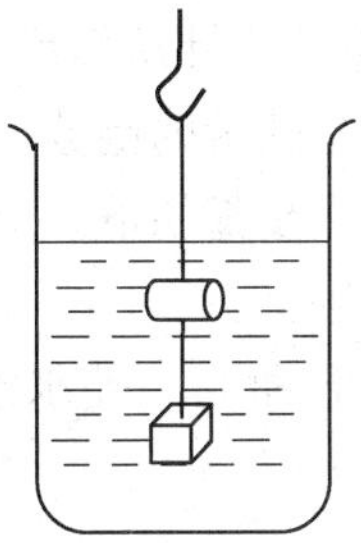

图 4-2 浸没重物和浮体

四、物理天平

天平是一种等臂杠杆，按其称衡的准确度分等级，准确度低的为物理天平，准确度高的为分析天平。不同准确度的天平配置不同等级的砝码，各种等级的天平其误差都有规定。物理天平的结构如图 4-3 所示。在横梁 A 的两端和中点有三个刀口，分别为 P、P′和 O。中间刀口 O 安装在支柱 B 顶端的刀垫上，作为横梁的支点。在两端的刀口上悬挂两个秤盘 W 和 W′。横梁下面固定了一根指针 C，横梁摆动时，指针尖端就在支柱 B 下方的刻度尺 S 前左右摆动。制动旋钮 G 可以使横梁上升或下降，横梁下降时制动

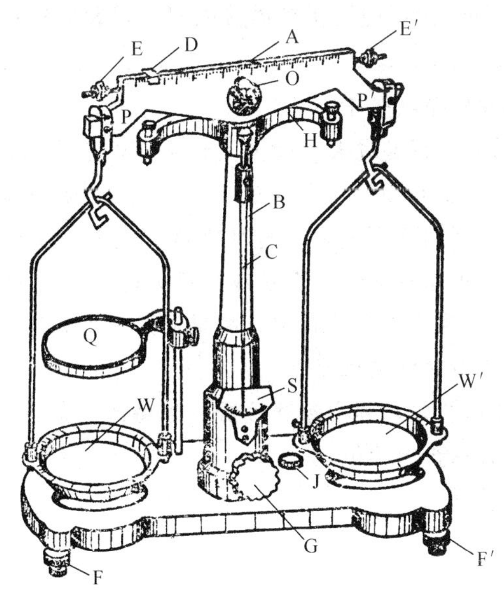

图 4-3 物理天平

A. 横梁；B. 支柱；C. 指针；D. 游码；E，E′. 平衡螺母；F，F′. 底脚螺钉；G. 制动旋钮；J. 水准泡；O，P，P′. 刀口；S. 刻度尺；Q. 托盘；W，W′. 秤盘

架可以把它托住，以避免磨损刀口。横梁两端有两个平衡螺母 E 和 E′，是天平空载时调平衡用的。横梁上装有游码 D，用于 10g 以下的称衡。支柱左边附有托盘 Q，可以托住不被称衡的物体。

物理天平的规格由下面两个参量来表示。

1）称量。允许称衡的最大质量。

2）感量。天平的摆针从标尺上零点平衡位置偏转一个最小分格时，天平两称盘上的质量差。灵敏度是感量的倒数，感量越小，灵敏度越高。

物理天平的操作步骤如下。

（1）水平调节

调节底脚螺钉 F 和 F′，使水准泡 J 居中，这样可使天平底座处于水平，立柱处于铅直状态。

（2）零点调节

天平空载时，把游码 D 拨到刻度“0”处，将称盘吊钩挂在两端刀口上。制动旋钮 G 顺时针旋转，支起天平横梁。如不平衡，应反时针旋转制动旋钮，使横梁支在制动架上，然后调节平衡螺母 E 和 E′，反复进行以上操作，直至指针 C 在标度尺 S 上来回摆动时左右两边的振幅相等时，天平达到平衡。

（3）称衡

将待测物放在左盘，砝码放在右盘（包括移动游码），进行称衡。当天平平衡时，被测物体的质量就等于砝码的质量与游码所指值之和（包括估读的一位数字）。

（4）称衡完毕。

应将制动旋钮 G 逆时针旋转，放下横梁。全部测量完后，将待测物体从盘中取出，砝码放回盒内，游码移到零位，最后将秤盘摘离刀口，天平复原。

使用物理天平的注意事项如下。

1）被测物体的质量不得超过天平的最大称量，以免损坏刀口或压弯横梁。

2）为避免刀口受冲击而损坏，在取放物体和砝码、移动游码或调节天平时，都必须令天平止动。只有判别天平是否平衡时才启动天平。天平的启动和止动动作要轻。止动时，最好在天平指针接近标尺中线刻度进行。

3）待测物体和砝码要放在盘的正中。砝码应用镊子取放，不要用手拿，用过的砝码要随时放回砝码盒内的特定位置。

4）天平的各部件以及砝码都要注意防锈、防腐蚀。高温物体、液体及带腐蚀性的化学药品不得直接放在盘内称衡。

【实验内容】

1．学习调整和使用物理天平

1）使用前要认真了解物理天平的构造和使用注意事项。

2）天平的正确调节和使用可归纳为四句话：调水平、调零点（游码归零）、左称物、常止动。

其中常止动很重要，是指在加减砝码、加减物体、移动游码或调节平衡螺母时都要在天平止动下进行操作。

2. 测定固体的密度

（1）测定规则圆柱体的密度

1）用游标卡尺测量圆柱体不同部位的高 h，共测 6 次。

2）测量螺旋测微器的零点读数 3 次，并求出平均值。用螺旋测微器测量圆柱体不同部位的直径 d，共测 6 次。

3）调节天平达到平衡状态。将物体放在物理天平的左盘，称得其质量为 m_1。再将物体放在物理天平的右盘，称得其质量为 m_2，测物体的质量 $m=\frac{m_1+m_2}{2}$，此种方法称为复称法。

4）用式（4-3）算出物体的密度 ρ。

5）求出密度的相对误差 $\frac{\Delta\rho}{\rho}$ 与绝对误差 $\Delta\rho$，确定物体密度 ρ 的有效数字位数。

（2）测定不规则固体的密度

1）调节天平达到标准状态。

2）测出不规则固体在空气中的质量 m_1。

3）测出不规则固体在水中的质量 m_2。

4）测出水温后，查附表 8 记下此温度下水的密度 $\rho_{水}$。

5）根据公式 $\rho_{物}=\frac{m_1}{m_1-m_2}\rho_{水}$ 求出 $\rho_{不规则}$。

（3）测定液体的密度

请自行拟出实验步骤并设计数据表格。

（4）测定浮体的密度

请自行拟出实验步骤并设计数据表格。

【数据处理】

1. 测定圆柱体密度

螺旋测微器零点读数

次数	1	2	3	平均
零点读数				

圆柱体密度的测定

次数	圆柱体直径 d/cm	Δd/cm	圆柱体高 h/cm	Δh/cm	圆柱体质量 m/g
1					m_1
2					
3					

续表

次数	圆柱体直径 d/cm	Δd/cm	圆柱体高 h/cm	Δh/cm	圆柱体质量 m/g
4					m_2
5					
6					
平均					

$$\bar{\rho}=\frac{4\overline{m}}{\pi\bar{d}^2\bar{h}}=\_\_\_\_\_\_\_\_\ \mathrm{g/cm^3}$$

$$E_r=\frac{\Delta\rho}{\bar{\rho}}=\sqrt{\left(\frac{\Delta\overline{m}}{\overline{m}}\right)^2+\left(2\frac{\Delta\bar{d}}{\bar{d}}\right)^2+\left(\frac{\Delta\bar{h}}{\bar{h}}\right)^2}=\_\_\_\_\_\_\_\_\ \%$$

$$\Delta\rho=\bar{\rho}\cdot E_r=\_\_\_\_\_\_\_\_\ \mathrm{g/cm^3} \qquad \rho=\bar{\rho}\pm\Delta\rho=\_\_\_\_\_\_\_\_\ \mathrm{g/cm^3}$$

2. 测定不规则固体密度

不规则固体密度的测定 水温：____℃

m_1/g	m_2/g	$\rho_{水}$/(g/cm³)	$\rho_{不规则}$/(g/cm³)

注：水在不同温度下的密度见附表 8。

3. 测定液体和浮体的密度

数据处理表格请自行设计。

【思考题】

1）怎样判断螺旋测微器的零点读数符号？

2）量角器的最小刻度是 0.5°。为了提高此量角器的精度，在量角器上附加一个角游标，使游标 30 个分度正好与量角器的 29 个分度等弧长。求：

① 该角游标的精度；

② 试读出图 4-4 所示的角度。

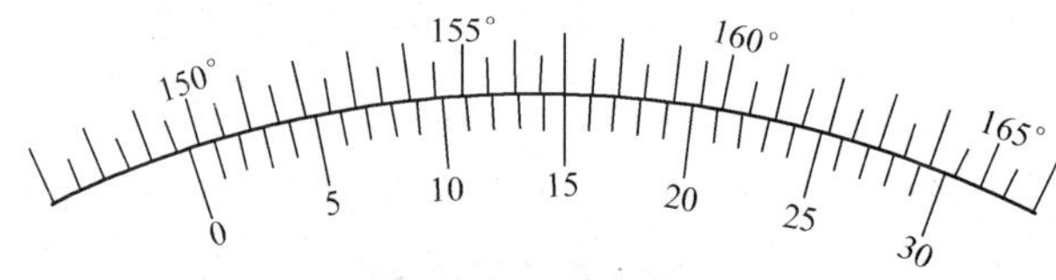

图 4-4 读数

3）测定不规则固体密度时，若被测物体浸入水中时表面吸附着气泡，则实验结果所得密度值是偏大还是偏小？为什么？

4）测量中为什么没有计入悬线的质量？

实验二 气垫导轨的使用

【预习思考题】

1）如何正确使用气垫导轨？

2）实验开始为什么要把导轨调到水平？如果导轨不水平，对验证牛顿第二定律有何影响？

【实验目的】

1）学习气垫导轨、光电测量系统的使用方法。

2）测量滑块速度、加速度，验证牛顿第二定律。

3）在弹性碰撞和完全非弹性碰撞的两种情况下，验证动量守恒定律。

4）通过测定系统内各物体在运动过程中动能和势能的增减，验证系统机械能守恒。

【实验仪器】

QG02-15 气垫导轨、CS-Z 智能数字测时器、滑块、砝码、数字毫秒计、游标卡尺、物理天平、气源等。

【实验原理】

一、验证牛顿第二定律

将气垫导轨调为水平，用一系有砝码盘（m）的轻线跨过滑轮与滑块（M）连接，如果不考虑阻力的作用，则滑块下滑的加速度 $a=\frac{mg}{M+m}$，而当 $M\gg m$ 时，$a=\frac{mg}{M}$。

当砝码质量增加时，作用力增大，滑块的加速度变大，且满足线性关系。表明当物体质量一定时，物体运动的加速度与其所受的合外力成正比；而当物体所受合外力不变时，物体运动的加速度与其质量成反比。

二、动量、能量的验证

（一）验证动量守恒定律

在一个力学系统中，如果系统所受合外力为零，则系统的总动量保持不变，这就是动量守恒定律。本实验利用气垫导轨上两个滑块的碰撞来验证动量守恒定律。

如图 4-5 所示，在水平放置的气垫导轨上放两个滑块并让它们相互碰撞，两滑块之间除了碰撞时受到相互作用的内力之外，水平方向不受其他力的作用，因而碰撞前后的总动量保持不变。即

$$m_1 v_1 + m_2 v_2 = m_1 v'_1 + m_2 v'_2$$

式中，v_1，v_2 和 v'_1，v'_2 分别表示质量为 m_1 和 m_2 的两个滑块碰撞前后的速度。

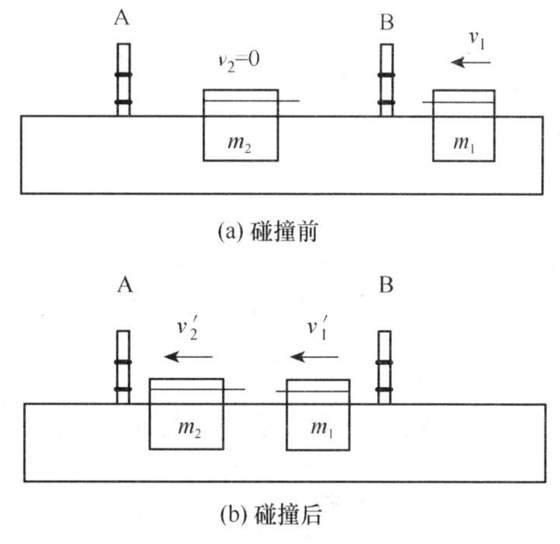

图 4-5 验证动量守恒定律

1. 完全弹性碰撞

在两滑块相碰端各装上一个弹性环，它们的碰撞过程可看作没有机械能损失的完全弹性碰撞。此时机械能守恒，所以

$$\frac{1}{2}m_1v_1^2+\frac{1}{2}m_2v_2^2=\frac{1}{2}m_1v'^2_1+\frac{1}{2}m_2v'^2_2$$

因此

$$\begin{cases}v'_1=\dfrac{(m_1-m_2)v_1+2m_2v_2}{m_1+m_2}\\[2ex]v'_2=\dfrac{(m_2-m_1)v_2+2m_1v_1}{m_1+m_2}\end{cases}$$

如果令 m_2 的初速度为零，即 $v_2=0$，则有

$$\begin{cases}v'_1=\dfrac{(m_1-m_2)v_1}{m_1+m_2}\\[2ex]v'_2=\dfrac{2m_1v_1}{m_1+m_2}\end{cases}$$

实际上，完全弹性碰撞是一种理想状况，而在一般碰撞过程中，总有一定的能量损失。

2. 完全非弹性碰撞

在两滑块的相碰端上粘上尼龙搭扣或橡皮泥，这样两滑块碰撞后将粘在一起以同一速度运动，从而实现了完全非弹性碰撞。如果令 m_2 的初速度为零，即 $v_2=0$，则有

$$m_1v_1=(m_1+m_2)v'_1,\quad v'_1=v'_2$$

（二）验证机械能守恒定律

如图 4-6 所示，调节导轨与水平面成 α 角，把质量为 m 的砝码和砝码盘 A 用细绳跨过轻质滑轮 C 与质量为 M 的滑块 B 相连。在忽略导轨与滑块之间摩擦阻力情况下，除重力外其他外力都不做功，系统的机械能守恒。如果忽略空气阻力和滑轮的转动惯量，当砝码盘下降一段距离 s 时，则有

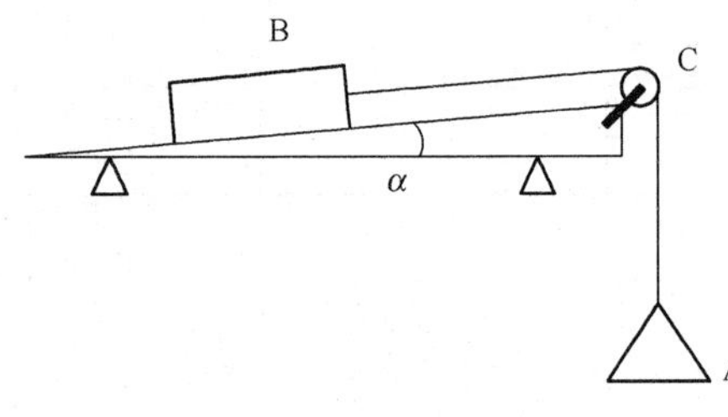

图 4-6 验证机械能守恒定律

$$mgs=\frac{1}{2}(m+M)(v_2^2-v_1^2)+Mgs\cdot\sin\alpha$$

式中，v_1、v_2 分别为砝码下落距离 s 前后系统的运动速度。

【仪器介绍】

仪器的安装和使用要点如下。

1. 配套气源

气垫导轨视图如图 4-7 所示。将气源的软管与气垫导轨的进气接口接上，启动气

源，气轨表面的小孔即能喷气，在一般情况下，即可使用。

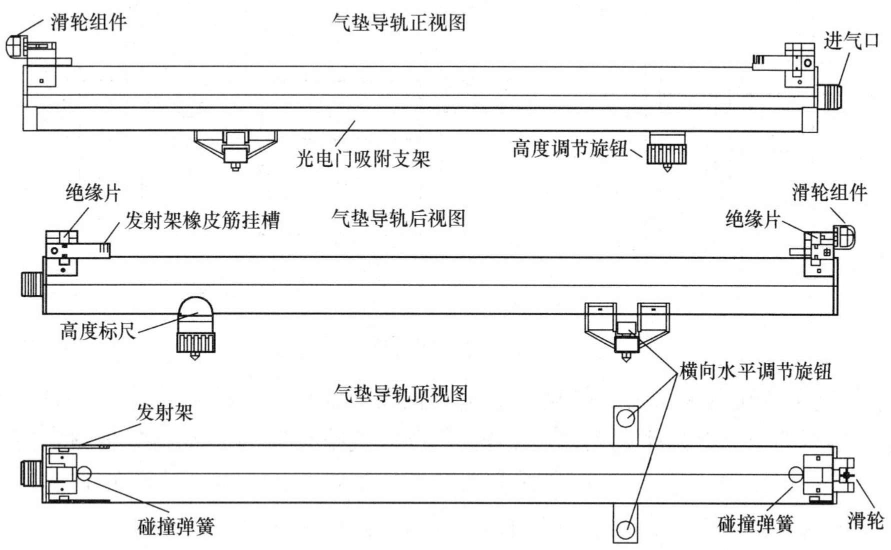

图 4-7　QG02 型气垫导轨视图

2. 气垫导轨的调平

将气垫导轨放置在实验桌上，接通并开启气源，将一个滑块放置在导轨的中点（即距离两端 1/2 处）。调节气垫导轨的高度调节旋钮，使旋钮的上边缘处于高度标尺“0”处；调节横向水平调节旋钮，使滑块基本静止在气轨中部或作不定向的游动。注意，在调节横向水平调节旋钮时，尽量使导轨横向水平，一般实验中可通过目测使导轨横向水平。

3. 气垫导轨滑轮的使用

将滑轮组件上的圆缺口朝上，铜杆插入气垫导轨一端的发射架上的孔内，通过目测旋转滑轮使滑轮垂直向下，然后旋紧发射架上的紧固螺钉旋钮，固定滑轮组件。

用一根细线（长度根据实验要求）一端穿过滑块上部两端的连接片上的小孔并打结（活结），另一端和砝码盘连接，将细线跨过已安装在气垫导轨上的滑轮槽，当接通电源时，浮起的滑块即在外力（砝码盘）的作用下运动。

4. 遮光片的选用

遮光片有两种形式，即无槽的 S1 型和有槽的 S2 型，如图 4-8 所示。将遮光片安装在滑块上，遮光片的槽口应放入滑块的顶部，再用螺钉旋钮旋紧固定。注意，选用的遮光片的形式应与数字测时器功能的选择要一致。

【实验内容】

一、验证牛顿第二定律

1）接通电源，使滑块能够自由移动。

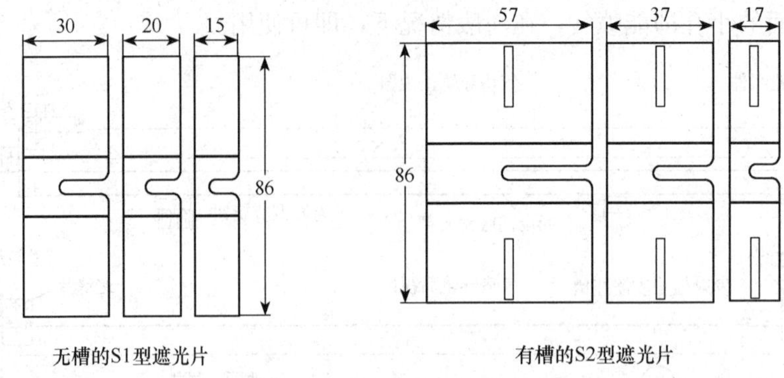

图 4-8 遮光片的两种形式

2）将气垫导轨调为水平。将气垫导轨放置在实验桌上，接通并开启气源，将一滑块放置在导轨的中点（即距离两端 1/2 处），调节气垫导轨的高度调节旋钮，使旋钮的上边缘处于高度标尺“0”处，调节横向水平调节旋钮，使滑块基本静止在气轨中部或作不定向的游动。注意，在调节横向水平调节旋钮时，尽量使导轨横向水平，一般实验中可通过目测，使导轨横向水平。

3）如果遮光板宽 5cm，两个光电门之间的距离 $s=60.00$cm，用轻绳将砝码盘与滑轮、小滑块连接。使小滑块由静止开始运动，记录通过光电门的 Δt_1 和 Δt_2，重复两次。

4）加入砝码，改变砝码质量，并记录相应数据。

5）取砝码质量为 10.00g，分别用大、小滑块测量数据。

二、动量、能量的验证

1）导轨通气后，检查光电计时系统，使之能正常工作。然后调节导轨水平。

2）取两个滑块放在导轨上（弹性环相对），令滑块 2 停放在两光电门 A、B 之间靠近 B 处静止不动（必要时可用手轻轻按住，待要碰撞时再放开，以保证 $v_2=0$）。光电门 A 也应尽量靠近碰撞地点，使滑块 1 能在刚通过光电门 A 后就立即与滑块 2 碰撞。实验时，轻推置光电门 A 前的滑块 1 使之和滑块 2 碰撞，依次记录滑块 1 碰撞前通过光电门 A 的时间 Δt_1、碰撞后滑块 2 通过光电门 B 的时间 Δt_2，以及滑块 1 通过光电门 B 的时间 $\Delta t'_1$，重复测量 3 次。

3）将两块有尼龙搭扣的滑块放在导轨上（尼龙搭扣端相对），取下滑块 2 上的遮光板，用同样的方法使两滑块做完全非弹性碰撞。记录滑块 1 通过光电门 A 的时间 Δt_1 和碰撞后两滑块通过光电门 B 的时间 Δt_2，重复测量 3 次。

4）按图 4-6 所示将砝码盘和滑块用细线连接起来，气轨仍处于水平位置（$\alpha=0$），在砝码盘中加入质量为 15.0g 的砝码，使其连同砝码盘的总质量为 20.0g。调节两光电门 A、B 间的距离 $s=60.0$cm，将滑块放在远离滑轮的导轨一端，并使其由静止开始运动，分别记下滑块通过光电门 A 和 B 的时间 Δt_1 和 Δt_2，重复实验 3 次。

5）在靠近滑轮一端的底脚螺钉下垫上 2.00cm 厚的垫块使气轨倾斜，按要求 4）重复实验 3 次。

6）测量两遮光板的宽度及两滑块的质量并记下实验室提供的两底脚螺钉间的距离。

【注意事项】

1）气轨的导轨面与滑块的工作面必须保持平整、清洁。

2）使用时应小心轻放，防止碰伤，严禁挤压或撞击导轨，以免导轨变形。

3）气轨上的小孔要保持通畅，若小孔堵塞，可用直径 0.6mm 的钢丝疏通。

4）在气源不供气的情况下，不得在导轨面上推动滑块，防止划伤气轨和滑块的工作面，影响正常实验。

5）小型气源噪声大、温度高，不宜长时间连续工作，不使用时应及时关闭。

【数据处理】

一、验证牛顿第二定律

$\Delta x = 5.00\text{cm}$；$s = 60.00\text{cm}$；$M_{小} =$ ________ g

砝码/g	次数	Δt_1/(cm/s)	Δt_2/(cm/s)	v_1/(cm/s)	v_1/(cm/s)	a/(cm/s²)	$\bar{a}$/(cm/s²)	a_t/(cm/s²)	$\frac{\Delta a}{a_t}$
5.00	1								
	2								
10.00	1								
	2								
15.00	1								
	2								

$\Delta x = 5.00\text{cm}$；$s = 60.00\text{cm}$；$M_{小} =$ ________ g；$M_{大} =$ ________ g

砝码/g	次数	Δt_1/(cm/s)	Δt_2/(cm/s)	v_1/(cm/s)	v_1/(cm/s)	a/(cm/s²)	$\bar{a}$/(cm/s²)	a_t/(cm/s²)	$\frac{\Delta a}{a_t}$
10.00	小								
	大								

注：表格中 a_t 为加速度的理想值。

二、动量、能量的验证

将实验数据记录在数据表格中。

滑块质量：$m_1 =$ ________ kg，$m_2 =$ ________ kg。

遮光板宽度：$\Delta l_1 =$ ________ cm，$\Delta l_2 =$ ________ cm。

两底脚螺钉间距（AB 间间距）：$L =$ ________ cm。

完全弹性碰撞

次数	Δt_1	Δt_2	$\Delta t'_1$	v_1	v'_2	v'_1	m_1v_1	$m_1v'_1+m_2v_2$	$\frac{\Delta/(mv)}{m_1v_1}$
	ms			m/s			kg·m/s		
1									
2									
3									

完全非弹性碰撞

次数	Δt_1	Δt_2	v_1	v_2	m_1v_1	(m_1+m_2) v_2	$\frac{\Delta/(mv)}{m_1v_1}$
	ms		m/s		kg · m/s		
1							
2							
3							

机械能守恒（$\alpha=0$，$s=60.0$cm）

次数	Δt_1	Δt_2	v_1	v_2	m_1gs	$\frac{1}{2}$ $(m_1+0.02)$ $(v_2^2-v_1^2)$	百分比
	ms		m/s		kg · m/s^2		
1							
2							
3							

机械能守恒（$\alpha\neq0$，$s=60.0$cm，$h=2.00$cm）

次数	Δt_1	Δt_2	v_1	v_2	$(m_1-M\sin\alpha)$ gs	$\frac{1}{2}$ $(m_1+0.02)$ $(v_2^2-v_1^2)$	百分比
	ms		m/s		kg · m/s^2		
1							
2							
3							

【思考题】

1）在验证动量守恒实验中，为什么要求两光电门位置应尽量靠近？如果不是这样有什么影响？

2）为什么调整滑块作匀速运动过程中，滑块通过两个光电门的时间总不能完全一致？

3）在进行完全非弹性碰撞实验中，为什么只有滑块 1 上安置遮光板？这比用两个遮光板有什么好处？

4）求在完全非弹性碰撞中（设 $v_2=0$），碰撞后的总动能与碰撞前总动能之比。

补充实验 气垫导轨上简谐振动的研究

【实验目的】

1）熟悉气垫导轨、光电测量系统的使用。

2）观察简谐振动现象，测量弹簧的劲度系数。

3）通过实验了解振动的规律。

【实验原理】

在水平的气垫导轨上放一个质量为 m 的滑块，用两根弹簧挂住滑块的两端，然后将两弹簧的另一端分别固定在导轨的两端，如图 4-9 所示，使滑块偏离其平衡位置，在导轨上自由地来回运动，就成了一个弹簧振子。

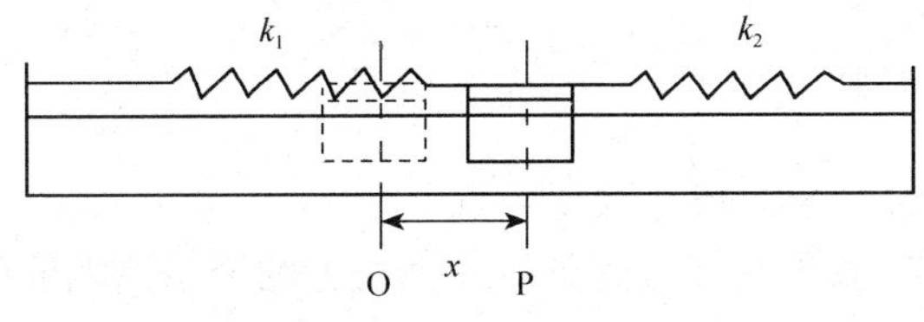

图 4-9 弹簧振子

若两弹簧的劲度分别为 k_1、k_1，则滑块在偏离平衡位置 O 的距离为 x 的 P 点处，滑块受到弹性力（忽略阻力）$F=-(k_1+k_2)x$，令 $k=k_1+k_2$，根据牛顿第二定律，滑块的运动方程为

$$-kx = m\frac{\mathrm{d}^2 x}{\mathrm{d}t^2}$$

可得

$$x=A\cos(\omega t+\varphi)$$

即物体作简谐运动，其中 ω 称为振动的圆频率，A 为振幅，φ 为初相位。A 和 φ 由初始条件决定。系统的振动周期为

$$T=\frac{2\pi}{\omega}=2\pi\sqrt{\frac{m}{k}}$$

而

$$v=\frac{\mathrm{d}x}{\mathrm{d}t}=-A\omega\sin(\omega t+\varphi)$$

由此可见，滑块的运动速度 v 随时间的变化关系也是周期性的，其圆频率也是 ω，幅值为 $A\omega$，而相位比位移 x 的相位超前 $\frac{\pi}{2}$。消去 t 得

$$v^2=\omega^2(A^2-x^2)$$

从上式可以看出，v^2 与 x^2 成线性关系，并且当 $x=A$ 时，$v=0$；当 $x=0$ 时，$v=\pm\omega A$，此时速度 v 的数值为最大，即 $v_{\max}=\omega A$。

根据以上的分析，物体作简谐振动具有如下特征：①物体离开平衡位置的位移 x 和其运动速度 v 是时间 t 的正弦或余弦函数；②简谐振动的周期 T 与振幅无关。本实验就从这两方面来验证滑块作简谐振动。

【实验步骤】

1. 测量弹簧的劲度系数

1）气轨充气后，把滑块置于气轨上并将导轨调为水平。

2）将弹簧一端系于气轨一端，另一端连接滑块，通过滑块将一细线绕过小滑轮悬挂一砝码盘，盘内加 45g 砝码使弹簧拉紧，记下滑块的位置 x_0，然后依次加 20g、40g、60g、80g、100g 的砝码并分别记下滑块位置 x_i。

3）更换第二根弹簧重复 2）的操作。

2. 测简谐振动的周期

1）按图 4-9 将两弹簧和滑块连接在气轨上。

2）把光电门放在滑块的平衡位置处（使滑块上的窄条挡光板正对光电门）。将滑块拉至右边某一位置（即选择一定的振幅），放手后测出滑块往返通过平衡位置的时间，这就是振动的半周期，记为$\frac{1}{2}T_R$；再将滑块拉至左边（使振幅相同），测出$\frac{1}{2}T_L$，则振动周期为$T=\frac{1}{2}(T_L+T_R)$，改变振幅，如使振幅 A 为 10cm、15cm、20cm，重复上述实验，并分析测量结果。

3）观察简谐振动周期 T 与质量 m 的关系。在滑块上依次加 20g、40g、60g、80g、100g 砝码，分别按以上要求测量简谐振动的周期 T 并用物理天平测出滑块的质量。

3. 考查振动速度 v 与位移 x 的关系

用游标卡尺测出挡光板的宽度，光电门仍放在平衡位置处，固定振幅 A，测出 v_{max}。再移动光电门的位置，测出滑块离开平衡位置的距离分别为 x_i 时的速度 v_i（至少测量 6 个不同位置的速度）。

4. 考查简谐振动不同位移 x 所对应的时间 t

将光电门 A 置于滑块的平衡位置且刚好在窄条挡光片右侧边缘处，光电门 B 置于光电门 A 右侧附近，测出这两个光电门之间的距离 x。

将滑块从平衡位置向左拉开 20cm 后放开，当挡光片通过两光电门 A、B 后按住滑块，读出数字毫秒计（拨至 B 档）上的时间 t 值。逐次增加 x（每次增加 2cm），依上述过程读出相应的时间 t 值。最大位移处所对应的时间 t 可先测量振动的半周期，再除以 2 得到。

【数据处理】

1）设计数据表格并记录测量数据。

2）用逐差法分别计算出两弹簧的劲度系数 k_1、k_2，滑块振动系统的劲度系数即为 $k=k_1+k_2$。

3）用实验结果说明振动系统的周期与振幅无关，不同振幅振动周期测量结果的差异小于周期测量的不确定度。

4）以 T_2 为纵坐标，m 为横坐标，作 T_2-m 曲线图。如果关系式成立，则 T_2-m 图应为一条直线。从直线的斜率中求出 k 并与直接测量结果 $k=k_1+k_2$ 进行比较。如果截距不为零，说明其物理意义。

5）作 v_2-x_2 关系图，应与直线相似，从直线的斜率中求得 ω，进而计算出振动的周期 T 并与周期的直接测量结果进行比较。

6）用 x、t 的测量值，绘出 1/4 个周期的 x-t 图线。分析 x-t 图线是否是初相$\varphi=\frac{\pi}{2}$

的余弦曲线。用测得的周期 T 求出 ω，然后用 $x=A\cos\left(\omega t+\dfrac{\pi}{2}\right)$ 求得不同时间 t 的 x 值，与 x-t 图线进行比较（画在同一张图中）。

【思考题】

1）弹簧的质量对滑块振动产生什么影响？

2）在测量振动的周期时，滑块上的遮光板的宽度对测量结果有什么影响，如何选择遮光板的宽度？

3）若将气垫导轨由水平改为倾斜状态后，滑块的振动是否依然是简谐振动？周期是否相同？

实验三　电子天平的调节与使用

电子天平是新一代的天平，是根据电磁力平衡原理，直接称量，全量程不需要砝码，放上被称物后，在几秒钟内即达到平衡，具有称量速度快、精度高、使用寿命长、性能稳定、操作简便和灵敏度高的特点，其应用越来越广泛并逐步取代机械天平。

【预习思考题】

电子天平的主要调节步骤是什么？

【实验目的】

1）学会电子天平的正确调节和使用。

2）学会用电子天平测量物质的质量。

3）用电子天平测量非规则形状（样品）物质的密度。

【实验仪器】

电子天平、砝码、定容比重瓶、待测样品（实验室提供）、抽气筒等。

【实验原理】

测量物质密度的基本原理见本部分实验一。

本实验主要通过测气体占有体积来间接测出样品的体积 V，过程如下。

1）用电子天平称出带旋塞的定容比重瓶（容积为 V_1）有空气时的质量为 m_1。

2）用抽气装置（或抽气筒）抽掉比重瓶中的空气，然后用分析天平称其质量为 m_2。

3）将称好的质量为 m 的样品放入比重瓶中，称出其质量为 m_3。

4）将步骤 3）中比重瓶剩余的空气（体积为 V_2）抽掉，再称出其质量为 m_4。

显然样品的体积为

$$\frac{V_1}{V_2}=\frac{m_1-m_2}{m_3-m_4}$$

则样品的密度为

$$V=V_1-V_2$$

$$\rho=\frac{m}{V}=\frac{m(m_1-m_2)}{(m_1-m_2-m_3+m_4)V_1}$$

【实验内容】

一、正确调节好电子天平

1）调节电子天平的水平脚，使天平的水平仪内的气泡处于中心位置。

2）预热天平。为了达到理想的测量结果，电子天平在初次接通电源或者在长时间断电之后，应预热60min左右。

3）校准天平。预热之后，要对天平进行校正，此时要去除天平秤盘上面一切的加载物。首先按“TARE”键，此时天平显示“0.0000g”。在显示之后，按“CAL”键，显示“CAL”。这样就可以在秤盘的中央加上校正砝码，同时关上防风罩的玻璃门，等待天平内部自动校准。当显示器显示“＋200.0000g”的同时蜂鸣器响一下之后天平校准结束。

在校准完成后，就可以将校准砝码移开，等天平稳定之后会显示“0.0000g”，此时若要称量60g以下（含60g）的物质的质量且需要读数为0.1mg的时候，需按“TARE”键，天平显示“0.0000g”。若称重超过60g，则读数自动转化为1mg。

如果在按“CAL”键之后出现“CAL—E”说明校准出错，可按“TARE”键。等天平显示“0.0000g”时，重新进行校准。

二、电子天平的使用方法

1. 简单的称重

当校准完成之后天平显示“0.0000g”，此时可以将称重的样品放于秤盘上，同时关上玻璃罩的门。天平稳定后就会出现单位“g”，最后即可读取称重的结果。

2. 去皮

当天平显示“0.0000g”的时候，将空的容器放在天平秤盘上，随后天平就会显示容器的重量，如“＋20.2235g”。之后按“TARE”键，即显示“0.0000g”，这时在容器中加上称重样品的时候，显示的质量数即为净容量值。进行多次测量的时候，只有当仪器清零之后，才能执行准确的新的重量测量任务，按下“TARE”键，就可以使重量显示为“0”。这种清零操作可在天平的全量程范围内进行。

3. 单位换算

该天平有两种单位克（g）和克拉（ct）可以相互转换。在用克（g）称量的时候按一下“UNIT”键即可将单位换算成克拉（ct）称重，在克拉（ct）称重的时候按一下该键就可以转换成克（g）称重：1ct＝0.2g。

三、测量待测样品的密度

1）用电子天平称出比重瓶（容积为V_1）有空气时的质量m_1，记入表格。

2）用抽气装置（或抽气筒）抽掉比重瓶中的空气，然后用分析天平称其质量为

m_2，记入表格。

3）将称好的质量为 m 的样品放入比重瓶中，称出其质量为 m_3，记入表格。

4）将 3）中比重瓶剩余的空气（体积为 V_2）抽掉，要求两次抽出空气相同，再称出其质量为 m_4，记入表格。

5）重复测量 3 次，取各量平均值后，通过上述公式计算出样品的密度。

【数据处理】

定容比重瓶 V_1＝__________ mL

质量 次数	m_1	m_2	m_3	m_4	m
1					
2					
3					

【思考题】

1）如何提高测量的精密度?

2）测量时，应该注意哪些外部条件？若外部条件发生变化，会不会引起测量的误差?

实验四　示波器的使用

阴极射线示波器又名电子示波器，简称示波器。它是用来观察电压、电流波形并能测量其数值的一种电子仪器。通过示波器可把抽象的电信号，变换成具体的图像，有利于研究瞬变、脉冲或变化极其缓慢的过程，是观察数字电路实验现象、分析实验中的问题、测量实验结果必不可少的重要仪器。

本实验通过使用双踪示波器观察电信号波形、李萨如图形及测量电信号的电压及频率，了解示波器的基本结构和基本工作原理，掌握用示波器测量电信号的电压和频率的方法。

【预习思考题】

如果打开示波器的电源开关后，在屏幕上既看不到扫描又看不到光点，可能有哪些原因？应分别做怎样的调节?

【实验目的】

1）了解示波器的基本结构和工作原理、掌握示波器的调节和使用；

2）掌握用示波器观察电信号波形和李萨如图形的方法；

3）掌握用示波器测量电信号的电压和频率的方法。

【实验仪器】

YB4328 双踪示波器、LM1603 型函数信号发生器等。

【实验原理】

示波器有各种型号，不同型号的示波器功能稍有不同，但它们的基本原理、主要电路及使用方法大致相同。

示波器由示波管、扫描和整步装置、竖直放大器（Y 轴放大器）、水平放大器（X

轴放大器）及电源四大部分组成，其框图如图 4-10 所示。

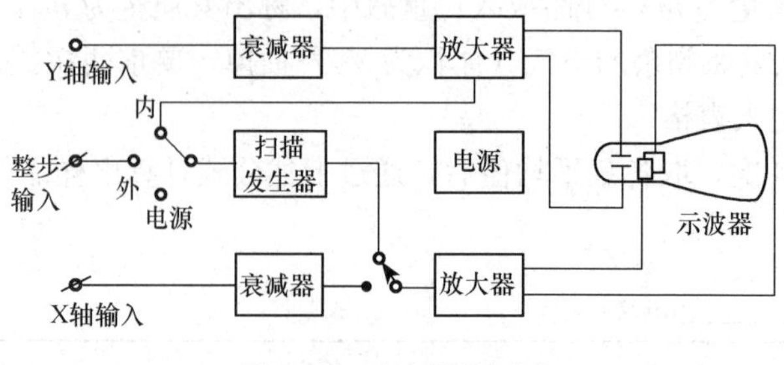

图 4-10 示波器的框图

1. 示波管的基本结构

阴极射线管（CRT）简称示波管，是示波器的核心，它将电信号转换为光信号。示波管的基本结构如图 4-11 所示，主要包括电子枪、偏转系统和荧光屏三个部分，全都密封在玻璃外壳内，里面为高真空状态。

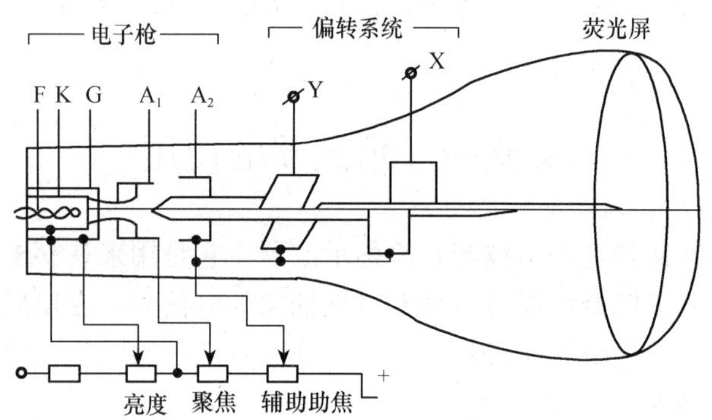

图 4-11 示波管的基本结构

（1）电子枪

由灯丝 F、阴极 K、控制栅极 G、第一阳极 A_1 和第二阳极 A_2 五部分组成，阴极是一个表面涂有氧化层的金属圆筒，灯丝通电加热后发射电子。控制栅极是由套在阴极外面的圆筒构成，电位比阴极稍低，初速度较大的电子才能穿过栅极，在阳极加速后奔向荧光屏。示波器面板上的“亮度”调整旋钮就是通过调节栅极电位以控制射向荧光屏的电子流密度以改变屏上光斑的亮度。

（2）偏转系统

示波管内的一对 X 偏转板（垂直放置的两块电极）和一对 Y 偏转板（水平放置的两块电极）。当两对偏转板上都没有电位差时，电子枪射出的电子流将沿直线射向荧光屏。当偏转板上有电位差时，在板间电场作用下，电子束发生偏转。

（3）荧光屏

涂有荧光粉的显示屏。电子打上去它就发光。荧光屏前有一块透明的、带刻度的坐标板，可测量光点位置。

2. 示波器显示波形的原理

（1）扫描作用

只加外界电信号（如正弦电压）时，电子束的亮点将随电压的变化在竖直方向来回运动，如果电压频率较高，则看到的将是一条竖直亮线。如图 4-12（a）所示。

要显示出平面波形，必须同时在水平偏转板上加一个扫描电压，使电子束的亮点同时沿着水平方向拉开。示波器内部的扫描装置将扫描出形如锯齿的锯齿波电压，如图 4-12（b）所示。外界正弦电压和锯齿波电压同时分别加在偏转板上，则电子的运动为两相互垂直的运动的合成。当锯齿波电压与正弦电压变化周期相等时，在荧光屏上将能显示出一个完整的正弦电压的波形图（随着时间的推移 X 和 Y 信号同步周期性地出现）其原理如图 4-12（c）所示。

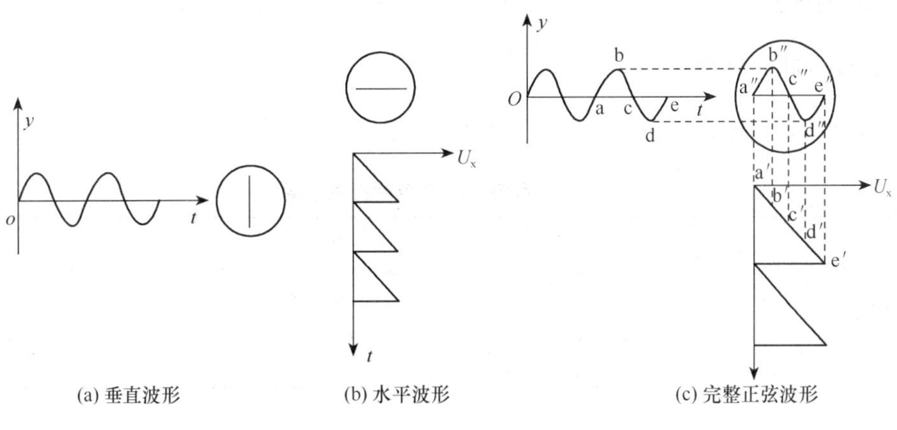

图 4-12　显示波形

（2）触发扫描

普通示波器的扫描电压是采用自激锯齿波振荡器产生连续信号，这种扫描方式称为连续扫描，连续扫描对于显示正弦波、对称方波、三角波等是比较合适的，但如用来显示很窄的脉冲信号时，很不理想，因此，可采用触发扫描方式，即扫描电路在被测脉冲信号或与之有一定关系的外来脉冲信号的触发下，才产生扫描电压，之后自动恢复到起始状态，完成一次扫描。

（3）同步作用

要在示波器荧屏上获得稳定的波形，被测信号的频率 f_Y 必须为扫描电压（锯齿波）频率的 f_X 整数倍（N 倍），即有

$$f_Y = Nf_X$$

只有满足此式，锯齿波和被测信号才能保持固定的相位关系，使每次荧光屏上显示的图像重合（即对 X 的每一个扫描周期，Y 有完全相同的波列对应），才可看到稳定的被测信号波形。为使两者频率自动保持整数比，可利用被测信号电压或与此有关的电压，强迫控制锯齿波的频率，使之与被测信号频率保持整数比，这就是同步（整步）。

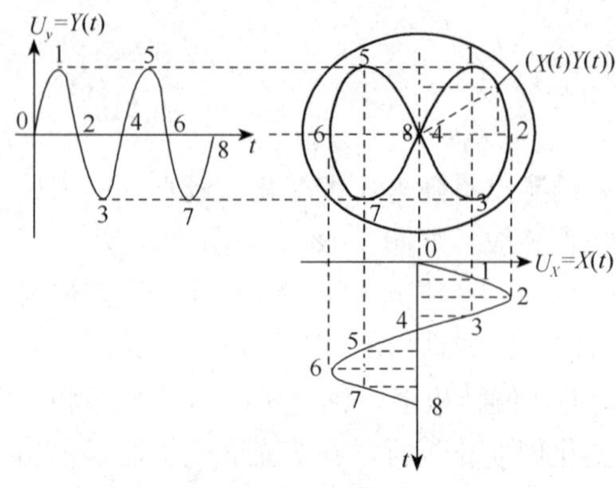

图 4-13 李萨如图形

(4) 李萨如图形

如果将振动方向相垂直、频率满足整数比的周期信号叠加，光点将会描绘出特定的图形——李萨如图形。图 4-13 所示为$\frac{f_Y}{f_X}=\frac{2}{1}$的两个正弦波电信号合成的李萨如图形。可以证明两个正弦波的频率之比等于李萨如图形在 Y、X 方向的切点个数 n_Y、n_X 之比，即

$$\frac{f_X}{f_Y}=\frac{n_Y}{n_X}$$

利用李萨如图形可以根据已知频率求出未知频率。

【实验内容】

一、示波器面板的检查

把各有关控制键置于表 4-1 所示的作用位置。

表 4-1 示波器面板控制键的位置

控制键名称	作用位置	控制键名称	作用位置
亮度（INTENSITY）	指示线向上居中	扫描方式（SWEEP MODE）	自动
聚焦（FOCUS）	指示线向上居中	扫描速率（SEC/DIV）	0.5ms
垂直、水平位移（三个）	指示线向上居中	扫描速率微调	顺时针旋到底
垂直衰减器微调	顺时针旋到底		

二、正弦波峰-峰值电压的测量

1）调整信号发生器，使其产生某一频率的正弦波，记录该信号频率。

2）用导线将信号发生器的电压输出端口与示波器的 CH1（或 CH2）输入端连接，将示波器上垂直方式中与被选通道名称一致的按键按下。

3）调整垂直衰减器并观察波形（若波形不稳定，调节电平使波形稳定）。

4）调节扫描速率旋钮，使屏幕显示至少一个波长的波形。

5）调节垂直位移旋钮，使波形底部在屏幕中某一水平坐标上（见图 4-14，A 点）。

6）调节水平移位旋钮，使波形顶部在屏幕中央的垂直坐标上（见图 4-14，B 点）。

7）从显示屏上读出 A、B 两点垂直方向之间的格数，从垂直衰减器上读出垂直偏转因数。

按式（4-7）计算被测信号的峰-峰电压值（U_{P-P}）

$$U_{P-P}=垂直方向的格数\times垂直偏转因数 \quad (4-7)$$

例如，图 4-14 中，测出 AB 两点垂直格数为 4.2 格，垂直偏转因数为 2V/div，则

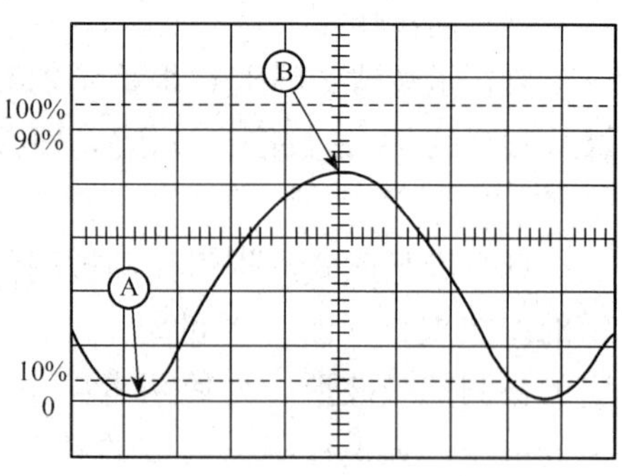

图 4-14 峰-峰电压的测量

$$U_{P\text{-}P} = 2 \times 4.2 = 8.4\text{V}$$

8）调节垂直衰减器，改变垂直偏转因数，再测量两组峰-峰电压值（$U_{P\text{-}P}$），计算平均值，并与理论值比较，计算相对误差，完成数据处理。

三、周期和频率的测量

1）调整信号发生器，使其产生某一频率的正弦波，记录该信号频率。

2）调节扫描速率旋钮，使屏幕上显示 1～2 个信号周期。

3）分别调整垂直移位和水平移位，使波形中需测量的相距一个波长的两点位于屏幕中央水平刻度线上。

4）测量两点之间的水平距离，记录扫描速率旋钮指示的扫描时间因数，按式（4-8）计算出周期

$$T = \frac{\text{两点之间水平距离} \times \text{扫描时间因素}}{\text{水平扩展倍数}} \tag{4-8}$$

如图 4-15 所示，测得 A、B 两点的水平距离为 8.0 格，扫描时间因数为 2μs/DIV，水平扩展倍数为 1，则

$$T = \frac{2\mu\text{s/DIV} \times 8.0\text{DIV}}{1} = 16\mu\text{s}$$

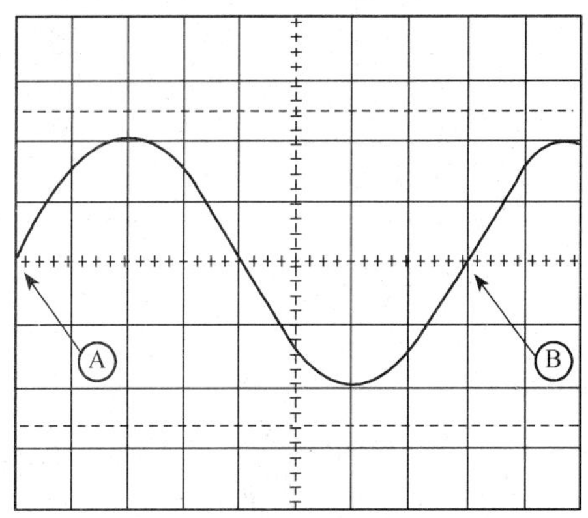

图 4-15　周期的测量

5）根据公式 $f=1/T$，计算出该信号的频率，与信号发生器产生的实际频率相比较，计算相对误差。

6）调整信号发生器的信号波形和频率，重复 2）～5）实验步骤，完成数据处理。

四、李萨如图形的研究

1）将两个信号发生器的正弦波信号分别接入示波器的 CH1 和 CH2 输入端。

2）将扫描速率旋钮逆时针旋到底，使之处于“X-Y”工作方式。

3）调节信号发生器的产生的正弦波信号频率，使其切点比满足数据处理部分第 3 个表，将观测到的李萨如图形绘出填入此表。

【数据处理】

频率/kHz	序号	垂直方向的格数/DIV	垂直偏转因数（V/DIV）	$U_{P\text{-}P}$/V
	1			
	2			
	3			

$\overline{U}_{P\text{-}P}$ = ________________　$U_{P\text{-}P}$(实际值) = ________________

$$E_r = \frac{|\overline{U}_{P\text{-}P} - U_{P\text{-}P}(\text{实际值})|}{U_{P\text{-}P}(\text{实际值})} = \underline{\qquad\qquad}\%$$

项目＼波形	正弦波	方波	三角波
$f_{实际}$/kHz			
两点间的水平距离/DIV			
扫描时间因数/ms			
水平扩展倍数			
T/ms			
$f_{测量}$/kHz			
E_r			

$n_x : n_y$	2∶1	1∶1	1∶2	2∶3	1∶3
f_x/Hz					
f_y/Hz					
李萨如图形					

【注意事项】

1）必须熟悉所使用的示波器、信号发生器的型号与面板上各旋钮的作用后再开始实验。

2）荧光屏上的光点亮度不可太强（即“辉度”旋钮应调得适中），且不可将光点固定在荧光屏上某一点的时间过长，以免损坏荧光屏。

3）示波器上所有开关与旋钮都有一定强度与调节角度，不能用力过猛或随意旋动。

【思考题】

1）示波管有哪些组成部分？每部分的作用是什么？

2）为什么在实验中很难得到稳定的李萨如图形，而往往只能得到重复变化的某一组李萨如图形？

实验五　单臂电桥

电桥法是测量电阻的常见方法，该方法具有灵敏度和准确度都较高的特点，在电阻、电容、电感等电学量和非电学量的测量、近代工业生产的自动控制和自动检测中有着广泛的应用。电桥的种类很多，测量中等阻值（$10 \sim 10^6\,\Omega$）的电阻一般采用单臂电桥进行测量，若要测量较大阻值的电阻，一般采用高电阻电桥或兆欧表；而要测量阻值较小的电阻，一般采用双臂电桥（开尔文电桥）。

【预习思考题】

1）连接电路时有哪些注意事项？

2）检流计在实验中起到什么作用？

【实验目的】

1）了解桥式电路的基本结构及测电阻的原理；

2）学会用单臂电桥（板式和箱式电桥）测量电阻；

3）学会用自组电桥和箱式电桥测电阻。

【实验仪器】

1）板式电桥、直流稳压源、检流计、电阻箱、滑线变阻器、待测电阻、开关。

2）QJ23 型电桥。

【实验原理】

单臂电桥主要用来测量阻值在 $10 \sim 10^6\,\Omega$ 范围内的中值电阻，原理图如图 4-16 所示。图中 R_1、R_2、R 为电阻值已知的标准电阻，它们和待测电阻 R_x 组成一个四边形，称为电桥的四个臂。其中 R_1 和 R_2 是电桥的比率臂，R 为比较臂，R_x 为待测臂。A 和 C 之间接有电源 E，B 和 D 之间接有检流计 G，用来检验其间有无电流流过，称为桥路。显然，桥路两端 B 点和 D 点的电位相等时，检流计中无电流流过，称为电桥平衡。

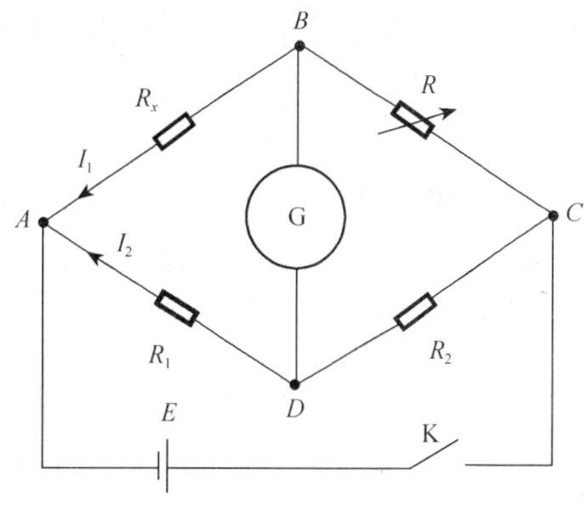

图 4-16　单臂电桥原理图

由欧姆定律可知，电桥平衡时有

$$\frac{R_1}{R_2} = \frac{R_x}{R}$$

上式即为直流电桥的平衡方程。若已知 R_1、R_2、R，即可求出待测电阻 R_x。

$$R_x = \frac{R_1}{R_2}R = KR$$

这样，就把待测电阻的阻值用三个标准电阻表示出来，从而使测量准确。式中 K 称为比例臂的倍率，简称为比率臂或比率；R 则称为比较臂。

调节电桥平衡的方法有两种：一种是选定倍率 K 为一定值，调节比较臂上的电阻使电桥达到平衡；另一种方法是选定比较臂 R 为一定值，调节倍率 K 的比值从而使电桥达到平衡。其中第一种测量方法的精度较高，是实际测量中常用的方法。

电桥能否达到平衡是影响待测电阻测量准确度的一个重要因素，为了估计由此而带来的误差，需引入电桥灵敏度的概念。电桥灵敏度定义为

$$S = \frac{\Delta n}{\Delta R/R}$$

式中，ΔR 为 R 的改变量；Δn 为由于 R 的改变，检流计指针偏离平衡位置的格数。

电桥灵敏度对任一桥臂都相同，所以

$$S = \frac{\Delta n}{\Delta R/R} = \frac{\Delta n_x}{\Delta R_x/R_x} = \frac{\Delta n_1}{\Delta R_1/R_1} = \frac{\Delta n_2}{\Delta R_2/R_2}$$

电桥的灵敏度与检流计的灵敏度、电源电压及各桥臂阻值有关。在其他条件相同时，可以证明，当 $K = \frac{R_1}{R_2} = 1$ 时，电桥灵敏度最高，由电桥灵敏度的定义可得待测电阻的误差为

$$\Delta R_x = \frac{\Delta n_x}{S} = R_x$$

式中 Δn_x 取 0.1 分格。

【仪器介绍】

实验室常用的单臂电桥有板式和箱式两种类型。

1. 板式电桥

板式电桥结构如图 4-17 所示，AB 为一根粗细均匀的电阻丝。电阻丝上有一滑键 d 可来回移动，它把电阻丝分为 l_1 和 l_2 两段，由于电阻丝是由同种材料制成的，因而其电阻和长度成正比。即

$$R_x = \frac{R_1}{R_2}R = \frac{l_1}{l_2}R$$

因此板式电桥只需记下 l_1 和 l_2 的长度，调节电阻箱 R 使电桥平衡便可测出 R_x。

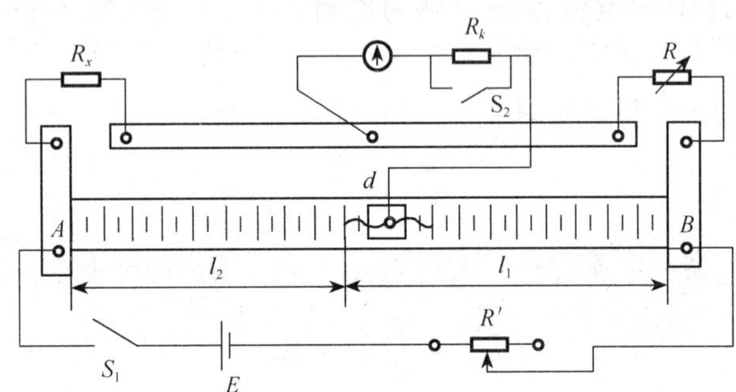

图 4-17　板式电桥

2. QJ23 型箱式电桥

QJ23 型箱式电桥是实验室广泛应用的一种箱式电桥，其面板如图 4-18 所示。QJ23 型箱式电桥的使用及注意事项如下。

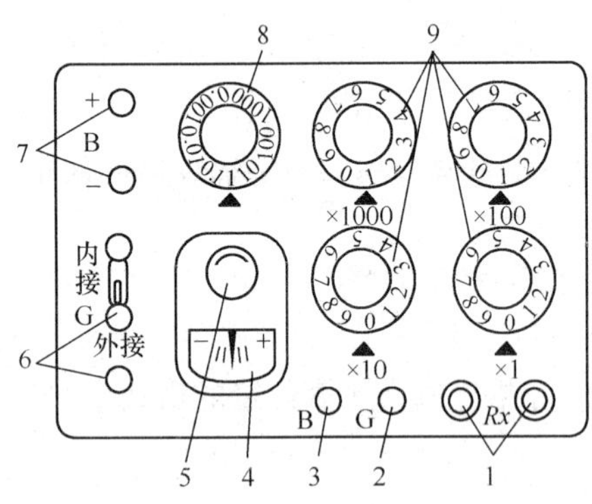

图 4-18　QJ23 型电桥面板图

1. 待测电阻接线柱；2. 检流计按钮；3. 电源按钮；4. 检流计；5. 检流计调零旋钮；6. 检流计内外接选择；7. 外接电源；8. 倍率；9. 比较臂旋钮

(1) 使用方法

1) 将待测电阻接在 R_x 的两个接线柱之间。

2) 根据被测电阻的阻值大小选择工作电压为 4.5V。

3) 如果用内附检流计，将接线柱上的短路片接为“外接”，使用外附检流计，将短路片接为“内接”，外接检流计接在“外接”两接线柱上（此时内附检流计短路）。检流计使用前要校零。

4) 据 R_x 的粗测值（可用万用表测得）并参照表 4-2 选取适当的倍率。

表 4-2　QJ23 型箱式电桥量程倍率及对应的参数

<table>
<tr><th rowspan="2">倍率</th><th rowspan="2">有效量程/Ω</th><th colspan="2">等 级 指 数</th><th rowspan="2">电源电压/V</th></tr>
<tr><th>内接检流计</th><th>外接检流计</th></tr>
<tr><td>×0.001</td><td>1～9.999</td><td>2</td><td>2</td><td rowspan="4">4.5</td></tr>
<tr><td>×0.01</td><td>10～99.99</td><td rowspan="3">0.2</td><td rowspan="3">0.2</td></tr>
<tr><td>×0.01</td><td>100～999.9</td></tr>
<tr><td>×0.1</td><td>1k～9.999k</td></tr>
<tr><td>×1</td><td>10k～99.99k</td><td>1</td><td rowspan="3">0.5</td><td>6</td></tr>
<tr><td>×10</td><td>100k～499.9k</td><td>2</td><td rowspan="3">15</td></tr>
<tr><td>×100</td><td>499.9k～999.9k</td><td>5</td></tr>
<tr><td>×1000</td><td>9M～9.999M</td><td>20</td><td>2</td></tr>
</table>

5）按下“B”、“G”两个按钮，同时调节比较臂四个旋钮，使电桥平衡（检流计指针指零）此时待测电阻的阻值 R_x 为测量盘示值之和 R 与量程倍率 K 的乘积。

6）松开“G”、“B”两个按钮，测量完毕。

（2）注意事项

1）比较臂 R 的千位必须得选取，由此选相应的 K 和电源电压，这样可使测量结果有足够多的有效数字，测量准确度较高。

2）当测量感性元件的电阻值时，应先按“B”钮后再按“G”钮，测完后先松开“G”钮后再松开“B”钮，以防检流计因冲击而损坏。

3）箱式电桥长期不用时，应取出内置的干电池。

4）箱式电桥长期不用或搬运时，应将检流计短路片放在内接上，以提高内附检流计的抗震性能。

【实验内容】

1. 用板式电桥测量中值电阻

1）用万用表粗测待测电阻 R_x，以便于选择合理量程。

2）连接电路，将电源电压调至 4V 后关闭，注意此时滑线变阻器 R' 应调至最大。

3）移动滑键至电阻丝中点，取倍率 $K=R_1/R_2=1$，即 $l_1=l_2$，并预置电阻箱 R 为 R_x 的粗测值。

4）打开电源，调节电阻箱示值，使检流计指针指零；逐渐减小滑线变阻器阻值，并微调 R，直至 $R'=0$ 时检流计指针再次指零，记下电阻箱上的 R 值。

5）保持倍率 $K=R_1/R_2=1$ 不变，交换 R 与 R_x 的位置，并将 R' 调至最大，重复使电桥再次平衡，记下此时电阻箱的 R' 值。并将以上数据记录。

6）整理仪器并处理数据，所测 R_x 为

$$R_x = \sqrt{RR'}$$

2. 用 QJ23 型箱式电桥测电阻

1）熟悉箱式电桥的结构，R_x 接待测电阻，将“G”旁的连接片由“内接”转向

"外接"，同时将检流计机械调零。

2）在 B 的两端接 4.5V 的外接电源。

3）根据 R_x 的粗测值，选择合适倍率 K，预置测量盘使读数之和乘倍率 K 等于 R_x 的粗测值，注意此时×1000 挡不能为 0。

4）按下开关 B，点按"G"按钮，调节比较臂旋钮，使电桥平衡，读出 R 的读数，并记录，则 $R_x=KR$。

5）测量完毕，整理仪器，松开"B"、"G"按钮，同时把"G"旁的连接片转为"内接"。

【注意事项】

1）电桥通电时间不能过长；

2）在测量前，应先粗测待测电阻的阻值；

3）各接线柱必须旋紧，以减小接触电阻；

4）每次开始测量时，都必须将保护电阻 R' 调到最大，以保护检流计。

【数据处理】

被测量 测量次数	l_1/cm	l_2/cm	R/Ω	R'/Ω	R_x/Ω	$\overline{R_x}/\Omega$
1						
2						
3						

被测量 测量次数	K	R/Ω	R_x/Ω	$\overline{R_x}/\Omega$
1				
2				
3				

【思考题】

1）单臂电桥平衡条件是什么？

2）板式电桥测电阻的实验中 R' 所起的作用是什么？为什么先大后小？

3）用单臂电桥测电阻，比率臂应怎样选取才能保证测量有较高的准确度？

4）用单臂电桥测量电阻时，如果发现检流计的指针总是向一边偏转，这是什么原因？

实验六　电位差计测量电动势

电位差计是利用补偿原理精确测量直流电位差或电源电动势的常用仪器，主要分为板式电位差计和箱式电位差计两类。板式电位差计结构直观简单、便于分析，有利于学生学习和掌握电位差计的基本工作原理和操作方法；箱式电位差计精确度较高，在配用标准电阻箱后还可以用来测量直流电压、电流以及校正电流表、电压表和功率表。由于具有原理清晰、准确度高、使用方便的特点，电位差计有着广泛的用途。

【预习思考题】

1）什么是补偿原理？

2）为什么要将电路标准化？

【实验目的】

1）学习和掌握电位差计的补偿工作原理、结构和特点。

2）学习用滑线式十一线电位差计来测量未知电动势或电位差的方法和技巧。

3）培养正确连接电学实验线路、分析线路和实验过程中排除故障的能力。

【实验仪器】

1）THMV-1 型直流电位差计实验仪（实验仪集成了 4.5V 直流稳压电源，1.0186V 标准电动势，E_{x1}、E_{x2} 两个待测电动势，数字检流计 G，0～999Ω 可调变阻器，保护电阻 R_P 等）；

2）滑线式十一线电位差计，专用接线若干。

【实验原理】

1. 补偿法原理

补偿法是一种准确测量电动势（电压）的有效方法。如图 4-19 所示，设 E_0 为一连续可调的标准电压，而 E_x 为待测电动势，调节 E_0 使检流计 G 示零（即回路电流 $I=0$），则 $E_x=E_0$。此时称电路达到补偿。在补偿条件下如果 E_0 的数值已知，则 E_x 即可求出。该回路称为补偿回路。根据此原理构成的测量电动势或电位差的仪器称为电位差计。

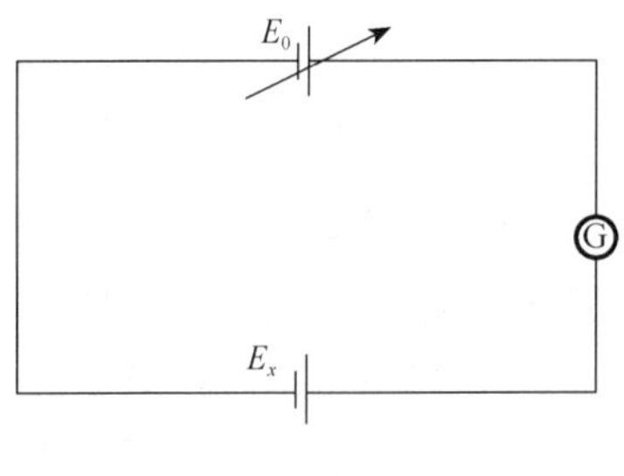

图 4-19 补偿法原理

可见，构成电位差计需要一个 E_0，而且它要满足两个要求：①大小便于调节；②电压很稳定，并能读出其准确的数值。

2. 电位差计原理

在实际的电位差计中，E_0 是通过下述方法（见图 4-20）得到的。由电源 E、限流电阻 R、11m 粗细均匀电阻丝 R_{AB} 串联成一个闭合回路；称为辅助回路，当 R_{AB} 上单位长度压降 V_0 确定后，改变 R_{AB} 上两滑动头 M、N 的位置，就能改变 M、N 间的电压 V_{MN} 的大小，V_{MN} 正比于电阻 R_{AB} 中 M、N 之间的长度，即：$V_{MN}=V_0L_{MN}$，V_{MN} 相当于 E_0。测量时把滑动头 M、N 两端的电压引出与未知电动势 E_x 进行比较，E_xGNME_x（或 E_nGNME_n）组成补偿回路，要注意的是在电路中 E 和 E_x（或 E_n）必须接为同极性相对抗。

（1）定标

将图 4-20 中 K_1 连接到标准电池电动势 E_n，为了使 R_{AB} 中单位长度的压降为 V_0，根据 E_n 的大小，选定 M、N 间的长度 L_{MN}，使

$$E_n=1.0186=V_0L_{MN}$$

调节 R，使检流计 G 示零，此时 L_{MN} 上的压降恰好与补偿回路中标准电池的电动势 E_n 相等，为使读数方便，取 V_0 为 0.1，0.2，…，1.0V/m。只要 V_0 确定，即完成了定标过程。

（2）测量

将图 4-20 中 K_1 连接到未知电动势 E_x，若 $E_x<V_0L_{AB}$，即可滑动 M、N 到 M′、N′，使检流计 G 示零，此时 M′、N′间的压降恰好和待测电动势 E_x 相等，即

$$E_x = V_0 L_{M'N'}$$

因 V_0 已被确定，E_x 也就测出。同理，如果要测任一电路两点间的电位差，只需将待测两点接入补偿回路代替 E_x 即可测出。

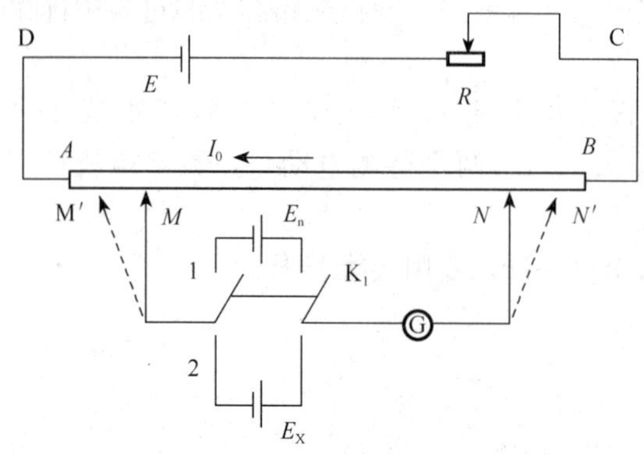

图 4-20　电位差计原理

3. 电位差计的优缺点

1）准确度高，因为精密电阻丝 R_{AB} 均匀准确，标准电源的电动势 E_n 准确稳定，检流计灵敏，电源稳定，故可作为标准器用来校电表。

2）测量范围广，灵敏度高，可测量小电压或电压的微小变化。

3）内阻高，不影响待测电路。用伏特表测量电压时总要从被测电路中分出一部分电流，从而改变了待测电路的工作状态，伏特表内阻越低，这种影响就越大。而用电位差计测量时，补偿回路中电流几乎为零（检流计灵敏度越高，电流越接近零），对待测电路的影响可以忽略不计。

4）但是，电位差计在测量过程中，其工作条件易发生变化（如辅助回路电源 E 不稳定、制流电阻 R 不稳定等），所以每次测量都必须经过定标和测量两个基本步骤，且每次要达到补偿都要进行细致的调节，所以操作较繁琐。

【仪器介绍】

本实验利用的滑线式十一线电位差计，如图 4-21 所示，电阻丝 AB 长 11m，往复绕在木板的十一个接线插孔 0，1，2，…，10 上，每两个插孔间电阻丝长为 1m，插头 M 可选插入其中的任一孔中，电阻丝 $B0$ 附在带有毫米刻度的米尺上，触头 N 可在米尺上滑动，R 为滑线变阻器，用来调节工作电流。双刀双掷开关 K_1 用来选择接通标准电池 E_n 或待测电池 E_x。电路中标准电源 E_n 和检流计 G 都不能通过较大电流，但在测量时，可能因接头 MN 之间的电位差 V_{MN} 和 E_n（或 E_x）相差较大，而使标准电源和检流计中通过较大电流，因此在回路中串接一个大电阻 R_p，但这样就降低了电位差计的灵敏度，即若 MN 之间电位差 V_{MN} 和 E_n（或 E_x）还没有完全平衡，由于大电阻 R_p 的存在而使检流计无明显偏转。因此，在电位差计平衡后，还应闭合 K_2 以提高电位差计的灵敏度，由于电阻 R_p 起保护标准电源和检流计的作用，故称为保护电阻。

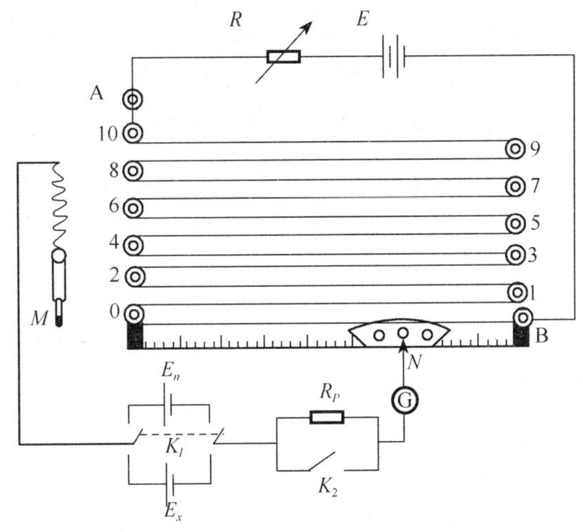

图 4-21　滑线式十一线电位差计

【实验步骤】

1）按图 4-22 所示连接线路闭合电源开关，将 K_3 倒向内接，检流计调零。

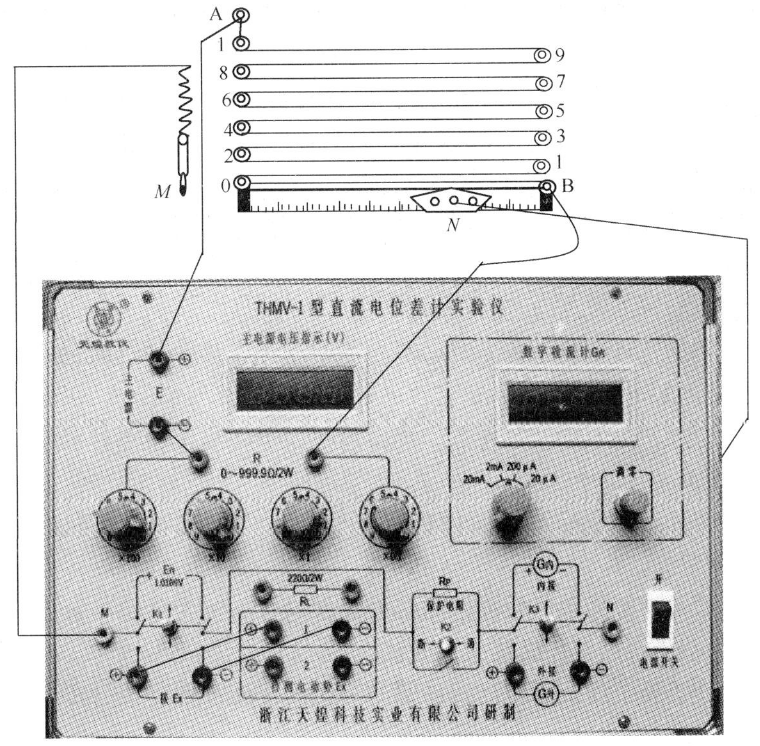

图 4-22　连接线路图

2）定标：取 $V_0=0.1\text{V/m}$。K_1 倒向 E_n，断开 K_2，将 MN 间的长度 L_{MN} 固定在 10.1860 处。调整 R（范围为 183～190Ω）使检流计大致指零，接通 K_2，并反复调整 R，直到检流计再次指零。此时 $V_0=0.1\text{V/m}$。

3）测量：K_1倒向E_x，断开K_2，调整MN间长度L_{MN}（估算$L_{MN}=E_x/V_0$，$E_{x1}=0.54\sim0.56V$，$E_{x2}=0.48\sim0.50V$），使检流计大致指零，接通K_2并反复调整MN之间距离，直到检流计再次指零，记下此时L_x，则待测电池电动势$E_x=V_0L_x$。重复步骤2），3）测量3～4次。

4）取$V_0=0.2000V/m$［定标时L_{MN}固定为5.0930m，调整R（范围为55～60Ω）］；重复步骤2），3）测量3～4次。

【数据处理】

测量次数	制流电阻 R/Ω	电阻丝单位长度压降 V_0	电阻丝长度 L_x/m	待测电动势 $E_x=V_0L_x/V$	$\bar{E}_x/V$
1					
2					
3					
4					
5					
6					

【注意事项】

1）滑线式十一线电位差计实验板上的电阻丝不要任意拨动，以免影响电阻丝的长度和粗细均匀。

2）本实验仪中的标准电源，不允许通过大电流，否则将使电动势下降，与标准值不符；不允许用一般电压表或多用表测量其电动势，更不允许把它作为电源使用，否则会损坏该标准电源。

3）测量时先接通辅助回路，然后再接通补偿回路，测量完毕先断开补偿回路，再断开辅助回路。

【思考题】

1）为什么用伏特计测量电位差时，测量值必小于未接伏特计时的初始值？用什么方法可以测得精确的电位差？

2）叙述电位补偿的原理及其特点。画出滑线式十一线电位差计的实验线路图，并简述其测量步骤。

3）测量前为什么要定标？V_0的物理意义是什么？定标后，在测量E_x时，电阻箱为什么不能再调节？

4）要使电位差计能达到电位补偿的必要条件是什么？为什么？若工作电源电动势小于待测电源电动势将产生什么结果？为什么？

5）电位差计实验中如果电流计总是偏向一边而不能补偿，请分析一下故障有几种可能？如何检查和排除故障？

6）保护电阻是为了保护什么仪器？如何使用？

7）电位差计实验中标准电源起什么作用？使用时应注意什么问题？

实验七　薄透镜焦距的测定

透镜是光学仪器中最基本的元件，反映透镜特性的一个主要参量是焦距，它决定了透镜成像的位置和性质（大小、虚实、正倒）。对于薄透镜焦距测量的准确度，主要取决于透镜光心及焦点（像点）定位的准确度。本实验在光具座上采用几种不同方法分别测定凸、凹两种薄透镜的焦距，以便了解透镜成像的规律，掌握光路调节技术，比较各种测量方法的优缺点，为今后正确使用光学仪器打下良好的基础。

【预习思考题】

1）透镜有哪些类型？成像分别有哪些特点？

2）做光学实验有哪些需要特别注意的地方？

【实验目的】

1）学会测量透镜焦距的几种方法；

2）掌握简单光路的分析和光学元件同轴等高调节的方法；

3）熟悉数据记录和处理方法；

4）熟悉光学实验的操作规则；

5）观察透镜的像差。

【实验仪器】

光具座、凸透镜、凹透镜、光源、物屏、平面反射镜、水平尺和滤光片等。

【实验原理】

1. 薄透镜成像公式

当透镜的厚度远比其焦距小得多时，这种透镜称为薄透镜。在近轴光线的条件下，薄透镜成像的规律可表示为

$$\frac{1}{u}+\frac{1}{v}=\frac{1}{f} \tag{4-9}$$

式中，u 表示物距；v 表示像距；f 为透镜的焦距。u、v 和 f 均从透镜的光心 O 点算起。并且规定 u 恒取正值；当物和像在透镜异侧时，v 为正值；而在透镜同侧时，v 为负值。对凸透镜 f 为正值，对凹透镜 f 为负值。

2. 凸透镜焦距的测定

（1）粗略估测法

以太阳光或较远的灯光为光源，用凸透镜将其发出的光线会聚成一个光点（或像），此时 $u\to\infty$，$v\approx f$，该点（或像）可认为是焦点，而光点到透镜中心（光心）的距离，即为凸透镜的焦距，此方法的测量误差约为 10%。由于这种方法误差较大，大都用在实验前作粗略估计，如挑选透镜等。

（2）自准直法

如图 4-23 所示，将物 AB 放在凸透镜的前焦面上，这时 AB 上任一点发出的光束经过

透镜后成为平行光，由平面镜反射后再经透镜会聚于透镜的前焦平面上，得到一个大小与原物相同的倒立实像 A′B′。此时，物屏到透镜之间的距离就等于透镜的焦距 f。

（3）物距像距法

物体发出的光线经凸透镜会聚后，将在另一侧成一实像，只要在光具座上分别测出物体、透镜及像的位置，就可得到物距和像距，把物距和像距代入式（4-9）得

$$f=\frac{uv}{u+v} \tag{4-10}$$

由上式可算出透镜的焦距 f。(根据不确定度传递公式可知，当 $u=v=2f$ 时，f 的相对不确定度最小)。

（4）共轭成像法

如图 4-24 所示，固定物与像屏的间距为 D（$D>4f$），当凸透镜在物与像屏之间移动时，像屏上可以成一个大像和一个小像，这就是物像共轭。根据透镜成像公式得 $u_1=v_2$；$u_2=v_1$（因为透镜的焦距一定）若透镜在两次成像时的位移为 d，则从图中可以看出

$$D-d=u_1+v_2=2u_1$$

故
$$u=\frac{D-d}{2}$$

由
$$v_1=D-u_1=D-\frac{D-d}{2}=\frac{D+d}{2}$$

得
$$f=\frac{u_1v_1}{u_1+v_1}=\frac{D^2-d^2}{4D} \tag{4-11}$$

可知只要测出 D 和 d，就可计算出焦距 f。

共轭法的优点是把焦距的测量归结为对于可以精确测量的量 D 和 d 的测量，避免了测量 u 和 v 时，由于估计透镜光心位置不准带来的误差。

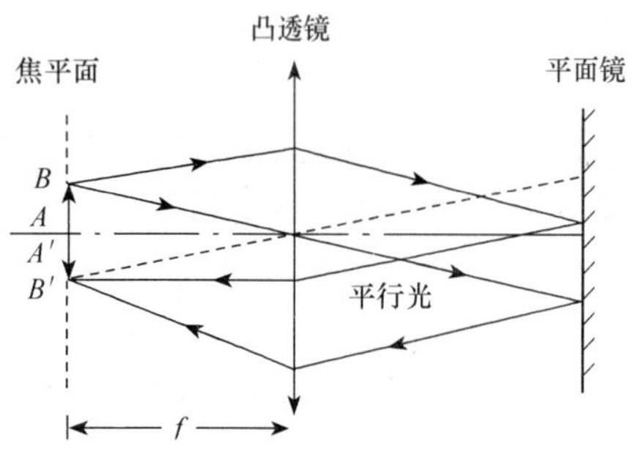

图 4-23 自准直法测薄透镜焦距光路图

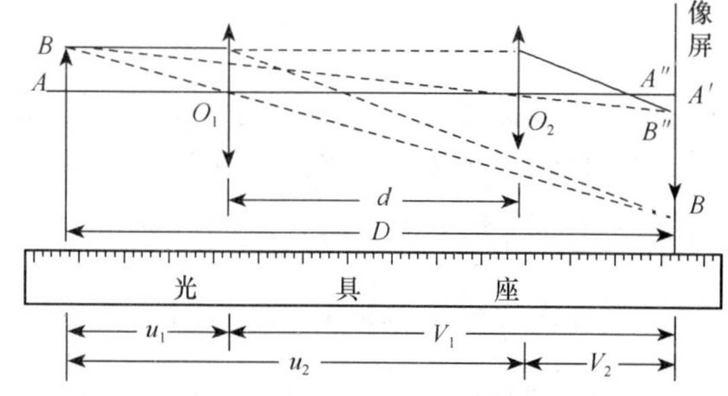

图 4-24 共轭成像法测凸透镜焦距

3. 凹透镜焦距的测量

凹透镜是发散透镜，用透镜成像公式测量凹透镜的焦距时，凹透镜所成的像为虚像，虚像的位置在物和凹透镜之间，因而无法直接测量其焦距，常用视差法和自准法来测量。

（1）物距像距法

如图 4-25 所示，物 AB 经凸透镜 L_1 成像于 $A'B'$，在凸透镜和 $A'B'$ 之间插入待测凹透镜 L_2，调整 L_2 及像屏的位置，找到新的像 $A''B''$，相对于 L_2 而言，$A'B'$ 为其虚物，$A''B''$ 为其实像，因而 u 取负号代入式（4-9）得

$$\frac{1}{f}=\frac{1}{v}-\frac{1}{u}$$

整理得

$$f=\frac{uv}{u-v} \tag{4-12}$$

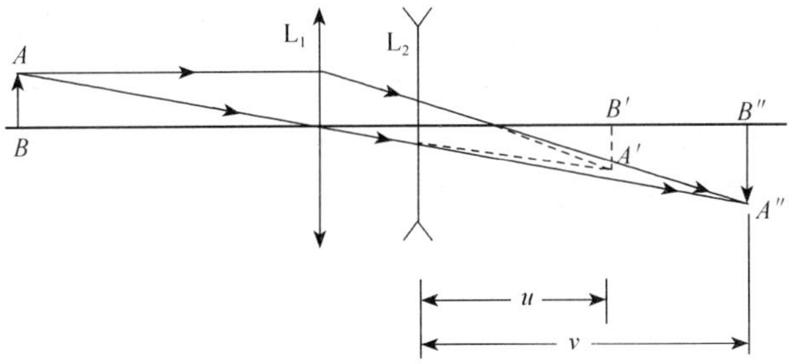

图 4-25　物距像距法测凹透镜焦距

（2）自准直法

如图 4-26 所示，L_1 为凸透镜，L_2 为凹透镜，M 为平面反射镜，调节凹透镜的相对位置，直到物屏上出现和物大小相等的倒立实像，记下凹透镜的位置 X_2。再拿掉凹透镜和平面镜，则物体经凸透镜会聚后在某点成实像（此时物体和凸透镜不能动），记下这一点的位置 X_3，则凹透镜的焦距 $f=-|X_3-X_2|$。

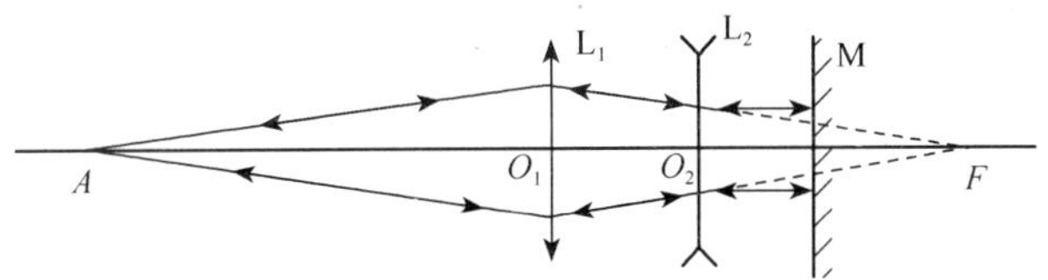

图 4-26　自准法测凹透镜焦距

【实验内容】

1. 光学系统的共轴调节

薄透镜成像公式仅在近轴光线的条件下才成立。对于几个光学元件构成的光学系统进行共轴调节是光学测量的先决条件，对几个光学元件组成的光路，应使各光学元件的主光轴重合，才能满足近轴光线的要求。通常把各光学元件主光轴的重合称为同轴等高。本实验要求光轴与光具座的导轨平行，调节分两步进行。

（1）粗调

将安装在光具座上的所有光学元件沿导轨靠拢在一起，仔细观察，使各元件的中心等高，且与导轨垂直。

（2）细调

对单个透镜可以利用成像的共轭原理进行调整。实验时，为使物的中心、像的中心

和透镜光心达到“同轴等高”要求，只要在透镜移动过程中，大像中心和小像中心重合即可。

对于多个透镜组成的光学系统，则应先调节好与一个透镜共轴，不再变动，再逐个加入其余透镜进行调节，直到所有光学元件都共轴为止。

2. 测量凸透镜焦距

(1) 自准直法

光路如图 4-23 所示，先对光学系统进行共轴调节，实验中，要求平面镜垂直于导轨。移动凸透镜，直至物屏上得到一个与物大小相等、倒立的实像，则此时物屏与透镜之间的距离就是透镜的焦距。为了判断成像是否清晰，可先让透镜自左向右靠近可能成清晰像的区间，待像清晰时，记下透镜位置，再让透镜自右向左靠近，在像清晰时再记下透镜的位置，取这两次读数的平均值作为成像清晰时透镜位置的读数。重复测量 3 次，记录数据并求平均值。

(2) 物距像距法

先对光学系统进行共轴调节，然后取物距 $u\approx 2f$，保持 u 不变，移动像屏，仔细寻找像清晰的位置，测出像距 v，重复 3 次，记录数据，求出 v 的平均值，代入式（4-9）求出 f。

(3) 共轭法

取物屏，像屏距离 $D>4f$，固定物屏和像屏，然后对光学系统进行共轴调节。移动凸透镜，当屏上成清晰放大实像时，记录凸透镜位置 X_1；移动凸透镜，当屏上成清晰缩小实像时，记录凸透镜位置 X_2，则两次成像透镜移动的距离为 $d=|X_2-X_1|$。记录物屏和像屏之间距离 D，根据式（4-11）求出 f，重复测量 3 次，记录数据，求出 $\bar{f}$。

3. 测量凹透镜的焦距

(1) 物距像距法

按图 4-27 放好物屏、凸透镜和像屏。移动凸透镜和像屏，使得在像屏上成一缩小的清晰的像 A′B′，固定凸透镜的位置，记下像屏的位置 X_1。在凸透镜与像屏之间插入待测凹透镜，反复移动凹透镜和像屏，使得在像屏中成另一个清晰的像 A″B″。记录像屏新的坐标 X_2，凹透镜坐标 X_3，则有 $u=X_2-X_3$，$v=X_1-X_3$，代入式（4-12）计算待测凹透镜的焦距。改变凸透镜的位置，重复测量 3 次，记录数据。

(2) 自准直法

先对光学系统进行共轴调节，然后把凸透镜放在稍大于两倍焦距处。移动凹透镜和平面反射镜，当物屏上出现与原物大小相同的实像时，记下凹透镜的位置读数。然后去掉凹透镜和平面反射镜，放上像屏，用左右逼近法找到 F 点的位置，重复测量 3 次，记录数据，求出 $\bar{f}$。

【数据处理】

1. 测量凸透镜焦距

物屏位置 X_0=__________ cm　　　　单位：cm

次数 n	凸透镜位置 X（左→右）	凸透镜位置 X（右→左）	X 的平均值	$f_n=\lvert X-X_0\rvert$	Δf
1					
2					
3					
平均					

f=（__________±__________）cm　　E_f=__________%

物屏位置 X_0=__________ cm　　透镜位置 X_1=__________ cm

次数 n	像屏位置 X_2	$V_n=\lvert X_2-X_1\rvert$	Δv
1			
2			
3			
平均值			

f=（__________±__________）cm　　E_f=__________%

物屏位置 X_0=__________ cm　　像屏位置 X_3=__________ cm

$D=\lvert X_3-X_0\rvert$=__________ cm

次数 n	透镜位置 X_1	透镜位置 X_2	$d=\lvert X_2-X_1\rvert$	$f=(D^2-d^2)/4D$	Δf
1					
2					
3					
平均值					

2. 测量凹透镜焦距

单位：cm

次数 n	物距 u	像距 v	焦距 f	Δf
1				
2				
3				
平均值				

f=（__________±__________）cm　　E_f=__________%

单位：cm

次数 n	凹透镜位置（左→右）	凹透镜位置（右→左）	平均	F 点位置（左→右）	F 点位置（右→左）	平均	f_n	Δf
1								
2								
3								
平均								

f=（__________±__________）cm　　E_f=__________%

【思考题】

1）共轴调节的目的是要实现哪些要求？

2）用物距像距法测凸透镜焦距时，为什么要取 $D>4f$？如果 $D=4f$，$D<4f$，将会出现什么现象？实际测量时，为何不取 $D\gg 4f$？

3）在用自准法和物距像距法测凸透镜焦距时，如何消除透镜光心位置与底座架刻度不共面所引起的系统误差？

实验八　显微镜的使用

显微镜是利用光学原理，把人眼所不能分辨的微小物体放大成像，供人们提取微细结构信息的光学仪器。显微镜的光学系统主要包括物镜、目镜、反光镜和聚光器四个部件。通过本实验熟悉显微镜的构造、掌握显微镜的正确使用方法。

【预习思考题】

1）常见的助视仪器有哪些？

2）显微镜的组成及原理？

【实验目的】

1）熟悉显微镜的构造及其放大原理。

2）学会测定显微镜放大率的方法。

3）掌握显微镜的正确使用方法，学会利用显微镜测量微小长度。

4）理解光学仪器分辨本领的物理意义。

【实验仪器】

显微镜，备用目镜、物镜，测微目镜，米尺及标准石英尺，标本波片，镜架，光源。

【实验原理】

1. 显微镜的放大率

在上述介绍中，我们已经对显微镜和望远镜的光学系统有所了解，在用显微镜或望远镜观察物体时，一般因视角均甚小，因此视角之比可用其正切之比来代替，于是，显微镜和望远镜的放大率可近似地写成

$$M=\frac{\tan\alpha_0}{\tan\alpha_e}$$

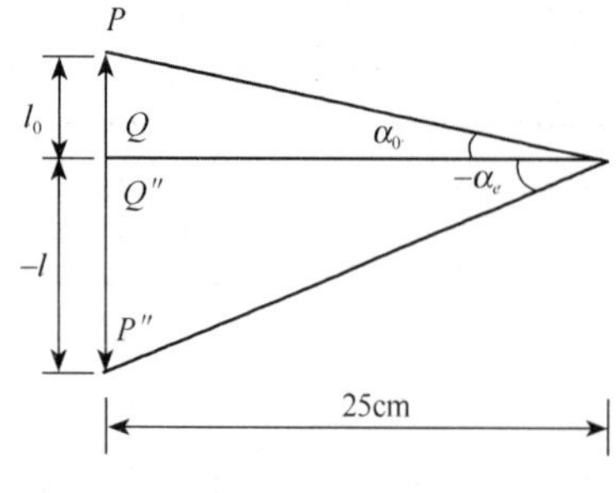

图 4-27　测量显微镜放大率

测定显微镜放大率最简便的方法是按图 4-27 所示来完成。现以显微镜为例，设长为 l_0 的目的物 PQ 直接置于观察者的明视距离处，其视角为 α_0，从显微镜中最后看到虚像 $P''Q''$亦在明视距离处，其长度为 $-l$，视角为 $-\alpha_e$，于是

$$M=\frac{\tan\alpha_0}{\tan\alpha_e}=\frac{l}{l_0} \tag{4-13}$$

因此，如用一刻度尺作目的物，取其一段分度长为 l_0，把观察到的刻度尺的像投影

到尺面上，设被投影后像在刻度尺上的长度是 l，就可求得显微镜的放大率。

2. 显微镜的分辨能力

显微镜的分辨能力可用最小分辨距离 δy 表示，其理论值（不计像差）为

$$\delta y = \frac{0.61\lambda}{n\sin\dfrac{\theta}{2}} \tag{4-14}$$

式中，λ 为光波波长；n 为显微镜物方空间的折射率；θ 为物镜对轴上物点的张角。通常将 $n\sin\dfrac{\theta}{2}$ 称为物镜的数值孔径 N_A，并将此数值标记在物镜筒上，于是式（4-17）变为

$$\delta y = \frac{0.61\lambda}{N_A} \tag{4-15}$$

显然，物镜的数值孔径 N_A 越大，最小分辨距离就越小，物镜的分辨能力就越高。一般情况下，物镜的分辨能力就是整个显微镜的分辨能力。

【实验内容】

1. 显微镜视场的测量

1）首先将标准刻度尺置于待测显微镜的载物台上，用照明光源照明刻度尺。

2）将显微镜对承物台上的刻度尺调焦，直到看清刻度分划线。

3）观测显微镜，读取所能看到刻度尺分划的最多的格数 m，重复三次读取，观测值 m_1，m_2，m_3，并记录。

4）观测记录数据，计算显微镜的线视场值。

2. 读数显微镜放大率的测定

1）阅读光学基础知识中读数显微镜、测微目镜原理的有关内容，了解仪器的结构和原理。

2）按图 4-28（a）所示布置仪器。将显微镜夹持好，在垂直于显微镜光轴方向距目镜一定距离处，放置一个毫米分度的米尺 B，在物镜前放置另一个毫米分度的短尺 A。调节显微镜，直到能从显微镜中看到短尺 A 的像。

3）通过显微镜观察短尺 A 的像，同时在镜筒外观察米尺 B，经过多次观察、调节，使能在显微镜中看到的 A 尺的像，利用靠近的米尺 B 读数，如图 4-28（b）所示。选定尺的像上某一分度 l_0，记录其相当于 B 尺上的读数 l，将 l、l_0 代入式（4-13）中，求出显微镜的放大率 M。

4）按上述步骤重复 3 次，并记录，求其平均值。

5）显微镜镜筒改变后，光学间隔随之改变，放大率亦随之变化。将显微镜镜筒稍作改变，再测一次

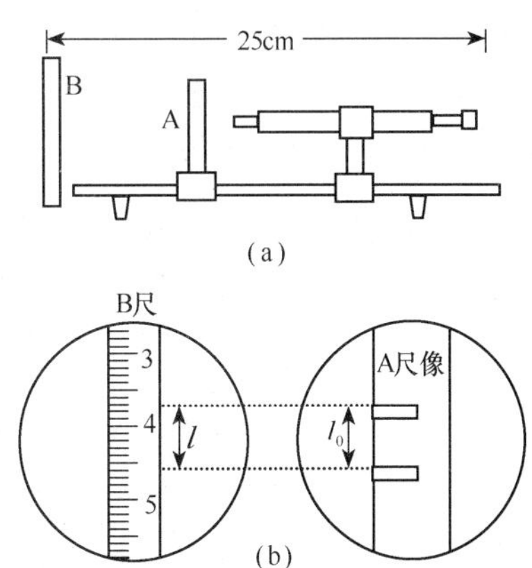

图 4-28　读数显微镜放大率的测定

放大率，重复3次，并记录，取其平均值。

3. 用显微镜配备的测微目镜测量微小长度

（1）测微目镜刻度的定标

将标准石英尺放在显微镜载物台上夹住。

将显微镜的目镜卸下，换上测微目镜，调焦使物的像最为清晰。

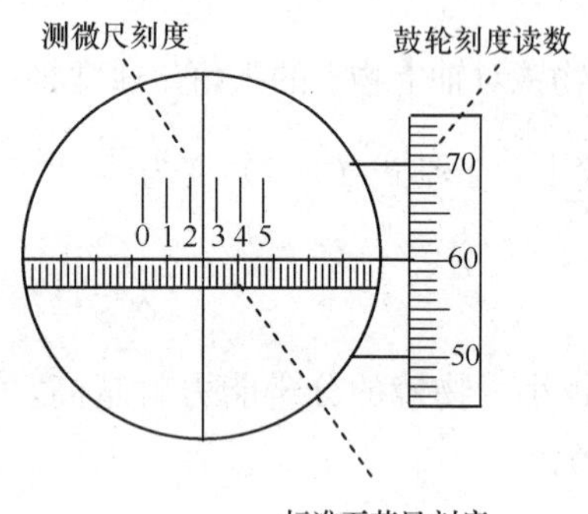

图 4-29 测微目镜刻度的定标

转动测微目镜鼓轮（或载物台的移动手轮），使分划板上叉丝的取向与标准石英尺平行，然后将叉丝移至和显微镜视场中标准石英尺的某一刻度重合，记下测微目镜的读数 m（包括测微尺刻度和鼓轮刻度读数），如图 4-29 所示。

转动测微目镜鼓轮使叉丝在标准石英尺上移动 N 格，这时叉丝与标准石英尺上另一刻线重合，记下测微目镜的读数 n。

重复测量几次，并记录，求出 $|m-n|$ 的平均值，计算出测微目镜鼓轮每一个小格所对应的叉丝实际移动的长度。这样，测微目镜刻度便得到定标。

（2）测量微小长度

取下标准石英尺，换上所需测量的标本玻片（图样、刻度等），每一长度重复测量3次，并记录，求出平均值。

4. 显微镜分辨能力的测定

显微镜的分辨能力主要决定于物镜，实验时，因 $n=1$，故 $N_A=\sin\dfrac{\theta}{2}$。

1）将待测显微镜 M_1 与辅助显微镜 M_2 按图 4-30 所示调节好。

2）在待测显微镜 M_1 前方距离为 L 处垂直于光轴放置米尺。点亮米尺杆上的小灯 S_1 和 S_2，调节辅助显微镜并从中观察到米尺上小灯的清晰的像。

3）移动米尺上小灯的位置，使小灯 S_1 和 S_2 的像分别位于显微镜 M_2 的边缘，记下小灯 S_1、S_2 间的距离 d。

4）移开辅助显微镜 M_2，将米尺移近待测显微镜（保持待测显微镜不动）到直接

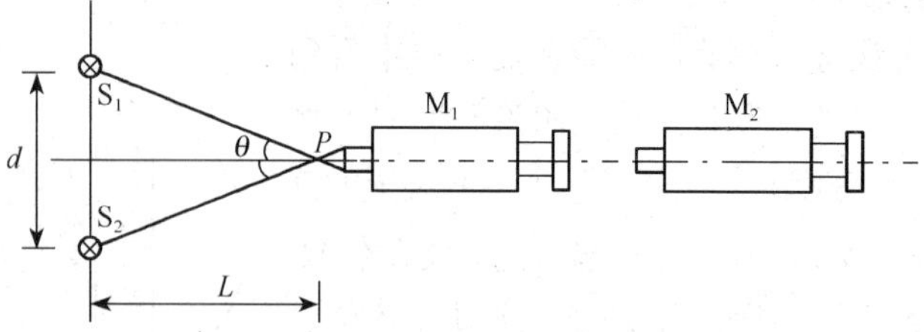

图 4-30 显微镜分辨能力的测定

观察到米尺清晰的位置 P 时，米尺移动的距离即为 L，近似地有 $\sin\dfrac{\theta}{2}=\dfrac{d}{2L}$。将 $\sin\dfrac{\theta}{2}$ 的值代入式（4-15）中，计算出显微镜的最小分辨距离（$\lambda=550\text{nm}$）。

【数据处理】

次数 \ m	m_1	m_2	m_3	$\overline{m}$
1				
2				
3				

次数 \ 被测量	l_0	l	M
1			
2			
3			

$\overline{M}=$________

次数 \ 被测量	l_0'	l'	M'
1			
2			
3			

$\overline{M}=$________

次数 \ 被测量	N	m	n	$m-n$	$\alpha=(\overline{m-n})/N$
1					
2					
3					

【思考题】

1）共轴调节应达到哪些要求？不满足这些要求会产生什么影响？

2）显微镜测量微小长度时，用测微目镜测定石英标准尺 m 个分格的数值为 Δx，为什么它和石英标准尺相应分格的实际值 Δx_0 之比不等于物镜的放大率？

次数 \ 被测量	m'	n'	$m'-n'$	$\alpha\ (\overline{m'-n'})$
1				
2				
3				

实验九　分光计的调节与使用

分光计是 种能精确测量上述要求角度的典型光学仪器，经常用来测量材料的折射率、色散率、光波波长和进行光谱观测等。

【预习思考题】

1）分光计由哪几个主要部件组成？它们的作用各是什么？

2）分光计的调节顺序是什么？为何要按照这样的顺序进行？

3）为什么读数时刻度盘两侧的读数都要读？

【实验目的】

1）了解分光计的结构及各组成部件的作用；

2）掌握分光计的调节和使用方法，正确测定三棱镜的顶角；

3）学会用最小偏向角法测量棱镜材料的折射率。

【实验仪器】

分光计、低压汞灯、双面镜、三棱镜。

【实验原理】

一、分光计的结构

图 4-31 是一台分光计的实物图。它主要由底座、平行光管、望远镜（又称自准直望远镜）、载物台和刻度盘及游标盘等几部分组成。每部分都有特定的调节螺钉。

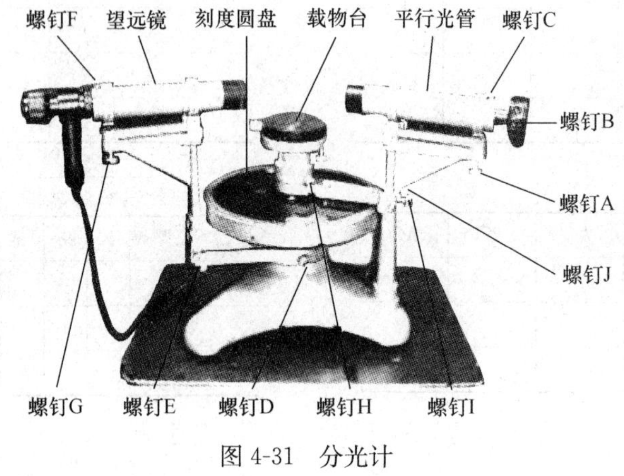

图 4-31　分光计

（一）底座

用来连接平行光管、望远镜、载物台和读数盘，其中心有一个竖轴，称为主轴，望远镜、读数盘、载物台等可绕主轴转动。

（二）平行光管

用来产生平行光束。平行光管与分光计底座固定在一起。平行光管的一端装有会聚透镜（物镜），另一端是装有狭缝的套管，狭缝的宽度可通过螺丝 B 调节，调节范围为 0.02～2mm。旋松螺钉 C 可以使狭缝套筒前后移动，以改变狭缝和物镜的距离，当狭缝的平面调到物镜的焦平面上时，则平行光管可以发出平行光。平行光管的俯仰可由倾斜度调节螺钉 A 来进行调节。

（三）望远镜

用来观察出射光线。安装在支臂上，支臂与转轴相连，在支臂与转轴连接处有螺钉 D，拧松时，望远镜（和圆刻度盘一起）可绕主轴自由转动；旋紧时，不得强制望远镜绕主轴转动，否则会损坏仪器。

螺钉 E 是其微调螺钉，当螺钉 D 拧紧后，望远镜不能绕主轴转动，用它可以使望远镜绕主轴作微小转动。螺钉 F 是目镜镜筒的制动螺钉，旋松它可调节分划板与物镜之间距离。望远镜光轴的倾斜度由螺钉 G 调节。分光计上的望远镜通常采用阿贝式自准直目镜，其结构如图 4-32 所示。分划板的透明玻璃上刻有黑色十字准线。在该准线的竖线下方，紧贴一块小棱镜，在其涂黑的端面上，刻有透明十字线，利用电珠照明使其成为发光体。而在准线的竖线上方，与透明十字线对称的位置上，有一条黑色水平线。

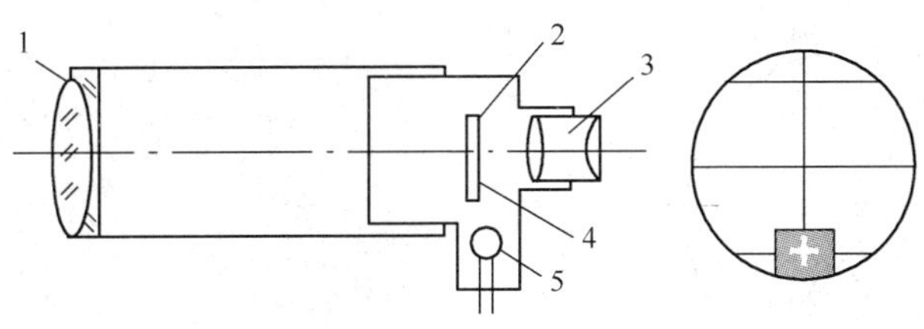

图 4-32 望远镜筒

（四）载物台

用来放置平面镜、棱镜、光栅等光学元件的。它与游标盘通过螺钉 H 相互锁定，旋紧螺钉 H 后，载物台可和游标盘一起绕分光计游标盘的转轴转动。螺钉 I 是游标盘的制动螺钉，旋紧时不能再强制转动游标盘，否则会损坏仪器。螺钉 J 是游标盘的微调螺钉。当螺钉旋紧后，游标盘不能绕轴转动，用它可以使游标盘绕轴作微小转动。载物台下有三只调节螺钉可调节台面的倾斜度。

（五）刻度盘及游标盘

用来读数。在分光计出厂时已将圆刻度盘调到与仪器转轴垂直。由于圆刻度盘中心和仪器转轴在制造和装配时，不可能完全重合，因此在读数时会产生偏心差，如图 4-33 所示，圆刻度盘上的刻度均匀地刻在圆周上，当圆刻度盘中心 O 与转轴重合时，由相差 180°的两个游标读出的转角刻度数值相等，即 $AB=A'B'$。而当圆刻度盘偏心时，由两个游标盘读出的转角刻度值就不相等，即 $CD\neq C'D'$，所以如果只用一个游标读数窗会产生系统误差。由平面几何很容易证明$\frac{1}{2}$（$CD+C'D'$）$=AB=A'B'$，所以通过在转轴直径上安置两个对称的游标读数窗，可消除这种系统误差。

分光计的读数系统由刻度盘和游标盘组成，读数方法和游标原理相同。如图 4-34 所示游标的读数应为 40°17′。

二、分光计的测量原理

用分光计测量三棱镜顶角和折射率。

（一）用反射法测三棱镜（见图 4-35）的折射顶角 α

如图 4-36 所示，将三棱镜放在分光计的载物台上，根据光路图可知：

$$\varphi = \angle 1 + \angle 2 + \alpha$$

其中

$$\angle 1 + \angle 2 = \alpha$$

故

$$\alpha = \frac{\varphi}{2}$$

由上式可知：测出 φ，即可求出 α。

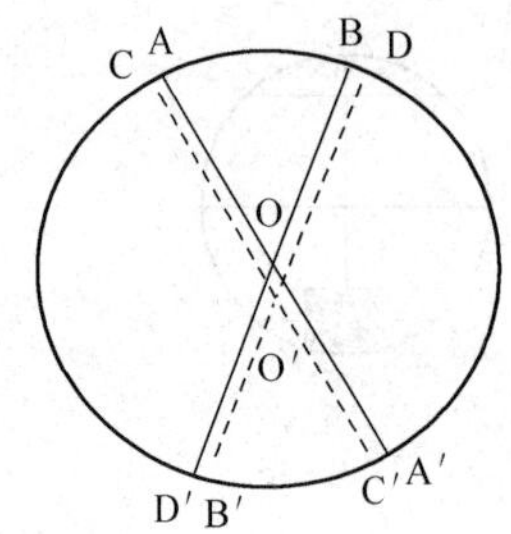

图 4-33 圆刻度盘的偏心

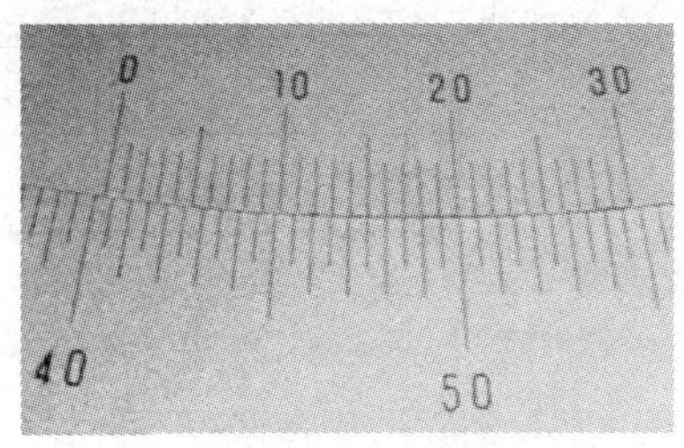

图 4-34 分光计的游标

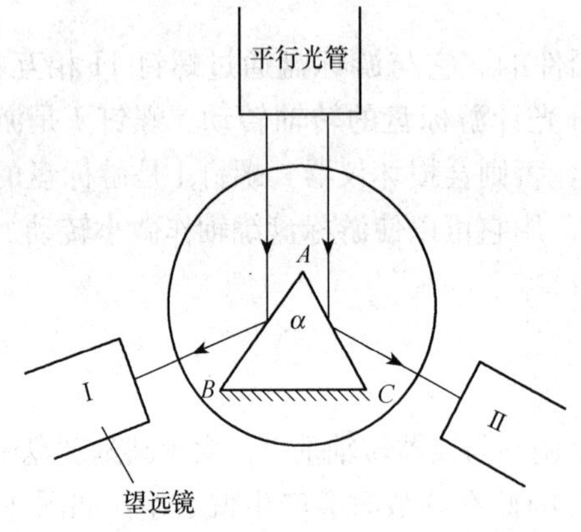

图 4-35 反射法测三棱镜折射顶角

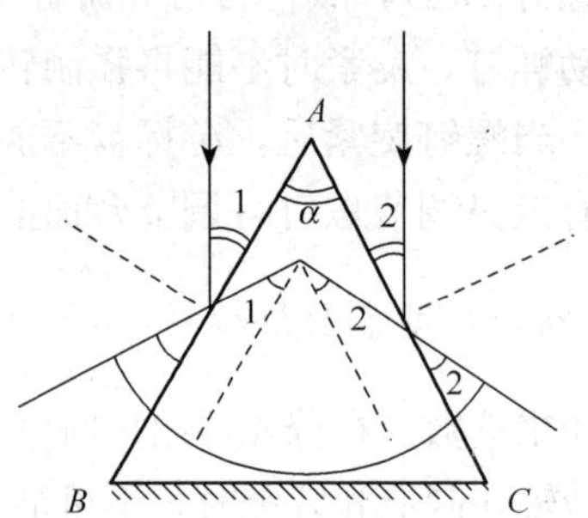

图 4-36 反射法测三棱镜顶角光路图

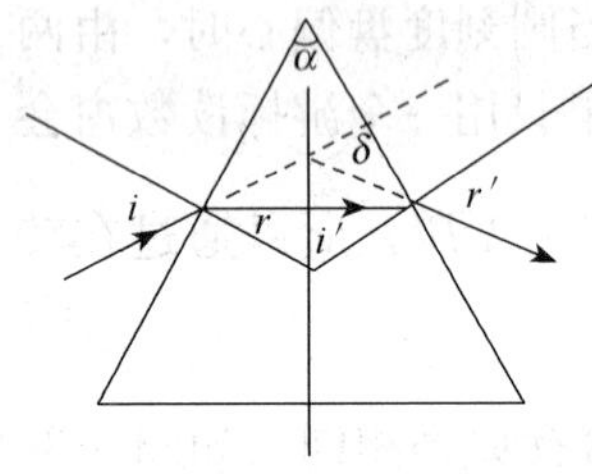

图 4-37 棱镜的折射

（二）用最小偏向角法测量三棱镜的折射率

当光线自空气经三棱镜射出后，由于折射的关系，光线将发生偏转，出射光线和入射光线之间的夹角称为偏向角，用 δ 表示（见图 4-37）。偏向角的大小随着入射角 i 的改变而改变。当入射角 i 等于出射角 r' 时，偏向角 δ 具有最小值，此时的偏向角称为最小偏向角，用 $\delta_{\min}$ 表示。

由图 4-37 可知：

$$\delta=(i-r)+(r'-i')=(i+r')-(r'+r)$$

因为

$$i'+r=\alpha$$

则

$$\delta=(i+r')-\alpha$$

即 δ 是 i 与 r' 的函数。

可以证明，当时 $i=r'$，δ 为最小，此时 $i=r'$，$r=i'$。

设棱镜对某种波长的光的折射率为 n，由折射定律得

$$n=\frac{\sin i}{\sin r}=\frac{\sin r'}{\sin i'}=\frac{\sin\dfrac{i+r'}{2}}{\sin\dfrac{i'+r}{2}}=\frac{\sin\dfrac{\delta_{\min}+\alpha}{2}}{\sin\dfrac{\alpha}{2}} \tag{4-16}$$

由式（4-16）可知：只要测出最小偏向角 δ_{min} 和折射顶角 α，就可求出三棱镜对该波长光的折射率 n。

【实验内容】

一、分光计的调整

分光计调节到可用状态应满足如下几点。

1）望远镜聚焦无穷远。

2）望远镜轴线与分光计主轴垂直。

3）载物台台面与分光计主轴垂直。

4）平行光管出射平行光并垂直于分光计主轴。

具体调节步骤如下。

（1）目测粗调水平

在阅读实验仪器中对分光计结构（见图 4-38）介绍的同时，应熟悉各螺钉的位置及作用。调节平行光管、载物台、望远镜各自左右微调螺钉 1、14、15、21，使其处于左右摆动自如的中间状态，然后根据眼睛的粗略估计，分别调节平行光管和望远镜的俯仰调节螺钉 2 和 13，使其轴线水平；再调节载物台面下的三个螺钉，使台面水平。经目测粗调，平行光管、望远镜、载物台台面大致水平，故均与分光计主轴大致垂直。

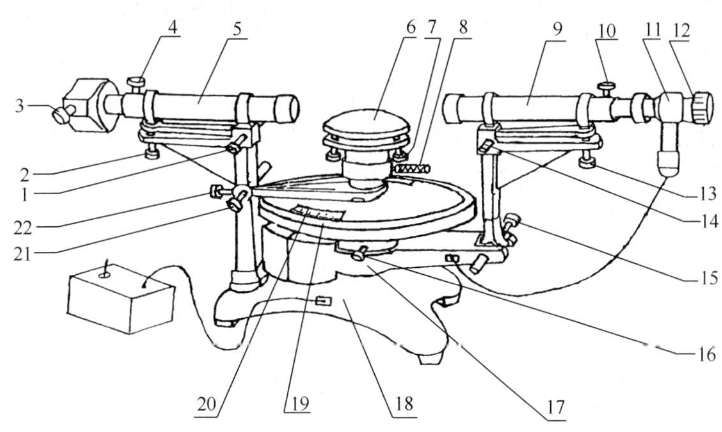

图 4-38 分光计结构示意图

1. 平行光管左右调节螺钉；2. 平行光管俯仰手轮调节螺钉；3. 狭缝宽度调节螺钉；4. 狭缝装置锁紧螺钉；5. 平行光管；6. 载物台；7. 载物台面调节螺钉（3 只）；8. 载物台与游标盘锁紧螺钉；9. 望远镜；10. 目镜锁紧螺钉；11. 阿贝式自准直目镜；12. 目镜调焦手轮；13. 望远镜俯仰调节螺钉；14. 望远镜左右调节螺钉；15. 望远镜微调螺钉；16. 刻度盘与望远镜锁紧螺钉；17. 望远镜止动螺钉（在刻度盘右侧下方）；18. 分光计底座；19. 刻度盘；20. 游标盘；21. 游标盘微调螺钉；22. 游标盘止动螺钉

（2）用自准法调整望远镜聚焦无穷远

打开照明小灯电源，调节目镜调焦手轮（12），可从望远镜中清晰地看到“准线”像。

将双面镜按图 4-39 所示方位放置在载物台上，这样放置的理由是：若要调节双面

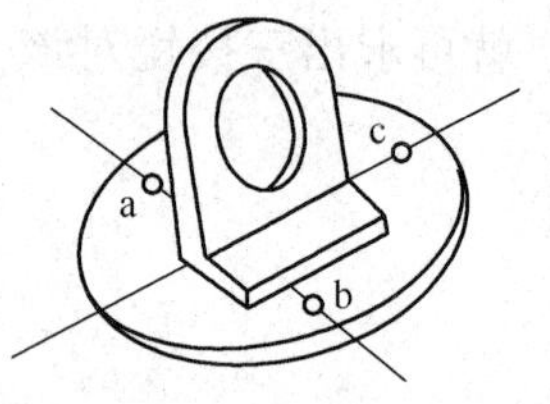

图 4-39　放置双面镜

镜的俯仰，只需调节载物台下的螺钉 a 或 b 即可，而螺钉 c 的调节与双面镜的俯仰无关。由于台面经目测粗调基本水平，故双面镜置于台面上，其镜面法线也应大致水平并与分光计主轴大致垂直。

调节载物台的高低并旋紧载物台面下的锁紧螺钉（8），转动黑色游标盘，使载物台上的双面镜随之转动，若转不动请旋松螺钉（22），直至镜面正对望远镜时微微转动，在目镜中就能看到一个随之晃动的光斑（这就是目测粗调水平准确的必然结果），此时旋松望远镜上的锁紧螺钉（10），沿望远镜轴向前后移动目镜，直至光斑成清晰的亮十字。

继续转动游标盘 180°，使台面上平面镜的另一面正对望远镜，此时同样可以看到一个清晰的亮十字。反复调节目镜调焦手轮及目镜沿望远镜轴向位置，以消除亮十字与准线之间的视差，至此，望远镜已聚焦无穷远，再锁紧目镜。

若在“目测粗调水平”中调节水平未达到要求，在“细调”中就无法找到亮十字，有的情况是双面镜无论哪个面正对望远镜，都看不到亮十字；有的情况是一面看到，另一面看不到。若两面都看不到亮十字，应更精确地进行“目测粗调水平”。

而一面看到，另一面时看不到时应观察载物台螺钉高度差，对准能看到亮十字的那一面，调节载物台下对亮十字高度变化影响最大的螺钉，并结合望远镜筒俯仰角螺钉（13）将亮十字保持在视野之内。当双面镜与望远镜筒大致垂直后，转过 180°前后将都能观察到亮十字。

（3）严格调节望远镜轴线与分光计主轴垂直（各半调节法）

无论以平面镜的哪一面对准望远镜，均能观察到亮十字像时，应采用“各半调节法”，使亮十字像与水平上方准线重合。如图 4-40（a）所示，十字交点上下相差距离 h，调节望远镜俯仰使差距减小为 $h/2$，如图 4-40（b）所示，再调节载物台下靠前面的水平调节螺钉 a（或 b），消除另一半距离，使准线与亮十字像重合，如图 4-40（c）所示。再将载物台旋转 180°，使望远镜对着平面镜的另一反射面，采用上述同样的方法调节，如此重复多次，直至转动载物台时，无论哪个面正对望远镜，亮十字像都能与分划板上方的水平准线重合为止。至此，望远镜轴线和分光计的主轴相互垂直。

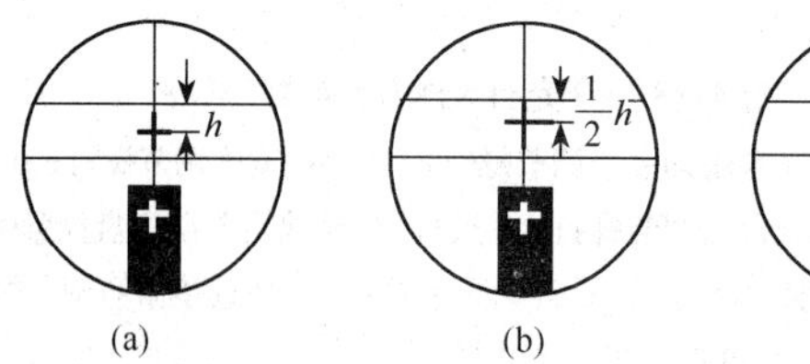

图 4-40　各半调节法

（4）调节载物台台面与分光计主轴垂直

将平面镜转过 90°，放置在载物台中心且与调节螺钉 a、b 连线成平行的方向上，转动载物台，当在望远镜中也可观察到平面镜反射回的亮十字像时，只调节螺钉 c，使亮十字像与分划板上方水平准线重合（螺钉 a、b 和望远镜的俯仰调节螺钉不能再作调节，否则分光计主轴不再与望远镜光轴垂直），此时载物台台面即与分光计主轴垂直。

二、测量三棱镜的折射顶角 α

1）把钠光灯放在平行光管后数厘米处，接通钠光灯电源。用望远镜正对平行光管，使能看到清晰的狭缝像。然后如图 4-36 所示，将三棱镜放在载物台上（注意三棱镜的顶点应靠近载物台中心），使棱镜顶角对准平行光管，则平行光管射出的光束照在棱镜的两个折射面上。

2）先用眼睛观察在位置Ⅰ和位置Ⅱ找到反射像，否则轻移三棱镜，直到位置Ⅰ和位置Ⅱ都有反射像为止。

3）将望远镜转到位置Ⅰ处，微调望远镜位置，使垂直刻线对准狭缝像中央，从左、右游标上读取角度 θ_1 和 θ'_1，并记录。

4）将望远镜转到位置Ⅱ处，重复步骤 3），并记录角度 θ_2 和 θ'_2。

5）按 $\alpha=\frac{1}{4}(|\theta_2-\theta_1|+|\theta'_2-\theta'_1|)$ 计算三棱镜的折射顶角 α。

6）重复测量三次，求出三棱镜的折射顶角 α 的平均值。

三、测量最小偏向角

1）如图 4-41（a）所示的大致方位，将三棱镜放置在载物台上。

2）先用眼睛直接观察，找到经三棱镜折射后的钠光谱线，然后将望远镜转到该位置上。

3）缓慢地转动载物台，跟踪观察钠光谱线，同时注意偏向角是增加还是减少。使载物台朝着偏向角减小的方向徐徐转动，一旦看到谱线有向相反方向偏转的趋势，即偏向角有重新增大的趋势，就停止转动载物台，并将其固定。此时的偏向角即为最小偏向角，如图 4-41（b）所示。

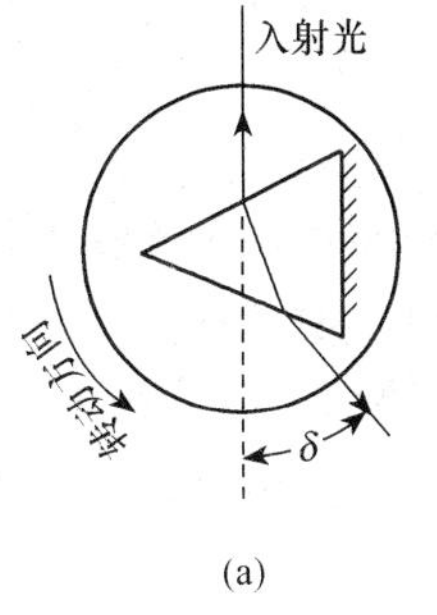

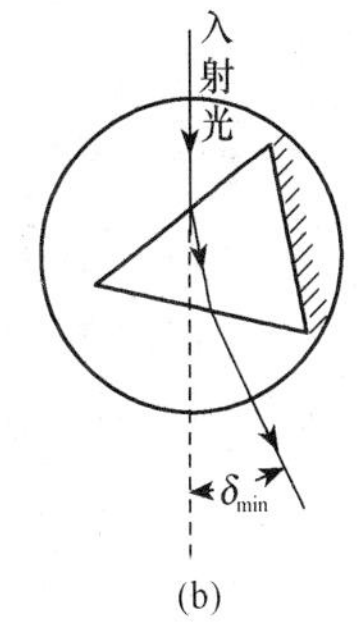

图 4-41　测定最小偏向量

4）微调望远镜的位置，使垂直刻线对准光谱线中央，从左、右游标上读取角度 θ 和 θ'，并记录。

5）测定入射光方向。移去三棱镜，将望远镜对准平行光管，微调望远镜位置，使垂直刻线对准狭缝像中央，从左、右游标上读取角度 θ_0 和 θ'_0，并记录。

6）按 $\delta_{min}=\frac{1}{2}(|\theta-\theta_0|+|\theta'-\theta'_0|)$ 计算最小偏向角 δ_{min}，重复测量三次，算出 δ_{min} 的平均值。

将 $\bar{\alpha}$ 和 $\bar{\delta}_{min}$ 代入式（4-16），计算出三棱镜对钠光的折射率 n。

【注意事项】

1）不能用手触摸各光学元件。

2）调节狭缝的时候要注意：只有在望远镜中看到狭缝像的情况下才能调节狭缝的宽度。

3）钠灯和汞灯不要频繁开启。

【数据处理】

次数	游标	位置Ⅰ	位置Ⅱ	$\alpha=\frac{1}{4}(\lvert\theta_2-\theta_1\rvert+\lvert\theta_2'-\theta'\rvert)$
1	左	θ_1	θ_2	
	右	θ_1'	θ_2'	
2	左	θ_1	θ_2	
	右	θ_1'	θ_2'	
3	左	θ_1	θ_2	
	右	θ_1'	θ_2'	

次数	游标	出射光线位置	入射光线位置	$\delta_{\min}=\frac{1}{2}(\lvert\theta-\theta_0\rvert+\lvert\theta'-\theta_0'\rvert)$
1	左	θ	θ_0	
	右	θ'	θ_0'	
2	左	θ	θ_0	
	右	θ'	θ_0'	
3	左	θ	θ_0	
	右	θ'	θ_0'	

$\bar{\delta}_{\min}=$______　　$n=$______　　$\frac{\Delta n}{n_0}=\frac{\lvert n-n_0\rvert}{n_0}\times 100\%=$______

【思考题】

1）调节光学仪器的一般要领是先粗调后细调，本实验中是如何体现这一要领的？

2）借助平面镜调节望远镜光轴与仪器中心轴垂直时，为什么要旋转载物台180°使平面镜两个面反射的十字像均与分划板上方十字重合？

3）分光计已经调好，测顶角时，为什么还要使三棱镜主截面与仪器转轴垂直？

第五章 基础实验

实验一 拉伸法测量金属丝的弹性模量

任何物体在外力作用下都会发生形变，当形变不超过某一限度时，撤走外力之后，形变能随之消失，这种形变称为弹性形变。如果外力较大，当它的作用停止时，所引起的形变并不完全消失，而有剩余形变，称为塑性形变。发生弹性形变时，物体内部产生恢复原状的内应力。弹性模量是反映材料形变与内应力关系的物理量，也是材料力学中衡量固体材料抗形变能力的重要物理量，还是选定机械构件材料的依据和工程技术中常用的参数之一。

【预习思考题】

1）本实验中，为什么测量不同的长度要用不同的仪器进行？它们的最大允许误差各是多少？

2）本实验中使用逐差法处理数据，体现了逐差法的哪些优点？若采用相邻两项相减，然后求其平均值的方法，有何缺点？

3）光杠杆法有何特点？你能应用光杠杆法设计一个测定引力常量 G 的物理实验吗？

4）若将$\dfrac{2D}{b}$作为光杠杆的“放大倍率”，试根据所得的数值计算$\dfrac{2D}{b}$的值，能想出几种改变“放大倍率”的方法来吗？

5）根据实验不确定度几何合成方法，写出弹性模量 E 的相对不确定度的表达式，并指出哪一个测量影响最大。

【实验目的】

1）掌握螺旋测微器的使用方法。

2）掌握用光杠杆法测量微小长度变化量的原理。

3）学会用拉伸法测量金属丝的弹性模量。

4）学会用逐差法处理数据。

【实验仪器】

弹性模量测量仪支架、光杠杆、砝码、千分尺、钢卷尺、标尺、望远镜等。

【实验原理】

一、弹性模量

在形变中，最简单的形变是柱状物体受外力作用时的伸长或缩短形变。设柱状物体的长度为 L，截面积为 S，沿长度方向受外力 F 作用后伸长（或缩短）量为 ΔL，单位横截面积上垂直作用力 F/S 称为正应力，物体的相对伸长 $\Delta L/L$ 称为线应变。实验结果证明，在弹性范围内，正应力与线应变成正比，根据胡克定律，在弹性的限度内，有

$$\frac{F}{S}=Y\frac{\Delta L}{L}$$

即

$$Y=\frac{FL}{S\Delta L} \tag{5-1}$$

式中比例系数 Y 称为弹性模量。在国际单位制中，它的单位为 Pa。它是表征材料抗应变能力的一个固定参量，完全由材料的性质决定，与材料的几何形状及外力无关。

本实验是测量金属丝的弹性模量，实验方法是将金属丝悬挂于支架上，上端固定，下端加砝码对金属丝施力 F，测出钢丝相应的伸长量 ΔL，即可求出 Y。金属丝长度 L 用钢卷尺测量，金属丝的横截面积

$$S=\frac{\pi d^2}{4} \tag{5-2}$$

直径 d 用千分尺测出，力 F 由砝码的质量求出。在实际测量中，由于金属丝伸长量 ΔL 的值很小，约 10^{-1}mm 数量级。因此 ΔL 采用光杠杆放大法进行测量。

光杠杆是根据几何光学原理设计而成的一种灵敏度较高的测量微小长度或角度变化的仪器。它的装置如图 5-1 所示，是将一个可转动的平面镜 M 固定在一个⊥形支架上构成的。支架有三只脚，其中一只为活动杆的尖脚，它放在金属丝上的圆柱体上，即活动托台上，它与另两脚连线的垂直距离为光杠杆距离 b，另两尖脚放在平台的凹槽中，即支架的固定托台上。

图 5-2 是光杠杆放大原理图，假设开始时，镜面 M 的法线正好是水平的，则从光源发出的光线与镜面法线重合，并通过反射镜 M 反射到标尺 n_0 处。当金属丝伸长 ΔL，光杠杆镜架后夹脚随金属丝下落 ΔL，带动 M 转一 θ 角，镜面至 M′，法线也转过同一角度；根据光的反射定律，光线 On_0 和光线 On 的夹角为 2θ。

如果反射镜面到标尺的距离为 D，后尖脚到前两脚间连线的距离为 b，则有

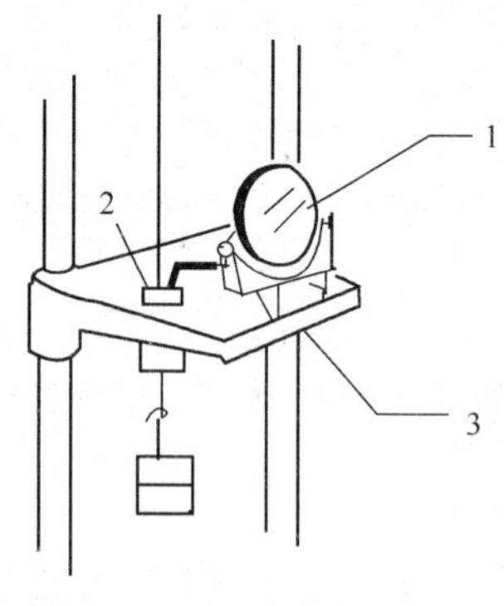

图 5-1　光杠杆装置

1. 反射镜；2. 活动托台；3. 固定托台

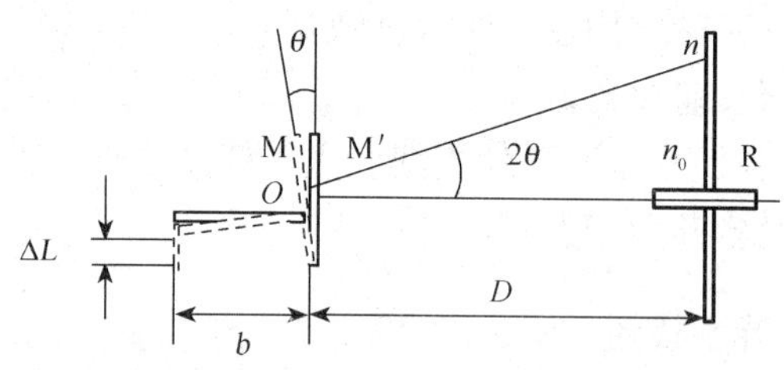

图 5-2　光杠杆放大原理图

$$\tan\theta = \frac{\Delta L}{b} \qquad \tan 2\theta = \frac{n - n_0}{D}$$

由于θ很小，所以有

$$\theta \approx \frac{\Delta L}{b}$$

$$2\theta \approx \frac{n - n_0}{D}$$

消去θ，得

$$\Delta L = \frac{b\Delta n}{2D} \tag{5-3}$$

式中Δn为从望远镜中观测到的两次标尺读数之差。

将式（5-2）和式（5-3）代入式（5-1），得

$$Y = \frac{8FLD}{\pi d^2 b\Delta n} \tag{5-4}$$

由于伸长量ΔL是难以测量的微小长度，但当D远大于b后，经光杠杆转换后的量Δn却是较大的量，$2D/b$决定了光杠杆的放大倍数。这就是光放大原理，它已被应用在很多精密测量仪器中，如灵敏电流计、冲击电流计、光谱仪、静电电压表等。本实验使金属丝伸长的力F，是砝码作用在金属丝上的重力mg，因此弹性模量的测量公式为

$$Y = \frac{8mgLD}{\pi d^2 b} \frac{1}{\Delta n} \tag{5-5}$$

式中，Δn与m有对应关系，如果m是1个砝码的质量，Δn应是增加（或减少）一个砝码所引起的光标偏移量；如果Δn是增加（或减少）4个砝码所引起的光标偏移量，m则为四个砝码的质量。

二、逐差法

逐差法是物理实验处理数据常用的一种方法。由误差理论可知算术平均值最接近于真值，因此在实验中应尽量多次测量。但在一些实验中如果简单地取各次测量的平均值，并不能达到好的效果。例如本实验中，如果力F每次增加1kg，连续增加七次，则可读得八个标尺读数，它们分别为n_0，n_1，…，n_7，其相应的差值是$\Delta n_1 = n_1 - n_0$，$\Delta n_2 = n_2 - n_1$，…，$\Delta n_7 = n_7 - n_6$，根据平均值的定义

$$\overline{\Delta n} = \frac{(n_1 - n_0) + (n_2 - n_1) + \cdots + (n_7 - n_6)}{7} = \frac{(n_7 - n_0)}{7}$$

中间数值全部抵消，未能起到平均的作用，只用上了始末两次的测量值，与力F一次增加7kg的单次测量等价。由此可见，不能用此办法进行平均值的处理。

为了保持多次测量的优越性，通常可把数据分成两组：一组是n_0，n_1，n_2，n_3；另一组是n_4，n_5，n_6，n_7，取相应的差值$\Delta n_1 = n_4 - n_0$，$\Delta n_2 = n_5 - n_1$，$\Delta n_3 = n_6 - n_2$，$\Delta n_4 = n_7 - n_3$，则平均值为

$$\overline{\Delta n} = \frac{\Delta n_1 + \Delta n_2 + \Delta n_3 + \Delta n_4}{4} = \frac{(n_4 - n_0) + (n_5 - n_1) + (n_6 - n_2) + (n_7 - n_3)}{4} \tag{5-6}$$

这种方法称为逐差法。在逐差法中每个数据在平均值内都起了作用。应当指出，式中$\overline{\Delta n}$是力 F 增加 4kg 的平均差值。

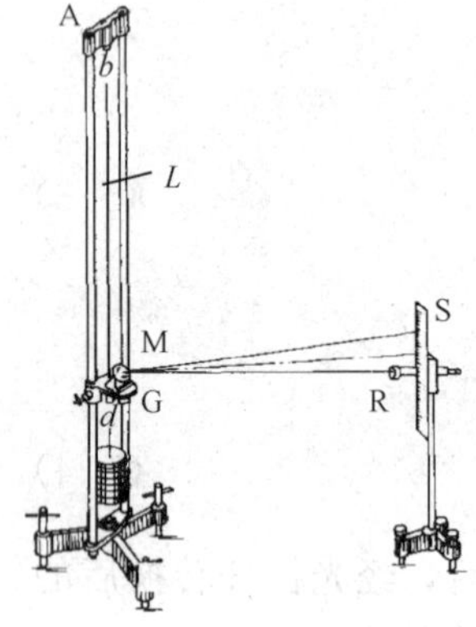

图 5-3 弹性模量仪

【仪器介绍】

弹性模量仪如图 5-3 所示。待测金属丝 L 上端固定于支架上的 A 点，下端与小圆柱体紧密连接。小圆柱体穿过固定平台 G 的中间的小孔，可以自由移动，下端挂着砝码。光杠杆 M 的主杆尖脚放在小圆柱体的上底面，两前尖脚放在固定平台 G 的凹槽内。望远镜 R 和标尺 S 是测量伸长量 ΔL 用的装置。

【实验内容】

1）调节弹性模量仪底脚螺钉，使水准仪气泡居中，使工作台水平，要使夹头处于无障碍状态。

2）将金属丝上端固定，下端砝码盘上加初始负载（连钩总重 2kg），使金属丝拉直。并使平台 G 与小圆柱体 C 的上端面在同一高度上。

3）放好光杠杆，并使平面镜大致与平台垂直，T 形架的两前足置于平台上的沟槽内，后足置于方框夹头的平面上。微调工作台使 T 形架的三足尖处于同一水平面上，并使反射镜面铅直。

4）调节望远镜支座紧固螺钉，使望远镜与反射镜等高。并使望远镜筒处于水平，望远镜标尺架距离光杠杆反射平面镜 1.2～1.5m。调节望远镜光轴与反射镜中心等高。调节对象为望远镜筒。

5）调节望远镜，初步找标尺的像：从望远镜筒外侧观察反射平面镜，看镜中是否有标尺的像。如果没有，则左右移动支架，同时观察平面镜，直到从中找到标尺的像。

6）调节望远镜找标尺的像：先调节望远镜目镜，得到清晰的十字叉丝；再调节调焦手轮，使标尺成像在十字叉丝平面上。

7）调节平面镜垂直于望远镜主光轴。

8）记录望远镜中标尺的初始读数 n_0（不一定为零），再在金属丝下端加一个砝码，记录望远镜中标尺读数 n_1，以后依次加一个砝码，并分别记录望远镜中标尺读数，直到 7 块砝码加完为止，即为增量过程中的读数。然后再每次减少一个砝码，并记下减重时望远镜中标尺的读数。数据记录表格见后面数据记录部分。

9）取下所有砝码，用卷尺测量反射镜与标尺之间的距离 D，金属丝长度 L，测量光杠杆常数 b（把光杠杆在纸上按一下，留下 f_1，f_2，f_3 三个痕迹，连成一个等腰三角形。作其底边上的高，即可测出 b）。

注意：以上各数据均测量 3 次。

10）用螺旋测微器测量金属丝直径 6 次。可以在金属丝的不同部位和不同的径向测量。因为金属丝直径不均匀，截面也不是理想的圆形。

11）先用逐差法算出$\overline{\Delta n}$，再将各量统一为国际单位代入式（5-5），求出金属丝的弹性模量。然后求出相对误差和绝对误差。

知识窗

粗调：调节望远镜、标尺和光杠杆镜面的相对位置，直至在望远镜外，沿其管轴看到小镜内出现标尺的像。

细调：调节望远镜目镜，使十字叉丝清晰。然后调节目镜和物镜之间的距离，使通过望远镜清楚地看到经小镜反射的清晰标尺像。并且眼睛上、下移动时，十字叉丝与标尺的刻度之间没有相对移动（即消视差）。记下此时十字叉丝水平线对准标尺的刻度值 n_0（n_0的值在零附近为佳）。

【注意事项】

1）光杠杆、望远镜和标尺所构成的光学系统一经调节好后，在实验过程中就不可再移动。否则所测数据无效，实验应重新进行。

2）调节光杠杆时要细心，以免损坏。

3）加减砝码时一定要轻拿轻放，切勿拉断金属丝。

4）使用千分尺时只能用棘轮旋转。

5）用钢卷尺测量标尺到平面镜的垂直距离时，尺面要放平。

6）弹性模量仪的主支架已固定，不要调节主支架。

7）测量金属丝长度时，要加上一个修正值 $\Delta L_{修}$，$\Delta L_{修}$ 是夹头内不能直接测量的一段金属丝长度。

8）若望远镜中观察不到标尺的像。应先从望远筒外侧，沿轴线方向望去，能看到平面镜中标尺的像。若看不到，可调节望远镜的位置或方向，或调节平面反射镜的角度，直到找到标尺的像为止，然后，再从望远镜中找到标尺的像。

9）若十字叉丝成像不清楚，这是望远镜目镜调焦不合适的缘故，可慢慢调节望远镜目镜，使十字叉丝像变清晰。

10）实验中，若测量对应的数值重复性不好或规律性不好时，可能是以下问题：①可能是金属丝没有完全检查。②弹性模量仪支柱不垂直，使金属丝端的方框形夹头与平台孔壁接触摩擦太大。③加减砝码时，动作不够平稳，导致光杠杆尖脚发生移动。④金属丝夹头未夹紧，金属丝滑动。

【数据处理】

1. 测量金属丝直径

次　数	上　部		中　部		下　部		平　均
	横向	纵向	横向	纵向	横向	纵向	
金属丝直径 d/mm							

不确定度 Δd ________ mm

测量结果 $d=$（________ ± ________）mm

2. 测量金属丝长度、光杠杆长度和平面镜与标尺距离

次　数	1	2	3	平均
金属丝长度 L/cm				
光杠杆长度 b/cm				
平面镜与标尺距离 D/cm				

$L=$（________ ± ________）m

$D=$（________ ± ________）m

$b=$（________ ± ________）m

3. 测金属丝的弹性模量

系数 / 砝码重量/kg	标尺读数/cm		
	加砝码时	减砝码时	平　均
2.00	$n_0=$	$n_0{}'=$	$\overline{n_0}=$
	$n_1=$	$n_1{}'=$	$\overline{n_1}=$
	$n_2=$	$n_2{}'=$	$\overline{n_2}=$
	$n_3=$	$n_3{}'=$	$\overline{n_3}=$
	$n_4=$	$n_4{}'=$	$\overline{n_4}=$
	$n_5=$	$n_5{}'=$	$\overline{n_5}=$
	$n_6=$	$n_6{}'=$	$\overline{n_6}=$
	$n_7=$	$n_7{}'=$	$\overline{n_7}=$

金属丝微小伸长量的放大量的测量结果为 $\Delta n=$（________ ± ________）cm

$Y=\overline{Y}\pm\Delta Y=$（________ ± ________）Pa

将所得各量代入式（5-5），计算出金属丝的弹性模量，按传递公式计算出不确定度，并将测量结果表示成标准式 $Y=\overline{Y}\pm\Delta Y$（________ ± ________）Pa。

附：拉伸法测金属丝弹性模量数据处理公式

$$\overline{d}=\frac{d_1+d_1+\cdots+d_6}{6}= \quad ; \quad \Delta d=\frac{|d_1-\overline{d}|+|d_2-\overline{d}|+\cdots+|d_6-\overline{d}|}{6}=$$

$$L=\frac{L_1+L_2+L_3}{3}= \quad ; \quad \Delta L=\frac{|L_1-\overline{L}|+|L_2-\overline{L}|+|L_3-\overline{L}|}{3}=$$

$$\overline{b}=\frac{b_1+b_2+b_3}{3}= \quad ; \quad \Delta b=\frac{|b_1-\overline{b}|+|b_2-\overline{b}|+|b_3-\overline{b}|}{3}=$$

$$\overline{D}=\frac{D_1+D_2+D_3}{3}= \quad ; \quad \Delta D=\frac{|D_1-\overline{D}|+|D_2-\overline{D}|+|D_3-\overline{D}|}{3}=$$

$$\Delta\overline{n}=\frac{|\overline{n}_4-\overline{n}_0|+|\overline{n}_5-\overline{n}_1|+|\overline{n}_6-\overline{n}_2|+|\overline{n}_7-\overline{n}_3|}{4}=$$

$$\Delta(\overline{\Delta n})=\frac{||\overline{n}_4-\overline{n}_0|-\overline{\Delta n}|+||\overline{n}_5-\overline{n}_1|-\overline{\Delta n}|+||\overline{n}_6-\overline{n}_2|-\overline{\Delta n}|+||\overline{n}_7-\overline{n}_3|-\overline{\Delta n}|}{4}=$$

$$\overline{E}=\frac{8F\overline{L}\,\overline{D}}{\pi\overline{d}^2\overline{b}\,\overline{\Delta n}}= \quad ; \quad \frac{\Delta E}{\overline{E}}=\sqrt{4\left(\frac{\Delta d}{\overline{d}}\right)^2+\left(\frac{\Delta(\overline{\Delta n})}{\overline{\Delta n}}\right)^2+\left(\frac{\Delta D}{\overline{D}}\right)^2+\left(\frac{\Delta L}{\overline{L}}\right)^2+\left(\frac{\Delta b}{\overline{b}}\right)^2}$$

$$E=\overline{E}\pm\Delta E= \quad ; \quad E_r=\frac{\Delta E}{E}\times 100\%=$$

【思考题】

1）两根材料相同，但粗细、长度不同的金属丝，它们的弹性模量是否相同？

2）光杠杆有什么优点？怎样提高光杠杆测量微小长度变化的灵敏度？

3）在实验中如果要求测量的相对不确定度不超过5%，试问，金属丝的长度和直径应如何选取？标尺应距光杠杆的反射镜多远？

4）是否可以用作图法求弹性模量？如果以所加砝码的个数为横轴，以相应变化量为纵轴，图线应是什么形状？

实验二　霍尔法测量弹性模量

固体材料弹性模量的测量实验是测量微小位移量的主要方法和手段，通过对该实验的学习，有利于提高学生的实验技能。弯曲法测量金属弹性模量实验仪在保留了原有实验教学内容的基础上，增加了霍尔位置传感器，利用霍尔位置传感器的输出电压与位移量的线性关系来定标和测量微小的位移量。

【实验目的】

1）熟悉霍尔位置传感器的特性及并掌握其定标方法。

2）学会用弯曲法测量黄铜的弹性模量。

3）用霍尔位置传感器测量可锻铸铁的弹性模量。

【实验仪器】

霍尔位置传感器测量弹性模量装置；霍尔位置传感器输出信号测量仪。

【实验原理】

霍尔位置传感器

将霍尔元件置于磁感应强度为 B 的磁场中，在垂直于磁场的方向通以电流 I，则与这二者相垂直的方向上将产生霍尔电势差

$$U_H = K \cdot I \cdot B \tag{5-7}$$

式（5-7）中，K 为元件的霍尔灵敏度。如果保持霍尔元件的电流 I 不变，而使其在一个均匀梯度的磁场中移动时，则输出的霍尔电势差变化量为

$$\Delta U_H = K \cdot I \cdot \frac{\mathrm{d}B}{\mathrm{d}Z} \cdot \Delta Z \tag{5-8}$$

式（5-8）中，ΔZ 为位移量。此式说明 $\frac{\mathrm{d}B}{\mathrm{d}Z}$ 为常数时，ΔU_H 与 ΔZ 成正比。

为实现均匀梯度的磁场，可将两块相同的磁铁（磁铁截面积及表面磁感应强度相同）相对放置，如图5-4所示，即N极与N极相对，两磁铁之间保留一个等间距间隙，霍尔元件平行于磁铁放在该间隙的中轴上。间隙大小要根据测量范围和测量灵敏度的要求而定，间隙越小，磁场梯度就越大，灵敏度就越高。

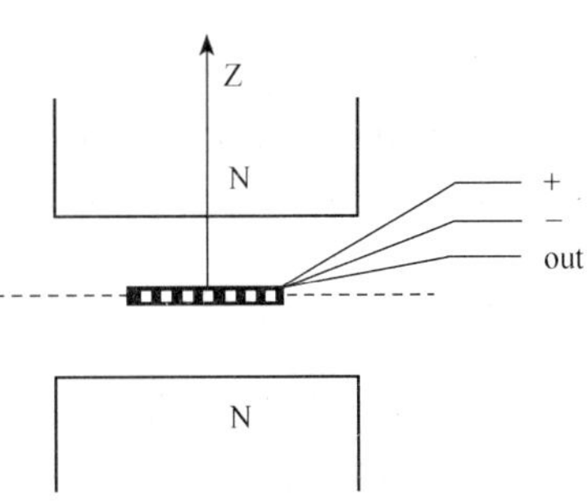

图5-4　霍尔位置传感器原理图

同时磁铁截面要远大于霍尔元件，以尽可能减小边缘效应影响，提高测量精确度。

若磁铁间隙内中心截面处的磁感应强度 B 为零，霍尔元件处于该位置时，输出的霍尔电势差应该为零。当霍尔元件偏离中心沿轴发生位移时，由于磁感应强度 B 不再为零，霍尔元件也就产生相应的电势差输出，其大小可以用数字电压表测量。据此可以将霍尔电势差为零时元件所处的位置作为位移参考零点。

霍尔电势差与位移量之间存在一一对应关系，当位移量较小（<2mm）时，二者具有良好的线性关系。

【仪器介绍】

弹性模量测定仪主体装置如图 5-5 所示，在横梁弯曲的情况下，弹性模量 Y 可以用下式表示

$$Y=\frac{d^3Mg}{4a^3b\Delta Z} \tag{5-9}$$

式中，d 为两刀口之间的距离；M 为所加砝码的质量；a 为梁的厚度；b 为梁的宽度；ΔZ 为梁中心由于外力作用而下降的距离；g 为重力加速度。

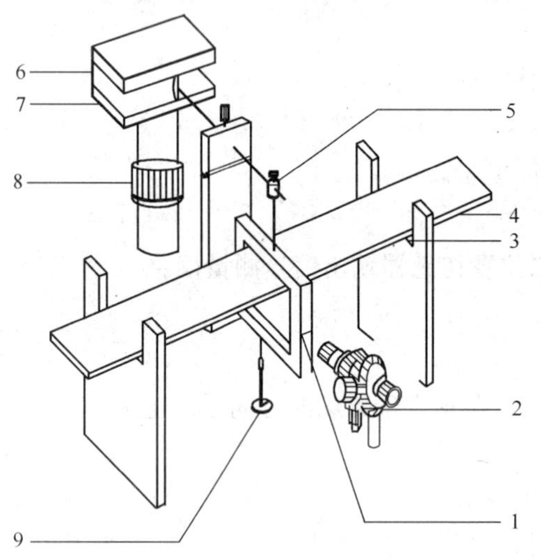

图 5-5　弹性模量测定仪主体装置

1. 铜刀口上的基线；2. 读数显微镜；3. 刀口；4. 横梁；5. 铜杠杆（顶端装有 95A 型集成霍尔传感器）；6. 磁铁盒；7. 磁铁（N 极相对放置）；8. 调节架；9 砝码

【实验内容】

一、霍尔位置传感器的定标

1）检查杠杆是否水平、刀口是否垂直、挂砝码的刀口是否处于横梁中间，注意防止外界风的影响。

2）按照图 5-5 所示组装仪器。

3）接通电源，调节磁铁或仪器上调零电位器，使在初始负载的条件下仪器指示处于零值。预热 10min 左右，指示值即可稳定。

4）调节读数显微镜目镜，直到眼睛观察镜内的十字线和数字清晰，然后移动读数显微镜使通过其能够清楚看到铜刀口上的基线，再转动读数旋钮使刀口点的基线与读数显微镜内十字刻线吻合，并记下初始读数。

5）最后加砝码，每次增加 20g 砝码，使横梁弯曲产生位移 ΔZ，用读数显微镜对传感器输出量进行定标，记录测量数据，精确测量传感器信号输出端的数值与固定砝码架的位置 Z 的关系，作出 U-Z 线性关系图像。

二、弹性模量的测量

1）用直尺测量横梁的长度 d，游标卡尺测量其宽度 b，千分尺测量其厚度 a。

2）利用逐差法按照式（5-9）进行计算，求出黄铜材料的弹性模量及霍尔位置传感器的灵敏度 $\Delta U/\Delta Z$。

三、选做内容

1）改用锻铸铁横梁。

2）逐渐增加砝码，读出相应数字电压表数值，由霍尔位置传感器的灵敏度计算出下降的距离 ΔZ。

3）测量待测横梁的长度 d，以及在不同位置的宽度 b 和厚度 a。

4）用逐差法按式（5-9）计算可锻铸铁的弹性模量。

【注意事项】

1）横梁的厚度必须测量准确。

2）读数显微镜的准丝对准铜挂件的标志刻度线时，要注意区别是黄铜横梁的边沿和标志线。

3）霍尔位置传感器的探头应处于两块磁铁的正中间稍偏下的位置。

4）砝码应该轻拿轻放。

5）实验开始前，必须检查横梁是否有弯曲，如有，应矫正。

【数据处理】

霍尔位置传感器静态特性测量

M/g						
Z/mm						
U/mV						
$\Delta U/\Delta Z$						

【思考题】

1）弯曲法测量弹性模量实验中，主要测量误差有哪些？

2）用霍尔位置传感器测量微位移有什么优点？

实验三 刚体转动惯量测定

转动惯量是刚体转动惯性大小的量度，是表征刚体特性的一个物理量。转动惯量的大小除与物体质量有关外，还与转轴的位置和质量分布（即形状、大小和密度）有关。

测量刚体转动惯量的实验装置很多，本实验采用扭摆测量刚体转动惯量，使物体作扭转摆动，由摆动周期及其他参数的测定算出物体的转动惯量。

【预习思考题】

1）转动惯量的定义，它的大小取决于哪些因素？

2）物理天平和游标卡尺通常应用在哪些场合？

【实验目的】

1）用扭摆测定几种不同形状物体的转动惯量和弹簧的扭转常数，并与理论值进行比较。

2）验证转动惯量平行轴定理。

【实验仪器】

转动惯量测试仪，扭摆，几种待测转动惯量的物体（塑料圆柱、金属圆筒、木球、金属细长杆）。

【实验原理】

1. 弹簧的扭转常数 K 及物体的转动惯量

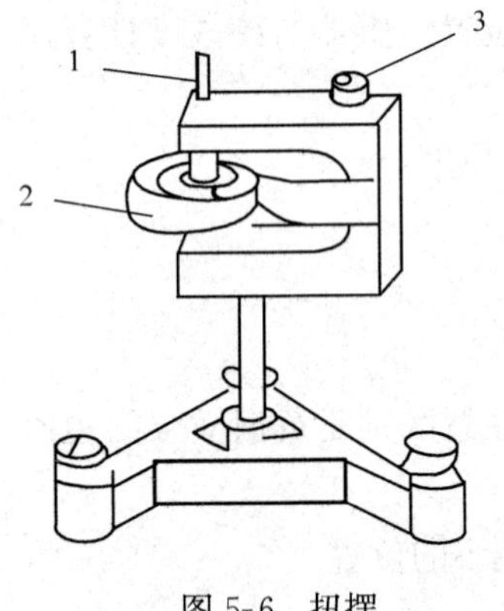

图 5-6　扭摆

扭摆的构造如图 5-6 所示，在垂直轴 1 上装有一根薄片状的螺旋弹簧 2，用以产生恢复力矩。在轴的上方可以装上各种待测物体。垂直轴与支座间装有轴承，以降低摩擦力矩。3 为水平仪，用来调整系统平衡。

将待测物体在水平面内转过一定角度 θ 后，在弹簧恢复力矩的作用下，物体开始绕垂直轴作往返扭转运动。忽略轴承的摩擦阻力矩，根据胡克定律，弹簧受扭转而产生的恢复力矩 M 与所转过的角度 θ 成正比，即

$$M = -K\theta$$

式中，K 为弹簧的扭转常数。根据转动定律

$$M = I\beta \tag{5-10}$$

式中，I 为物体绕转轴转动的转动惯量，β 为角加速度。由以上两式可得

$$\beta = -\frac{K}{I}\theta \tag{5-11}$$

令 $\omega^2 = \frac{K}{I}$，得

$$\beta = \frac{d^2\theta}{dt^2} = -\frac{K}{I}\theta = -\omega^2\theta$$

上述微分方程表示扭摆运动具有角谐振动的特性，即角加速度 β 与角位移 θ 成正比，并且方向相反。此微分方程的解为

$$\theta = A\cos(\omega t + \varphi)$$

式中，A 为谐振动的角振幅；θ 为角位移；φ 为初相位角；ω 为角频率。此谐振动的周期为

$$T = \frac{2\pi}{\omega} = 2\pi\sqrt{\frac{I}{K}} \tag{5-12}$$

根据式(5-12)，只要测得扭摆的摆动周期 T，I 和 K 任何一个量已知时就可计算出另一个量。

本实验利用一个几何形状规则的物体（其转动惯量根据质量和几何尺寸由理论公式求得）测定弹簧的扭转常数 K，然后测量其他任意形状物体的转动惯量。

假设扭摆上只放置金属载物圆盘时的转动惯量为 $I_{盘}$，周期为 $T_{盘}$，则

$$T_{盘}^2 = \frac{4\pi^2}{K}I_{盘}$$

若在载物圆盘上放置已知转动惯量为 $I_{柱}$ 的塑料圆柱后，周期为 $T_{柱}$，总的转动惯

量为 $I_{柱}+I_{盘}$，则

$$T_{柱}^2=\frac{4\pi^2}{K}(I_{盘}+I_{柱})=T_{盘}^2+\frac{4\pi^2}{K}I_{柱}$$

从而解得

$$K=4\pi^2\frac{I_{柱}}{T_{柱}^2-T_{盘}^2} \tag{5-13}$$

由此只需测出任何一种物体的摆动周期，就可算出其转动惯量 I，即

$$I=\frac{K}{4\pi^2}T^2 \tag{5-14}$$

为计算简便，令 $K'=\dfrac{K}{4\pi^2}$，那么有

$$I=K'T^2$$

整个实验的实验装置如图 5-7 所示。

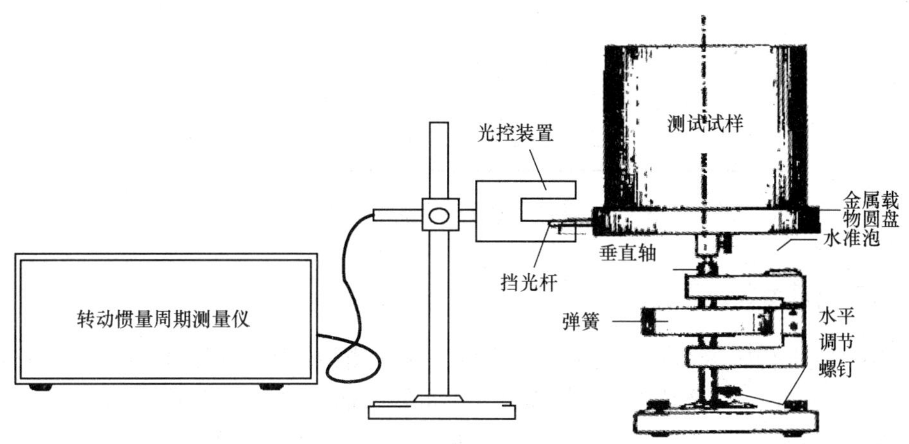

图 5-7　扭摆侧转动惯量实验装置

2. 转动惯量的平行轴定理

若质量为 m 的刚体对过质心轴 C 的转动惯量为 I_C，可以证明，当转轴平行移动距离 x 时，刚体对新轴的转动惯量将变为

$$I_x=I_C+mx^2$$

本实验利用金属细杆和两个对称放置在细杆两边凹槽内的滑块来验证平行轴定理。根据平行轴定理，整个系统对中心轴转动惯量（忽略夹具的转动惯量）的理论计算公式应为

$$I_{理}=I_{杆}+2I_{滑动}+2m_{滑块}x^2 \tag{5-15}$$

式中，x 为滑块在金属细杆上移动的距离。

【仪器介绍】

1. 扭摆及几种待测转动惯量的物体

空心金属圆柱体、实心塑料圆柱体、木球、验证转动惯量平行轴定理用的细金属

杆，杆上有两块可以自由移动的金属滑块。

2. 转动惯量测试仪

转动惯量测试仪由主机和光电传感器两部分组成。主机采用单片机作控制系统，用于测量物体转动和摆动的周期，以及旋转体的转速，能自动记录、存储多组实验数据并能够精确地计算多组实验数据的平均值。主机面板如图 5-8 所示。光电传感器主要由红外发射管和红外接收管组成，将光信号转换为脉冲电信号，送入主机工作。因人眼无法直接观察仪器工作是否正常，但可用遮光物体往返遮挡光电探头发射光束通路，检查计时器是否开始计数以及到达预定周期数时，是否停止计数。为防止过强光线对光电探头的影响，光电探头不能置放在强光下，实验时采用窗帘遮光，确保计时的准确。

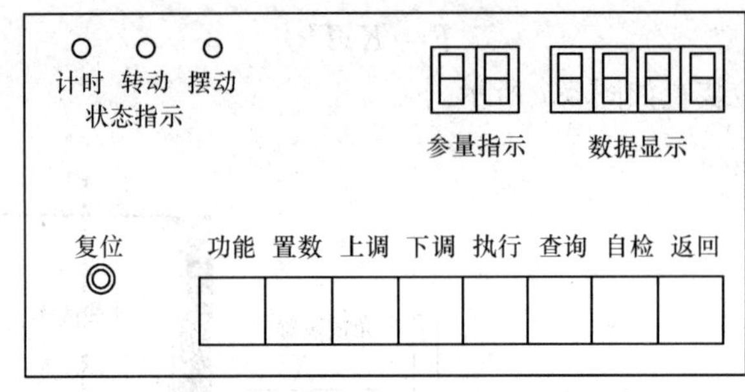

图 5-8 TH-2 型转动惯量测试仪面板

3. 仪器使用方法

1）调节光电传感器在固定支架上的高度，使被测物体上的挡光杆能自由地往返通过光电门，再将光电传感器的信号传输插入主机输入端（位于测试仪背面）。

2）开启主机电源，“摆动”指示灯亮，参量指示为“P1”，数据显示为“......”。

3）本机设定扭摆的周期数为 10，如果更改，可参照仪器使用说明 3，重新设定。更改后的周期数不具有记忆功能，一旦切断电源或按“复位”键，便恢复原来的默认周期数。

4）按“执行”键，数据显示为“000,0”，表示仪器已处在等待测量状态，此时，当被测的往复摆动物体上的挡光杆第一次通过光电门时，仪器开始连续计时，直至仪器所设定的周期数时，便自动停止计时，由“数据显示”给出累计的时间，同时仪器自行计算周期 G_I 并存储，以供查询和作多次测量求平均值，至此，P1（第一次测量）测量完毕。

5）按“执行键”，“P1”变为“P2”，数据显示又回到“000,0”，仪器正处在第二次待测状态，本机设定重复测量的最多次数为 5 次，即（P1，P2，…，P5）。通过“查询”键可知各次测量的周期值 G_i（I=1，2，…，5）以及它们的平均值 CA。

【实验内容】

1）熟悉扭摆的构造，使用方法，以及转动惯量测试仪的使用方法。

2）测定扭摆的仪器常数（弹簧的扭转常数）K。

3）测定塑料圆柱体、金属圆筒、木球与金属细长杆的转动惯量。并与理论值比较，求百分差。

4）改变滑块在金属细长杆的位置（见图 5-9），验证转动惯量平行轴定理。

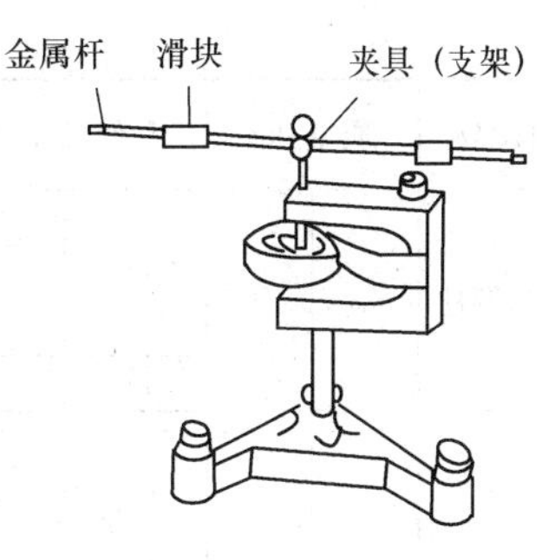

图 5-9　改变滑块位置

下面是具体的测量步骤。

1）测出塑料圆柱体的外径、金属圆筒的内、外径、木球直径、金属细长杆长度及各物体的质量（各测量 3 次）。

2）调整扭摆基座底脚螺钉，使水准泡中气泡居中。

3）装上金属载物盘，并调整光电探头的位置使载物盘上挡光杆处于其缺口中央且能遮住发射、接收红外光线的小孔，测定摆动周期 T_0。

4）将塑料圆柱体垂直放在载物盘上，测定摆动周期 T_1。

5）用金属圆筒代替塑料圆柱体，测定摆动周期 T_2。

6）取下载物金属盘、装上木球，测定摆动周期 T_3。（在计算木球转动惯量时，应扣除支架的转动惯量。）

7）取下木球，装上金属细杆（金属细杆中心必须与转轴重合）。测定摆动周期 T_4。（在计算金属细杆的转动惯量时，应扣除支架的转动惯量 $I_{支架}=0.232\times10^{-4}\text{kg}\cdot\text{m}^2$。）

8）将滑块对称放置在细杆两边的凹槽内，此时滑块质心离转轴的距离分别为 5.00cm、10.00cm、15.00cm、20.00cm、25.00cm，测定摆动周期 T。验证转动惯量平行轴定理。（在计算转动惯量时，应扣除支架的转动惯量。）

【注意事项】

1）由于弹簧扭转常数 K 不是固定常数，它与摆动角度略有关系，摆角在 90°左右基本相同，在小角度时变小。

2）为了降低实验时由于摆动角度变化过大带来的系统误差，在测定各种物体的摆动周期时，摆角不宜过小，摆幅也不宜变化过大。

3）光电探头宜放置在挡光杆的平衡位置处，挡光杆不能和它相接触，以免增大摩擦力矩。

4）机座应保持水平状态。

5）在安装待测物体时，其支架必须全部套入扭摆主轴，并将止动螺钉旋紧，否则扭摆不能正常工作。

6）在称衡金属细长杆与木球的质量时，必须将支架取下，否则会带来极大误差。

【数据处理】

物体名称	质量/kg	几何尺寸/cm	周期/s		转动惯量理论值 /kg·m²	实验值 /kg·m²	百分差
金属载物盘			T_0			$I_0=\frac{I_1'\overline{T}_0^2}{\overline{T}_1^2-\overline{T}_0^2}$	
			$\overline{T}_0$				

续表

物体名称	质量/kg		几何尺寸/cm		周期/s		转动惯量理论值/kg · m²	实验值/kg · m²	百分差
塑料圆柱	m_1		D_1		T_1		$I'_1=\frac{1}{8}m_1\overline{D}_1^2$	$I_1=\frac{K\overline{T}_1^2}{4\pi^2}-I_0$	
			$\overline{D}_1$		$\overline{T}_1$				
金属圆筒	m_2		$D_{外}$		T_2		$I'_2=\frac{1}{8}m_2\ (\overline{D}_{外}^2+\overline{D}_{内}^2)$	$I_2=\frac{K\overline{T}_2^2}{4\pi^2}-I_0$	
			$\overline{D}_{外}$						
			$D_{内}$						
			$\overline{D}_{内}$		$\overline{T}_2$				
木球	m_3		$D_{直}$		T_3		$I'_3=\frac{1}{10}m_3\overline{D}_{直}^2$	$I_3=\frac{K}{4\pi^2}\overline{T}_3^2$	
			$\overline{D}_{直}$		$\overline{T}_3$				
金属细杆	m_4		L		T_4		$I'_4=\frac{1}{12}m_4L^2$	$I_4=\frac{K}{4\pi^2}\overline{T}_4^2-I_{支架}$	
					$\overline{T}_4$				

$$K=4\pi^2\frac{I'_1}{T_1^2-T_0^2}=\_\_\_\_\_\_$$

x/cm	5.00	10.00	15.00	20.00	25.00
摆动周期 T/s					
$\overline{T}$/s					
实验值/kgm² $I=\frac{K}{4\pi^2}\overline{T}^2$					
理论值/kgm² $I'=I_4+2mx^2+I_5$					
百分差					

【思考题】

1）本实验产生误差的原因有哪些？

2）通过本实验，总结能否用作图法处理数据。

实验四　弦线驻波的研究

弦线上横波传播规律的研究是力学中的一个重要实验之一，利用驻波原理测量横波波长的方法，在声学、无线电学和光学等学科中都有重要的应用。

【预习思考题】

1）可调频率数显机械振动源的振动频率调节范围有多大?

2）调节振动源上的振动频率和振幅大小后对弦线振动会产生什么影响?

3）如何确定弦线上的波节点位置?

4）两波节点间的距离意味着什么?

【实验目的】

1）观察弦线上驻波的变化，了解并熟悉实验仪器的调整方法。

2）研究弦线振动时的振动频率与振幅变化对形成驻波的影响。研究波长与张力的关系。

3）在弦线张力不变时，研究弦线振动时驻波波长与振动频率的关系。

4）改变弦线张力后，研究弦线振动时驻波波长与振动频率的关系。

【实验仪器】

SWV-1 弦线波振动实验仪、弦线、砝码盘及砝码。

【仪器介绍】

1）实验时，将变压器（黑色壳）输入插头与 220V 交流电源接通，输出端与主机上相连。打开数显振动源面板上的电源开关 1（振动源面板如图 5-10 所示）。面板上数码管 5 显示振动源振动频率。根据需要按频率调节 2 中▲（增加频率）或▼（减小频率）键，改变振动源的振动频率，调节面板上幅度调节旋钮 4，使振动源有振动输出；当不需要振动源振动时，可按面板上复位键 3 复位，数码管显示全部清零。

2）在某些频率，由于振动簧片共振使振幅过大，此时应逆时针旋转面板上的旋钮以减小振幅，便于实验进行。不在共振频率点工作时，可调节面板上幅度旋钮 4 直到输出最大。

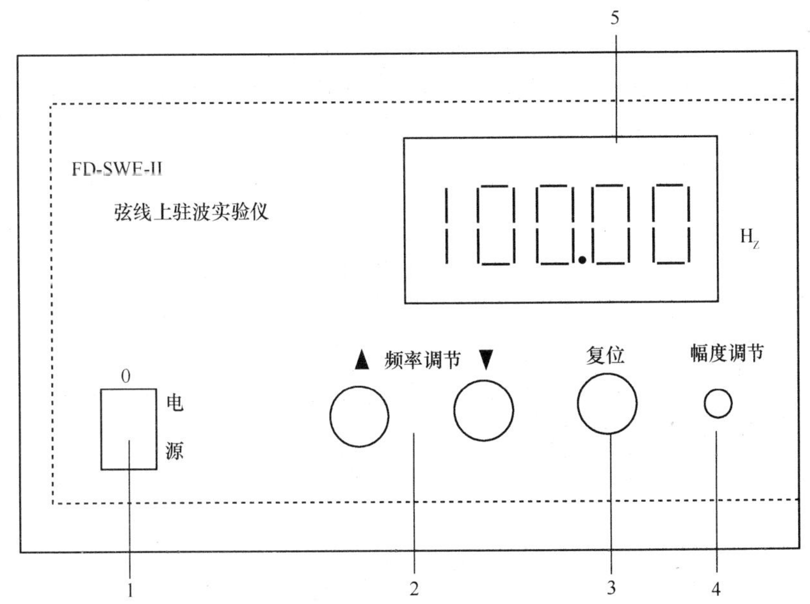

图 5-10　振动源面板图

1. 电源开关；2. 频率调节；3. 复位键；4. 幅度调节；5. 频率指示

3）固定振动源的频率，在砝码盘上添加不同质量的砝码，以改变弦线上的张力。每改变一次张力，均要调节可动滑轮的位置，使平台上的弦线出现振幅较大且稳定的驻波。此时，记录振动频率、砝码质量、产生整数倍半波长的弦线长度及半波波数。

4）同样方法，可固定砝码盘上的砝码质量，改变振动源频率，进行类似的实验。

【实验原理】

在一根拉紧的弦线上，若其张力为 T，线密度为 μ，则沿弦线传播的横波应满足下述运动方程

$$\frac{\partial^2 y}{\partial t^2}=\frac{T}{\mu}\cdot\frac{\partial^2 y}{\partial x^2} \tag{5-16}$$

式中，x 为波在传播方向与弦线平行的位置坐标；y 为振动位移。将式（5-16）与典型的波动方程 $\frac{\partial^2 y}{\partial t^2}=v^2\frac{\partial^2 y}{\partial x^2}$ 相比较，即可得到波的传播速度

$$v=\sqrt{\frac{T}{\mu}} \tag{5-17}$$

若波源的振动频率为 f，横波波长为 λ，由于 $v=f\lambda$，故波长与张力及线密度之间的关系为

$$\lambda=\frac{1}{f}\sqrt{\frac{T}{\mu}} \tag{5-18}$$

为了用实验证明式（5-18）成立，将该式两边取对数，得

$$\ln\lambda=\frac{1}{2}\ln T-\frac{1}{2}\ln\mu-\ln f \tag{5-19}$$

若固定频率 f 及线密度 μ，改变张力 T，并测出各相应波长 λ，可作 $\ln\lambda$-$\ln T$ 图，如得到一直线，再计算其斜率，若为 0.5，则证明了 λ、$T^{\frac{1}{2}}$ 的关系成立。同理，固定张力 T 及线密度 μ，而改变频率 f，测相应波长 λ，作 $\ln\lambda$-$\ln f$，如得斜率为 -1 的直线，就验证了 $\lambda\propto f^{-1}$。

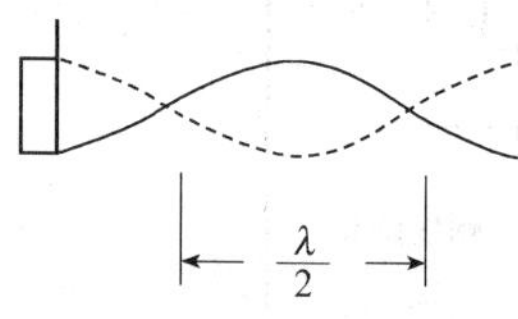

图 5-11　一维驻波

弦线上的波长可利用驻波原理测量。当两个振幅和频率相同的相干波在同一直线上相向传播时，其叠加而成的波称为驻波，一维驻波是波干涉中的一种特殊情形。在弦线上出现许多静止点，称为驻波的波节，相邻两波节间的距离为半个波长，如图 5-11 所示。

为了测定波长 λ，实验时采用在弦线上形成驻波的方法。可以证明，当弦线长度 L 为半波长的整数倍时，即

$$L=n\cdot\frac{\lambda}{2}(n=1,2,3,\cdots)$$

式中，n 为驻波波腹数，即驻波半波长的数目。弦线上形成的驻波振幅最大而且最稳定。

【实验内容】

1. 必做内容

（1）验证横波的波长与弦线中的张力的关系

固定一个波源振动的频率，在砝码盘上添加不同质量的砝码，以改变同一弦上的张力。每改变一次张力（即增加一次砝码），均要左右移动可动滑轮 5 的位置，使弦线出现振幅较大而稳定的驻波。用实验平台 10 上的标尺 6 测量 L 值，即可根据式（5-18）算出波长 λ。作 $\log\lambda$-$\log T$ 图，求其斜率。

（2）验证横波的波长与波源振动频率的关系

在砝码盘上放上一定质量的砝码，以固定弦线上所受的张力，改变波源振动的频率，用驻波法测量各相应的波长，作 $\log$-$\lambda\log f$ 图，求其斜率。最后得出弦线上波传播的规律结论。

2. 选做内容

验证横波的波长与弦线密度的关系。

在砝码盘上放固定质量的砝码，以固定弦线上所受的张力，固定波源振动频率，通过改变弦线的粗细来改变弦线的线密度，用驻波法测量相应的波长，作 $\log\lambda$-$\log\mu$ 图，求其斜率。得出弦线上波传播规律与线密度的关系。

【注意事项】

1）要准确求出波长，关键是弦线中要调出振幅较大而稳定的驻波。逐步近似实现这一最佳状态，操作时，可沿弦线方向左、右移动可动滑轮。

2）调节振动频率时，某些频率和其整数倍频率会引起振动源的共振，引起振动不稳定，可逆时针旋转面板上▼旋钮以减小振幅。或跳过该频率段继续实验。

【数据处理】

1）保持 f 不变，改变张力 T，求 f 与 λ 的关系。

频率 1：________ Hz

m/g							
L/cm							
n							

频率 2：________ Hz

m/g							
L/cm							
n							

T/N														
λ/cm														
$\ln T$														
$\ln\lambda$														

作 $\ln\lambda$-$\ln T$ 图，求其斜率 k。

2）保持张力 T 不变，改变 f，求 f 与 λ 的关系。

拉力 T_1=________ g

f/Hz	40	70	110	120	130	140	150	160	170
λ/cm									
$\ln f$									
$\ln\lambda$									

拉力 T_2=________ g

f/Hz	40	70	110	120	130	140	150	160	170
λ/cm									
$\ln f$									
$\ln\lambda$									

作 $\ln\lambda$-$\ln f$ 图，求其斜率 k。

【思考题】

1）实验中如何改变弦线的张力?

2）弦线上的张力变化后对得到的波长有什么影响?

3）弦线的密度变化后对得到的波长有什么影响?

实验五　测定液体表面张力系数

表面张力是液体表面重要的物理性质，研究它可以解释很多生活中的物理现象，如泡沫的形成、浸润及毛细现象等。另外，在工业中，如纺织工艺中浆料的配制、染整工艺中泡沫丝光、泡沫染色、漂、染等各工序都对液体表面张力有一定的要求。而表面张力系数是表面张力的重要参数，掌握它的测定方法具有重要的实用价值。

【预习思考题】

1）目前较常用的液体表面张力系数的测定方法有哪些?

2）简述拉脱法测量液体表面张力的原理。

3）硅压阻力敏传感器的基本结构和工作原理是什么?

【实验目的】

1）学习用硅压阻力敏传感器测量微小力的原理及方法。

2）掌握用拉脱法测定液体的表面张力系数的方法。

3）测出硅压阻力敏传感器的灵敏度，学会用最小二乘法处理数据。

【实验仪器】

FD-NST-I 型液体表面张力系数测定仪、垂直调节台、硅压阻力敏传感器、铝合金吊环、0.5g 砝码 7 只、砝码吊盘、玻璃皿、镊子钳等。实验装置如图 5-12 所示。

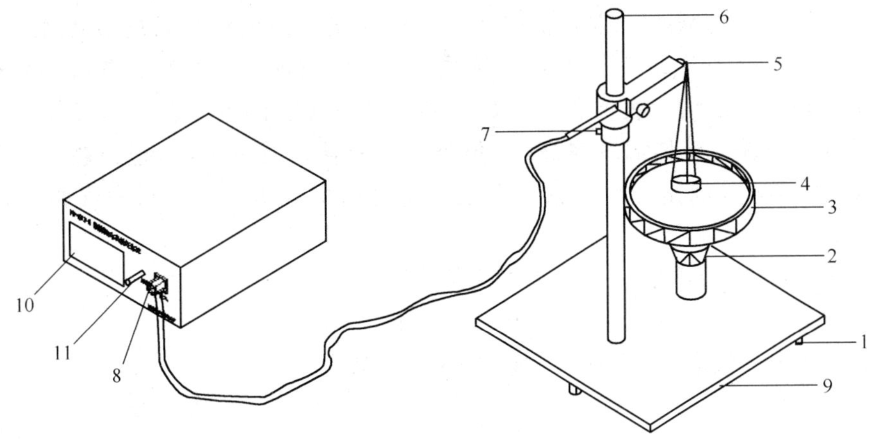

图 5-12　实验装置图

1. 调节螺钉；2. 升降螺钉；3. 玻璃器皿；4. 吊环；5. 力敏传感器；6. 支架；
7. 固定螺钉；8. 导线；9. 底座；10. 数字电压表；11. 调零

【实验原理】

液体的表面具有收缩的趋势，像一张拉紧的弹性薄膜一样。如图 5-13 中所示的肥皂薄膜，如果将滑动细丝下面的肥皂薄膜刺破，由于膜的收缩作用，可使滑动的细丝被拉上去。这就是液体表面存在液体表面张力造成的。

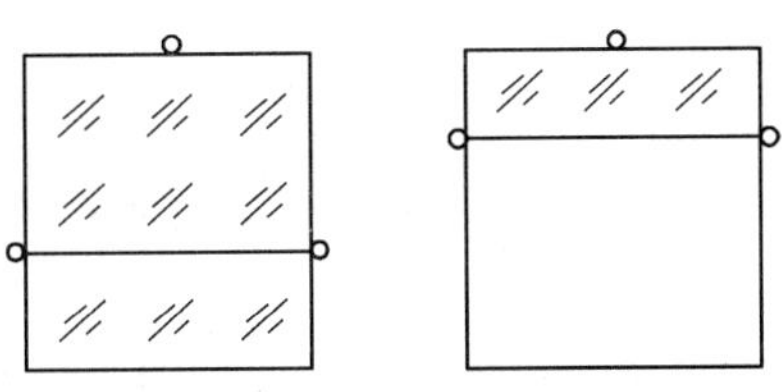

图 5-13　液体表面收缩趋势

液体表面张力的产生跟液体表面分子受力情况有关。液体表面层（厚度相当于分子作用半径，约 10^{-8}cm）内的分子，所处的环境和液体内部的分子不同。液体内部每个分子都被同种液体的其他分子所包围，周围分子对其作用力的矢量和为零。在液体表面层，由于液面上方气体分子数很少，表面层内每一个分子受到向上的分子引力较向下引力要小，合力不为零。这个合力垂直于液面并指向液体内部，使得分子有从液面挤向液体内部的倾向，造成液体表面自然收缩，这种由于表面收缩而产生沿液面切线方向的力称为表面张力。

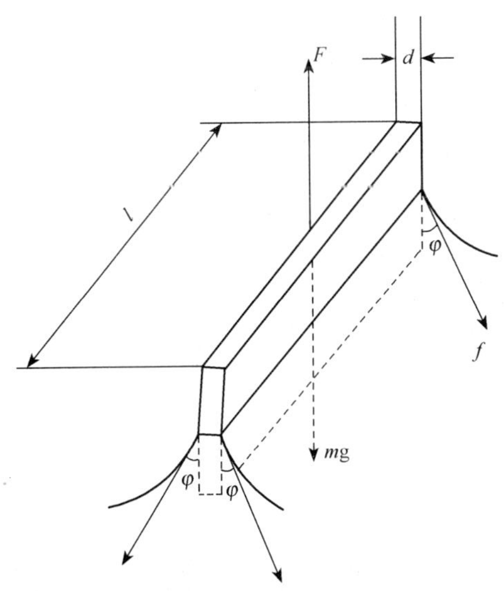

图 5-14　拉脱法测量液体表面张力系数

实验中用拉脱法测量液体表面张力系数。如图 5-14 所示，若将一块薄钢片浸入液体中，在钢片与液面相接触的交界处，由于分子所受引力不相同（钢片分子引力大于液体分子引力），使液体在接触面处呈现凹弧形，沿圆弧切线方向的力 f 即为液体的表面张力，圆弧的切线方向与垂直方向的夹角 φ 称为接触角。如果缓缓将钢片由液面拉出时，可以看到接触角逐渐减小而趋向于零，这时表面张

力 f 方向将随 φ 角的减小而垂直指向下，大小与接触面的周界长度成正比，即 $f\propto 2(l+d)$，等式形式为 $2\alpha(l+d)$，比例系数 α 称为表面张力系数，数值上等于作用在周界单位长度上的力。表面张力系数与液体的种类、纯度、温度和液体周界相接触的分子性质有关。液体温度越高，α 值越小；所含杂质越多，α 值也越小，只要上述条件保持一定，α 就是一个常数。由钢片受力情况分析可以测得表面张力系数 α，具体方法如下。

钢片脱离液体前的瞬间，其受力平衡条件为

$$F = mg + f \tag{5-20}$$

将表面张力 f 代入式（5-20），则表面张力系数为

$$\alpha = \frac{F - mg}{2(l + d)} \tag{5-21}$$

式中，F 为薄钢片所受外力；mg 为薄钢片重力；l 为薄钢片长度；d 为薄钢片厚度。

本实验中使用金属圆环代替薄钢片挂在传感器上，首先将圆环浸没于液体中后，渐渐拉起圆环，当它从液面即将分离的瞬间由于接触角为 0°，传感器受到的液体表面张力 f 满足

$$f = \pi(D_1 + D_2)\alpha \tag{5-22}$$

D_1、D_2分别为金属圆环外径和内径，则液体表面张力系数为

$$\alpha = f/[\pi(D_1 + D_2)] \tag{5-23}$$

利用硅压阻力敏传感器可以将传感器受到的拉力 F 转化为电信号 U，通过数字电压表显示出来，拉力与电信号电压值的关系为

$$U = FB + r \tag{5-24}$$

B 为力敏传感器灵敏度，通过最小二乘法拟合算出，单位为 V/N。

假设金属圆环在脱离液面前后瞬间所受的拉力分别为 F_1 和 F_2，根据静力学平衡条件得

$$F_1 = mg + f \tag{5-25}$$

$$F_2 = mg \tag{5-26}$$

因此只要读出圆环和液面分离前瞬间和分离后数字电压表的电压示数 U_1 和 U_2，根据式（5-23）和式（5-24）即可得出计算金属圆环的表面张力系数 α 的公式

$$\alpha = (U_1 - U_2)/[B\pi(D_1 + D_2)] \tag{5-27}$$

【实验内容】

一、准备工作

1）开机预热 15min。

2）清洗玻璃器皿和吊环。

二、为力敏传感器定标

1）轻轻将砝码盘挂在力敏传感器的挂钩上，并利用调零旋钮对数字电压表调零。

2）用镊子将一片砝码片夹入砝码盘中，记录电压表数据，然后依次将其余6片砝码片累加到砝码盘中，并依次记录电压表数据。

3）取下砝码盘，将砝码和砝码盘放回工具盒。

三、测量液体表面张力系数

1）选择不同的位置，利用游标卡尺分别测定吊环的内、外直径各3次，记录数据。

2）在玻璃器皿内放入被测液体并安放在升降台上，将吊环轻轻挂在力敏传感器的挂钩上，顺时针转动升降台大螺母，使升降台降到最低。

3）调整挂钩高度，使吊环与液面保持适当的距离，逆时针转动螺母，使升降台上升直到金属圆环的下底面与液面完全接触，然后顺时针转动螺母使液面缓慢下降，观察吊环浸入液体中及从液体中拉起时的物理过程和现象，注意吊环即将拉断液柱前一瞬间数字电压表读数值U_0。

4）使吊环浸入液体中，顺时针转动螺母，当电压表上的数据接近U_0时，尽量放慢螺母转动速度，准确读出吊环即将拉断液柱前一瞬间数字电压表读数值U_1，待吊环离开液面稳定后，记录电压表数值U_2。

5）重复步骤4)，每种液体测量6组数据。

【注意事项】

1）仪器开启后需预热15min。

2）吊环须严格处理干净，并用热风烘干，避免水将待测液体稀释，带来测量误差。

3）吊环挂到钩上时底面应水平，否则偏差1°，测量结果引入误差为0.5%；偏差2°，则误差为1.6%。

4）在旋转升降台时速度要尽量缓慢，尽量避免液体的波动。

5）工作室须保持无风的状态，正式实验过程中风门要关好，以免吊环摆动致使零点波动，所测系数不准确。

6）若液体为纯水，在使用过程中防止灰尘和油污及其他杂质污染。特别注意手指不要接触液体。

7）力敏传感器使用时拉力不宜大于0.098N，过大拉力传感器容易损坏。

8）实验结束须将吊环用清洁纸擦干，用清洁纸包好，放入工具盒内。

【数据处理】

1. 硅压阻力敏传感器定标

物体质量 m/g	0.500	1.000	1.500	2.000	2.500	3.000	3.500
输出电压 U/mV							

用最小二乘法拟合得：

仪器的灵敏度 B=________V/N，线性相关系数 r=________（重力加速度 g=9.794m/s^2）。

2. 吊环直径的测量

次数＼项目	1	2	3	平　均　值
外径 D_1/cm				
内径 D_2/cm				

3. 纯水的表面张力系数测量

测量次数	U_1/mV	U_2/mV	ΔU/mV	$f/\times 10^{-3}$N	$\alpha/\times 10^{-3}$N/m
1					
2					
3					
4					
5					
6					

在此温度下水的表面张力系数为________$\times 10^{-3}$N/m，相对误差为________（T=24.3℃时水的表面张力系数为72.14$\times 10^{-3}$N/m）。

4. 乙醇的表面张力系数测量

测量次数	U_1/mV	U_2/mV	ΔU/mV	$f/\times 10^{-3}$N	$\alpha/\times 10^{-3}$N/m
1					
2					
3					
4					
5					
6					

在此温度下乙醇的表面张力系数为________$\times 10^{-3}$N/m，相对误差为________（T=25.2℃时乙醇的表面张力系数为21.95$\times 10^{-3}$N/m）。

5. 甘油（丙三醇）的表面张力系数测量

测量次数	U_1/mV	U_2/mV	ΔU/mV	$f/\times 10^{-3}$N	$\alpha/\times 10^{-3}$N/m
1					
2					
3					
4					
5					
6					

在此温度下甘油的表面张力系数为________$\times 10^{-3}$N/m，相对误差为________

（T=24.3℃时甘油的表面张力系数为 59.40×10^{-3}N/m）。

附：最小二乘法拟合求仪器的灵敏度 B 公式。

U 和 G 存在线性关系时回归方程的形式为

$$U = BG + r$$

其中，U 为数字电压表的读数，G 为砝码盘里砝码的重力，B 为力敏传感器灵敏度，r 为线性相关系数。则

$$\begin{cases} B = \dfrac{\overline{UG} - \overline{G}\,\overline{U}}{\overline{G^2} - \overline{G}^2} \\ r = \overline{U} - B\overline{G} \end{cases}$$

其中

$$\overline{UG} = \frac{1}{k}\sum_{i=1}^{k} G_i U_i = \frac{g}{k}\sum_{i=1}^{k} m_i U_i;\overline{G}\,\overline{U} = \left(\frac{g}{k}\sum_{i=1}^{k} m_i\right)\times\left(\frac{1}{k}\sum_{i=1}^{k} U_i\right);$$

$$\overline{G} = \frac{g}{k}\sum_{i=1}^{k} m_i;\overline{U} = \frac{1}{k}\sum_{i=1}^{k} U_i;\overline{G^2} = \frac{1}{k}\sum_{i=1}^{k} G_i^2 = \frac{g^2}{k}\sum_{i=1}^{k} m_i^2;$$

$$\overline{GU} = \frac{1}{k}\sum_{i=1}^{k} G_i U_i = \frac{g}{k}\sum_{i=1}^{k} m_i U_i$$

k 为砝码盘中砝码的总个数。

【思考题】

1）吊环挂到力敏传感器的挂钩上时，为什么要保证吊环底面水平？

2）根据最小二乘法拟合数据，计算 B 和 r 的公式是什么？

3）在实验的测量过程中怎样控制数字电压表的读数 U_1 和 U_2 的误差？

实验六　测定液体黏滞系数

【预习思考题】

1）霍尔元件的工作原理是什么？

2）温度对液体黏滞系数有什么影响？

当液体内各部分之间有相对运动时，接触面间存在着内摩擦力，阻碍液体的相对运动，液体的这种性质称为液体的黏滞性，液体的内摩擦力称为黏滞力。黏滞力的大小与接触面面积以及接触面处的速度梯度成正比，比例系数称为黏滞系数。

【实验目的】

1）了解用落针法测液体黏滞系数的原理；

2）测量蓖麻油黏滞系数；

3）利用作图法描绘黏滞系数随温度变化曲线；

4）了解霍尔元件的性能和作用。

【实验仪器】

PH-Ⅲ型变温黏滞系数测定仪及单片机计时器（见图 5-15）、落针、游标卡、量筒、物理天平。

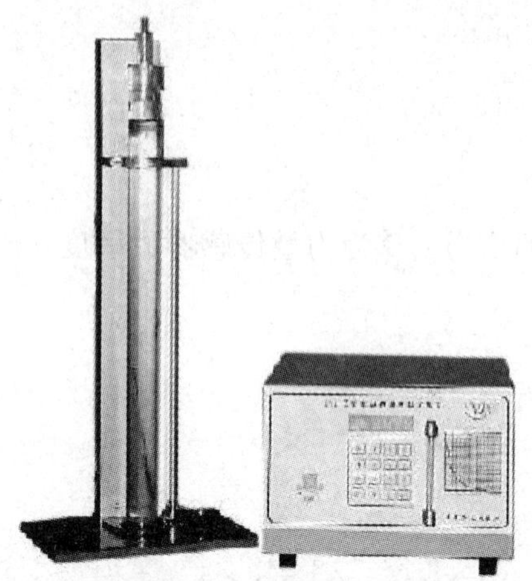

图 5-15　PH-Ⅲ型变温黏滞系数测定仪及单片机计时器

【实验原理】

在稳定流动的液体中，由于各层液体流速不同，因而会有层与层之间的摩擦力，这就是黏滞现象。实验表明，黏滞力与所取液层的面积以及液层间的速度梯度成正比，可写出关系式

$$f = \eta S \frac{\mathrm{d}v}{\mathrm{d}x}$$

式中，f 为黏滞力；S 为所取液层的面积；$\frac{\mathrm{d}v}{\mathrm{d}x}$ 为液层间的速度梯度；η 为黏滞系数，单位为帕秒。

在科研和工业生产中，常需要知道液体的黏滞系数，如润滑油的选择、液压传动以及研究实际流体运动规律等，本实验用落针法测定液体黏滞系数。

当落针在待测液体中沿容器中轴垂直下落时，经过一段时间，落针所受重力与黏滞阻力以及浮力会达到平衡，落针变为匀速运动，此时落针的速度称为收尾速度，此速度可通过测量落针内两磁铁经过传感器的时间间隔 T 求得。

对于液体，在恒温条件下，求液体黏滞系数 η 的公式为

$$\eta = \frac{gR_2^2(\rho_S - \rho_L)}{2V_0} \cdot \frac{1 + \frac{2}{3L_r}}{1 + \frac{3}{2C_w L_r} \cdot \left(\ln\frac{R_1}{R_2} - 1\right)} \cdot \left(\ln\frac{R_1}{R_2} - 1\right) \tag{5-28}$$

式中，V_0 为落针收尾速度；R_1 为容器内筒半径；R_2 为落针半径；ρ_S 为落针密度；ρ_L 为液体密度。其中容器壁和针长的修正系数为

$$C_w = 1 - 2.04k + 2.09k^3 - 0.95k^6 \tag{5-29}$$

其中

$$k = \frac{R_2}{R_1}$$

$$L_r = \frac{L - 2R_2}{2R_2} \tag{5-30}$$

在实际情况下，式（5-28）可作简化，并考虑到 $V_0 = \frac{L}{T}$，L 为两磁铁同磁极的间距，T 为两磁铁经过传感器的时间间隔。式（5-28）可简化为

$$\eta = \frac{gR_2^2 T}{2L}(\rho_S - \rho_L)\left(1 + \frac{2}{3L_r}\right)\left(\ln\frac{R_1}{R_2} - \frac{R_1^2 - R_2^2}{R_1^2 + R_2^2}\right) \tag{5-31}$$

在变温条件下，还必须考虑液体密度随温度的改变

$$\rho_L = \rho_0[1 + \beta(1 + t_0)] \tag{5-32}$$

β 值可用实验方法确定，

$$\beta = 0.93 \times 10^3/℃$$

ρ_0 为常温下的液体密度

$$\rho_0 = \rho_{20℃} = 963\mathrm{kg/m^3}, t_0 = 20℃$$

本实验计算 η 的程序已固化在单片机的可擦除可编写 ROM（EPROM）中，利用单片机可将黏滞系数 η 计算并显示出来。

【实验内容】

1）用游标卡测量容器内径、落针的直径和长度 L，用量筒测量落针体积，用物理天平测量落针质量。

2）接通仪器电源，仪器显示 PH2 以及温度数值。

3）取下容器上端盖子，将针放入液体中，然后盖上盖子用取针装置将针拉起。

4）按“2”键，显示“H”，表示毫秒计处于计时待命状态。

5）将投针装置的磁铁拉起，让针落下，稍待片刻，毫秒计显示时间（单位为 ms），按“A”键将提示修改参数，第三次按“A”键显示该设定温度下的液体黏滞系数 η。

6）用取针装置将针拉起，重复测量。

7）设定其他温度，继续加热液体，测定不同温度下液体的黏滞系数 η。

8）实验结束后，要求对有关数据进行计算和处理，算出 $\bar{\eta}$ 和误差 E_η，并作图，画出不同温度下液体的黏滞系数 η-t 曲线。

【注意事项】

1）应让落针沿圆筒中心轴线下落。

2）由于液体受到扰动，处于不稳定状态，故每次测量时应稍待片刻，再将针投下，进行测量。

3）取针装置将针拉起并悬挂后，应将取针装置上的磁铁旋转，离开容器，以免对针的下落造成影响。

4）取针和投针时均需小心操作，以免碰倒仪器、打坏容器。

【数据处理】

1）测量圆筒内直径、落针外直径以及落针长度。

（单位：mm）

待测量 次数	$2R_1$	$2R_2$	L
1			
2			
3			
平均值			

$2R_1$ 为圆筒内直径，$2R_2$ 为落针外直径，L 为落针长度。

2）测量落针及液体密度。

待测量 次数	m_1/g	m_2/g	V_1/cm^3	V_2/cm^3	T_1/s	T_2/s
1						
2						
3						
平均值						

m_1，m_2 分别为落针 1 和落针 2 的质量，V_1，V_2 分别为落针 1 和落针 2 的体积，本实验用量筒测定，T_1，T_2 分别为落针 1 和落针 2 内的同名磁铁经过霍尔传感器的下落时间。

3）测量室温下液体黏滞系数 η。

由 $\rho=\dfrac{m}{V}$ 计算出落针 1 的密度 $\rho_{S1}=\dfrac{\overline{m_1}}{V_1}$

由 $\rho_L=\rho_{S1}\dfrac{1-(\rho_{S2}/\rho_{S1})(V_{01}V_{02})}{1-(V_{01}/V_{02})}$ 计算出液体密度 $\bar{\rho}_L$，式中 V_{01}，V_{02} 分别为落针 1 和落针 2 的收尾速度，收尾速度可由 $V_0=\dfrac{L}{T}$ 算出。

将上述计算结果输入单片机，可测出液体黏滞系数 η，令落针下落三次，重复测量并记录。

	1	2	3	平　均
η				

4）测量变温情况下液体黏滞系数 η。

连续加热液体，记录温度值和对应所测得的液体黏滞系数 η 值。

序号	1	2	3	4	5	6	7	8
温度								
η								

【思考题】

1）若落针不是在量筒中心，而是在靠近筒壁处下落是否可以？为什么？

2）实验中引起测量误差的因素有哪些？

实验七　测定空气比热容比

一般地说，同种物质可以有不同的比热容，不仅物质的比热容与其温度有强烈的依赖关系，而且还取决于外界对物质本身所施加的约束。当压力恒定时可得物质的质量定压热容 C_P，体积一定时可得物质的质量定容热容 C_V。C_P 及 C_V 一般是温度的函数，但当实际过程所涉及的温度范围不大时，二者均近似地视为常数。对于理想气体，二者之间满足如下关系：

$$C_\mathrm{P}-C_\mathrm{V}=R/\mu$$

由上式立即可以得出一个热力学中的重要物理量 γ：

$$\gamma=\frac{C_\mathrm{P}}{C_\mathrm{V}}=1+\frac{R}{\mu c_\mathrm{V}}$$

其中，R 表示气体普适常数；μ 表示气体的摩尔质量；γ 称为气体的主比热容之比（简称比热容比）。它在绝热或近似绝热的环境中有许多应用。本实验用克列曼和迭索尔姆（Clement-Desarmes）方法测定空气的比热容比 γ。

【预习思考题】

1）比热容比 γ 是什么？

2）本次实验是用何种方法测量空气比热容比的？

3）为什么瓶内温度恢复不到先前记录的“室温”?

【实验目的】

1）用绝热膨胀法测定空气的质量定压热容与质量定容热容之比 γ。

2）观测热力学过程中空气的状态变化及其基本规律。

3）学习气体压力传感器和电流型集成温度传感器的原理和使用方法。

【实验仪器】

FD-NCD 型空气比热容比测定仪；大玻璃瓶（包括气阀两个、橡皮管、打气球）；HY1711-3A 型直流稳压电源；5kΩ 电阻一只；单刀开关一只；Forton 气压计一台。

【实验原理】

一、基本知识

1. 热力学第一定律及质量定容热容和质量定压热容

热力学第一定律：系统从外界吸收的热量等于系统内能的增加和系统对外做功之和。考虑在准静态情况下气体由于膨胀对外做功为 $\mathrm{d}A=P\mathrm{d}V$，所以热力学第一定律的微分形式为

$$\mathrm{d}Q=\mathrm{d}E+\mathrm{d}A=\mathrm{d}E+P\mathrm{d}V \tag{5-33}$$

质量定容热容 C_V 是指 1mol 的理想气体在保持体积不变的情况下，温度升高 1K 时所吸收的热量。由于体积不变，由式（5-33）可知，吸收的热量也就是内能的增加（$\mathrm{d}Q=\mathrm{d}E$），

所以

$$C_V=\left(\frac{\mathrm{d}Q}{\mathrm{d}T}\right)_V=\frac{\mathrm{d}E}{\mathrm{d}T} \tag{5-34}$$

由于理想气体的热力学能只是温度的函数，故上述定义虽然是在体积不变的情况下给出，但实际上在任何过程中热力学能的变化都可以写成 $\mathrm{d}E=C_v\mathrm{d}T$.

质量定压热容是指 1 mol 的理想气体在保持压强不变的情况下，温度升高 1K 时所吸收的热量。即

$$C_P-\left(\frac{\mathrm{d}Q}{\mathrm{d}T}\right)_P \tag{5-35}$$

由热力学第一定律式（5-33），考虑在定压过程中，则有

$$\left(\frac{\mathrm{d}Q}{\mathrm{d}T}\right)_P=\left(\frac{\mathrm{d}E}{\mathrm{d}T}\right)_P+P\frac{\mathrm{d}V}{\mathrm{d}T} \tag{5-36}$$

由理想气体的状态方程 $PV=RT$ 可知，在定压过程中有 $\frac{dV}{d\mathrm{T}}=\frac{R}{P}$，又利用 $\frac{\mathrm{d}E}{\mathrm{d}T}=C_V$ 代入式（5-36），就得到质量定压热容与质量定容热容的关系

$$C_P=C_V+R \tag{5-37}$$

R 是气体普适常数，为 8.31J/(mol · K)，引入比热容比 γ 为

$$\gamma=\frac{C_P}{C_V} \tag{5-38}$$

即比热容比 γ 为气体的质量定压热容 C_P 和气体的质量定容热容 C_V 之比。在热力学中，比热容比是一个重要的物理量，它与温度无关。由气体的运动理论易知，γ 与气体分子的自由度 i 有关

$$\gamma = \frac{i+2}{i} \tag{5-39}$$

2. 绝热过程

系统与外界没有热量交换的过程称为绝热过程，故在绝热过程中 $\mathrm{d}Q=0$。

所以由热力学第一定律知

$$\mathrm{d}A = -\mathrm{d}E \quad 或 \quad P\mathrm{d}V = -C_V\mathrm{d}T \tag{5-40}$$

由气体状态方程，对两边进行微分，得

$$P\mathrm{d}V + V\mathrm{d}P = P\mathrm{d}T \tag{5-41}$$

上两式中消去 $\mathrm{d}T$，得

$$P\mathrm{d}V + V\mathrm{d}P = -\frac{R}{C_V}P\mathrm{d}V \tag{5-42}$$

两边除以 PV，得

$$\frac{\mathrm{d}P}{P} + \gamma\frac{\mathrm{d}V}{V} = 0 \tag{5-43}$$

对式（5-43）积分，就得到绝热过程的状态方程为

$$PV^{\gamma} = (c\ 常数) \tag{5-44}$$

或

$$TV^{\gamma-1} = (c\ 常数) \tag{5-45}$$

或

$$P^{\gamma-1}T^{-\gamma} = (c\ 常数) \tag{5-46}$$

二、实验过程

用一个大玻璃瓶作为贮气瓶，瓶内的气体作为研究的对象。

1）设大气压强为 P_0，室温为 T_0。开始时瓶的活塞 C_2 是打开的，瓶内气体与大气相通，故瓶内气体压强为 P_0，温度为 T_0，并设此时气体状态为：O（P_0，T_0）。

2）关闭活塞 C_2，将空气由打气球通过活塞 C_1 打入瓶内，此时瓶内的气体压强上升，瓶中的空气温度也将略有上升，打入适量空气后关闭活塞 C_1 等待，由于瓶中的空气温度比外界环境温度略高，故瓶中的空气与外界有热交换，使瓶内空气的温度和压强都逐渐下降，直到瓶内空气的温度与环境温度相同时，瓶内空气的压强才趋于稳定值 P_1，即空气达到稳定状态，设此时的空气状态为Ⅰ（P_1，T_0）。

3）迅速打开活塞 C_2 放气，当瓶内气压降为 P_0 时，迅速关闭活塞 C_2，此过程很短暂，约零点几秒，此时瓶内气体来不及与外界交换热量，故可认为是绝热膨胀过程，设在关闭活塞 C_2 的瞬间气体的状态为：Ⅱ（P_0，T_1），T_1 要比 T_0 低，因为空气绝热膨胀对外做功，故温度会降低。

4）关闭活塞C_2后，瓶内空气的体积将不变。由于瓶内气体的温度T_1比环境温度T_0低，故瓶内气体要通过瓶体从外界吸收热量，故温度要逐渐上升，压强也要逐渐增大，当瓶内气体温度又升高到室温T_0时，便达到稳态，此变化过程可认为是等容过程，设此时空气状态为：Ⅲ（P_2，T_0）（$P_0<P_2<P_1$）。

显然，Ⅰ（P_1，T_0）→Ⅱ（P_0，T_1）过程为绝热膨胀过程，将绝热膨胀后留在瓶内的气体视为热力学系统，即研究对象，在Ⅰ状态时，它只占瓶内一部分气体，当时压强为P_1，温度为T_0，在状态Ⅱ时，它的压强为P_0，温度为T_1，根据绝热方程式（5-46）知$\frac{P^{r-1}}{T^r}=c$（常数），可得

$$\frac{P_1^{r-1}}{T_0^r}=\frac{P_0^{r-1}}{T_1^r}$$

整理得：

$$\left(\frac{P_1}{P_0}\right)^{r-1}=\left(\frac{T_0}{T_1}\right)^r \qquad ①$$

Ⅱ（P_0，T_1）→Ⅲ（P_2，T_0）过程为等容过程，故

$$\frac{P_2}{P_0}=\frac{T_0}{T_1} \qquad ②$$

联立式①、②，可得$\left(\frac{P_1}{P_0}\right)^{r-1}=\left(\frac{P_2}{P_0}\right)^r$，将此式两边取对数化简得

$$\gamma=\lg\left(\frac{P_1}{P_0}\right)\Big/\lg\left(\frac{P_1}{P_2}\right) \qquad (5\text{-}47)$$

【仪器介绍】

一、实验装置

实验装置如图 5-16 所示。

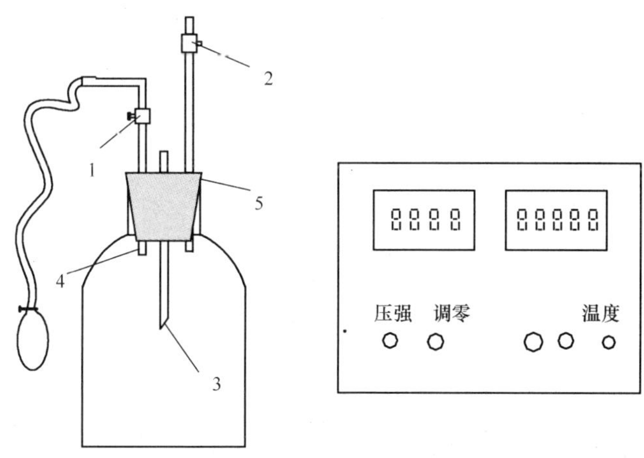

图 5-16　实验装置

1. 进气活塞C_1；2. 放气活塞；3. 温度传感器 AD590；4. 气体压力传感器；5. 704 胶黏剂（由用户自备）

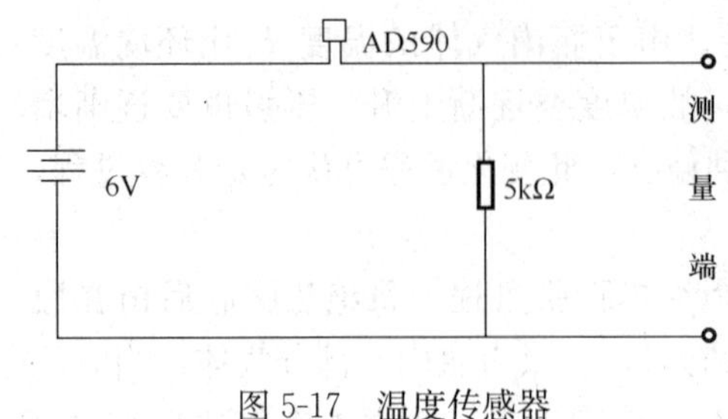

图 5-17　温度传感器

二、温度传感器 AD590

温度传感器由多个参数相同的晶体管和电阻组成，具有灵敏度高，线性好等特点，它的灵敏度为 1μA/℃，测温范围为－50～150℃，它接 6V 直流电源后，便组成一个稳流源（见图 5-17），若串接 5kΩ 电阻后，可产生 5mV/℃的信号电压，接 0～2V 量程的数字电压表，便能检测到 0.02℃的温度变化。

三、硅压力传感器

硅压力传感器是一种扩散硅压力的传感器，由瓶内的压力传感器探头，同轴电缆线及数字电压表内的放大器组成。它与数字电压表相接可将瓶内的压强转变成电压读数来测量，瓶内气压与数字电压表读数的对应关系为 $P=P_0+\frac{U}{200}\times10^4$，其中 P 为瓶内气压，P_0 为室内大气压，U 为数字电压表的读数。当瓶内气压为 P_0 时数字电压显示为 0；当瓶内气压为 10kPa 时，电压读数为 200mV，它的测压范围为 0～10kPa，测气压的灵敏度为 20mV/kPa，测量精度为 5Pa。

【实验内容】

1）用 Forton 气压计测出室内大气压 P_0，用水银温度计测室内温度 T_0，并记录。

2）按图 5-17 所示将温度传感器 AD590 连入电路，正负极请勿接反，红色接头代表＋，黑色接头代表－，压力传感器与显示器要配套使用。

3）开启电源，将电子仪器部分预热 20min，然后将数字电压表显示值调到零。

4）把活塞 C_2 关闭，活塞 C_1 打开，用打气球把空气稳定地徐徐进入贮气瓶 B 内，用压力传感器和 AD590 温度传感器测量空气的压强和温度，记录瓶内压强均匀稳定时的压强 P_1（即数字电压表读数 U_1）和温度显示值 T_0（即数字电压表读数 θ_0）。

5）迅速打开活塞 C_2，当贮气瓶的空气压强降低至环境大气压强 P_0 时（这时放气声音消失），迅速关闭活塞 C_2。此时温度（数字电压表读数 θ）下降，可以不记录。

6）边等边观察，当贮气瓶内空气的温度 θ 再次上升至室温 θ_0 时，读出此时贮气瓶内气体的压强 P_2（即电压表读数 U_2），并记入表格中。

瓶内气压 P 与对应的电压读数 U 的换算关系为：

$$P_1=P_0+\frac{U_1}{200}\times10^4,$$

$$P_2=P_0+\frac{U_2}{200}\times10^4。$$

7）重复实验过程 4 次，记下每次的数据。

8）通过公式（5-47）计算出各组 γ。

【注意事项】

1）注意系统密封性，检查是否漏气。

2）旋转活塞时不可动作过猛，以防活塞折断。

3）压入气体时要平稳，不要使电压表的读数超量程。

4）严格掌握放气活塞从打开到关闭的时间，否则会给实验结果带来较大的不确定度。

5）注意掌握实验进程，防止实验周期过长、环境温度发生较大变化对实验造成的影响。

6）实验完毕将仪器整理复原，并注意将放气活塞“B”打开，使容器与空气相通。

【数据处理】

P_0/Pa	次数	U_1/mV	θ_0/mV	U_2/mV	θ_0/mV	P_1/P_a	P_2/P_a	γ
	1							
	2							
	3							
	4							

$\bar{\gamma}$=________；$E_r=\dfrac{|\gamma-\gamma_0|}{r_0}\times100\%$=________%（其中 γ 的理论值为 $\gamma_0=1.402$）。

【思考题】

1）比热容比 $\gamma=\lg\left(\dfrac{P_1}{P_0}\right)\Big/\lg\left(\dfrac{P_1}{P_2}\right)$之中，并没有温度出现，那为什么要用温度传感器 AD590 来精确测定温度呢？

2）既然使用 AD590 测温，为何又要用水银温度计测量室温？它们各有何用途？

3）在操作过程中，若提前关闭活塞 C_2 或滞后关闭活塞 C_2，各给实验结果各会带来什么影响？

实验八 导热系数的测定

【预习思考题】

1）实验中，如何测量待测盘的传热速率$\dfrac{\Delta Q}{\Delta t}$。

2）热电偶的温差系数 ω 的取值不同，对实验结果是否有影响。

【实验目的】

1）掌握热传导的基本规律。

2）学会测定导热系数的方法（稳态法）。

3）测定橡皮的导热系数。

4）掌握使用热电偶测物体温度的原理与方法。

5）测定金属、空气的导热系数（选做）。

【实验仪器】

TC-2 导热系数测定仪、热电偶、保温瓶、数字电压表、游标卡尺、天平、秒表、待测物体（橡皮、硬铝块）。

【实验原理】

测定导热系数的原理是法国数学家、物理学家约瑟夫·傅里叶给出的导热方程式。根据热传导原理，在 Δt 时间内通过面积 S 传递的热量 ΔQ 与温度梯度 $\frac{\Delta T}{\Delta X}$ 成正比，与面积 S 成正比，即

$$\frac{\Delta Q}{\Delta t}=-\lambda S\frac{\Delta T}{\Delta X} \tag{5-48}$$

式中比例系数 λ 称为导热系数。负号表示热量沿温度减小的方向传递，与温度梯度的方向相反。在国际单位制中，λ 的单位为瓦特/(米·开尔文) 即 W/(m·K)。

如图 5-18 所示，一个厚为 h，面积为 S 的平板。维持上、下两面有稳定的温度 T_1 和 T_2，侧面绝热，则在 Δt 时间内，沿与 S 面垂直的方向上传递的热量 ΔQ 为

$$\begin{aligned}\Delta Q&=-\lambda\frac{T_2-T_1}{h}S\Delta t\\&=\lambda\frac{T_1-T_2}{h}S\Delta t\end{aligned} \tag{5-49}$$

对于不良导体，当 h 较小时可以忽略侧面散热的影响。

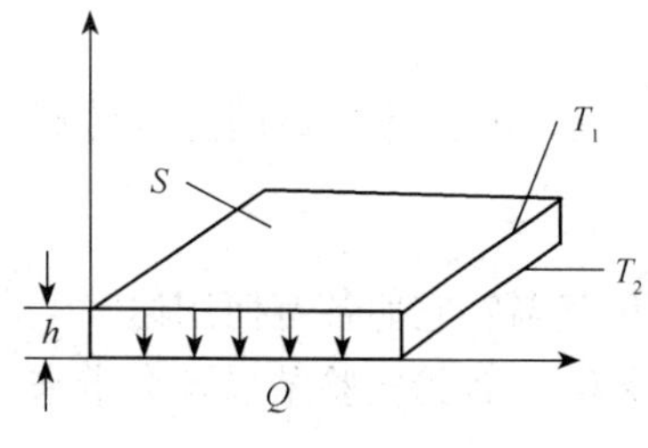

图 5-18　测定导热系数原理图

实验装置如图 5-18 所示，将待测样品圆盘放在传热铜盘 A 的底部和散热铜盘 P 的上表面之间，使它们紧密接触。当样品稳定传热时，设此时加热筒底部的温度为 T_1，散热盘的温度为 T_2，则样品圆盘上、下表面的温度可用 T_1 和 T_2 来表示。据式（5-49）有

$$\lambda=\frac{h}{(T_1-T_2)S}\frac{\Delta Q}{\Delta t} \tag{5-50}$$

式中，T_1、T_2、h 和 S（$S=\pi R^2$，R 为样品圆盘的半径）都容易测得，$\frac{\Delta Q}{\Delta t}$ 可用下述方法测量。

在稳定导热条件下，T_1 和 T_2 的值将稳定不变，这时可以认为通过样品圆盘的传热速率与散热盘在 T_2 时的散热速率相等。当读得稳定导热时的温度 T_1、T_2 后，抽出样品圆盘，让发热筒与散热盘直接接触，使散热盘的温度上升到比稳态时的温度 T_2 高 10℃左右（即相应电压值读数高 1mV），再将发热筒移去，再次放上样品圆盘（或绝缘圆盘）。让散热盘在风扇下冷却，每隔一定时间读一下散热盘的温度示值，可求出散热盘在 T_2 时的冷却速率 $\left.\frac{\Delta T}{\Delta t}\right|_{T_1=T_2}$。

设散热盘的质量为 m，比热为 C，则散热盘在 T_2 时的散热速率和冷却速率之间的关系为

$$\frac{\Delta Q}{\Delta t}=-mC\left.\frac{\Delta T}{\Delta t}\right|_{T_1=T_2} \tag{5-51}$$

由于 $\left.\frac{\Delta T}{\Delta t}\right|_{T_1=T_2}$ 是负值，所以上式右端有一个负号，将式（5-51）代入式（5-50），

可得

$$\lambda = -\frac{mCh}{\pi R^2(T_1 - T_2)}\frac{\Delta T}{\Delta t}\bigg|_{T_1=T_2} \tag{5-52}$$

在本实验中，采用热电偶测量温度，设热电偶的温差电动势为 ε，温差系数为 α，则有 $\varepsilon \approx \alpha(T - T_0)$。

式中 T 为热端温度，T_0 为冷端温度。如果热电偶的冷端温度 T_0 保持不变（一般为冰水混合物，即 0℃），据上式有

$$\frac{\Delta T}{\Delta t} = \frac{1}{\alpha}\frac{\Delta\varepsilon}{\Delta t} \tag{5-53}$$

$$T_1 - T_2 = \frac{1}{\alpha}(\varepsilon_1 - \varepsilon_2) \tag{5-54}$$

式中，$\frac{\Delta\varepsilon}{\Delta t}$为散热盘在风扇下冷却时温差电动势的变化速率；$\varepsilon_1$ 和 ε_2 分别为稳态时加热筒和散热盘的温差电动势的示值（即数字电压表的相应读数）。由式（5-52）～式（5-54）可得

$$\lambda = -\frac{mCh}{\pi R^2(\varepsilon_1 - \varepsilon_2)}\frac{\Delta\varepsilon}{\Delta t}\bigg|_{\varepsilon=\varepsilon_2} \tag{5-55}$$

【仪器介绍】

实验装置如图 5-19 所示，固定于底上的三个测微螺旋头支撑着一个铜散热盘 P，在散热盘 P 上，安放一个待测的圆盘样品 B，样品 B 上再安放一个圆筒发热体，圆筒发热体由电热板提供热源，实验时一方面发热体底盘 A 直接将热量通过样品上平面传入样品，另一方面散热盘 P 通过风扇 E 有效稳定地散热，使传入样品的热量不断往样品的下平面散出，当传入的热量等于散出的热量时样品处于稳定导热状态，这时发热盘 A 与散热盘 P 的温度均为一定的数值。

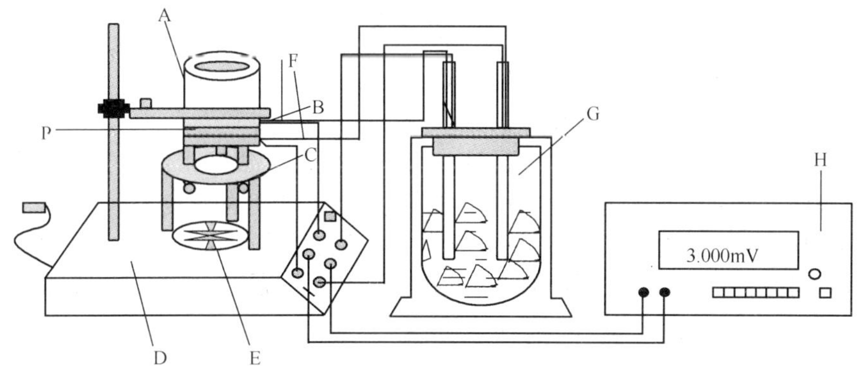

图 5-19 稳态法测定导热系数实验装置图

A. 带电热板的发热盘；B. 样品；C. 螺旋头；D. 样品支架；E. 风扇；F. 热电偶；G. 真空保温杯；H. 数字电压表；P. 散热盘

当待测样品为空气层时，可利用测片调节三螺旋头使散热盘与热盘相距一定的距离 h，此即待测定空气层的厚度。

【实验内容】

1. 测定橡皮的导热系数

1）按图 5-19 所示安装、调整仪器。

2）在稳态时，为缩短稳态时间，可先将电源开关拨到 220V 挡，ε_1将会升高，当升高到 2.50mV 左右时，打开风扇进行散热，十几分钟后，温差电动势 ε_1（对应温度 T_1）可达到 4.00mV，然后调节 220V、110V、0V 挡，使 ε_1 下降到 3.50mV 后，通过手控开关使 ε_1始终维持在 3.50±0.03mV 范围内，作为稳定状态，然后每隔 2min 读一次 ε_1 和 ε_2 的值，若在 10min 内，ε_1 在 3.50±0.03mV 范围内，同时 ε_2 的最大值和最小值之差不大于 0.03mV，则可以认为已达稳定状态，将这五组数据的平均值作为稳态时的 ε_1、ε_2。

3）抽出样品，让加热筒紧贴散热盘继续加热，待散热盘的温度上升到比 ε_2 高 1mV（10℃）后，移去加热筒，盖上隔热盘，让散热盘依旧在风扇下冷却，每隔 30s 读一次 ε 值。选取邻近 ε_2 的数值，求出 $\left.\frac{d\varepsilon}{dt}\right|_{\varepsilon=\varepsilon_2}$。

4）用游标卡尺测出样品圆盘的半径 R 和厚度 h，用天平称出散热盘的质量 m，代入式（5-55），求出橡皮的导热系数 λ。

2. 测定金属铝的导热系数（选做）

测量金属的导热系数时 T_1、T_2（ε_1、ε_2）值为稳态时金属样品上下两个面的温度，此时散热盘 P 的温度设为 T_3（ε_3）。因此测量散热盘 P 的冷却速率应为 $\left.\frac{\Delta\varepsilon}{\Delta t}\right|_{\varepsilon=\varepsilon_3}$

故

$$\lambda = -\frac{mCh}{\pi R^2(\varepsilon_1-\varepsilon_2)}\left.\frac{\Delta\varepsilon}{\Delta t}\right|_{\varepsilon=\varepsilon_3} \tag{5-56}$$

测量 T_3（ε_3）时可在 T_1、T_2（ε_1、ε_2）达到稳定时，将测量 T_1或 T_2的热电偶移下来进行测量。

1）按图 5-19 所示安装，将中心有圆孔的隔热板盖在散热盘 P 上，然后将铝块夹在加热盘和隔热板圆孔之间，并调整好仪器。

2）将两个热电偶的热端分别插入铝块的上下小孔内，以测量铝块上下表面的温度。测量的过程同上。并用其中的一个热电偶测出此时散热盘 P 的温度 ε_3。

3）抽出样品，让加热筒紧贴散热盘继续加热，待散热盘的温度上升到比 ε_3 高 1mV（10℃）后，移去加热筒，盖上隔热盘，让散热盘依旧在风扇下冷却，每隔 30s 读一次 ε 值。选取邻近 ε_3 的数值，求出 $\left.\frac{\Delta\varepsilon}{\Delta t}\right|_{\varepsilon=\varepsilon_3}$。

4）用游标卡尺测出样品铝块的半径 R 和高度 h，用天平称出散热盘的质量 m，代入式（5-56），求出铝块的导热系数 λ。

3. 测定空气的导热系数（选做）

如何测量空气的导热系数，请自行设计实验方法和实验过程。

【注意事项】

1）实验过程中应注意不要接触传热盘和加热筒内部，以免烫伤。

2）传热盘B和散热盘P上安装热电偶的小孔应与真空保温杯、数字电压表放在同一侧，以免接错线路。热电偶插入小孔时，应抹上些硅油，并插入孔底，以保证接触良好。

3）散热盘在风扇下冷却时，当温度接近稳态温度时，要注意多读几组数据。

4）本实验选用铜—康铜热电偶，温差100℃时，温差电动势约为4.2mV，故应配用量程0～10mV的数字电压表，并能测到0.01mV的电压（也可用灵敏电流计串联一个电阻箱来替代）。

【数据处理】

散热盘P的比热 $C=$________ J/(kg·K)；散热盘P的质量 $m=$________ kg。

1. 测定不良导体橡皮的导热系数

（1）稳定状态时

次数	1	2	3	4	5	平　均　值
ε_1/mV						
ε_2/mV						

（2）散热盘在风扇下冷却时温差电动势的变化速率

t/s							
ε/mV							

$$\left.\frac{\Delta\varepsilon}{\Delta t}\right|_{\varepsilon=\varepsilon_2}=\underline{\qquad\qquad}\ \text{mV/s}$$

（3）样品尺寸

次数	1	2	3	4	5	平　均　值
R/cm						
h/cm						

$\lambda_{橡胶}=$________ W/（m·K）

2. 测定金属铝的导热系数

（1）稳定状态时

次数	1	2	3	4	5	平　均　值
ε_1/mV						
ε_2/mV						

(2) 散热盘在风扇下冷却时温差电动势的变化速率

t/s							
ε/mV							

$$\left.\frac{\Delta\varepsilon}{\Delta t}\right|_{\varepsilon=\varepsilon_2}=\_\_\_\_\_\_\_\_\ \mathrm{mV/s}$$

(3) 样品尺寸

次数	1	2	3	4	5	平 均 值
R/cm						
h/cm						

$\lambda_{橡胶}=$________ W/(m·K)

【思考题】

1) 用式(5-55)测量导热系数 λ 要求满足哪些实验条件?在实验中如何保证?

2) 实验中热电偶的冷端是否一定要放在冰水混合物中?有什么条件限制?

3) 为什么选取邻近 ε_2 的数值,计算 $\left.\frac{d\varepsilon}{dt}\right|_{\varepsilon=\varepsilon_2}$?

实验九 电热法测热功当量

在没有认识热的本质以前,人们对热量、功、能量的关系并不清楚,所以它们分别用不同的单位来表示。后来焦耳利用电热法和机械法进行了大量的实验,找出了热和功之间的当量关系。如果用 W 表示电功或机械功,用 Q 表示这一切所对应的热量,则功和热量之间的关系可写成 W=JQ,J 即为热功当量。目前公认的热功当量在物理学中J=4.1868J/K(其中“卡”为国际蒸汽表卡);在化学中 J=4.1840J/m(其中“卡”为热化学卡)。现在国际单位已统一规定功、热量、能量的单位都用焦耳,热功当量就不存在了。但是,热功当量的实验及其具体数据在物理学发展史上所起的作用是不可磨灭的。焦耳的实验为能量转化与守恒定律奠定了基础。

【预习思考题】

1) 什么是热功当量?

2) 修正终止温度的原理和过程是什么?

【实验目的】

1) 用电热法测量热功当量。

2) 学会一种热量散失的修正方法——修正终止温度。

【实验仪器】

量热器(附电热丝),温度计(0~50℃、0.1℃),电流表,电压表,直流稳压电源,秒表,物理天平,开关等。

【实验原理】

仪器装置如图 5-20 所示，M 与 B 分别为量热器的内外圆筒，C 为绝缘垫圈，D 为绝缘盖，J 为两个铜金属棒，用以引入加热电流，F 是绕在绝缘材料上的加热电阻丝，G 是搅拌器，H 为温度计，E 为稳压电源。

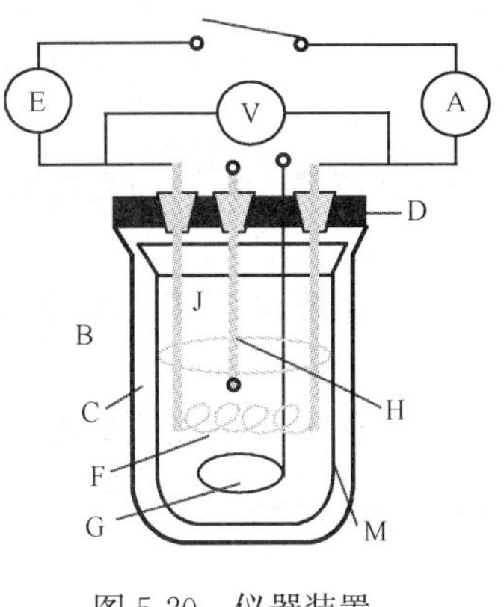

图 5-20　仪器装置

1. 电热法测热功当量

强度为 I 的电流在时间 t 内通过电热丝，电热丝两端的电位差为 U。则电场力做功为

$$W = IUt \tag{5-57}$$

这些功全部转化为热量，此热量可以用量热器来测量。设 m_1 表示量热器内圆筒和搅拌器以及装有缠绕线的胶木支架（一般质料相同，否则应分别考虑）的质量，C_1 表示其比热容。m_2 表示缠绕线的胶木（或玻璃）的质量，C_2 表示其比热容。m_3 表示量热器内圆筒中水的质量，C_3 表示水的比热容，V 表示温度计沉入水中的体积，T_0 和 T_f 表示量热器内圆筒及圆筒中水的初始温度和终止温度，那么量热器内圆筒及圆筒中的水等由导体发热所得的热量 Q 为

$$Q = (m_1C_1 + m_2C_2 + m_3C_3 + 0.46V)(T_f - T_0) \tag{5-58}$$

所以，热功当量为

$$J = \frac{W}{Q} = \frac{IUt}{(m_1C_1 + m_2C_2 + m_3C_3 + 0.46V)(T_f - T_0)} \tag{5-59}$$

J 的标准值 $J_0 = 4.1868\text{J/K}$。

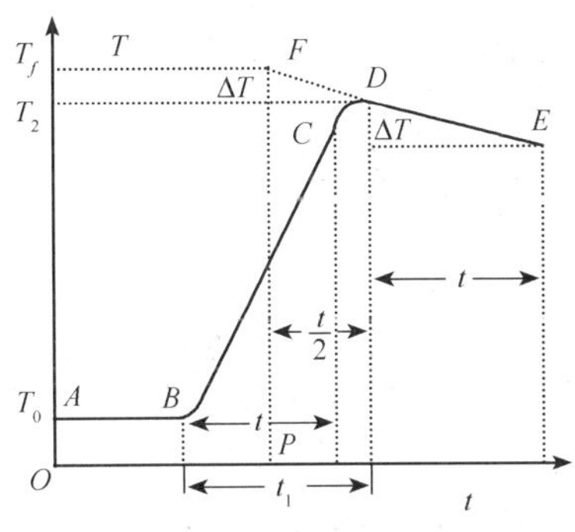

图 5-21　时间-温度曲线图

2. 散热修正

如果实验是在系统（量热器内筒及筒中的水等）的温度与环境的温度平衡时，对电阻通电，则系统加热后的温度就高于室温 θ。实验过程中将同时产生散热作用，这样，由温度计读出的终止温度 T_2 必须比真正的终止温度 T_f 低。即假设没有散热应达到的终温为 T_f。为了修正温度的误差，实验时在相等的时间间隔内，记下对应的温度，然后以时间为横坐标，温度为纵坐标作图，如图 5-21 所示。图中 AB 段表示通电前系统与环境达到热平衡后的稳定阶段，其稳定温度（室温）即系统的初温 T_0，BC 段表示在通电时间 t 内，系统温度的变化情况。由于温度的变化存在滞后的现象，因而断电后系统的温度还将略上升，如 CD 段所示，DE 段表示系统的自然冷却过程。

根据牛顿冷却定律，当系统的温度 T 与环境的温度 θ 相差不大时，由于散热，系统的冷却速率

$$\frac{\mathrm{d}T}{\mathrm{d}t}=K(T-\theta)=FT-b \tag{5-60}$$

即冷却速率 $v=\frac{\mathrm{d}T}{\mathrm{d}t}$ 与系统的温度 T 成线性关系。

当系统自 T_0 升温到 T_2 时，其冷却速率相应从 0 增大到 $v=\frac{\Delta T}{t_2}$。所以在 BD 段所示升温过程中，系统的平均冷却速率 $\bar{v}=\frac{1}{2}v=\frac{1}{2}\frac{\Delta t}{t_2}$，在此过程中由于散热作用使系统最终产生的误差

$$\sigma_T=\bar{v}t_1=\frac{t_1}{2}\frac{\Delta T}{t_2} \tag{5-61}$$

系统的真正终温

$$T_f=T_2+\sigma_T=T_2+\frac{t_1}{2}\frac{\Delta T}{t_2} \tag{5-62}$$

数据处理时，还可用作图的方法求 T_f 值。如图 5-21 所示，将线段 DE 往左外延，再通过 P 点 $\left(t=\frac{t_1}{2}\right)$ 作横坐标轴的垂线与 DE 的外延线交于 F 点，则 F 点对应的温度就是系统修正后的终止温度 T_f。

如果系统起始加热的温度 T_0 不等于室温，则由于开始时的温度冷却速率不为零，系统的温度修正值不能用式（5-61）计算。由牛顿冷却定律知，当系统与环境的温度相差不大时（小于 15℃），其温度冷却速率与温度差成正比。则可得开始加热时的冷却速率 $v_0=\frac{T_0-\theta}{T_2-\theta}v$，$v$ 为用温度计测得系统的终止温度 T_2 时的冷却速率，可由图 5-21 求得 $v=\frac{\Delta T}{t_2}$。所以在 BD 线段所示升温过程中系统的平均冷却速率

$$\bar{v}=\frac{1}{2}(v_0+v)=\frac{1}{2}\left(\frac{T_0-\theta}{T_2-\theta}v+v\right)=\frac{T_0+T_2-2\theta}{2(T_2-\theta)}v$$

则此情况下系统的真正终温

$$T_f=T_2+\bar{v}t_1=T_2+\frac{T_0+T_2-2\theta}{2(T_2-\theta)}vt_1=T_2+\frac{T_0+T_2-2\theta}{2(T_2-\theta)}\frac{\Delta T}{t_2}t_1 \tag{5-63}$$

【实验内容】

1）记录量热器的内圆筒的质量 m'_1，搅拌器和胶木支架的质量 m''_1 及胶木质量 m_2，以及温度计浸入液体中的体积。

2）在量热器的内圆筒中倒入其容积 $\frac{1}{2}\sim\frac{1}{3}$ 的水。

3）按图 5-20 所示接好电路，盖好量热器的盖子，插上温度计（浸入水中，且不可触及电热丝），打开电源并调节直流稳压电源的输出电压，用搅拌器缓慢搅动量热器内圆筒中的水，使内圆筒中的水温每分钟升高 1.5℃左右。记下电表测得的电流及电压（电流不可超过 3A）。

4）断开电源，将量热器内圆筒中的水替换为等量、温度为室温的蒸馏水。用物理

天平测量质量（扣除量热器内筒质量 m'_1 后即为蒸馏水质量 m_3）。

5）待量热器内水的温度稳定后，记录数值，此时的温度为初始温度 T_0。闭合源开关，使电路通电，同时，用秒表计时，每隔 1min 或 20s 记录一次温度计、安培表及伏特表的读数。实验过程中必须连续缓慢搅动量热器内圆筒中的水，以使温度均匀，直到温度上升超过 7℃，再断开电源。记下实际通电的时间 t，断电后系统温度还会略微升高，故必须仔细观察并记下系统的终止温度 T_2 及其经历的时间 t_1。然后继续搅拌，并每隔 2min 记录一次读数，以获得自然冷却数据（至少记录 6 次）。

6）用小量筒估计温度计浸入水中的体积 V（不需很准确，为什么?）

【注意事项】

1）温度计要浸入水中，且不能触及电热丝。

2）电路接好后，须经指导教师检查无误后，才能接通电源，注意电表的正负极性不要接反。

3）只有当电热丝浸入水中才能通电，否则，胶木和电热丝可能会被烧坏。

【数据处理】

内圆筒的质量 m'_1/g	搅拌器和胶木支架质量 m''_1/g	胶木质量 m_2/g	温度计浸入液体中体积/cm^3	系统初温/℃	系统终温/℃

1）将实验数据记入上表，并计算平均电流 I=________（A）；平均电压 U=________（V）；通电时间 t=________（s）。

2）作 T-t 变化曲线，由图中求出系统的真正终止温度 T_f。

3）把 T_0，T_f 等实验数据代入式（5-59）计算热功当量，并求出各个测量值的误差。

【思考题】

1）试用误差传递公式估算本实验热功当量的相对误差，并指出哪个量对测量结果的影响最大，要求作具体数值计算。

2）切断电源后，水温还会上升少许，记录 T_2、t_1 及用作图的方法求 T_f 时，应如何处理?

3）为什么要限制加热的温升速率？过大或过小的温升速率对实验结果有什么影响?

实验十 空气热机

热机是将热能转换为机械能的机器。历史上对循环过程及热机效率的研究，为热力学第二定律的确立起了奠基性的作用。斯特林 1816 年发明的空气热机，以空气作为工作介质，是最古老的热机之一。虽然现在已发明了内燃机，燃气轮机等新型热机，但空气热机结构简单，便于帮助读者理解热机原理与卡诺循环等热力学中的重要内容，是很好的热学实验教学仪器。

【预习思考题】

1）提高热机效率的途径。

2）为什么卡诺热机的效率是热机效率的理论最大值?

【实验目的】

1）理解热机原理及循环过程。

2）测量热机输出功率随负载及转速的变化关系，计算热机实际效率。

3）测量不同温度下的热功转换值，验证卡诺定理（选做）。

【实验仪器】

空气热机实验仪，空气热机测试仪，电加热器电源等。

1. 空气热机实验仪

电加热型空气热机实验仪如图 5-22 所示，飞轮下部装有双光电门，上边的光电门用来定位工作活塞的最低位置，下边光电门用来测量飞轮转动角度。热机测试仪以光电门信号为触发信号。

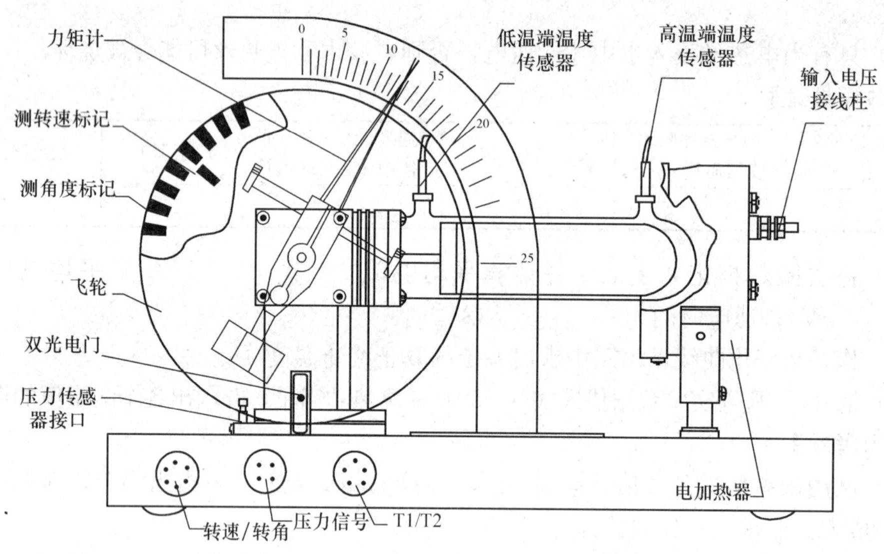

图 5-22　电加热型热机实验仪

汽缸的体积随工作活塞的位移而变化，而工作活塞的位移与飞轮的位置有对应关系，在飞轮边缘均匀排列 45 个挡光片，采用光电门信号上下沿触发方式，飞轮每转 4°发出一个触发信号，由光电门信号可确定飞轮位置，进而计算汽缸体积。

压力传感器通过管道在工作汽缸底部与汽缸连通，测量汽缸内的压力。在高温和低温区都装有温度传感器，测量高低温区的温度。底座上的三个插座分别输出转速/转角信号、压力信号和高低端温度信号，使用专用的线和实验测试仪相连，传送实时的测量信号。电加热器上的输入电压接线柱分别使用黄、黑两种线连接到电加热器电源的电压输出正负极上。

热机实验仪采集光电门信号，压力信号和温度信号，经微处理器处理后，在仪器显示窗口显示热机转速和高、低温区的温度。在仪器前面板上提供压力和体积的模拟信号，供连接的示波器显示 P-V 图。所有信号均可经仪器前面板上的串行接口连接到计算机。

加热器电源为加热电阻提供能量，输出电压从 24～36V 连续可调，可以根据实验的实际需要调节加热电压。

力矩计悬挂在飞轮轴上，调节螺钉可调节力矩计与飞轮轴之间的摩擦力，由力矩计可读出摩擦力矩 M，进而算出摩擦力和热机克服摩擦力所做的功。经简单推导可得热机的输出功率 $P=2\pi nM$，式中 n 为热机的转速，即输出功率为单位时间内的角位移与力矩的乘积。

2. 电加热器电源

1）电加热器电源前面板如图 5-23 所示。

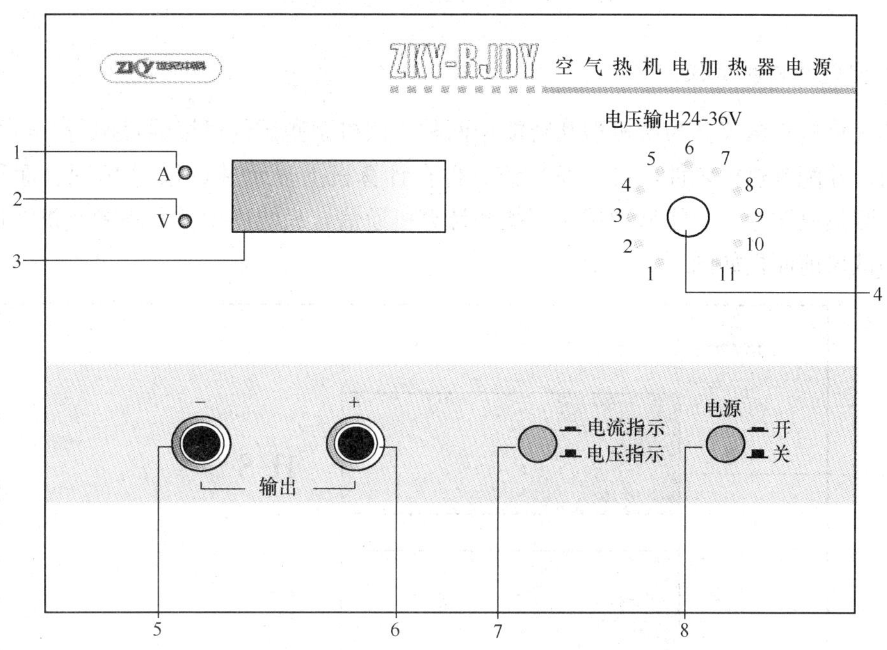

图 5-23 加热器电源前面板

1——电流输出指示灯：当显示表显示电流输出时，该指示灯亮；

2——电压输出指示灯：当显示表显示电压输出时，该指示灯亮；

3——电流电压输出显示表：根据切换方式显示加热器的电流或电压；

4——电压输出旋钮：根据加热需要调节电源的输出电压，调节范围为 24～36V，共分为 11 挡；

5——电压输出“－”接线柱：加热器加热电压的负端接口；

6——电压输出“＋”接线柱：加热器加热电压的正端接口；

7——电流电压切换按键：该键按下显示表显示电流，弹出显示表显示电压；

8——电源开关按键：打开或关闭仪器。

2）加热器电源后面板如图 5-24 所示。

1——电源输入插座：输入交流 220V 电源，配 3.15A 熔丝；

2——转速限制接口：当热机转速超过 15n/s 后，主机会输出信号将电加热器电源输出电压断开，停止加热。

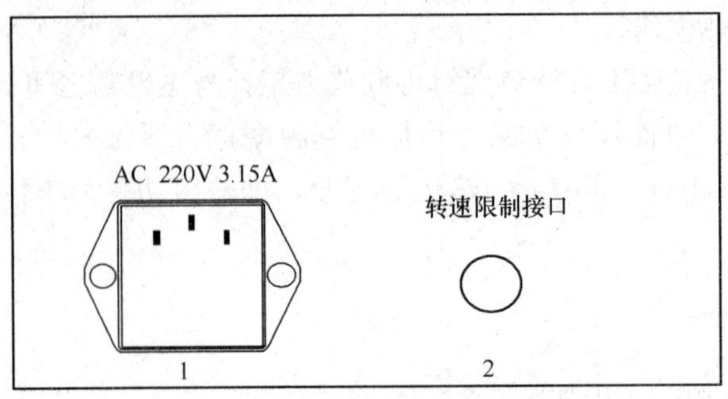

图 5-24　电加热器后面板示意图

3. 空气热机测试仪

空气热机测试仪分为微机型和智能型两种。微机型测试仪可以通过串行接口和计算机通信，并配有热机软件，可以通过该软件在计算机上显示并读取 P-V 图、面积等参数及观测热机波形；智能型测试仪不能和计算机通信，只能用示波器观测热机波形。

测试仪前面板如图 5-25 所示。

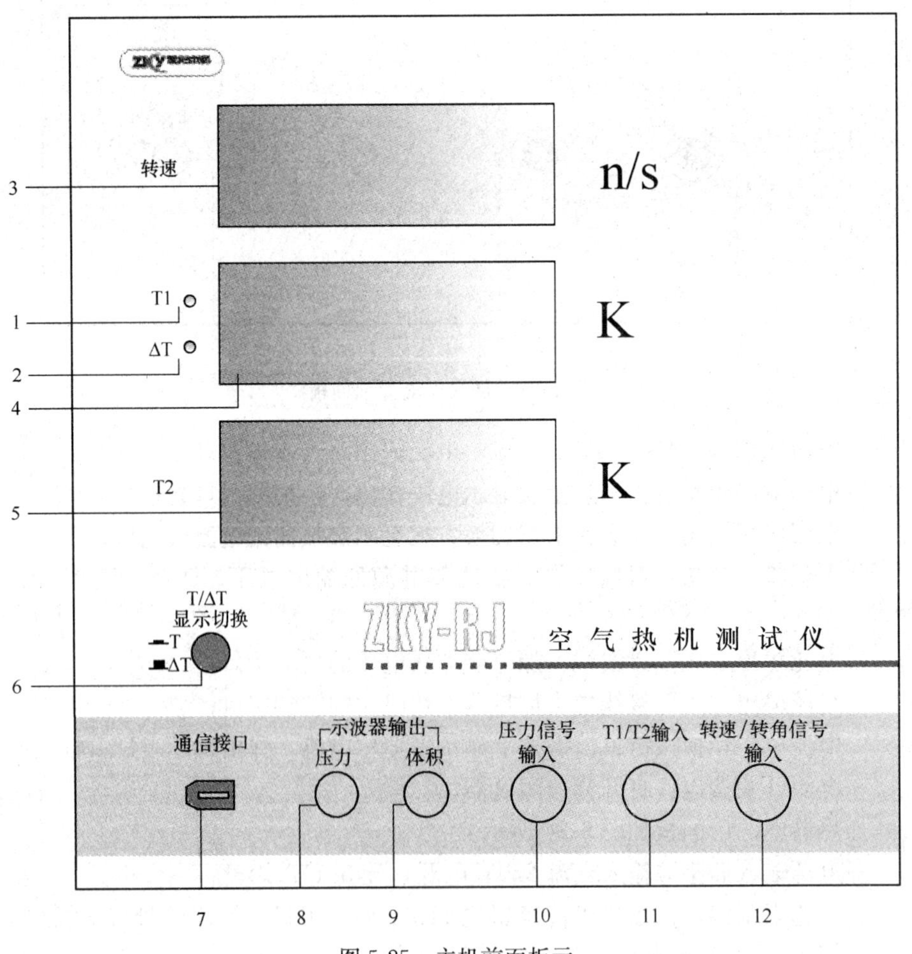

图 5-25　主机前面板示

1——T_1指示灯：该灯亮表示当前的显示数值为热源端的绝对温度。

2——ΔT 指示灯：该灯亮表示当前显示数值为热源端和冷源端的绝对温度差。

3——转速显示：显示热机的实时转速，单位为 n/s（转/秒）。

4——$T_1/\Delta T$ 显示：根据需要显示热源端绝对温度或冷热两端绝对温度差，单位 K（开尔文）。

5——T_2显示：显示冷源端的绝对温度值，单位 K（开尔文）。

6——$T_1/\Delta T$ 显示切换按键：按键通常为弹出状态，表示显示的数值为热源端绝对温度 T_1，同时 T_1指示灯亮。当按键按下后显示为冷热端绝对温度差 ΔT，同时 ΔT 指示灯亮。

7——通信接口：使用符合 IEEE-1394 标准的导线与热机通信器相连，再将热机通信器与计算机的 USB 接口相连。即可通过热机软件观测热机运转参数和热机波形（仅适用于微机型）。

8——示波器压力接口：通过导线和示波器 Y 通道连接，可以观测压力信号波形。

9——示波器体积接口：通过导线和示波器 X 通道连接，可以观测体积信号波形。

10——压力信号输入口：与热机相应的接口相连，输入压力信号。

11——T_1/T_2输入口：与热机相应的接口相连，输入 T_1/T_2温度信号。

12——转速/转角信号输入口：用与相应的接口相连，输入转速/转角信号。

【实验原理】

空气热机的结构及工作原理如图 5-26 所示。热机主机由高温区、低温区、工作活塞及汽缸、位移活塞及汽缸、飞轮、连杆、热源等部分组成。

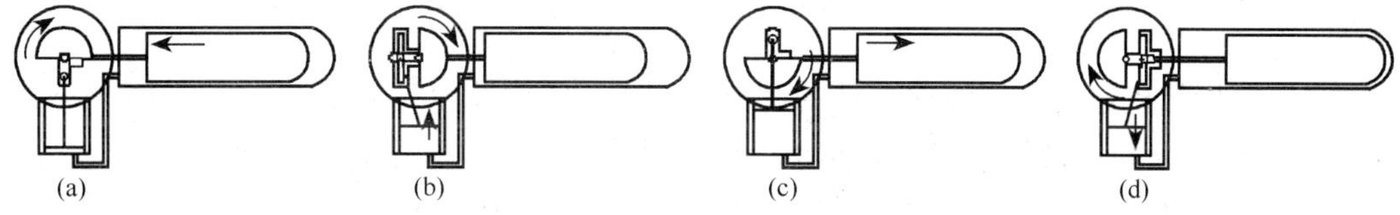

图 5-26 空气热机工作原理

热机中部为飞轮与连杆机构，工作活塞与位移活塞通过连杆与飞轮连接。飞轮的下方为工作活塞及汽缸，飞轮的右方为位移活塞及汽缸，工作汽缸与位移汽缸之间用通气管连接。位移汽缸的右边是高温区，可用电热方式或酒精灯加热，位移汽缸左边有散热片，构成低温区。

工作活塞使汽缸内气体封闭，并在气体的推动下对外做功。位移活塞是非封闭的占位活塞，其作用是在循环过程中使气体在高温区与低温区之间不断交换，气体可在位移活塞与位移汽缸间的间隙流动。工作活塞与位移活塞的运动是不同步的，当某一活塞处于位置极值时，其自身速度最小，而另一个活塞的速度最大。

当工作活塞处于最底端时，位移活塞迅速左移，使汽缸内的气体向高温区流动，如

图 5-26（a）所示；进入高温区的气体温度升高，使汽缸内压强增大并推动工作活塞向上运动，如图 5-26（b）所示，在此过程中热能转换为飞轮转动的机械能；工作活塞在最顶端时，位移活塞迅速右移，使汽缸内气体向低温区流动，如图 5-26（c）所示；进入低温区的气体温度降低，使汽缸内压强减小，同时工作活塞在飞轮惯性的作用下向下运动，完成循环，如图 5-26（d）所示。在一次循环过程中气体对外所做功等于 P-V 图所围的面积。

根据卡诺定理，对于循环过程可逆的理想热机，热功转换效率

$$\eta = A/Q_1 = (Q_1 - Q_2)/Q_1 = (T_1 - T_2)/T_1 = \Delta T/T_1$$

式中，A 为一次循环中热机做的功；Q_1 为热机一次循环从热源吸收的热量；Q_2 为热机一次循环向冷源放出的热量；T_1 为热源的绝对温度；T_2 为冷源的绝对温度。

实际的热机都不可能是理想热机，由热力学第二定律可以证明，循环过程不可逆的实际热机，其效率不可能高于理想热机，此时热机效率

$$\eta \leqslant \Delta T/T_1$$

热机一次循环从热源吸收的热量 Q_1 正比于 $\Delta T/n$，n 为热机转速，η 正比于 $nA/\Delta T$。n、A、T_1 及 ΔT 均可测量，测量不同冷热端温度时的 $nA/\Delta T$，观察它与 $\Delta T/T_1$ 的关系，可验证卡诺定理。

当热机带负载时，热机向负载输出的功率可由力矩计测量并计算得出，且热机实际输出功率的大小随负载的变化而变化。在这种情况下，可测量计算出不同负载的热机实际效率。

【实验内容】

1）接通空气热机电加热器电源和空气热机测试仪的电源开关，将加热电压调到 11 挡（36V 左右），测试仪显示 ΔT 值。

2）将力矩计的调节螺钉拧松，ΔT 值超过 100K 后，用手顺时针拨到飞轮，使热机运转。

3）保持热机运转，调节力矩计的调节螺钉，调整摩擦力矩大小在 $7\times10^{-3}\mathrm{N\cdot m}$ 左右，等待约 10min，待输出力矩，转速，测试基本稳定后，记录各项参数。

4）保持输入功率不变，逐步增大输出力矩，重复以上测量 7 次以上。

5）以 n 为横坐标，P_0 为纵坐标，在坐标纸上作 P_0 与 n 的关系图。

【注意事项】

1）加热端工作时温度很高，而且在停止加热后 1h 内仍然会有很高温度，请小心操作，避免烫伤。

2）热机在没有运转状态下，严禁长时间大功率加热，若热机运转过程中停止转动，必须拨动飞轮帮助其重新运转或立即关闭电源，否则会损坏仪器。

3）热机汽缸等部位为玻璃制造，容易损坏，请谨慎操作。

4）观察力矩读数时，力矩计可能会摇摆。这时可以用手轻托力矩计底部，缓慢放手后可以稳定力矩计。如还有轻微摇摆，读取中间值。

5）飞轮在运转时，应谨慎操作，避免被飞轮边沿割伤。

【数据处理】

输入功率 $P_i = VI =$ ________

热端温度 T_1	温度差 ΔT	输出力矩 M	热机转速 n	输出功率 $P_0 = 2\pi nM$	输出效率 $\eta_{0/i} = P_0/P_i$

【思考题】

1）为什么 P-V 图的面积即等于热机在一次循环过程中将热能转换为机械能的数值？

2）为什么在转速过大时，仪器需要自动断电，停止加热？

实验十一 直流单双臂电桥

直流单臂电桥又名惠斯登电桥，是测量中、高值电阻常用的实验仪器。直流双臂电桥简称双电桥，又名开尔文电桥，是惠斯登电桥的改进和发展，它可以减小（或消除）附加电阻对测量的影响，因此是测量 10Ω 以下低电阻的主要仪器，常用来测量金属材料的电阻率、电机及变电器绕组的电阻、低阻值线圈电阻、电缆电阻、开关接触电阻以及直流分流器电阻等。

【预习思考题】

1）直流单、双臂电桥在结构上有什么不同？

2）为了减小电阻率 ρ 的测量误差，在测量直接量 R_X、d 和 l 时，应特别注意哪个物理量的测量？为什么？

【实验目的】

1）掌握直流单、双臂电桥测电阻的原理；

2）学会用直流单、双臂电桥测电阻的方法；

3）了解测低值电阻时接线电阻和接触电阻的影响及其避免的方法。

【实验原理】

1. 单臂电桥（惠斯登电桥）

惠斯登电桥主要用来测量阻值在 $10 \sim 10^6\,\Omega$ 范围内的中值电阻，原理如图 5-27 所示。图中 R_1、R_2、R_3 为电阻值已知的标准电阻，它们和待测电阻 R_X 组成一个四边形，称为电桥的四个臂。其中 R_1 和 R_2 是电桥的比率臂，R_3 为比较臂，R_X 为待测臂。对角 A 和 C 之间接有电源 E，对角 B 和 D 之间接有检流计 G，用来检验其间有无电流流过，称为桥路。显然，桥路两端 B 点和 D 点的电位相等时，检流计中无电流流过，称为电桥平衡。

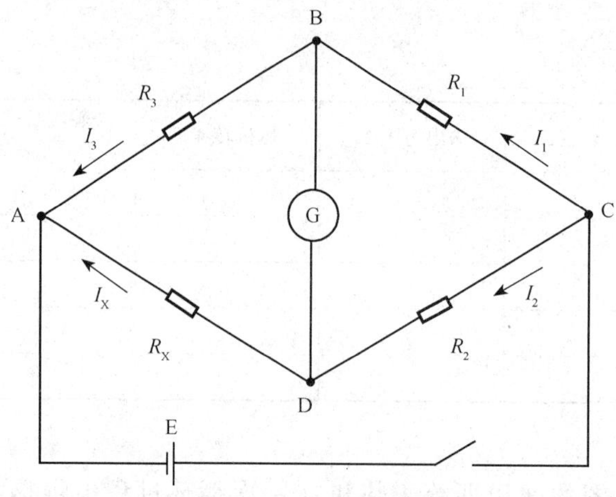

图 5-27　直流单臂电桥电路图

由欧姆定律可知，电桥平衡时有

$$\frac{R_1}{R_2}=\frac{R_X}{R_3}$$

上式即为直流电桥的平衡方程。若已知 R_1、R_2、R_3，即可求出待测电阻 R_X。

调节电桥平衡的方法有两种：①选定倍率$\frac{R_1}{R_2}$为一定值，调节比较臂上的电阻 R_3 使电桥达到平衡；②选定比较臂 R_3 为一定值，调节倍率$\frac{R_1}{R_2}$的比值从而使电桥达到平衡。其中第一种测量方法的精度较高，是实际测量中常用的方法。

2. 双臂电桥（开尔文电桥）

用单臂电桥测量电阻时，其测量范围在 $10 \sim 10^6\,\Omega$ 之间，所测电阻值可达 4 位有效位数，而当被测电阻的阻值低于 10Ω 时，单臂电桥所测电阻的有效数字将减小，误差也会显著增大，造成这种情况的主要原因是①接线电阻：被测电阻接入测量线路时导线本身具有的电阻；②接触电阻：被测电阻与导线的接头处的附加电阻。

由于接线电阻和接触电阻的阻值大约为 $10^{-2} \sim 10^{-5}\,\Omega$，所以在被测电阻小于或接近这一阻值时就会造成很大误差，甚至无法测出结果。因此，精确测定低值电阻的关键在于消除接线电阻和接触电阻的影响，而双臂电桥通过对单臂电桥的改进，消除了附加电阻的影响，其电路原理如图 5-28 所示。

与单臂电桥相比，双臂电桥在待测电阻 R_x 和标准电阻 R_b 的臂上附加了两个高阻值电阻 R_3 和 R_4，并用短而粗的导线（附加电阻为 r）连接 R_x 和 R_b；R_x 和 R_b 都采用“四端接法”，即接头 A_1 和 B_2 引导电流通过电阻 R_x，另一对接头 A_2 和 B_2 把 R_x 两端的电压引入测量线路中（R_b 同理）。

当电桥平衡时，I_g 为零，即 F、C 两点电势相等，根据欧姆定律可得

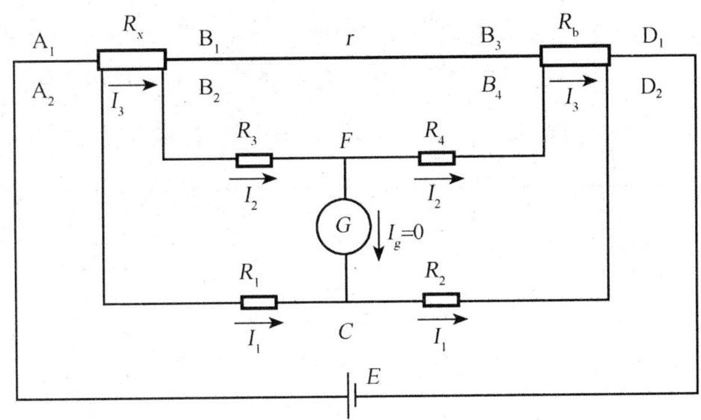

图 5-28　双臂电桥

$$\begin{cases} I_3R_x + I_2(R_3 + r_3) = I_1(R_1 + r_1) \\ I_3R_b + I_2(R_4 + r_4) = I_1(R_2 + r_2) \\ I_2(R_4 + r_4 + R_3 + r_3) = (I_3 - I_2)r \end{cases}$$

由上式解得

$$R_x = \frac{R_1 + r_1}{R_2 + r_2}R_b + \frac{(R_4 + r_4)r}{(R_3 + r_3 + R_4 + r_4 + r)}\left(\frac{R_1 + r_1}{R_2 + r_2} - \frac{R_3 + r_3}{R_4 + r_4}\right)$$

当 $R_1 \gg r_1$、$R_2 \gg r_2$、$R_3 \gg r_3$、$R_4 \gg r_4$ 时，r_1、r_2、r_3、r_4 就可忽略不计，于是上式可写为

$$R_x = \frac{R_1}{R_2}R_b + \frac{R_4 r}{(R_3 + R_4 + r)}\left(\frac{R_1}{R_2} - \frac{R_3}{R_4}\right) \tag{5-64}$$

为了使被测电阻 R_x 的值便于计算并消除 r 对测量结果的影响，应设法使式（5-64）的第二项为零。为此通常把双臂电桥设计成一种特殊的结构，使得在调整平衡时 R_1、R_2、R_3 和 R_4 同时改变，但始终保持成比例，即

$$\frac{R_1}{R_2} = \frac{R_3}{R_4}$$

在此情况下，不管 r 多大，式（5-64）的第二项总为零。于是平衡条件简化为

$$R_x = \frac{R_1}{R_2}R_b \quad 或 \quad \frac{R_x}{R_b} = \frac{R_1}{R_2} = \frac{R_3}{R_4}$$

从上面的推导看出，双臂电桥的平衡条件和单臂电桥的平衡条件形式上一致，测量电阻的公式也较为简单，在平衡条件中不会出现附加电阻 r，消除了 r 的大小对测量结果的影响，可以用来测量低值电阻。

方法一：

【实验仪器】

DHQJ-3 型非平衡电桥、DHSR 型四端电阻器、待测电阻棒（铜、铝或碳素钢）、DHR-2 型被测电阻板、ZX-10 型模拟标准电阻器、螺旋测微器等。

1. 仪器结构及说明

DHQJ-3 型非平衡电桥融合了平衡电桥和非平衡电桥的特点，根据教学要求，通过不同连线方式可组成单臂电桥、双臂电桥和非平衡电桥，集二端法、三端法、四端法等三种测量方法为一体，若配上电阻型传感器可测量多种连续变化的物理量，是一种综合性的电桥实验仪器。图 5-29 所示为 DHQJ-3 型非平衡电桥的控制面板示意图，各位置作用如下。

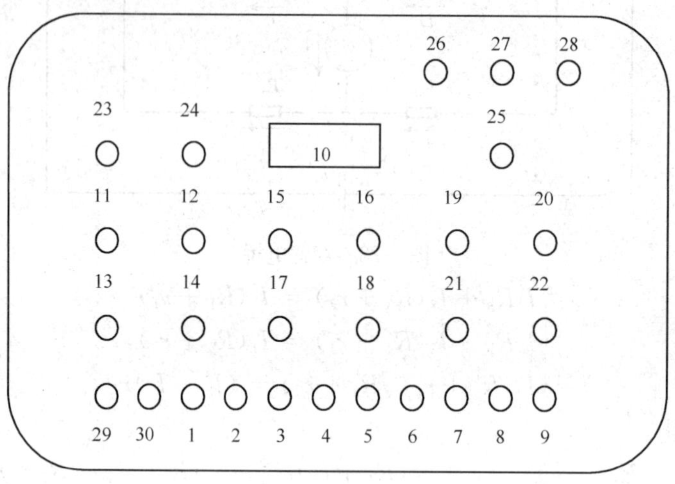

图 5-29　控制面板示意图

1 为工作电源负端；2 为 R_1 电阻端；3 为 R_2 电阻端；4、5 为双桥电阻端；6 为 R'_3 电阻端；7 为单桥电阻端；8 为 R_3 电阻端；9 为工作电源正端；10 为数显直流毫伏表；11、12、13、14 为电阻 R_1 调节盘，分别为×1000、×100、×10、×1 电阻盘；15、16、17、18 为电阻 R_2 调节盘，分别为×1000、×100、×10、×1 电阻盘；19、20、21、22 为 R_3 和 R'_3 电阻调节盘，分别为×1000、×100、×10、×1 电阻盘；23 为电源指示灯；24 为电源选择开关，可选双桥、3V、6V、9V 四种工作电源；25 为电桥输出转换开关，扳下为内接，扳上为外接；26、27 为电桥输出外接端；28 为屏蔽端，接仪器外壳；29、30 为电桥的 B、G 按钮，即工作电源和电桥输出通断按钮。

实验中常用二端法、三端法和四端法接线，如图 5-30、图 5-31 和图 5-32 所示。

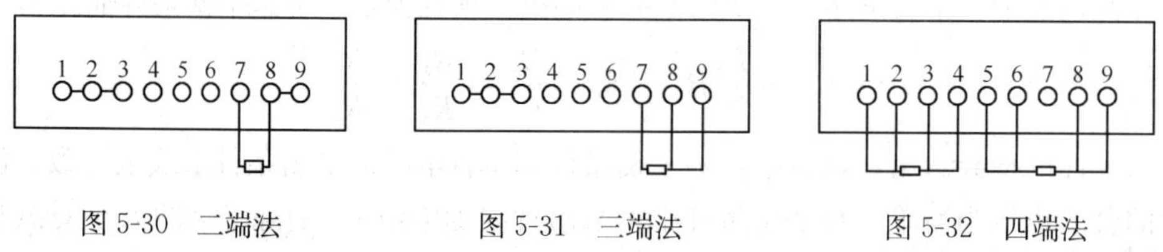

图 5-30　二端法　　图 5-31　三端法　　图 5-32　四端法

2. 双臂电桥的测量原理简图

图 5-33 中，R_1、R_2 为桥臂电阻，双桥测量时，其值必须保持相等，R_3 和 R'_3 为连动调节的两个桥臂电阻，R_N 为标准电阻，R_x 为被测电阻，E 为工作电源。

【实验内容】

1. 用单臂电桥测量 DHR-2 型被测电阻板上的电阻

1）连接电路。将 1、2、3 端钮用短导线连接，8、9 两端钮用短导线连接。

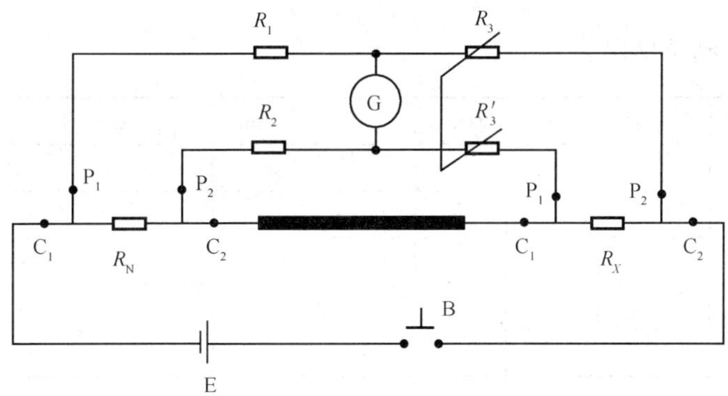

图 5-33　双臂电桥原理简图

2）选择被测电阻 R_x（510kΩ，510Ω）接至 7、8 两接线端钮。

3）根据被测电阻的大小，选择合适的 R_1、R_2值。

4）先后按下 G、B 按钮，调节 R_3，直至数显表头指示为零，这时表示电桥已经平衡，如果灵敏度太低，可将工作电源由 3V 加到 6V 或 9V。

5）将测量值填入表格，用公式 $R_x=\frac{R_2}{R_1}\cdot R_3$ 计算出待测电阻，并求其相对误差。

2. 用双臂电桥测量黄铜和碳素钢的电阻率

1）连接电路。将 R_N的 C_1、P_1、C_2、P_2端分别接至 1、2、3、4 接线端，将 R_x的 C_1、P_1、C_2、P_2端分别接至 5、6、8、9 接线端，即按图 5-30 所示接线。

2）根据待测电阻大小，选择合适的 R_N；

3）转动开关 24，选择工作电源为“双桥”。

4）先后下 G、B 按钮，调节 R_3直至数显表读数为零。

5）利用公式 $R_x=\frac{R_3}{R_1}\cdot R_N$ 求出待测电阻。

6）从标尺中读出待测电阻长度 l，用螺旋测微器测量所测电阻的直径 d（测 3 次）。

7）利用公式 $\rho=\frac{\pi R_X\overline{d}^2}{4l}$求其电阻率，填入表中。

8）求出其相对误差。

【数据处理】

1. 单臂电桥测量电阻

	$\frac{R_2}{R_1}$	R_3/Ω	R_X/Ω	$\overline{R}_X/\Omega$
1				
2				
3				

其相对误差为$\frac{\Delta R}{R_{标}}=\frac{|R_{标}-\overline{R}_X|}{R_{标}}\times100\%=$________

2. 双臂电桥测量电阻率

	L/m	R_X/Ω	d/mm			$\bar{d}$/mm	ρ（Ω·m）	$\bar{\rho}$（Ω·m）
1								
2								
3								
4								
5								

其相对误差为$\frac{\Delta\rho}{\rho_{标}}=\frac{|\rho_{标}-\bar{\rho}|}{\rho_{标}}\times 100\%=$________

【注意事项】

1）使用电桥时，应避免将R_1、R_2，R_3同时调到零值附近测量，这样可能会出现较大的工作电流，测量精度也会下降。

2）电源按钮不可长时间按下，否则会因发热而降低测量精度。

3）选择不同的桥路测量时，应注意选择合适的工作电源。

4）仪器使用完毕后，务必关闭电源。

方法二：

【实验仪器】

DHGJ-5 型多功能电桥；四端电阻器；螺旋测微器。

【实验内容】

1. 用单臂电桥测量中值电阻 510Ω、5.1kΩ 及 510Ω 与 5.1kΩ 的串联值

1）标准电阻R_N选择“单桥”挡，工作方式选“单桥”挡，电源开关选 3V 挡；

2）G 开关选“内接”；

3）估计待测电阻R_x大小，调节R_1和R_2值，设定倍率；

4）选用毫伏表做检流计，选择 20mV 挡量程，调零后按 B 接入；

5）根据$R_3=\frac{R_1R_X}{R_2}$调节电阻R_3使电桥平衡；

6）按公式$R_X=\frac{R_2}{R_1}R_3$计算电阻，填入对应表格。

2. 直流双臂电桥测铜棒电阻率

1）估计待测电阻大小，选择标准电阻R_N的挡位（最小 0.01Ω，$R_1=R_2=10$kΩ）；

2）工作方式选“双桥”挡，电源选“1.5V 双桥”挡；

3）G 开关选“内接”；

4）将被测电阻$C_1P_1C_1P_1$接到仪器$C_1P_1C_1P_1$端；

5）检流计选“20mV”挡，调零后再按 B 接入；

6）根据 $R_3=\frac{R_1}{R_N}R_X$ 调节电阻 R_3 使电桥平衡（实验中铜电阻约为 $10^{-4}\Omega$）；

7）按公式 $R_X=\frac{R_3}{R_1}R_N$ 计算电阻；

8）测量铜棒直径；

9）根据公式 $\rho=RS/l$，算出铜棒电阻率且取平均值；

10）算出铜棒电阻率的相对误差，填入对应表格。

【数据处理】

1. 单臂电桥测中值电阻

待测电阻	R_1/Ω	R_2/Ω	R_3/Ω	$R_x=\frac{R_2R_3}{R_1}$
R_{x1}（510Ω）				
R_{x2}（5.1kΩ）				
$R=R_{x1}$串R_{x2}				

相对误差：

1）$\frac{|R-(R_{x1}+R_{x2})|}{R}\times100\%=$

2）$\frac{|R-(510\Omega+5.1\text{k}\Omega)|}{510\Omega+5.1\text{k}\Omega}\times100\%=$

2. 双桥测铜棒电阻率

$R_1=R_2=10\text{k}\Omega$　$R_N=0.01\Omega$　$\rho_{铜}=0.069\Omega\cdot\text{m}$

L/mm	R_3/Ω	d/mm	d 平均/mm	$\rho_{铜}$（Ω·m）
90				
180				
270				
360				
440				

$\bar{\rho}=$________ Ω·m

$E_\rho=\frac{|\bar{\rho}\quad\rho_{铜}|}{\rho_{铜}}\times100\%=$________

【思考题】

1）为什么双臂电桥能够大大减小接线电阻和接触电阻对测量结果的影响？

2）若单臂电桥中有一个桥臂断开（或短路），电桥是否能调到平衡状态？若实验中出现该故障，则调节时会出现什么现象？

实验十二　动态磁滞回线

磁性材料应用广泛，从常用的永久磁铁、变压器铁心到录音、录像、计算机存储用的磁带、磁盘等都采用磁性材料。磁滞回线和基本磁化曲线反映了磁性材料的主要特征。通过实验研究这些性质不仅能掌握用示波器观察磁滞回线以及基本磁化曲线的基本测绘方法，而且能从理论和实际应用上加深对磁性材料特性的认识。

【实验目的】

1）掌握磁滞、磁滞回线和磁化曲线等概念；

2）学会用示波器观测磁滞回线；

3）测量不同磁性材料的磁滞回线。

【实验仪器】

动态磁滞回线实验仪、双踪示波器、FB310B 智能型磁滞回线组合实验仪。

动态磁滞回线实验仪操作面板如图 5-34 所示。

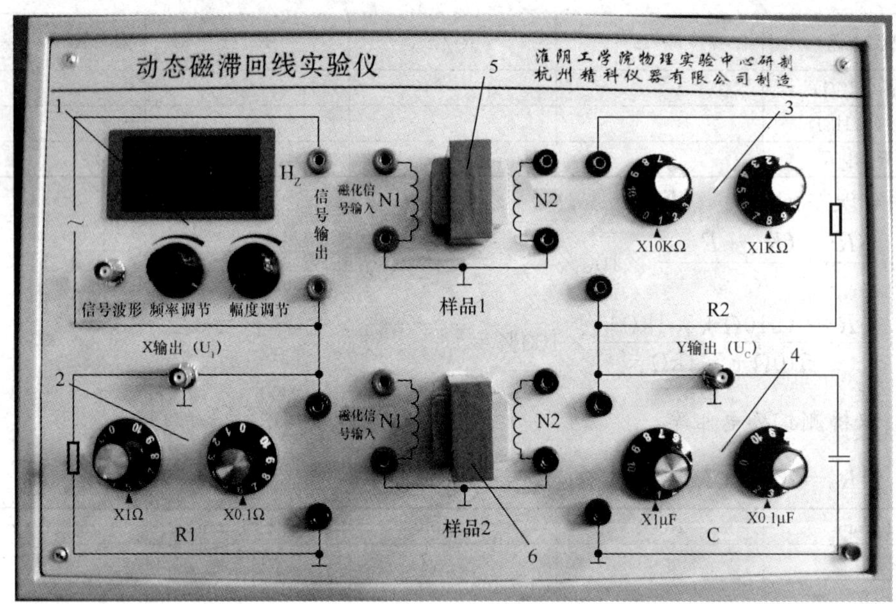

图 5-34　动态磁滞回线测量仪器

1. 信号源；2. 标准十进制电阻箱；3. 标准十进制电阻箱；
4. 标准十进制电容箱；5. 软磁样品；6. 硬磁样品

【实验原理】

1. *磁化曲线*

在通电线圈产生的磁场中放入铁磁物质，磁场将明显增强。铁磁物质内部的磁场强度 H 与磁感应强度 B 有如下的关系：

$$B = \mu \cdot H$$

对于铁磁物质而言，磁导率 μ 并非常数，而是随 H 的变化而改变的物理量，即 $\mu = f(H)$，为非线性函数。

铁磁材料的磁化过程为：其未被磁化时的状态称为去磁状态，这时若在铁磁材料上加一个由小到大的磁场，则铁磁材料内部的磁场强度 H 与磁感应强度 B 也随之变大，其 B-H 变化曲线如图 5-35 所示。但当 H 增加到一定值（H_S）后，B 几乎不再随 H 的增加而增加，说明磁化已达饱和，从未磁化到饱和磁化的这段磁化曲线称为材料的起始磁化曲线，如图 5-35 中的 OS 段曲线所示。

2. *磁滞回线*

当铁磁材料的磁化达到饱和之后，如果将磁场减小，则铁磁材料内部的 B 和 H 也随之减小，但其减小的过程并不沿着磁化时的 OS 段退回。从图 5-36 可知当磁场撤销，$H=0$ 时，磁感应强度仍然保持一定数值 B_r，称为剩磁（剩余磁感应强度）。

若要使被磁化的铁磁材料的磁感应强度 B 减少到 0，必须加一个反向磁场并逐步增大。当铁磁材料内部反向磁场强度增加到 $H=-H_c$时（图 5-36 上的 c 点），磁感应强度 B 才等于 0，达到退磁，H_c 称为矫顽磁力。如图 5-36 所示，当 H 按 $O\to H_s\to O\to -H_c\to -H_s\to O\to H_c\to H_s$的顺序变化时，$B$ 相应沿 $O\to B_s\to B_r\to O\to -B_s\to -B_r\to O\to B_s$顺序变化。图中的 Oa 段曲线称为起始磁化曲线，所形成的封闭曲线 $abcdefg$ 称为磁滞回线。bc 曲线段称为退磁曲线。

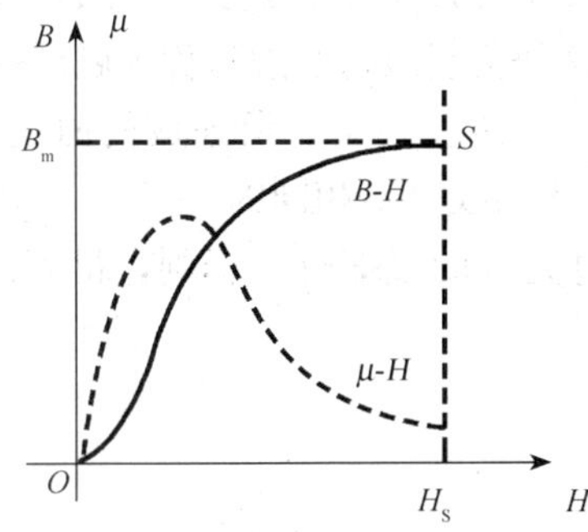

图 5-35　磁化曲线和 μ-H 曲线

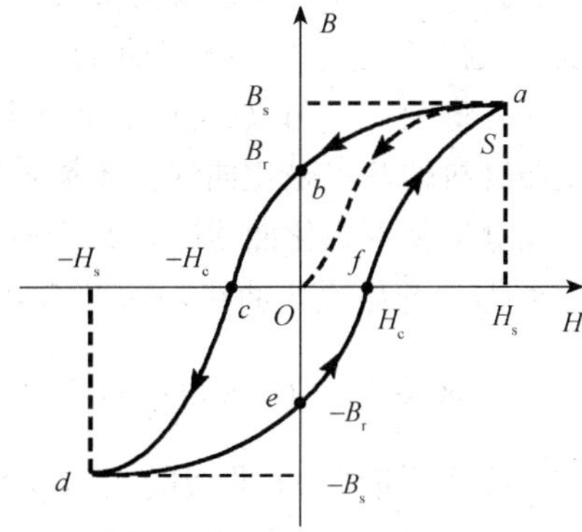

图 5-36　起始磁化曲线和磁滞回线

由图 5-36 可知：

1）当 $H=0$ 时，$B\neq 0$，这说明铁磁材料还残留一定值的磁感应强度 B_r。

2）若使铁磁物质完全退磁，即 $B=0$，必须加一个反方向磁场 $-H_c$。

3）B 的变化始终落后于 H 的变化，这种现象称为磁滞现象。

4）H 上升与下降到同一数值时，铁磁材料内的 B 值并不相同，退磁过程与铁磁材料的磁化经历有关。

5）当从初始状态（$H=0$，$B=0$）开始周期性地改变磁场强度的幅值时，在磁场由弱到强地单调增加过程中，可以得到面积由大到小的一簇磁滞回线，如图 5-37 所示。其中最大面积的磁滞回线称为极限磁滞回线。

6）由于铁磁材料磁化过程的不可逆性及具有剩磁的特点，在测定磁化曲线和磁滞回线时，首先必须将铁磁材料预先退磁，以保证外加磁场 $H=0$，$B=0$；其次，磁化电流在实验过程中只允许单调增加或减少，不能时增时减。理论上来说，要消除剩磁 B_r，只需外加一个反向磁化电流，使外加磁场正好等于铁磁材料的矫顽磁力即可。实际上，矫顽磁力的大小通常并不知道，因而无法确定退磁电流的大小。通过观察磁滞回线，如果使铁磁材料磁化达到磁饱和，然后不断改变磁化电流的方向，与此同时逐渐减少磁化电流，直到等于零。则该材料的磁化过程中就会出现一连串面积逐渐缩小且最终趋于原点的环状曲线，如图 5-38 所示。当 H 减小到零时，B 同时降为零，达到完全退磁。

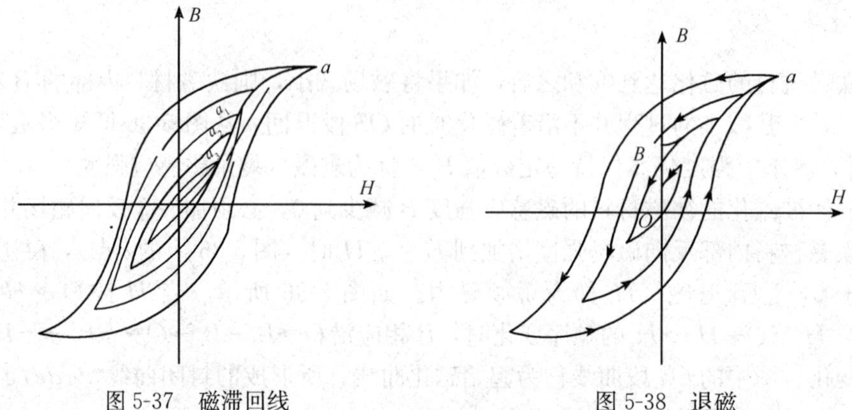

图 5-37　磁滞回线　　　图 5-38　退磁

实验表明，经过多次反复磁化后，B-H 的量值关系形成一个稳定的闭合的“磁滞回线”。通常以这条曲线来表示该材料的磁化性质。这种反复磁化的过程称为磁锻炼。

通常将图 5-37 中原点 O 和各个磁滞回线的顶点 a_1，a_2，…，a 所连成的曲线，称为铁磁材料的基本磁化曲线。不同铁磁材料的基本磁化曲线是不相同的。

在测量基本磁化曲线时，每个磁化状态都要经过充分的磁锻炼。否则，得到的 B-H 曲线即为起始磁化曲线，两者不可混淆。

3. 示波器显示 B-H 曲线的原理线路

示波器测量 B-H 曲线的实验线路如图 5-39 所示。

本实验研究的铁磁物质是日字形铁心试样，如图 5-40 所示。在试样上绕有励磁线圈 N_1 匝和测量线圈 N_2 匝。若在线圈 N_1 中通过磁化电流 I_1 时，此电流在试样内产生磁场，根据安培环路定律 $H \cdot L = N_1 \cdot I_1$，磁场强度

其中 L 为日字形铁心试样的平均磁路长度，在图 5-40 中用虚线表示。

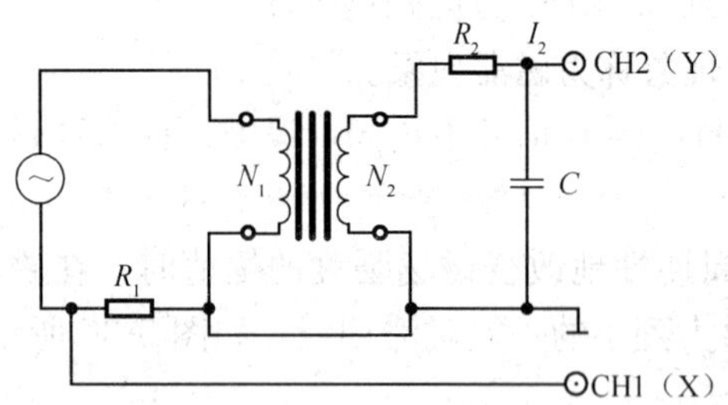

图 5-39　用示波器测量 B-H 曲线的实验线路

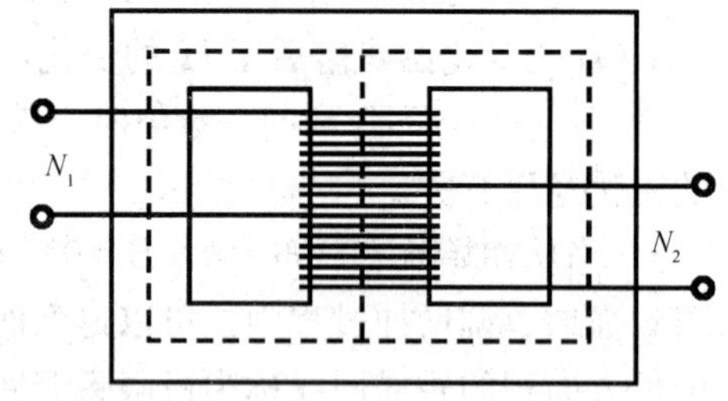

图 5-40　铁心试样外形

$$H = \frac{N_1 \cdot I_1}{L} \tag{5-65}$$

由图 5-39 可知示波器 CH1（X）轴偏转板输入电压为

$$U_X = I_1 \cdot R_1 \tag{5-66}$$

由式（5-65）和式（5-66）得

$$U_X = \frac{L \cdot R_1}{N_1} \cdot H \tag{5-67}$$

上式表明在交变磁场下，任一时刻电子束在 X 轴的偏转正比于磁场强度 H。

为了测量磁感应强度 B，在测量线圈 N_2 上串联一个电阻 R_2，与电容 C 构成一个回路，同时 R_2 与 C 又构成一个积分电路。取电容 C 两端电压 U_C 至示波器 CH2（Y）轴输入，适当选择 R_2 和 C 使 $R_2 \gg \frac{1}{\omega \cdot C}$，则

$$I_2 = \frac{E_2}{\left[R_2^2 + \left(\frac{1}{\omega \cdot C}\right)^2\right]^{\frac{1}{2}}} \approx \frac{E_2}{R_2} \tag{5-68}$$

式中，ω 为电源的角频率；E_2 为 N_2 的感应电动势。

因交变的磁场 H 在试样中产生交变的磁感应强度 B，则

$E_2 = N_2 \cdot \frac{\mathrm{d}\Phi}{\mathrm{d}t} = N_2 \cdot S \cdot \frac{\mathrm{d}B}{\mathrm{d}t}$（式中 $S = a \cdot b$ 为铁心试样的截面积，设铁心的宽度为 a，厚度为 b）则

$$U_Y = U_C = \frac{Q}{C} = \frac{1}{C}\int I_2 \mathrm{d}t = \frac{1}{C \cdot R_2}\int_0^t E_2 \mathrm{d}t = \frac{N_2 \cdot S}{C \cdot R_2}\int_0^B \mathrm{d}B = \frac{N_2 \cdot S}{C \cdot R_2} \cdot B \tag{5-69}$$

上式表明接在示波器 Y 轴输入的电压 U_Y 正比于磁感应强度 B。$R_2 \cdot C$ 电路在电子技术中称为积分电路，表示输出的电压 U_C 是感应电动势 E_2 对时间的积分。为了如实地绘出磁滞回线，应满足以下要求。

1）$R_2 \gg \frac{1}{2\pi f \cdot C}$。

2）在满足上述条件下，U_C 振幅很小，不能直接绘出符合需要的磁滞回线。为此，需将 U_C 经过示波器 Y 轴放大器增幅后输出到 Y 轴偏转板上。这就要求在实验磁场的频率范围内，放大器的放大系数必须稳定，不会带来较大的相位畸变。事实上示波器难以完全达到这个要求，因此在实验时经常会出现如图 5-41 所示的畸变。观测时将 X 轴输入选择“AC”挡，Y 轴输入选择“DC”挡。选择合适的 R_1 和 R_2 的阻值可得到最佳磁滞回线图形，避免出现这种畸变。

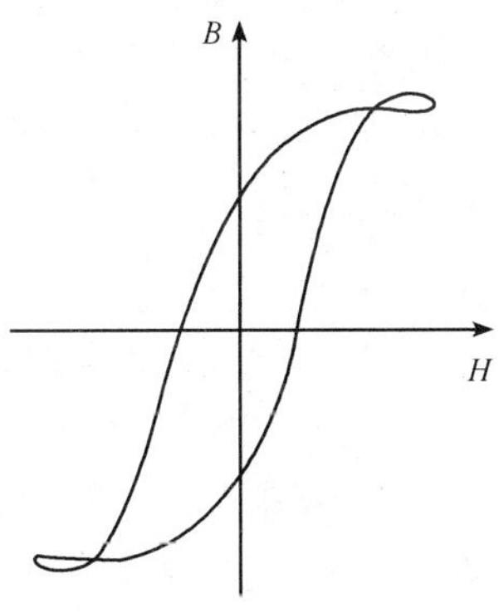

图 5-41　磁滞回线图形的畸变

【实验内容】

1）按图 5-42 所示线路接线。①逆时针调节幅度调节旋钮到底，使信号输出最小；②用专用接线接通试样 1（或试样 2）的两个线圈（接地端已在仪器内连接）。

2）将示波器调整到工作状态。①将示波器光点调至显示屏中心；②选择示波器显示工作方式为 X-Y 方式；③示波器 X 输入为 AC 方式，测量采样电阻 R_1 的电压；④示波器 Y 输入为 DC 方式，测量积分电容 C 的电压；⑤接通示波器和动态磁滞回线实验仪电源，适当调节示波器辉度，以免荧光屏中心受损。预热 10min 后开始测量。

3）将动态磁滞回线实验仪元器件的值调整到参考值：$R_1 = 2.5\Omega$，$R_2 = 10\mathrm{k}\Omega$，$C = 3\mu\mathrm{F}$。

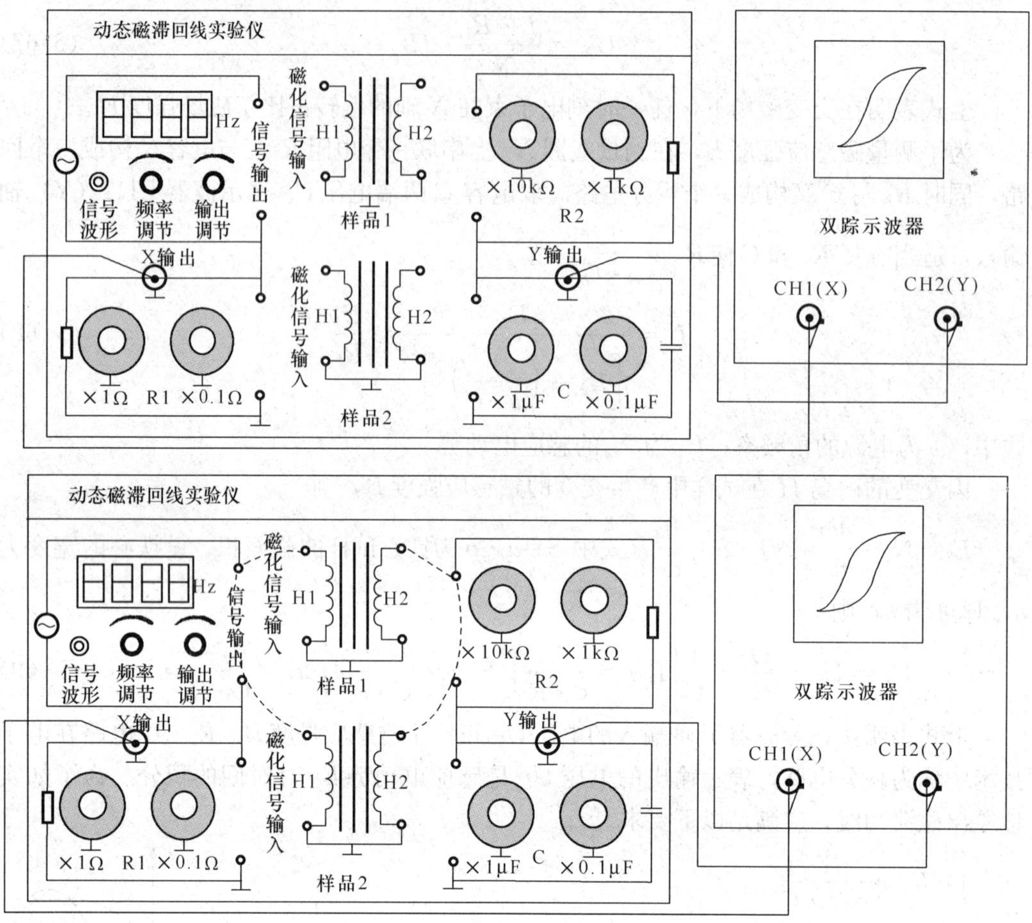

图 5-42　动态磁滞回线实验仪面板图

注：图中实线为试样 1 接线，虚线换接试样 2

4）调整动态磁滞回线实验仪的频率与幅度，以及示波器的灵敏度，使示波器上显示最佳的磁滞回线图形。

5）使用 FB310B 智能型磁滞回线组合实验仪，记录下完整的数据，根据记录的数据，画出该试样的磁滞回线图，判断试样是软磁材料还是硬磁材料，并标出相应的 H_s、B_s、B_r和 H_c。

6）换接实验试样，重复上述步骤。

【数据处理】

1. 试样 1 数据

R_1=__ Ω，R_2=__ kΩ，C=__ μF，f=__ Hz

n	H	B
0		
1		
2		
…		

2. 试样 2 数据

$R_1=$__ Ω，$R_2=$__ kΩ，$C=$__ μF，$f=$__ Hz

n	H	B
0		
1		
2		
…		

【注意事项】

1）实验前先熟悉实验原理和仪器的构成。

2）使用仪器前先将信号源输出幅度调节旋钮逆时针旋到底，使输出信号为最小值，然后调节频率调节旋钮。频率较低时，负载阻抗较小，在信号源输出相同电压下负载电流较大，会引起采样电阻发热；

【思考题】

1）什么是磁滞现象？

2）硬磁材料和软磁材料的磁滞回线有什么区别？

实验十三　静电场的描绘

带电体的周围存在静电场，场的分布是由电荷的分布、带电体的几何形状及所处环境的介质所决定的。由于带电体的形状复杂，直接用电压表测量静电场的电位分布往往是困难的，因此，实验时一般采用间接的测量方法（模拟法）来解决。

【实验目的】

1）学会用模拟法测绘静电场。

2）加深对电场强度和电位概念的理解。

【实验仪器】

QSCE-2A 型静电场描绘实验仪等。

【实验原理】

1. 用稳恒电流场模拟静电场

模拟法本质上是用一种易于实现、便于测量的物理状态或过程模拟不易实现、不便测量的物理状态或过程，它要求这两种状态或过程有一一对应的两组物理量，而且这些物理量在两种状态或过程中满足数学形式基本相同的方程及边界条件。

本实验用便于测量的稳恒电流场来模拟不便测量的静电场，因为这两种场可以用两组对应的物理量来描述，并且这两组物理量在一定条件下遵循数学形式相同的物理规律。例如对于静电场，电流强度$\vec{E}$在无源区域内满足以下积分关系：

$$\oiint_s \vec{E}\cdot\mathrm{d}\vec{s}=0 \qquad \text{（高斯定理）}$$

$$\oint_l \vec{E} \cdot \mathrm{d}\vec{l} = 0 \qquad \text{（环流定理）}$$

对于稳恒电流场，电流密度 $\vec{j}$ 在无源区域中也满足类似的积分关系

$$\oiint_s \vec{j} \cdot \mathrm{d}\vec{s} = 0 \qquad \text{（连续方程）}$$

$$\oint_l \vec{j} \cdot \mathrm{d}\vec{l} = 0 \qquad \text{（环路定理）}$$

在边界条件相同时，二者的解是相同的。

采用稳恒电流场来模拟研究静电场时，还必须注意它的使用条件如下。

1）稳恒电流场中的导电质分布必须相应于静电场中的介质分布。具体地说，如果被模拟的是真空或空气中的静电场，则要求电流场中的导电质应是均匀分布的，即导电质中各处的电阻率 ρ 必须相等；如果被模拟的静电场中的介质不是均匀分布的，则电流场中的导电质应有相应的电阻分布。

2）如果产生静电场的带电体表面是等位面，则产生电流场的电极表面也应是等位面。为此，可采用良导体做成电流场的电极，而用电阻率远大于电极电阻率的不良导体（如石墨粉、导电玻璃、自来水或稀硫酸铜溶液等）充当导电质。

3）在检测电流场的电位分布时，不能因仪器的引入而影响电流场的电流分布，即探笔所在的支路中必须无电流流过。因此，在测量电流场中各点的电位时，必须使用电位差计或高内阻的电压表，或采用平衡电桥法进行测量。

2. 均匀带电长直同轴圆柱面间的电场分布

本实验被模拟的是在真空中均匀带电的（无限）长直同轴圆柱面间的静电场，如图 5-43（a）所示。其中内圆柱体 A 的半径为 r_0，外圆筒 B 的内半径为 R_0，二者均为导体，且它们的中心轴重合。设电极 A 的电位为 U_0，电极 B 的电位为零（接地），A、B 分别带等量异号电荷。

由对称性知，该静电场的等位面是许多同轴管状柱面，若垂直于轴线取任一截面 S，则这些柱面与 S 面的交线是一系列同心圆，每一个圆就是一条等位线。根据电场线与等位线处处垂直的关系，可以绘出电场线，即可得到形象化的电场分布图面，如图 5-43（b）所示，由于 S 面为任一截面，若该面的电场分布确定了，则整个静电场的电场分布就可确定。

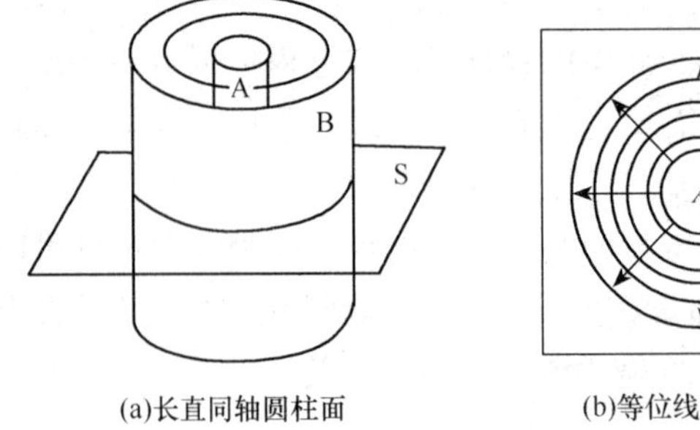

(a)长直同轴圆柱面

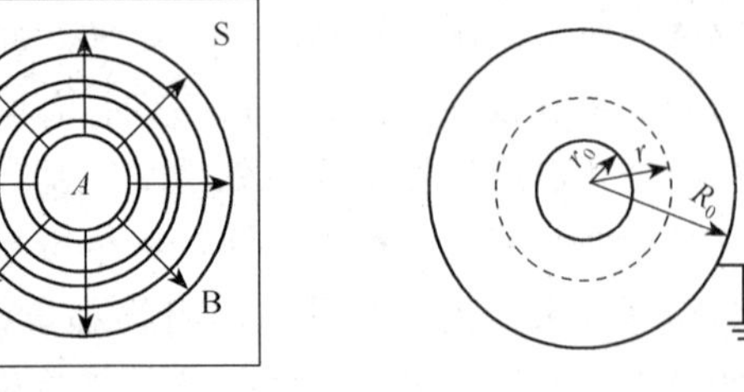

(b)等位线与电场线　　(c)静电场中的高斯面

图 5-43　均匀带电长直同轴圆柱面间的电场分布

下面计算该静电场的电位分布。

为了计算电极 A、B 间的静电场，在轴线方向上取一段单位长度的同轴柱面，其横截面如图 5-43（c）所示。设内外柱面单位长度所带电荷分别为$+q$与$-q$。作半径为r的高斯面（闭合圆柱面），此柱面上任意一点的电场强度的大小 E 可由高斯定理求得：

$$E=\frac{q}{2\pi\varepsilon_0 r}$$

则两极间的电位差

$$U_0=\int_{r_0}^{R_0}E\mathrm{d}r=\frac{q}{2\pi\varepsilon_0}\int_{r_0}^{R_0}\frac{\mathrm{d}r}{r}=\frac{q}{2\pi\varepsilon_0}\ln\frac{R_0}{r_0} \tag{5-70}$$

同样，半径为r的柱面上任意一点与外电极 B 间的电位差为

$$U_r=\int_{r}^{R_0}E\mathrm{d}r=\frac{q}{2\pi\varepsilon_0}\int_{r}^{R_0}\frac{\mathrm{d}r}{r}=\frac{q}{2\pi\varepsilon_0}\ln\frac{R_0}{r}$$

由式（5-70）和上式得

$$U_r=U_0\frac{\ln(R_0/r)}{\ln(R_0/r_0)} \tag{5-71}$$

从上式可以看出U_r与 ln（R_0/r）呈线性关系。

下面计算电流场（模拟场）的电位分布。

如图 5-44（a）所示，模拟电极由半径为r_0的圆柱形金属电极 A 和内半径为R_0的圆环形金属电极 B 组成。两电极同心固定在导电玻璃 S′上，若在两电极间加上一个稳定的电压U_0，则在两极间的导电质中形成稳恒电流场。电流从电极 A 呈均匀辐射状流向电极 B，如图 5-44（b）所示。

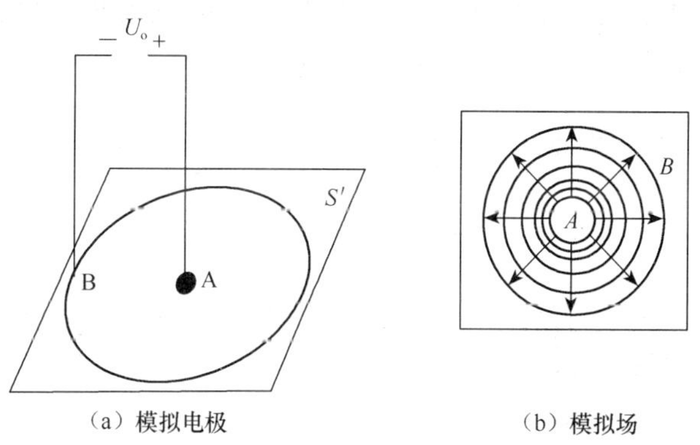

（a）模拟电极　　（b）模拟场

图 5-44　模拟电极与模拟场

设导电玻璃层的厚度为δ，其电阻率为ρ，若在两电极间作半径分别为r和$r+\mathrm{d}r$的圆，则两圆之间玻璃层的电阻为

$$\mathrm{d}R=\rho\frac{\mathrm{d}r}{S}=\frac{\rho\mathrm{d}r}{2\pi r\delta}=\frac{\rho}{2\pi\delta}\frac{\mathrm{d}r}{r}$$

式中，S 是半径为r、厚度为δ的圆柱面的侧面积。

那么，半径为r的柱面到半径为R_0的外柱面之间的电阻为

$$R_{rR_0} = \frac{\rho}{2\pi\delta}\int_r^{R_0} \frac{\mathrm{d}r}{r} = \frac{\rho}{2\pi\delta}\ln\frac{R_0}{r} \tag{5-72}$$

通过同样的计算可得到，半径为 r_0 的内柱面到半径为 R_0 的外柱面间的总电阻为

$$R_{r_0R_0} = \frac{\rho}{2\pi\delta}\ln\frac{R_0}{r_0}$$

因此，从内柱面到外柱面的电流为

$$I = \frac{U_0}{R_{r_0R_0}} = \frac{2\pi\delta}{\rho\ln(R_0/r_0)}U_0 \tag{5-73}$$

则半径为 r 的柱面的电位为

$$U_r = IR_{rR_0}$$

将式（5-73）和式（5-72）代入上式得

$$U_r = U_0\frac{\ln(R_0/r)}{\ln(R_0/r_0)} \tag{5-74}$$

比较式（5-71）和式（5-74）可知，静电场与模拟场的电位分布完全相同。

【仪器介绍】

QSCE-2A 型静电场描绘实验仪包括电源、实验水槽、电极及导线。

【实验内容】

1）在实验水槽中放入深 12mm 左右自来水，按图 5-45（b）所示接好电路。

2）把表笔和电极 O 接触。然后在 R 和 O 两电极间，测绘出每隔 2.0V（或 0.20V）等电位的点。每条等位线上应测 10 个点以上。

3）选择其他电极放入水槽中，测绘其等位线（根据需要选择测量）。

分别测量平行板电极间的电场分布；点、线电场分布；示波管的聚焦电极电场分布。

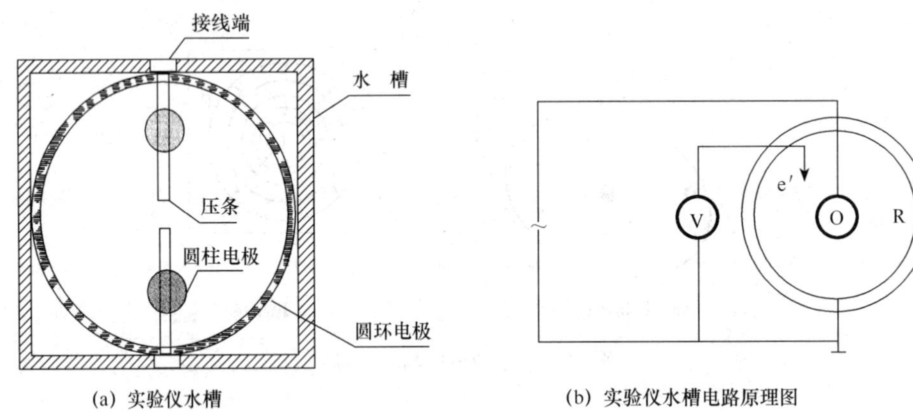

图 5-45　QSCE-2A 型静电场描绘实验仪结构及原理图

【注意事项】

1）移动探笔时要轻要慢，记录时探笔应与模拟板垂直，不能倾斜。

2）初置探笔时，灵敏度不能太大，等探笔位置接近所测电位时，方可将灵敏度旋钮顺时针旋到底。

【数据处理】

$r_0=$________ $R_0=$________ $U_0=$________

$U_{实验}$/V	5×0.75	3×0.75	1×0.75
r/mm			
$\ln(R_0\cdot r)$			
$U_{理论}$/V			
$\frac{\lvert U_{实验}-U_{理论}\rvert}{U_{理论}}\times 100\%$			

【思考题】

1）如果将实验中使用的电源电压加倍或减半，电极间的等势线与电场线的形状是否会发生变化？电场强度和电势的分布、大小是否会发生变化？

2）用检流计能测量等势点吗？与用电压表测量电势分布相比，各有何特点？

实验十四　温差电偶的定标和测量

【预习思考题】

1）什么是温差电偶？

2）校准温差电偶的基本步骤是什么？

【实验目的】

1）加深对温差电现象的理解。

2）了解校准热电偶温度计的基本方法。

【实验仪器】

铜-康铜热电偶，纯金属（铅、锌、锡）或标准热电偶，待测熔点的金属，杜瓦瓶，电位差计或数字电压表，电加热器等。

【实验原理】

1. 热电偶的测温原理

把两种不同的导体或半导体连接成一个闭合回路，如图5-46所示。若两接点分别处于不同的温度 T 和 T_0，则回路中就会产生热电势，这种现象称为热电效应，这个电路称为A-B热电偶，如铂-铂铑热电偶、铜-铁热电偶等。

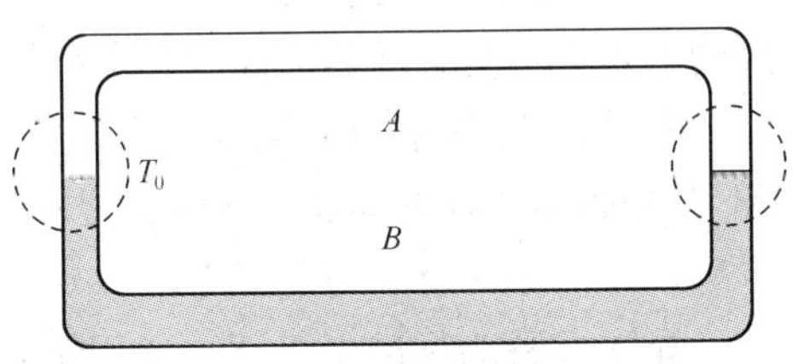

图5-46　热电偶

在图5-46所示的热电偶回路中，产生的热电势由接触电势和温差电势两部分组成。温差电势是在同一导体的两端因温度的不同而产生的一种热电势，由于材料中高温端的电子能量比低温端的电子能量大，因而从高温端扩散到低温端的电子数比从低温端扩散到高温端的电子数多，使高温端失去电子而带正电荷，低温端得到电子而带负电荷，产生一个附加的静电场。此静电场阻碍电子从高温端向低温端扩散，在达到动态平衡时，导体的高温端和低温端间有一个电位差 $V_T-V_{T_0}$，即温差电势。在热电偶回路中，导体

A 和 B 分别有自己的温差电势 e_A（T，T_0）和 e_B（T，T_0）。

接触电势产生的原因是两种导体材料的电子密度和逸出功不同。这样，当两种导体接触时，电子在其间扩散的速率就不同，使一种导体因失去电子而带正电荷，另一种导体因得到电子而带负电荷，在其接触面上形成一个静电场，产生了电位差，即接触电势，其数值取决于两种不同导体材料的性质和接触点的温度。在热电偶回路中两个接触点分别有不同的接触电势 e_{AB}（T），e_{AB}（T_0）。

由于温差电势和接触电势的影响，在热电偶回路中产生的总热电势可表达为

$$E_{AB}(T,T_0)=e_{AB}(T)+e_B(T,T_0)-e_{AB}(T_0)-e_A(T,T_0) \tag{5-75}$$

它是材料和温度的函数，对确定材料的热电偶，热电势 E_{AB}（T，T_0）是温度 T 和 T_0的函数差，即

$$E_{AB}(T,T_0)=f(T)-f(T_0) \tag{5-76}$$

如果使某接触点温度固定（常取水的三相点温度作为 T_0），则总电势为温度 T 的单值函数

$$E_{AB}(T,T_0)=\varphi(T) \tag{5-77}$$

这一关系式可通过实验获得。得到 φ（T）后，测量出热电偶接触点处于某未知温度时的 E_{AB}值（另一接触点温度 T_0），就可得到此温度值。

2. 有关热电偶回路的结论

1）若组成热电偶回路的两种导体相同，则无论两接触点温度如何，热电偶回路内的总热电势为零。

2）如热电偶两接触点温度相同，则无论导体由何种材料制成，热电偶回路内的总热电势为零。

3）热电偶的热电势只与接触点的温度有关，与导体的中间温度分布无关。

4）热电偶在接触点温度为 T、T_s时的热电势，等于热电偶在接触点温度为 T、T_2 和 T_2、T_s时的热电势的代数和。

5）在热电偶回路中接入第三种材料的导线，只要第三种材料的两端温度相同，导线的引入就不会影响热电偶的热电势，这一性质称为中间导体定律。

6）当两触接触点温度分别是 T_1和 T_2时，由导体 A、B 组成的热电偶的热电势等于 AC 热电偶和 CB 热电偶的热电势之和，即

$$E_{AB}(T_1,T_2)=E_{AC}(T_1,T_2)+E_{CB}(T_1,T_2) \tag{5-78}$$

导体 C 称为标准电极，一般用铂制成，这一性质称为标准电极定律。

正是由于上述这些性质，才使对热电偶的热电势的测量成为可能，在实际使用中往往需要在热电偶回路里接入各种仪表（如电位差计、灵敏电流计）、连接导线等。只要与这些仪器相接的各接点的温度保持相同，就不必担心对热电势产生影响，而且也允许用任意的焊接方法来制作热电偶。

只有当组成热电偶材料的化学成分和物理状态均匀时，才有上述结论成立，如材料的物理或化学性质不均匀（如组分有变化、结构不均匀等），就会引入难以确定的附加电势而使结果产生较大的误差。

3. 热电偶的校准

在实际测温前，必须知道热电偶的热电势与温度的关系曲线，称为校准曲线。可以根据热电偶与未知温度接触时产生的电动势，由曲线查出对应的温度。常用的几种具有标准组分热电偶的校准曲线（或校准数据表）在有关手册中可以查到，不必自己校准，如果实验室自制的热电偶组分并不标准，则校准工作不可缺少。

校准热电偶的方法有如下两种。

（1）比较法

用被校热电偶与一个标准组分的热电偶测量同一温度。被校热电偶测得的热电势即由标准热电偶所测的热电势校准，在被校热电偶的使用范围内改变不同的温度，进行逐点校准，就可得到被校热电偶的校准曲线。

（2）固定点法

利用几种合适的纯物质在一定的气压下（一般是标准大气压），将其沸点或熔点温度作为已知温度，测出热电偶在这些温度下的对应的电势，从而得到热电势与温度的关系曲线，这就是所求的校准曲线。

本实验采用固定点法对热电偶进行校准。为此将热电偶的低温端保持在冰水混合物内，其温度在标准大气压下是0℃，选择水的沸点，锡、锌和铅的熔点分别作为校准的固定点。

为了使测量结果较为准确，不在加热的过程中测量金属的熔点，而是待金属熔解后，撤去热源在其冷却的过程中确定其凝固点（对金属来说凝固点与熔点完全相同），由于金属在凝结和熔解过程中温度是不变的，可以利用这一特性测定金属的凝固点，为此可用电位差计（或数字电压表）测定热电势随时间的变化曲线，如图5-47所示。如果在一定的时间（至少几分钟）内，热电势值基本不变，则该值对应的温度就是所测金属的凝固点。本实验所用的热电偶校准电路如图5-48所示，在热电偶与电位差计的测试端相连时，应注意其正负极性不要接错。

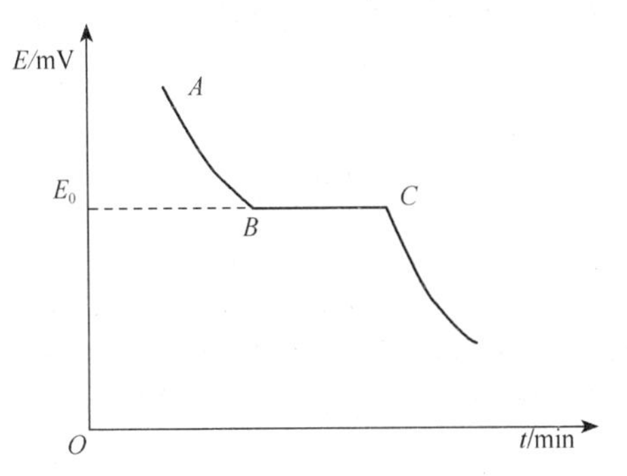

图5-47 热电势时间变化曲线

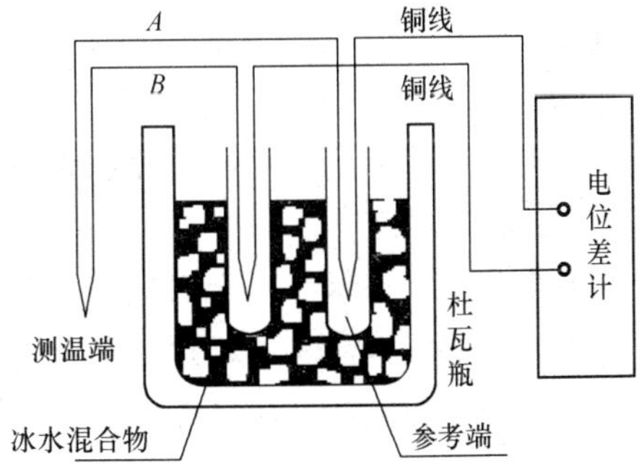

图5-48 热电偶校准电路

【实验内容】

1）按图5-48所示接线，而后对电位差计进行校准，校准后再进行测量。

2）将热电偶测温端放入盛有冰水混合物的杜瓦瓶中，测量0℃时的热电势（应为零）。

3）用电加热器加热水，待沸腾后将热电偶放入水中测量其热电势。

4）用电加热器加热专用容器中的纯锡，待锡全部熔化后切断电加热器电源，由其自然冷却，将热电偶测温端放入熔化的金属中，测定其热电热势与时间的关系曲线（1min 测量一次）。作图确定与锡的凝固点相对应的热电势的值。

5）作被校热电偶的校准曲线，以温度为横轴，热电势为纵轴，以所测的四个固定点作热电偶的校准曲线（相邻点间以直线相连）。

6）以相同方法测量未知熔点的焊锡的凝固点的热电势，从热电偶的校准曲线上查出焊锡的熔点温度。

【注意事项】

1）为避免热电偶受熔融的金属玷污，故将热电偶测温端置于一端封闭的铜管中，使其与待测金属隔离。为保持热电偶与铜管良好的接触，测量时应在铜管底部滴入几滴硅油，热电偶测温端应插入硅油中，不能悬空。

2）除接触点外，热电偶丝之间及与铜管之间应保持良好的电绝缘，以免短路造成测试错误。

3）掌握加热时间，当金属全部熔融后，应及时切断电源。否则，会因加热时间过长，温度过高，使金属氧化，也延长了金属冷却所用的时间。

4）由于整个测量过程时间较长，电位差计校准后仍会发生漂移，所以在每次测量前都应重新校准。

5）每种金属测完后，必须重新升温使金属熔化，取出铜套管，然后切断电源，否则在金属冷却时会收缩而不易取出铜套管。

【思考题】

1）具体考察一下在实验线路中热电偶是如何和第三种金属连成回路的，接触点在哪里？处在什么温度？并证明若电偶与第三种金属的两个接触点温度一样时，回路电势不因加接第三种金属而变化。

2）为什么要测金属凝固时的热电势？测量其熔化时的热电势是否可行？

3）若以一个内阻及电流灵敏度均已知的灵敏电流计代替电位差计，能否测定热电偶的电势？为什么？

实验十五　霍尔效应和螺线管磁场测量

德国物理学家霍尔（E. H. Hall）1879 年研究载流导体在磁场中受力的性质时发现，任何导体通以电流时，若存在垂直于电流方向的磁场，则导体内部会产生与电流和磁场方向都垂直的电场，从而形成横向电压，这种现象称为霍尔效应。霍尔通过实验测得霍尔电压 U_H 的计算公式为

$$U_H = R_H \frac{I_S B}{d} \tag{5-79}$$

式中，I_S 为通电电流；B 为磁场的磁感应强度；d 为实验样品沿磁场方向的厚度。U_H 与 $\overline{d}$ 成正比，比例系数为 R_H，称为霍尔系数，反映样品的材料性质。

【预习思考题】

1）霍尔效应的现象和经验公式是什么？

2）霍尔效应的原理是什么？

3）如何验证霍尔效应经验公式以及应用霍尔效应测磁感强度？

【实验目的】

1）了解霍尔效应原理。

2）学习用对称测量法消除副作用的影响，验证霍尔效应，计算霍尔系数。

3）利用霍尔效应测量螺线管的磁场分布。

【实验原理】

1. 霍尔效应的原理

霍尔效应是一种磁电效应，从本质上讲是运动的带电粒子在磁场中受洛伦兹力作用而发生偏转，将磁能转换为电能；当带电粒子（电子或空穴）被约束在固体材料中，这种偏转就导致在垂直电流和磁场的方向上产生正负电荷积累，从而形成横向电场，产生霍尔电压。

如图 5-49 所示，霍尔电压的方向与样品的载流子类型有关。制作霍尔元件一般采用半导体材料，下面以 N 型半导体样品为例说明。设试样为长方体，宽度为 b、厚度为 d、横截面积为 S，电子浓度为 n，平均速率为 $\bar{v}$，则

$$I_S = ne\bar{v}S$$
$$S = bd \tag{5-80}$$

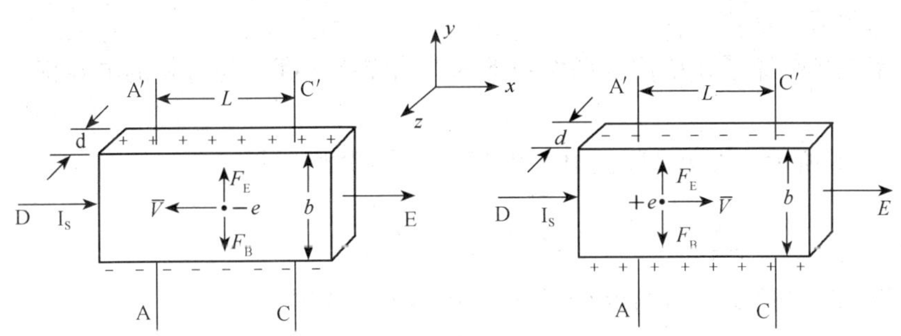

图 5-49　N 型半导体材料

设磁感应强度 B 沿 Z 轴正向，沿 X 轴正向通电流 I_S，则试样中的电子沿 X 轴负向运动，受到沿 Y 轴负向的洛伦兹力 $e\bar{v}B$，向下偏转，则试样下侧聚集负电荷，即上侧聚集正电荷，产生沿 Y 轴负向的电场 E_H。该电场对电子产生的电场力 eE_H 沿 Y 轴正向，阻碍电子向下侧偏移，但开始时强度较弱，电子继续向下侧聚集，则 E_H 变强，电场力相应地也变强。当电子所受的电场力 eE_H 与洛伦兹力 $e\bar{v}B$ 相等时，即

$$eE_H = e\bar{v}B \tag{5-81}$$

电子不再发生偏转，样品上下侧的电荷积累形成稳定状态，此时上下侧之间的电压为霍尔电压

$$U_H = E_H \cdot b \tag{5-82}$$

联立式（5-80）～式（5-82）可得

$$U_H = \frac{1}{ne}\frac{I_S B}{d} \tag{5-83}$$

由于电子浓度 n，电量 e 都是只与材料有关的量，仍作为比例系数出现，因此该结果与经验公式的结果一致。且

$$R_H = \frac{1}{ne} \tag{5-84}$$

对于 P 型半导体，可做类似分析。如果以负电荷指向正电荷的方向为霍尔电压 U_H 的方向，则其方向可这样判断：以右手四指由 I_S方向屈向 B 方向，拇指所指方向乘以载流子电性符号即为U_H方向。

2. 霍尔效应的应用

（1）判断样品的导电类型

U_H的方向综合取决于 I_S的方向、B 的方向和载流子的类型。因此测得其中的三者，就可以判断另外一个。

（2）载流子浓度 n

由式（5-84）可知，测得材料的 R_H，就能计算 n。但是，这个关系式是假定所有载流子具有相同的漂移速度得到的，严格来说，应该考虑载流子的速度统计分布（参阅黄昆、谢希德著《半导体物理学》）。

（3）求载流子迁移率 μ

迁移率是指载流子在单位电场作用下的平均漂移速度。与材料的电导率 σ 之间满足 $\sigma = ne\mu$，

如图 5-48 所示，设 AC 间的电压为 U_σ，根据欧姆定律

$$R = \frac{U_\sigma}{I_S} = \rho\frac{L}{S}$$

式中，L 为 AC 段长度，ρ 为材料电阻率，由以上各式得

$$\mu = \frac{U_H \cdot L}{U_\sigma \cdot B \cdot b}$$

（4）霍尔元件

利用霍尔效应测量磁感强度时需要测量霍尔电压。霍尔电压一般比较小，不容易测量精确。为了获得较大的霍尔电压，要选择霍尔系数比较大的材料。由前面的分析，霍尔系数可表示为$R_H = \mu \cdot \rho$，因此要求使用迁移率与电阻率都要高的材料。半导体材料 μ 高，ρ 适中，是制造霍尔元件的理想材料。而且由于电子的迁移率比空穴的迁移率大，所以霍尔元件都采用 N 型材料。另外，霍尔电压与元件的厚度成反比，因此多采用薄膜型霍尔元件，称作霍尔片。在实际生产中，常采用 $K_H = \frac{1}{ned}$来表示元件的性能，称为霍尔灵敏度，单位为 mV/（mA · T）或 mV/（mA · KGS），由霍尔片的材料和尺寸决定。

3. 对称测量法

在产生霍尔效应时，不可避免的会产生一些副作用，这些副作用会产生附加电压。实际测量霍尔电压时，测得的是霍尔电压和附加电压的综合效果。附加电压包括以下几种。

(1) 不等势电压 U_0（不等位效应）

由于制造工艺技术的限制，霍尔元件的电位极不可能接在同一等位面上，因此，当电流 I_S流过霍尔元件时，即使不加磁场，两电极间也会产生电位差，称为不等位电位差 U_0，显然，U_0只与电流 I_S有关，与磁场无关。

(2) 温差电效应引起的附加电压 U_E

由于霍尔片内部的载流子速度服从统计分布，有快有慢，并且它们在磁场中受的洛伦兹力不同，则轨道偏转也不相同。动能大的载流子趋向霍尔片一侧，而动能小的载流子趋向另一侧，随着载流子的动能转化为热能，使两侧的温度不同，形成一个横向温度梯度，引起温差电压 U_E，U_E的正负与 I_S、B 的方向有关。

(3) 热磁效应引起的附加电压 U_N

由于两个电流电极与霍尔片的接触电阻不等，当有电流通过时，在两电流电极上有温度差存在，出现热扩散电流，在磁场的作用下，建立一个横向电场 E_N，因而产生附加电压 U_N。U_N的正负仅取决于磁场的方向。

(4) 热磁效应产生的温差引起的附加电压 U_{RL}

由于热扩散电流的载流子的迁移率不同，类似于温差效应中载流子速度不同，也将形成一个与横向的温度梯度相应的温度电压 U_{RL}，U_{RL}的正、负只与 B 的方向有关，和电流 I_S的方向无关。

因此，实测的电压是 U_H、U_0、U_E、U_N和 U_{RL}的综合效果，产生了系统误差。利用附加电压的方向与 I_S方向和 B 方向的关系，采用对称测量法，通过改变 I_S和 B 的方向来测量，经过处理后可消除其中的 3 个附加电压。具体方法如下。

1)（$+B$，$+I_S$）时测量，$U_1=U_H+U_0+U_E+U_N+U_{RL}$

2)（$+B$，$-I_S$）时测量，$U_2=-U_H-U_0-U_E+U_N+U_{RL}$

3)（$-B$，$-I_S$）时测量，$U_3=U_H-U_0+U_E-U_N-U_{RL}$

4)（$-B$，$+I_S$）时测量，$U_4=-U_H+U_0-U_E-U_N-U_{RL}$

将 $U_1-U_2+U_3-U_4$，并取平均值，则

$$U_H+U_E=\frac{1}{4}(U_1-U_2+U_3-U_4)$$

由此，除了 U_E，其他附加电压都被消除。由于 $U_E \ll U_H$，故

$$U_H=\frac{1}{4}(U_1-U_2+U_3-U_4)$$

【实验仪器】

TH-H 型霍尔效应实验仪，TH-H 型霍尔效应测试仪，GHL-1 通电螺线管磁场测定仪，VAA 电压测量双路恒流电源，导线若干。

1. TH-H 型霍尔效应实验仪

(1) 结构

磁感强度 B 由电磁铁提供，电磁铁所需励磁电流以 I_M 表示。电磁铁线包的引线有星标着为头，线包绕向为顺时针（操作者面对实验仪），根据线包绕向和 I_M 流向，可确定磁感应强度 B 的方向；B 的大小与 I_M 成正比，比例系数标在线包上。

霍尔样品材料为半导体硅单晶片，如图 5-50 所示，共有三对电极，其中 A、A' 或 C、C' 用于测量霍尔电压，A、C' 或 A、C' 用于测量电导，D、E 为样品工作电流电极。其中 $d=0.50$mm，$b=4.0$mm，$l=4.0$mm。各电极与双刀转换开关的接线见图 5-51。样品架的功能是在两个维度上调节霍尔片的位置。

I_S、I_M 换向开关及 U_H、U_σ 测量选择开关如图 5-51 所示。

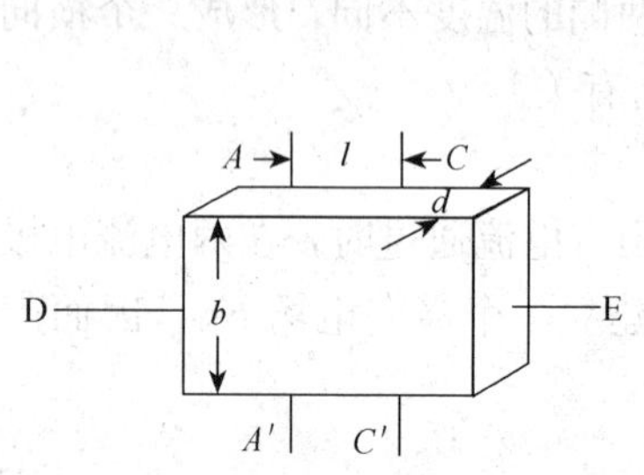

图 5-50　霍尔样品材料

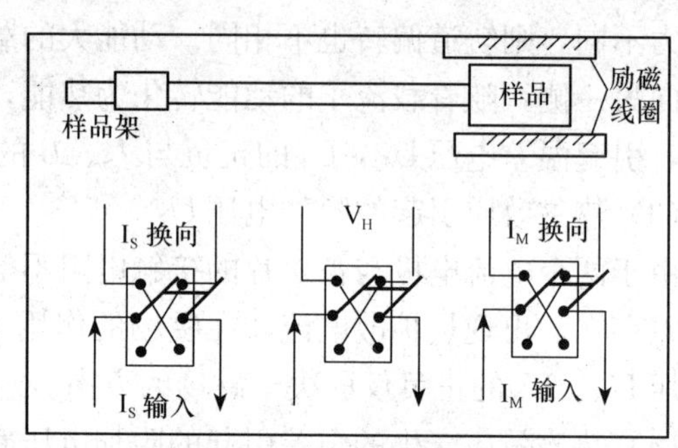

图 5-51　样品接线示意图

(2) 注意事项

1) 霍尔片易碎、电极细小易断，勿撞击或用手触摸，切勿随意改变 Y 轴方向的高度，以免霍尔片与磁极面摩擦而受损。

2) 测量时霍尔片需调至电磁铁磁极中心位置。

3) 样品各电极及线包引线与对应的双刀开关之间的连线要求严格遵照实验仪上的图示说明。决不允许接错，否则，一旦通电，霍尔样品将遭损坏。

4) 电磁铁通电时间不要过长，以防电磁铁线圈过热影响测量结果。

2. TH-H 型霍尔效应测试仪

(1) 两组恒流源

恒流源是一种能在输入电压和负载阻抗变化的情况下，保持直流输出电流不变的电源装置，故又称为稳流电源或稳流器。

如图 5-52 所示，"I_S输出"为 0～1.8mA 样品工作电流源，"I_M输出"为 0～1A 励磁电流源，两组电源独立；"I_S调节"和"I_M调节"分别用来控制样品工作电流和励磁电流的大小，调节精度分别可达 1μA 和 1mA。其值均连续可调。可通过"测量选择"按键由同一支数字电流表分别进行测量，按键测量 I_M，放键测量 I_S。

(2) 直流数字电压表

U_H、U_σ 通过切换开关由同一只数字电压表测量。电压零位可通过调零电位器调整，

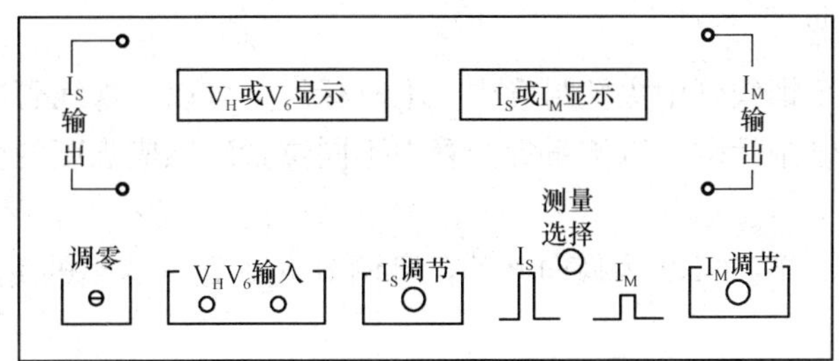

图 5-52　TH-H 型霍尔效应测试仪

当显示器的数字前出现“—”时，表示被测电压极性为负值。该电压表的量程为±20mV，当“V_HV_σ输入”开路或输入电压>19.99mV 时，则电压表出现溢出现象（超出量程）。

（3）注意事项

开机前应将 I_S、I_M调节旋钮逆时针旋到底，使其输出电流趋于最小状态，然后开机。注意两表盘上的读数是否为零，如果不为零，要先调零。关机前，应将“I_S调节”和“I_M调节”旋钮逆时针旋到底，然后切断电源。

3. VAA 电压测量双路恒流电源

（1）两组恒流源

VAA 电压测量双距恒流电源如图 5-53 所示，左面为数字恒流源，为励磁恒流输出。精密多圈电位器可以调节输出电流的大小，调节精度 1mA，电流大小由三位半数字电流表显示，最大输出电流为 1000mA，最大负载电压不小于 16V。右面数字直流恒流源控制通过样品的电流，可以通过精密多圈电位器调节输出电流大小，调节精度 0.01mA，电流大小也由数字电流表显示，最大输出电流为 19.99mA，最大负载不小于 16V。

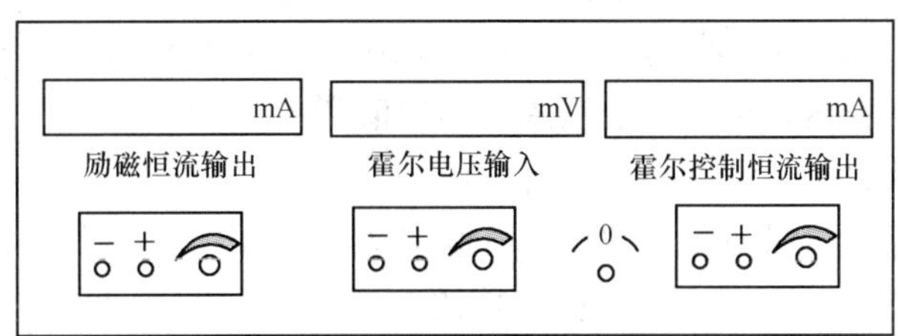

图 5-53　VAA 电压测量双路恒流电源

（2）直流数字电压表

中间为电压表，量程 0～199.99mV，电压零位可通过调零电位器调整，当显示器的数字前出现“—”时，表示被测电压极性为负值。

4. GHL-1 通电螺线管磁场测定仪

（1）螺线管

螺线管长 260mm，螺线管内径 25mm，外径 45mm，匝数 3000±20 匝，螺线管中央均匀磁场>100mm。

(2) 霍尔传感器

霍尔传感器位于螺线管中央塑封管中，上有标尺，可以在螺线管内运动，测量磁场时可以让它在螺线管中运动，以测量螺线管中不同位置磁感应强度的变化。

(3) 换向开关

如图 5-54 所示，K1、K2 为换向开关，可调节 I_M、I_H（这里的 I_H 相当于上文的 I_S）电流输入方向。

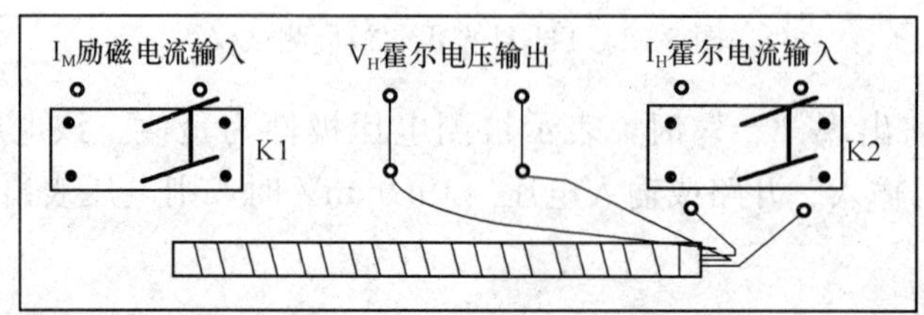

图 5-54　GHL-1 通电螺线管磁场测定仪

【实验内容】

使用 TH-H 型霍尔效应实验仪和 TH-H 型霍尔效应测试仪。前者提供产生霍尔效应的基本装置，后者提供 I_S 和 I_M，并且测量 U_H，操作步骤如下。

1) 置零：将 I_S、I_M 调节旋钮逆时针旋到底，使二者输出为零。

2) 用 6 根导线连接 I_S、I_M、V_H 电路。接好后请教师检查。

【注意事项】

1) 导线接在开关中间一对接线柱上，其他连线不要动。

2) 电路中常出现接触不良问题，操作中若发现示数一直为“0.00”或“1.”，说明电路不通，请检查开关、接线柱是否接触良好。

3) 打开电源。校零：闭合 3 个开关，用螺钉旋具调节 $V_H=0$。将螺钉旋具放回。

4) 调节 $I_M=0.600$A，使 $I_S=0.300$，0.600，…，1.800mA，改变 I_S、I_M 方向，记录 V_H，填入数据表格；记录电磁铁系数的数值和单位。

5) 调节电流示数时，注意小数点的位置。

6) 示数在小范围内浮动属正常现象，取中间值即可。

7) 置零：调节 $I_S=0$，$I_M=0$。拆除接线。

【数据处理】

1. 根据所测数据，作 U_H-I_S 曲线，计算 R_H

1) 保持 $I_M=0.600$A 不变，$I_S=0.300$，0.600，…，1.800mA，测绘 U_H-I_S 曲线，计算出 R_H。

I_S/mA	U_1/mV	U_2/mV	U_3/mV	U_4/mV	$U_H=(U_1-U_2+U_3-U_4)/4$/mV
	$+B$，$+I_S$	$-B$，$+I_S$	$-B$，$-I_S$	$+B$，$-I_S$	
0.300					
0.600					

续表

I_S/mA	U_1/mV	U_2/mV	U_3/mV	U_4/mV	$U_H=(U_1-U_2+U_3-U_4)/4$/mV
	+B，$+I_S$	−B，$+I_S$	−B，$-I_S$	+B，$-I_S$	
0.900					
1.200					
1.500					
1.800					

2）保持 $I_S=1.800$mA 不变，$I_M=0.300$，0.400，…，0.800A，测绘 U_H-I_M曲线，算出 R_H。

I_M/A	U_1/mV	U_2/mV	U_3/mV	U_4/mV	$U_H=(U_1-U_2+U_3-U_4)/4$/mV
	+B，$+I_S$	−B，$+I_S$	−B，$-I_S$	+B，$-I_S$	
0.300					
0.400					
0.500					
0.600					
0.700					
0.800					

2. 测量通电螺线管轴向磁场分布

保持霍尔电流 $I_H=5.00$mA，励磁电流 $I_M=500$mA，测量螺线管内不同位置处 U_H，根据 $B=\frac{d}{R_H I_S}V_H$，U_H的变化规律即为 B 的变化规律，并画出图像。

X/cm	U_1/mV	U_2/mV	U_3/mV	U_4/mV	$U_H=(U_1-U_2+U_3-U_4)/4$/mV
0.0					
1.0					
2.0					
3.0					
4.0					
5.0					
6.0					
7.0					
8.0					
9.0					
10.0					
11.0					

续表

X/cm	U_1/mV	U_2/mV	U_3/mV	U_4/mV	$U_H=(U_1-U_2+U_3-U_4)/4$/mV
12.0					
13.0					
14.0					
15.0					
16.0					
17.0					
18.0					
19.0					
20.0					
21.0					
22.0					
23.0					
24.0					
25.0					
26.0					
27.0					
28.0					
29.0					
30.0					

【思考题】

1）总结利用 I_s 方向、B 方向和 U_H 极性三者来判断霍尔元件类型的规律？

2）用什么方法消除 U_H 中的副作用的影响？并简述其原理？

3）若磁场 B 不恰好与霍尔片的法线方向一致，对测得的霍尔系数有何影响，为什么？

实验十六　声速测量

声波是一种在弹性媒质中传播的纵波。声波的波长、强度、传播速度等是声波的重要性质。测量声速最简单的方法之一是利用声速与振动频率 f 和波长 λ 之间的关系（即 $v=f\lambda$）求出。本实验测量超声波在空气中的传播速度。超声波是频率为 $2\times(10^4\sim10^8)$ Hz 的机械波，它具有波长短、定向传播等优点。

【预习思考题】

1）实验中超声波的发射和接收是通过什么材料的什么效应来实现的？

2）理论说明驻波中相邻波节的距离为多少？

【实验目的】

1）测定超声波在空气中的传播速度；

2）了解超声波产生和接收的原理；

3）熟悉示波器和函数信号发生器的使用方法。

【实验仪器】

SW-1 型声速测量仪，YB4328 双踪示波器、LM1603 型函数信号发生器，温度计等。

【仪器介绍】

声速测量仪必须搭配示波器和信号发生器才能完成测量声速的任务。声速测量仪如图 5-55 所示。

声速测量仪利用压电体的逆压电效应，即在信号发生器产生的交变电压下，使压电体产生机械振动，而在空气中激发出超声波。本仪器采用锆钛酸铅制成的压电陶瓷管，或称压电换能器，将它们与信号发生器，连接组成超声波发生器。

如图 5-56 所示，当压电陶瓷管处于交变电场时，会发生周期性的伸长与缩短。当交变电场频率与压电陶瓷管的固有频率相同时振幅最大。这个振动又被传递给变幅杆，使其沿轴向振动，于是变幅杆端面的空气中激发出超声波。本仪器压电陶瓷管的振荡频率在 40kHz 左右，相应的超声波波长约为几毫米，由于其波长短，定向发射性能好，本超声波发射器是比较理想的波源。变幅杆端面直径（为扩大直径另加一个环形薄片）比波长大很多，可近似地认为在发射面远处的声波是平面波。超声波的接收则是利用压电体的正压电效应，将接收的声波振动，转化成电压信号。接收器安装在可移动的机构上，如图 5-55 所示，这个机构包括支架，丝杆、可移动底座（其上装有指针，并通过定位螺母套在丝杆上，由丝杆带动平移）、带刻度的手轮等。接收器的位置由主尺和刻度手轮的数值决定。主尺最小刻度为 1mm，手轮与丝杆相连，手轮上分为 100 分格，每转一周，接收器平移 1mm，故手轮每一小格为 0.01mm，可估到 0.001mm。

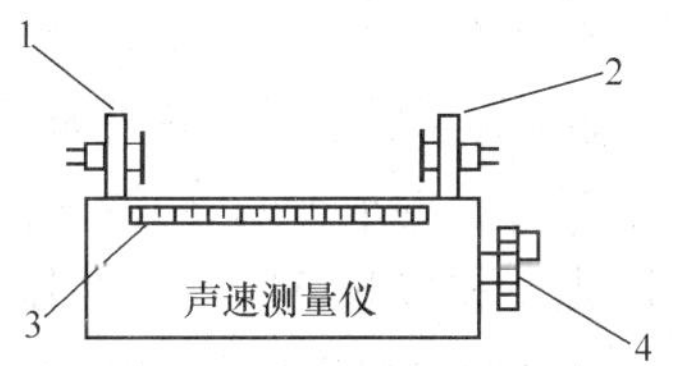

图 5-55 声速测量仪示意图

1. 压电换能器；2. 压电换能器；3. 刻度尺；4. 刻度鼓轮

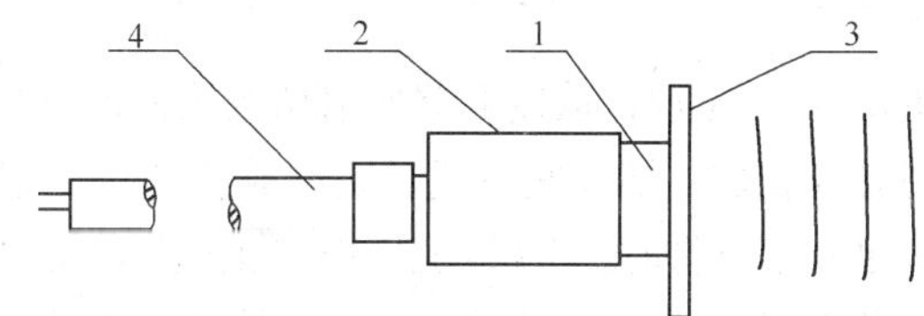

图 5-56 超声波发射器

1. 压电陶瓷管；2. 变幅杆；3. 增强片；4. 缆线

【实验原理】

一、声波在空气中的传播速度

在理想气体中，声波的传播速度为

$$v=\sqrt{\frac{\gamma RT}{M}} \tag{5-85}$$

式中，γ 为比热容比，$\gamma=\frac{c_p}{c_v}$，即气体定压比热容与定容比热容的比值；M 为气体的摩尔质量；T 为绝对温度；R 为摩尔气体常数，R＝8.31441J/(mol·K)。

在正常情况下，干燥空气成分按质量比为氮：氧：氩：二氧化碳＝78.084：20.946：0.934：0.033。干燥空气的平均摩尔质量 $M=28.964\times10^{-3}$kg/mol。在标准状态下，干燥空气中的声速为 $v_0=331.45$m/s。在室温（t=25℃）时，干燥空气中的声速为

$$v = 331.45\sqrt{1+\frac{t}{273.15}} \tag{5-86}$$

由于空气实际上并不是干燥的，总含有一些水蒸气，经过对空气平均摩尔质量 M 和比热容比 γ 的修正，在温度为 t，相对湿度为 r 的空气中声速为

$$v = 331.45\sqrt{\left(1+\frac{t}{T_0}\right)\left(1+0.31\frac{rp_s}{\mathrm{p}}\right)} \tag{5-87}$$

式中，p_s 为温度为 t 时空气的饱和蒸汽压，可从饱和蒸汽压和温度的关系表中查出；p 为大气压，取 $p=1.03\times10^5$Pa；r 为相对湿度，可从干湿温度计上读出。

一般来说实验里空气比较干燥，压强变化不大，因此本实验采用式（5-86）作为声速的理论公式。

二、测量声速的实验方法

实验测定声速的方法可分为两类：①测出声波的传播距离 l 和所需时间 t，由关系式 $v=l/t$ 算出声速；②测量声波的频率 f 和波长 λ，由式 $v=f\cdot\lambda$ 算出声速。

本实验采用 $v=f\cdot\lambda$ 来测量声速，其中声波的频率 f 是发射换能器的谐振频率，而该频率等于信号源输出电压信号的频率，可通过信号源直接读出。声波的波长 λ 则采用下面两种方法进行测量。

1. 共振干涉法（驻波法）

如图 5-57 所示，从发射器发射出的平面波（近似），经接收器反射后，在两端面间来回反射并且叠加，结果使空气媒质形成驻波（严格地说还有行波的成分）。当两端面间的距离满足一定条件时，驻波的波幅达到极大，发射器（声源）和接收器间产生共振现象。当发生共振时，接收器端面（波节）接收到的声压最大，经接收器转换成的电信号也最强。声压变化和接收器位置的关系可从实验中测出，如图 5-58 所示。

理论计算表明，若改变接收器与发射器之间的距离，在某些特定的距离时，媒质中

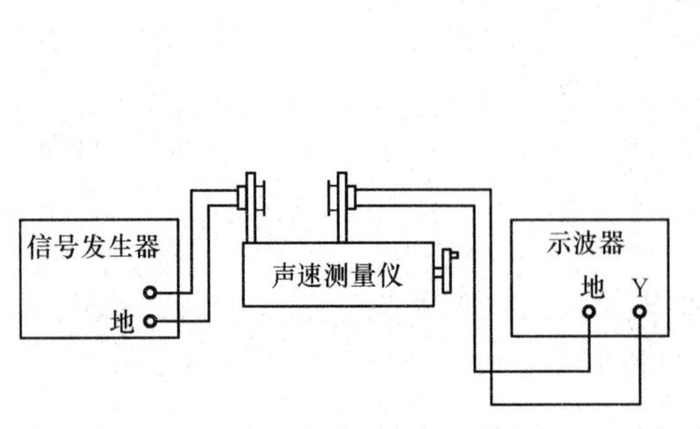

图 5-57　共振法干涉法测波

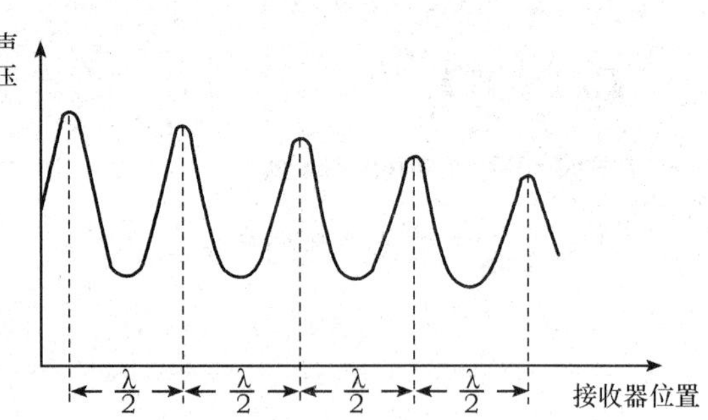

图 5-58　声压变化与接收器位置的关系

出现共振现象。对于相邻两次共振时的距离 l_1 和 l_2，有 $|l_1-l_2|=\lambda/2$。若保持声源频率不变，移动接收器，依次测出接收信号极大的位置为 l_1，l_2，l_3，l_4…则可求出声波的波长 λ，进而计算出声速 v。

2. 相位比较法

由发射器（声源）发出的声波在空气中传播时，将引起空气媒质各点振动。任一点的振动频率 f 与发射器的振动频率相同，其振动相位与发射器振动相位之差 $\Delta\varphi$ 与时间无关，即

$$\Delta\varphi=2\pi f\frac{l}{v}=2\pi\frac{l}{\lambda} \tag{5-88}$$

式中，v 为声速；l 为该点至发射器的距离；λ 为声波波长。

若在某点（l_1处），其振动与发射器的振动反相，即 $\Delta\varphi_1=2(2k-1)\pi$（$k$ 为正整数），在另一点（l_2处），其振动与发射器的振动同相，即其与发射器为的相差为 $\Delta\varphi_2=2k\pi$，若 l_1，l_2 两点紧相邻，由式（5-88），有 $2\pi l_2/\lambda-2\pi l_1/\lambda=\pi$，即 $l_2-l_1=\lambda/2$，这就是说，沿着波的传播方向，与发射器同相和反相的相邻两点，距离为 $\lambda/2$。

根据这一结论，实验时只需将接收器从发射器附近缓慢移开，通过示波器依次找出一系列与发射器同相和反相的点的位置 l_1，l_2，l_3，l_4…就可求出声波的波长 λ。

$\Delta\varphi$ 的测定可用示波器观察李萨如图形的方法进行。如图 5-59 所示，将发射器与接收器的信号分别输入示波器的 X 端（CH1）和 Y 端（CH2），移动接收器（改变 l），相位差 $\Delta\varphi$ 将改变，一般情况下，示波器上将出现不同形状的椭圆，但当接收器的振动与发射器的振动同相时，李萨如图形则变成斜向右上方的直线（同相线），当它们反相时，则变斜向右下方的直线（反相线），如图 5-60 所示，据此可依次找出各同相点与反相点的位置。

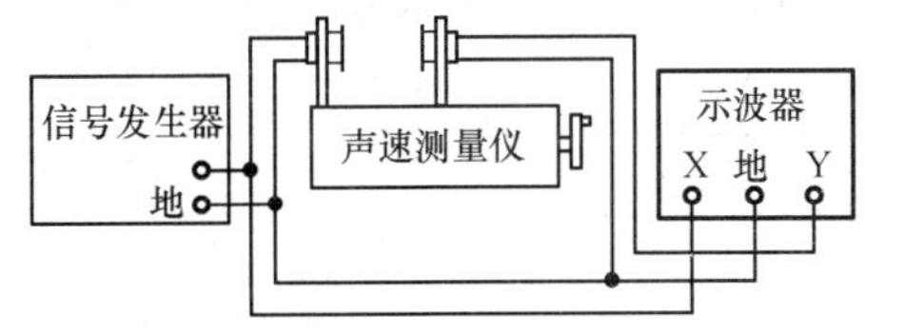

图 5-59 相位比较测波长接线图

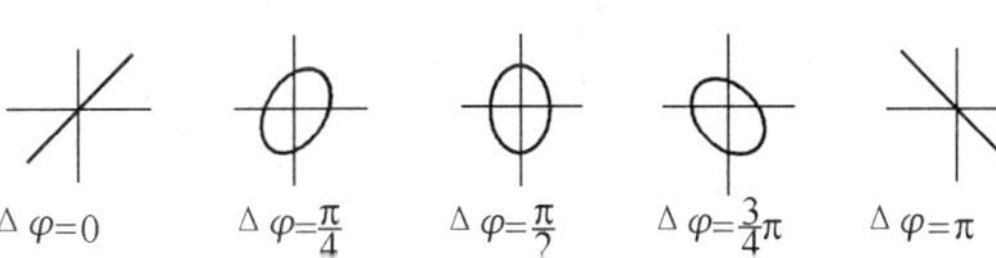

图 5-60 相位差图

【实验内容】

一、共振干涉法测声速

1）按图 5-57 所示连线。将信号发生器的电压输出端与声速测量仪的发射器相连；将声速测量仪的接收器与示波器的 CH2 输入端相连。

2）按下信号发生器的电源开关和正弦输出波形对应的按钮，将信号频率范围选择开关中的 300kHz 对应的按钮按下，调节频率旋钮，使显示窗口显示的输出信号频率为 40kHz 左右。

3）按下示波器的电源开关和对应的垂直方式按钮，调节扫描速率和垂直衰减器旋钮，使显示屏上显示稳定的正弦波形；然后进一步调节信号频率旋钮，使示波器的波形最大。

4）旋转声速测量仪上带刻度的手轮移动接收器，逐渐增大发射器与接收器间的距

离，按顺序找出各声压最大（即示波器上显示波形的振幅最大时）的点的位置 l_i 并记录，用逐差法求波长 λ 的平均值，并算出声速 $v_{测}=f\cdot\lambda$。

5）用温度计测室温 t，代入式（5-86）计算声速理论值 $v_{理}$。

6）计算相对误差：$E_r=\dfrac{|V_{测}-V_{理}|}{V_{理}}\times100\%$

二、相位比较法测声速

1）按图 5-59 所示接线，将信号发生器的电压输出端和发射器的输入端并接到示波器 CH1 的 X 输入端，将接收器的输出端接到示波器 CH2 的 Y 输入端。

2）将示波器上扫描速率旋钮逆时针选到底，即选择 X-Y 工作方式，在荧光屏上便显示出两个同频率相互垂直的谐振动的叠加图形——李萨如图形（一般为椭圆）。

3）移动声速测量仪的接收器，逐渐增大发射器和接收器间的距离，记下李萨如图形为直线（包括斜向右方和斜向右下方的直线）时接收器的位置 l_i'。

4）记录 10 组数据，用逐差法处理数据，算出波长的平均值。

5）计算声速 $v_{测}$，求相对误差。

【注意事项】

1）压电晶体是圆环形薄片，在操作过程中，两压电换能器不能相碰，以免损坏。

2）读数鼓轮使用时要防止回程误差。测量时要缓慢、向同一方向转动读数鼓轮，中途不应改变读数鼓轮的转动方向，否则，鼓轮与螺杆不同步转动，会造成回程误差。

【数据记录与处理】

1）室温 t=________℃，共振频率 f=________ Hz

2）用共振干涉法（驻波法）测波长，数据记入下表。

共振点位置 l_i/mm	l_1	l_2	l_3	l_4	l_5
共振点位置 l_{i+5}/mm	l_6	L_7	l_8	l_9	l_{10}
$\Delta l_i=l_{i+5}-l_i$					
$\overline{\Delta l}=\dfrac{1}{5}\sum\Delta l_i=$			$\lambda=2\times\dfrac{\overline{\Delta l}}{5}=$		

3）用相位比较法测波长，数据记入下表。

直线图形位置 l_i/mm	l_1	L_2	l_3	l_4	l_5
直线图形位置 l_{i+5}/mm	l_6	L_7	l_8	l_9	l_{10}
$\Delta l_i=l_{i+5}-l_i$					
$\overline{\Delta l}=\dfrac{1}{5}\sum\Delta l_i=$			$\lambda=2\times\dfrac{\overline{\Delta l}}{5}=$		

【思考题】

1）超声波在空气中的传播速度能代表空气中所有声波的速度吗？

2）为什么换能器要在谐振频率条件下进行声速测量？

3）在驻波测量法中，当两换能器的距离增大时，驻波波幅的极值为什么越来越小？

实验十七　牛顿环、劈尖

【预习思考题】

1）等厚干涉的原理？

2）如何使用读数显微镜？

【实验目的】

1）通过对牛顿环干涉现象的观察，加深对光的波动性以及等厚干涉现象的认识。

2）学会使用读数显微镜。

3）掌握用干涉法测量透镜的曲率半径的方法。

4）学习用逐差法进行数据处理。

【实验仪器】

读数显微镜、钠光灯、牛顿环装置。

1. 牛顿环

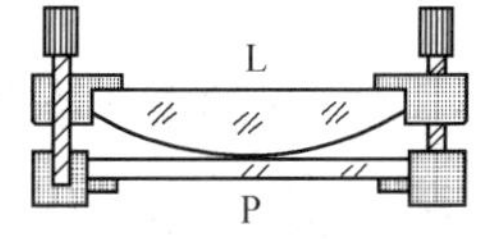

图 5-61　牛顿环装置

牛顿环装置是将一个曲率半径很大的待测平凸透镜 L 和光学平面玻璃 P 叠合在金属框架中，如图 5-61。通过金属框架上的三颗螺钉可以调节透镜与平面玻璃之间的接触状态以改变干涉条纹的形状和位置；实验中应尽可能的将金属框架上的螺钉拧松，以避免接触压力过大使平凸透镜或平板玻璃的表面发生形变、甚至破裂。

2. 钠光灯

见光学实验基本知识。

3. 读数显微镜

见力学与热学实验基本知识。

【实验原理】

当一束单色平行光垂直照射牛顿环装置时，产生等厚干涉条纹，其干涉条纹是一组以平凸镜为平板玻璃的接触点为圆心的明暗相间的同心圆环，如图 5-62 所示，称为牛顿环。

由图 5-63 所示光路可知，与第 k 级牛顿环相对应的两相干光束之间的光程差为

$$\Delta = 2d + \lambda/2 \tag{5-89}$$

式中，d 是与第 k 级干涉条纹相对应的空气层厚度；λ 是入射光波长；$\lambda/2$ 是因光从光疏媒质到光密媒质的交界面上反射时产生的半波损失所引起的。

由图 5-63 的几何关系可知

$$R^2=r^2+(R-d)^2$$

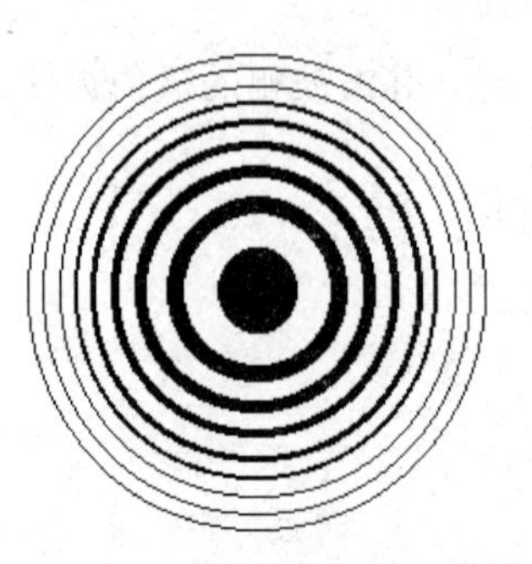

图 5-62　牛顿环

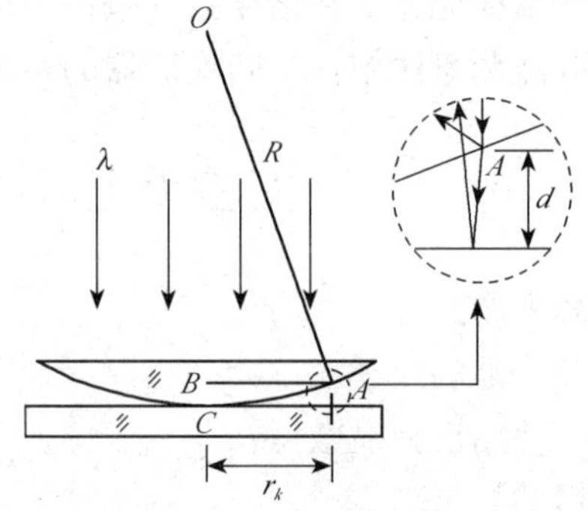

图 5-63　牛顿环光路图

简化后

$$r^2 = 2dR - d^2$$

由于空气膜厚度 d 远小于透镜的曲率半径 R（$d \ll R$），因而可省略式中的 d^2，则有

$$d = \frac{r^2}{2R}$$

将上式代入式（5-89），得 $\Delta=\dfrac{r^2}{R}+\dfrac{\lambda}{2}$

由光的干涉条件可知，当光程差为半波长的奇数倍时，即 $\Delta=(2k+1)\ \dfrac{\lambda}{2}$时，干涉条纹为暗条纹。于是有，第 k 级干涉暗条纹的半径为

$$r_k = \sqrt{kR\lambda}\ (k = 0,1,2,3\cdots) \tag{5-90}$$

由此可见，r_k与级次 k 的平方根成正比，故牛顿环随着 k 的增加越来越密，而且越来越细。同理，第 k 级干涉亮条纹的半径为

$$r_k = \sqrt{(2k-1)R\frac{\lambda}{2}}\ (k = 0,1,2,3\cdots)$$

由上可见，如果已知入射光的波长 λ，并测得第 k 级干涉暗条纹的半径 r_k，则由式（5-90）可以算出平凸透镜的曲率半径 R。但在实验中所看到的牛顿环中心并不是一个暗点，而是一个不太清晰的暗斑或亮斑，原因在于凸面和平面不可能是理想的点接触，平凸透镜与平面玻璃之间的接触压力会引起局部变形，或镜面上可能有灰尘而引起附加的光程差，使干涉环中心为一个暗斑或亮斑，故无法确定环的几何中心，这样在测量时，中心点找不准，而且暗环的绝对级次也不易确定，会给测量带来误差。所以比较准确的方法是测量干涉环的直径 D_k，即

$$D_k = 2\sqrt{kR\lambda}$$

再采用逐差法，以消除附加的光程差带来的系统误差。若 m 与 n 级暗环的直径分别为 D_m 与 D_n，$D_m^2-D_n^2=4\ (m-n)R\lambda$

则由上式得

$$R=\frac{D_m^2-D_n^2}{4(m-n)\lambda} \tag{5-91}$$

上式只与条纹的干涉级次差 $m-n$ 有关，而与干涉级次 k 自身的准确与否无关；且即使测量中没有严格经过干涉条纹的圆心，所测 D_m 和 D_n 不是直径而是某一割线上的两条弦，也不会影响 R 的计算结果（证明略）。

【实验内容】

1. 调节读数显微镜并观察牛顿环干涉图像

1）按图 5-64 所示放置好仪器，开启钠光灯（几分钟后，灯管发光稳定变亮）。

2）在钠光灯预热的时间里，利用日光灯光调节牛顿环装置。轻轻调节装置上的三个螺钉，使牛顿环中心条纹出现在透镜正中，无畸变，且为最小。

3）将牛顿环装置放在读数显微镜的载物台上。移动读数显微镜的位置并轻轻转动透光反射镜，使显微镜目镜中视场明亮。

4）调节目镜（转动目镜），使十字叉丝清晰，无视差。

5）调节物镜，转动调焦手轮，自下而上地缓慢移动物镜，直至在目镜中观察到清晰的牛顿环。适当移动牛顿环的位置，使牛顿环左右方向的直径与十字叉丝平移方向平行，使牛顿环圆心处在视场的正中央。

6）转动测微鼓轮，观察牛顿环的全貌，了解分布特征。

2. 测量牛顿环直径

1）稍稍移动牛顿环装置，使显微镜目镜中十字叉丝交点与牛顿环中心大致重合。转动测微鼓轮，使显微镜筒移动。观察十字叉丝是否一条与镜筒移动方向垂直，另一条与镜筒移动方向平行，如果不符，则适当转动目镜，使之达到上述状态。

2）在测量各暗环的直径时，只能沿同一个方向转动测微鼓轮，不能进进退退，以避免测微螺距间隙引起的空回误差。如实验测量第 6 个到第 15 个暗环的直径时，则应先使显微镜中叉丝的交点超过第 15 条暗环，然后再退回到第 15 条暗环，使叉丝与第 15 条暗环的一侧相切（见图 5-65），记下读数，再转动鼓轮使叉丝依次相切于第 14、13、12、…、6、…到另一边的 6、7、…、15 条暗环的同一侧，并记录各组数据。

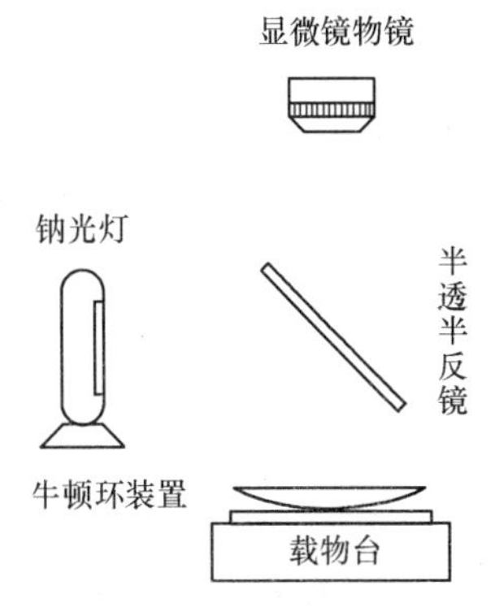

图 5-64　实验仪器放置示意图

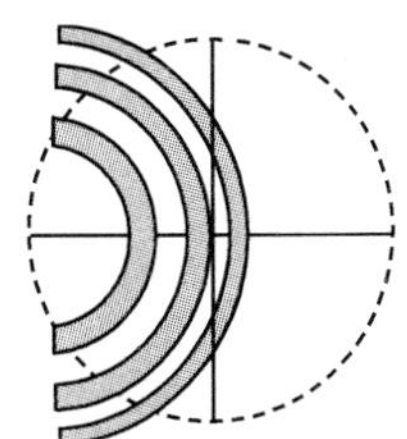

图 5-65　测量暗环直径示意图

3）由左、右侧的读数算出各圈直径。为了提高结果准确性，采用逐差法处理数据，即可完成数据表格，最后将$\overline{D_m^2-D_n^2}$代入式（5-91），求出平凸透镜的曲率半径R。

【注意事项】

1）爱护仪器，各光学镜面不得用手或其他物体触摸。

2）牛顿环境上的夹持螺钉不可拧得过紧，以防压碎镜片。

3）测量过程中，测微鼓轮只能向一个方向旋转，不得中途倒转，以免因“空转”引起误差。

4）实验中，桌面不能有大的振动，读数显微镜的物镜必须自下而上调焦，更不可数错暗纹的圈数，否则要重测。

【数据处理】

环数	m	15	14	13	12	11
环的位置/mm	左侧					
	右侧					
环的直径 D_m/mm						
环数	n	10	9	8	7	6
环的位置/mm	左侧					
	右侧					
环的直径 D_n/mm						
D_m^2/mm^2						
D_n^2/mm^2						
$D_m^2-D_n^2/\text{mm}^2$						
$\overline{D_m^2-D_n^2}/\text{mm}^2$						

1）用逐差法求出R：$R=\dfrac{\overline{D_m^2-D_n^2}}{4(m-n)\lambda}=$________（mm）

2）求出其相对误差：$\dfrac{\Delta R}{R_0}=\dfrac{|R_0-R|}{R_0}\times100\%=$________%

【思考题】

1）在牛顿环实验中，在实验原理和实验内容中提出了哪些避免或减少误差的措施？

2）从牛顿环装置的下方透射上来的光，能否形成干涉条纹？如果能的话，它和反射光形成的干涉条纹有何不同？

实验十八　迈克尔逊干涉

迈克尔逊干涉仪是一种分振幅双光束的干涉仪，可以用来观察光的干涉现象（包括等倾干涉条纹、等厚干涉条纹、白光干涉条纹），也可以研究许多物理因素（如温度、压强、电场、磁场以及媒质的运动等）对光的传播的影响，同时还可以测定单色光的波

长，光源的相干长度以及透明介质的折射率等，

【预习思考题】

1）迈克尔逊干涉仪中玻璃板 G_2 的作用是什么？

2）在本实验中是利用什么方法获得两束相干光的？

【实验目的】

1）学习迈克尔逊干涉仪的结构原理和调节方法。

2）观察点光源的非定域干涉和面光源的等倾干涉和等厚干涉图样。

3）用迈克尔逊干涉仪测定 He-Ne 激光的波长。

【实验仪器】

迈克尔逊干涉仪；He-Ne 激光源；钠光灯。

1. 仪器的结构原理

【实验原理】

迈克尔逊干涉仪是一个分振幅法的双光束干涉仪，其光路如图 5-66 所示，它由反射镜 M_1、M_2、分束镜 G_1 和补偿板 G_2 组成。其中 M_2 是一个固定反射镜，反射镜 M_1 可以沿光轴前后移动，它们分别放置在两个相互垂直的臂中；分束镜和补偿板与两个反射镜均成 45°，且相互平行；分束镜 G_1 的一个面镀有半透半反膜，它能将入射光等强度地分为两束；补偿板是一个与分束镜厚度和折射率完全相同的玻璃板。光源发出的光经分束镜被分成等强度的两束光 1 和 2，光束 1 和 2 分别经反射镜 M_2 和 M_1 反射后，再次经分光镜 G_1 向 E 处传播。由于光束 2 在传播过程中三次穿过分束镜，而光束 1 只有一次穿过分束镜。由于玻璃不存在色散，不同波长的光在干涉仪中具有不同的光程差，为此，在分束镜 G_1 和反射镜 M_2 之间加入一个补偿板 G_2，这样光线 1 同样在相同的玻璃板中穿过 3 次，使所有波长光在玻璃中的光程差为零。在单色光入射时，补偿板可以以两臂的光程达到完全对称。

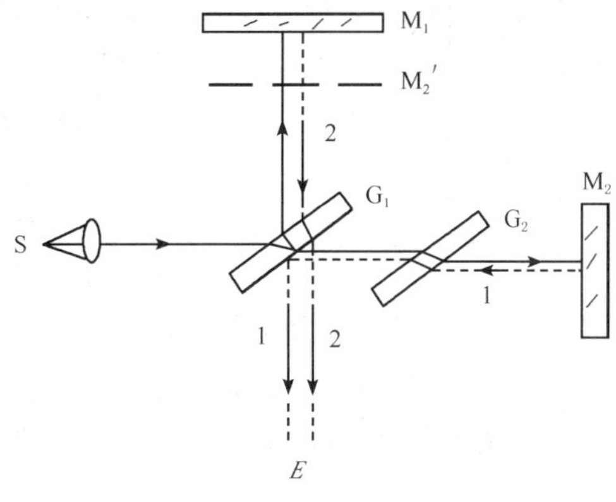

图 5-66　迈克尔逊机构原理图

迈克尔逊干涉仪所产生的两束相干光是由 M_1 和 M_2 反射而来的，M_2' 是 M_2 在 G_1 的后表面所成的虚像，在研究干涉情况时，M_2' 和 M_2 完全等效。

（1）读数（M_1 镜所在的导轨拖板由精密丝杠带动可沿导轨前后移动）

M_1 镜的位置由 3 个读数尺的数值来确定。主尺是一个毫米尺，在导轨的侧面，其数值由导轨拖板上的标志线指示，只读到毫米，毫米以下的读数由两个螺旋测微装置读出，第一套装置在丝杠一端的窗口圆刻度盘，其上有 100 个均匀刻度，由粗动手轮带动。从读数窗口可以看到，转动粗动手轮一周，M_1 镜移动 1mm（转动一个刻度时，M_1 镜移动 0.01mm）；第二套装置在读数窗口的右侧，是一个微动手轮，其圆周上也刻有 100 个刻度，每转微动手轮一周，M_1 移动 0.01mm，即微动手轮每转一个刻度时，M_1 只移动 0.0001mm（即 0.1μm）。M_1 的位置由这 3 个读数之和表示。这套读数系统可把

M_1的位置精确到万分之一毫米，估计读数可达十万分之一毫米。

（2）系统调零

转动微动手轮时，粗动手轮随之转动，但在转动粗动手轮时微动手轮并不随之转动，因此在读数前必须调整零点。将微动手轮沿某一方向旋转至零，然后同方向转动粗动手轮对齐读数窗口中的某一刻度线，以后测量时只调整微动手轮且只能沿该方向转动。

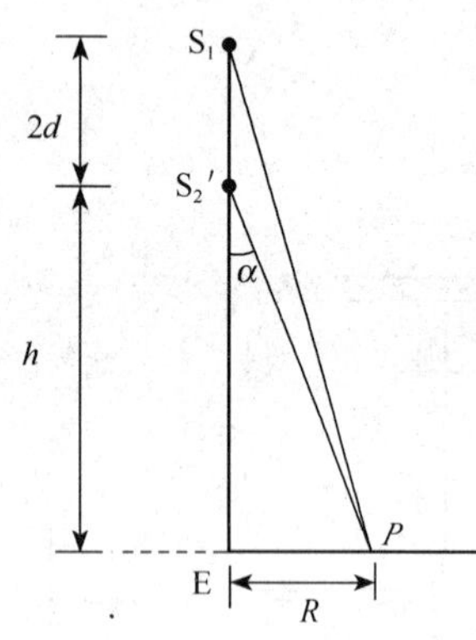

图 5-67　点光源干涉光路图

2. 点光源产生的非定域干涉

当光源为单色点光源时，经平面镜 M_1 和 M_2'反射后，相当于由两个虚光源 S_1、S_2'发出的相干光束，如图 5-67 所示。S_1和 S_2'的距离为 M_1 和 M_2' 距离 d 的两倍。虚光源 S_1、S_2'发出的球面波在它们相遇的空间处处相干涉，也就是说，只要观察屏在 S_1、S_2'发出的两束光的交叠区，都可以看到干涉条纹，所以这种干涉被称为非定域干涉。

当 M_1和 M_2'严格平行，观察屏垂直于 S_1S_2'延长线时，干涉图样应为同心圆。一般把观察屏放在垂直于 S_1S_2'的连线的平面上，看到的干涉图样是一组明暗相间的同心圆，圆心在 S_1S_2'延长线与观察屏的交点 E 处。

如图 5-67 所示，由 S_1、S_2'到观察屏上任一点 P 处的两光线的光程差为

$$\Delta L=\sqrt{(h+2d)^2+R^2}-\sqrt{h^2+R^2}=\sqrt{h^2+d^2}\left[\sqrt{1+\frac{4hd+4d^2}{h^2+R^2}}-1\right]$$

当 $h\gg d$ 时，有

$$\Delta L=\sqrt{h^2+R^2}\left[\frac{1}{2}\frac{4hd+4d^2}{h^2+R^2}-\frac{1}{8}\frac{16h^2d^2}{(h^2+R^2)^2}\right]=2d\cos\alpha\left[1+\frac{d}{h}\sin^2\alpha\right]$$

由上式知：同心圆的圆心 E 点处，对应 $\alpha=0$，光程差 $\Delta L=2d$ 最大。即圆心 E 点所对应的干涉级别最高。若移动 M_1镜，则 M_1和 M_2'之间的距离 d 发生变化。d 增加时，可以看到圆环中心出现连续“冒圈”现象；d 减少时，圆环中心出现连续“陷圈”。每“冒或陷”一个圈时，相当于 S_1、S_2'的距离改变了一个波长 λ，即 M_1和 M_2'距离改变了$\dfrac{\lambda}{2}$。设 M_1移动了 Δd 距离，相应“冒或陷”圈的个数为 N，则有

$$\Delta d=N\frac{\lambda}{2}=\frac{1}{2}N\lambda$$

3. 面光源产生的“定域干涉”

光源上不同点所发出的光是不相干的，但通过以下两种情况下可以观察到干涉条纹。

（1）M_1和 M_2严格垂直时——等倾干涉条纹

M_1和 M_2'严格平行，且把观察屏放在透镜的焦平面上，如图 5-68（a），此时，从面光源上任一点 S 发出的光经 M_1和 M_2反射后形成两束平行相干光，它们在观察屏上

相遇时的光程差均为 $2d\cos i$，因而可以看到清晰的圆形干涉条纹。由于 d 是恒定的，故倾角相同，干涉情况相同，所以称为等倾干涉条纹。

（2）当 M_1 和 M_2 不严格垂直时——等厚干涉条纹

当 M_1 和 M_2 不严格垂直时，即 M_1 和 M_2' 有一个小夹角 α，此时从面光源上任一点 S 发出的光经 M_1 和 M_2 反射后形成的两束相干光相交于 M_1 或 M_2 的附近。若把观察屏放在 M_1 或 M_2 对于透镜所形成的像平面附近，如图 5-68（b），可形成干涉条纹。如果夹角 α 较大而 i 角变化不大，则条纹基本上是厚度 d 为常数的轨迹，所以称为等厚干涉条纹。

在透镜的像平面或焦平面上才能看到清晰的条纹，称为定域干涉。

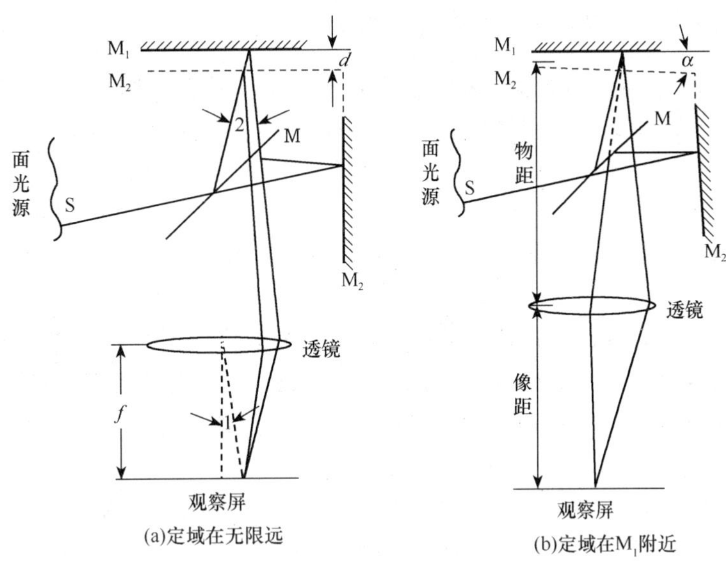

图 5-68　定域干涉光路图

4. 测量光波波长

在点光源产生的非定域干涉或面光源产生的定域干涉情况下，设 M_1 镜移动距离为 Δd，相应冒出（或陷入）圆条纹数为 N，则有

$$\Delta d=\frac{1}{2}N\lambda \tag{5-92}$$

由上式可知，只要测出 Δd，数出 N，即可求出 λ。

【实验内容】

1. 观察 He-Ne 激光的非定域干涉现象，测定 He-Ne 激光的波长

1）调节迈克尔逊干涉仪。

2）将一束光纤安装在分光板的前端，使出射的激光照射在分光板上，光轴基本与固定镜 M_2 垂直。

3）转动粗动手轮，将移动镜 M_1 的位置置于机体侧面标尺所示约 32mm 处，此位置为固定镜 M_2 和移动镜 M_1 相对于分光板的大约等光程位置。

4）利用两点重合法，仔细调整 M_1 和 M_2 后的三只调节螺钉，使 M_1 和 M_2 基本垂直，即 M_1 和 M_2' 互相平行，调出同心圆条纹。

5）移动 M_1 改变 d，可以观察到视场中心圆条纹向外连续冒出（或向内连续消失）。开始计数时，先记录 M_1 镜的初始位置读数 d_1。

6）数到圆条纹从中心向外冒出 100 个时，再记录 M_1 镜的末位置读数 d_2。

7）利用式（5-92），计算出 He-Ne 激光的波长 λ。

8）重复上述步骤两次，求出平均波长 λ，并与 He-Ne 激光波长的理论值 $\lambda_0 = 632.8\text{nm}$ 比较，计算相对误差。

2：观察等倾干涉或等厚干涉条纹（选做）

1）先用 He-Ne 激光器调整仪器，在激光器前放一个小孔光阑，使扩束的激光束通过光阑，并经分光板 G_1 反射到移动镜 M_1 上（此时应将固定镜的反射面遮住），再反射经分光板返回至小孔光阑上。

2）仔细调整 M_1 后的三个调节螺钉使最后的反射光点与光阑的小孔严格重合。转动粗动手轮移动 M_1，要求反射光点像不随 M_1 的移动而产生漂移。此后的实验过程中，不可再旋动 M_1 后的三颗调节螺钉。

3）换上钠光灯，在出光口装上毛玻璃，以使光源成为面光源，用聚焦到无穷远的眼睛代替屏，仔细调节 M_2 后的调节螺钉，可看到圆条纹，进一步调节 M_2 的调节螺钉，使眼睛上下左右移动时，各圆的大小不变，仅是圆心随眼睛移动，即为等倾条纹。

4）移动 M_1 观察条纹的变化情况。

5）移动 M_1 和 M_2' 大致重合，调节 M_2 后的螺钉使 M_1 和 M_2' 有一个很小的夹角，这时视场中就会出现直线干涉条纹，这就是等厚干涉条纹。

6）仔细调节 M_2 后的螺钉和微调螺钉，即改变夹角的大小，观察条纹的疏密变化。

【注意事项】

1）在测量过程中，微动手轮只能向一个方向转动，以免引起间隙误差。

2）眼睛不能正对着激光束，以免损伤视力。

3）不要用手摸光学镜片。

4）实验结束后，把 M_1 和 M_2 背后的各调节螺钉放松，以免失去弹性。

【数据处理】

次数	d_1/mm	d_2/mm	Δd/mm	N	λ/nm
1					
2					
3					

$\bar{\lambda}=$________ nm　　$E_r=\frac{|\bar{\lambda}-\lambda_0|}{\lambda_0}\times100\%=$________%

【思考题】

1）点光源非定域干涉实验中两个虚光源 S_1 和 S'_2 的距离为 M_1 和 M'_2 距离的两倍，为什么？

2）结合实验调节中观察到的现象，总结迈克尔逊干涉仪调节的要点。

实验十九 衍射光栅

光绕过障碍物进入几何阴影区的现象称为光的衍射，光栅是一种可以使光发生衍射的光学元件。利用光栅的这一衍射特性可以进行光谱分析，研究物质的结构和组成等。

【预习思考题】

1）什么是光栅光谱?

2）在读数时，为什么要固定游标盘，并且主刻度盘也要和望远镜固定在一起?

【实验目的】

1）观察光的衍射现象。

2）测定光栅常数及光波波长。

3）进一步熟悉分光计的使用。

【实验仪器】

分光计、光栅、低压汞灯、双面镜等。

【仪器介绍】

1. 光栅

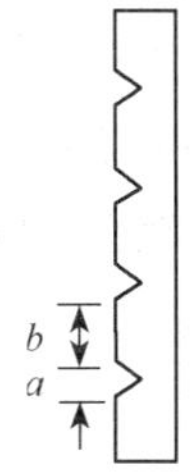

图 5-69 一维透射光栅

光栅的种类很多，有透射光栅、反射光栅、平面光栅、凹面光栅、黑白光栅、正交光栅、一维光栅、二维光栅、三维光栅等；本实验选用的是一维透射光栅。如图 5-69 所示，一维透射式刻痕光栅是在一个基板玻璃片上刻上一组等间距的平行刻痕而成；入射到刻痕处的光由于散射不易透过，光只能从刻痕间的透明部分（也称狭缝）通过。光栅可以看作一系列密集而又均匀排列的平行狭缝。设狭缝的宽度为 a，相邻狭缝之间不透明部分的宽度为 b，则相邻狭缝对应点之间的距离（即光栅常数）$d=a+b$。

2. 低压汞灯

低压汞灯在可见光范围内的主要特征谱线有 404.7nm、435.8nm、546.1nm、577.0nm 和 579.1nm，其中 435.8nm 和 546.1nm 两条谱线的光强较强。

3. 分光计

分光计的结构及调节方法参见“分光计的调节和使用”实验。

【实验原理】

根据夫琅和费衍射的原理，波长为 λ 的平行光垂直入射到光栅平面时，由各个狭缝产生的衍射光彼此干涉形成定域于无限远的干涉条纹。在光栅后面加上凸透镜时，同一方向的衍射光将会聚在透镜焦平面上形成干涉条纹。

由图 5-70 可知，相邻两狭缝对应点衍射光的光程差

$$\Delta=(a+b)\sin\varphi=d\sin\varphi \tag{5-93}$$

式中，φ 为衍射角。

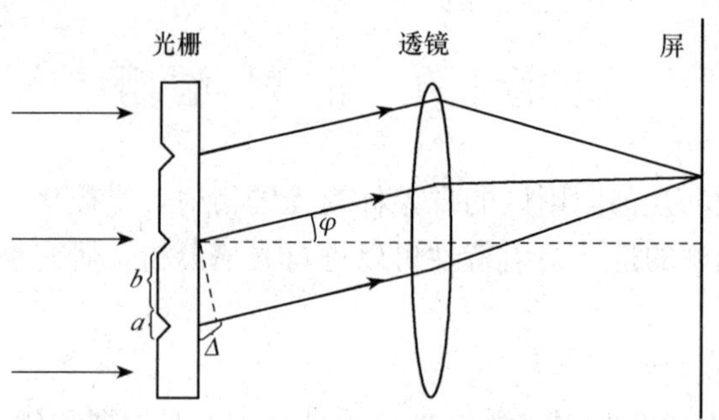

图 5-70　衍射光路图

此外，由相干条件知相邻两狭缝对应点衍射光形成相干明条纹的条件是

$$\Delta = k\lambda \ (k = 0, \pm 1, \pm 2, \cdots) \tag{5-94}$$

式中 k 为衍射级次。

由式（5-93）、式（5-94）两式可得光栅方程

$$d\sin\varphi = k\lambda \ (k = 0, \pm 1, \pm 2, \cdots) \tag{5-95}$$

由式（5-95）可知，同一级次的衍射光，波长越长，衍射角越大；入射光是复色光时，除了 $k=0$ 时各色光仍重叠之外，其他级次的衍射光，波长不同，位置也不相同。通常将复色光同一级次的衍射明条纹称为光栅光谱；图 5-71 所示是汞灯照射时形成的衍射光谱示意图，除了零级重叠外，在零级两侧对称地分布着 $k=\pm 1$，± 2，…级光谱。

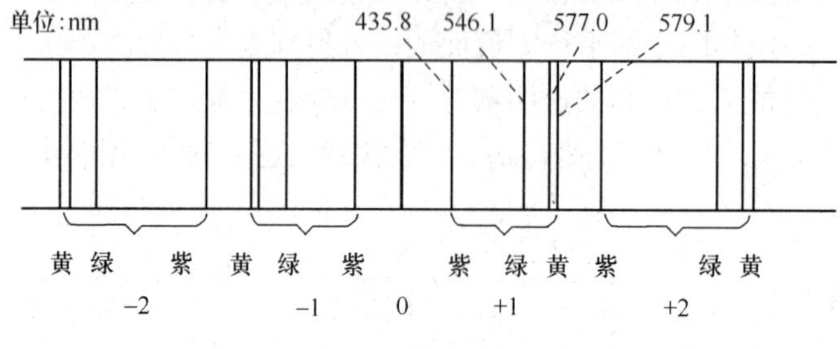

图 5-71　衍射光谱示意图

根据式（5-95），只要测得第 k 级谱线的衍射角 φ，就可以由已知波长 λ 计算光栅常数；也可以由已知光栅常数 d 计算光波的波长。

【实验内容】

1. 点燃汞灯，调节分光计

调节分光计，使之达到工作状态，具体调节见实验附录分光计的调节。

2. 放置光栅，调节光栅方位

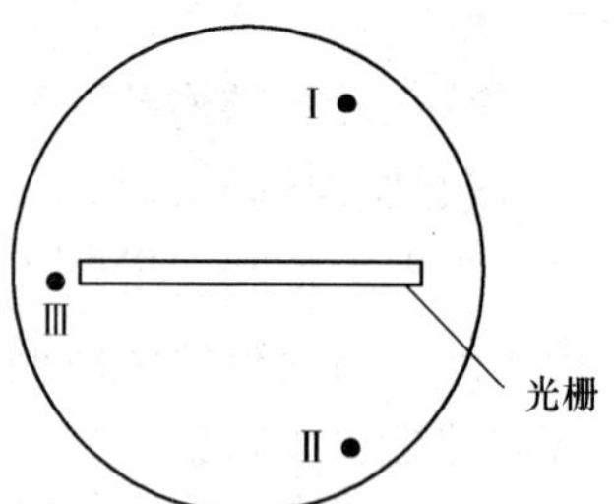

图 5-72　光栅在载物台上的位置

1）入射光垂直射到光栅表面。如图 5-72 所示，将光栅

放置在载物台上，并目视使光栅平面与平行光管轴线大致垂直。然后用自准法调节光栅表面与望远镜轴线垂直，调节螺钉Ⅰ或Ⅱ，使从光栅平面反射回来的亮十字到达准确位置，固定载物台。

2）平行光管的狭缝与光栅刻痕平行。转动望远镜，观察衍射光谱的分布情况，注意观察中央明纹两侧的衍射光谱是否在同一水平面内。如果有高低的变化，表示狭缝与光栅刻痕不平行。再调节螺钉Ⅲ，直到中央明纹两侧的衍射光谱在同一水平面上为止。

3. 测量光栅常数

1）转动望远镜，看能否在分光计的左右两侧都能看到一级和二级光谱线。若看不清，适当调节。

2）测量。转动望远镜，使十字叉丝依次对准零级亮纹（中央亮纹）和汞灯绿谱线的 $k=\pm1$ 和 $k=\pm2$ 的各级亮纹，并记下相应的读数（要用双游标），算出各级衍射角 φ_k。其中

$$\varphi_k=\left|\frac{1}{2}(\theta_0+\theta_0')-\frac{1}{2}(\theta_k+\theta_k')\right|$$

式中，θ_0 和 θ_0' 为中央亮纹时分光计上两游标的读数；θ_k 和 θ_k' 为绿谱线 $k=\pm1$ 和 $k=\pm2$ 时分光计上的读数。将左右同级的 φ 角取平均，作为一级和二级的衍射角 $\overline{\varphi_1}$ 和 $\overline{\varphi_2}$，再将 $\overline{\varphi_1}$ 和 $\overline{\varphi_2}$ 代入式（5-95）计算光栅常数 d（绿光波长 $\lambda=546.1\text{nm}$）。

4. 测定光波波长（紫光）

将望远镜依次对准汞灯紫谱线 $k=\pm1$ 和 $k=\pm2$ 的各级亮条纹，并记录相应的读数，测出相应的衍射角。用前面已测出的光栅常数 d 代入式（5-95）求出该谱线的波长，并计算相对于标准值的相对误差（$\lambda_{0紫}=435.8\text{nm}$）。

【注意事项】

1）爱护仪器，各光学镜面不得用手或其他物体触摸。

2）φ 的不确定度为 $1'$，则 $\sin\varphi$ 的结果保持 4 位有效数字。

【数据处理】

1. 测定光栅常数 d

<table>
<tr><th rowspan="2">亮纹级数</th><th colspan="3">游标读数</th><th colspan="2" rowspan="2">衍射角</th><th rowspan="3">$\sin\overline{\varphi_k}$</th><th rowspan="3">已知光波波长 λ/nm</th><th rowspan="3">d/nm
$\left(d=\frac{k\lambda}{\sin\varphi_k}\right)$</th><th rowspan="3">$\overline{d}$/nm</th></tr>
<tr><th>θ</th><th>θ'</th><th>平均</th></tr>
<tr><td>$k=0$</td><td></td><td></td><td></td><td>φ_k</td><td>平均 φ_k</td></tr>
<tr><td>$k=+1$</td><td></td><td></td><td></td><td></td><td rowspan="2"></td><td rowspan="2"></td><td rowspan="4">546.1</td><td rowspan="2"></td><td rowspan="4"></td></tr>
<tr><td>$k=-1$</td><td></td><td></td><td></td><td></td></tr>
<tr><td>$k=+2$</td><td></td><td></td><td></td><td></td><td rowspan="2"></td><td rowspan="2"></td><td rowspan="2"></td></tr>
<tr><td>$k=-2$</td><td></td><td></td><td></td><td></td></tr>
</table>

2. 测定光波波长

亮纹级数	游标读数			衍射角		$\overline{\sin\varphi_k}$	光栅常数 d/nm	λ/nm $\left(\lambda=\frac{d\sin\varphi_k}{K}\right)$	$\bar{\lambda}$
	θ	θ'	平均	φ_k	平均 φ_k				
$k=0$									
$k=+1$									
$k=-1$							546.1		
$k=+2$									
$k=-2$									

求出其相对误差 $E_r=\frac{\Delta\lambda}{\lambda_{理}}=\frac{|\lambda_{理}-\lambda_{测}|}{\lambda_{理}}\times 100\%=$________

【思考题】

1）用光栅观察自然光时，会看到什么现象？为什么紫光离中央零级最近？

2）实验中所用的光栅，每毫米一般有多少条刻线？

3）若平行光管的狭缝太宽或太窄时，会出现什么现象？

4）为什么牛顿环实验中用显微镜观察干涉条纹，而在光栅实验中却要用望远镜来观察衍射条纹？能否将这两个的观测仪器进行交换？为什么？

实验二十　光的偏振

光的偏振现象是波动光学中一种重要现象，本实验通过半导体激光及一块偏振片以得到线偏振光来进行实验，通过实验可学习和掌握各种偏振光的产生和鉴别方法，了解和掌握偏振片、1/4 波片和 1/2 波片的作用，加深对光的偏振性质的认识。

【预习思考题】

1）两个偏振片的偏振化方向相互垂直放置，称之为正交偏振片；光束不能通过正交偏振片，此时称为消光。在正交偏振片间插入一个波片，为什么光可以通过？

2）转动正交偏振片间的波片一周，有几次消光？根据这个现象，能否判断波片光轴与偏振片的偏振化方向之间的角度关系？

3）波长为 λ 的单色自然光，通过 1/4 波片，是否可能成为圆偏振光或椭圆偏振光？

【实验目的】

1）了解 1/4 波片的性质和作用；

2）了解和掌握圆和椭圆偏振光产生以及检验方法；

3）了解和掌握 1/2 波片的性质和作用。

【实验仪器】

半导体激光器、光具座、偏振片（2 片）、1/2 波片、1/4 波片、光功率计、光电接受器。

【实验原理】

1. 自然光与偏振光

一般光源发出的光是由大量原子或分子辐射形成的。单个原子或分子每次辐射发出的光是线偏振光。但大量原子或分子辐射的光在各个方向的振动的概率是相同的，对外不呈现偏振性，这种光称为自然光。

某些晶体对两个互相垂直的光矢量振动具有不同的吸收本领，称为二向色性晶体。当入射光的振动方向与晶体的光轴垂直时，光被吸收而不能透过；当振动方向与晶体光轴平行时，光很少被吸收而能透过晶体，该晶体可以制成偏振片。

凡是电振动只限于某一确定方向（或其负方向）的光称为线偏振光（平面偏振光）。在垂直于光的传播方向的任一确定平面内，光波电矢量端点随时间作椭圆运动的光称作椭圆偏振光；作圆运动的光称作圆偏振光。以上三种光统为完全偏振光。若在垂直于光传播方向的平面内，电矢量的取向与大小都随时间作无规则变化，且各方向的概率相同，彼此之间没有固定的位相关系，则称为自然光。自然光和线偏振光、圆偏振光任一个组合起来，就成为部分偏振光。

2. 线偏振光的获得

（1）反射起偏和透射起偏

一束单色自然光以布儒斯特（Brewster）角$\left(i_0=\arctan\dfrac{n_2}{n_1}\right)$从折射率为 n_1 的均匀非金属介质入射到折射率为 n_2 的均匀非金属介质界面上时，反射的光将是电振动垂直于入射面的完全偏振光；透射的光将是电振动较多平行于入射面的部分偏振光。i_0称为起偏振角（或称布儒斯特角）。空气相对于折射率为 1.5 的玻璃界面的偏振角 $i_0=\arctan 1.5=56.3°$。若使自然光以布儒斯特角入射并通过一叠表面平行的玻璃片堆，由于自然光可以被等效为两个振动方向互相垂直，振幅相等且没有固定位相关系的线偏振光，又因为光通过玻璃片堆中的每一个界面，都要反射掉一些电振动垂直于入射面的线偏振光，经多次反射，透过玻璃片堆的就成为振动平行于入射面的线偏振光了，这就是透射起偏法。在图 5-73 所示的带布儒斯特窗的激光器中，光波沿着轴线在反射镜 2、3 之间振荡，每通过激光管一次，就通过两块布儒斯特窗；振荡多次，相当于透过玻璃片堆，所以，从输出镜 3 出射的光就是振动平行于纸面的线偏振光。

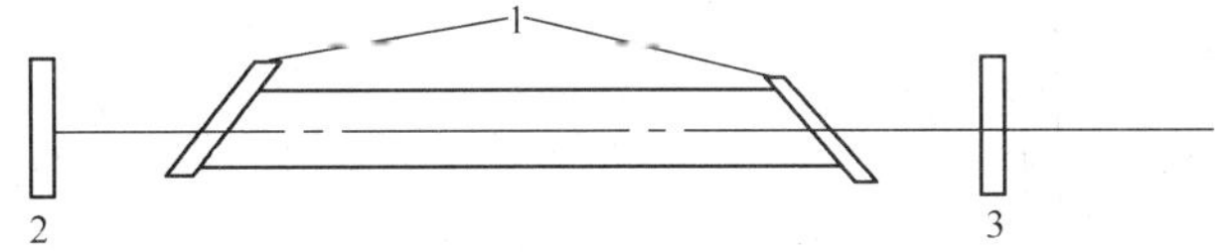

图 5-73　带布儒斯特窗的激光器

1. 布儒斯特窗　2. 全反镜　3. 输出镜

（2）利用偏振片起偏

某些有机化合物晶体具有很强的二向色性，即自然光通过它时，只能有某一确定振动方向（称为透振方向）的光能够通过，而振动方向与此透振方向垂直的光被吸收掉，从而可获得线偏振光。利用这类材料制成的偏振片可获得较大截面积的偏振光束，但由于吸收不完全，所得的偏振光只能达到一定的偏振度。

(3) 晶体折射

由各向异性晶体折射所产生的寻常光和非常光都是线偏振光，将它们单独分离出来，即得到线偏振光。例如由方解石晶体制成的尼科尔（Nicol）棱镜就可作为起偏镜和检偏镜。

3. 马吕斯（Malus）定律

振幅为 A，光强为 $I_0=A^2$的线偏振光垂直入射到一块理想的偏振片上，如图 5-74 所示，若入射光电振动和偏振片的偏振化方向之间夹角为 θ，则自偏振片出射的光强$I=I_0\cos^2\theta$。

这就是马吕斯定律。

4. 波片

波片由正晶体或负晶体制成，晶体的光轴平行于波片表面，波片厚度为 d，晶体对寻常光的折射率为 n_0，对非常光的折射率为 n_e。如图 5-75 所示，当振幅为 A，振动方向和波片光轴 z 夹角为 θ 的线偏振光垂直入射于波片，进入波即分解成振幅为 $A_0=A\sin\theta$ 的寻常光和振幅为 $A_0=A\cos\theta$ 的非常光，二者沿相同方向以不同速度$\frac{c}{n_0}$和$\frac{c}{n_e}$向前传播。最后从波片出射的光是振幅为 $A\sin\theta$ 和 $A\cos\theta$，振动方向互相垂直的二线偏振光，它们间的位相差是

$$\delta=(n_e-n_0)d\cdot\frac{2\pi}{\lambda}$$

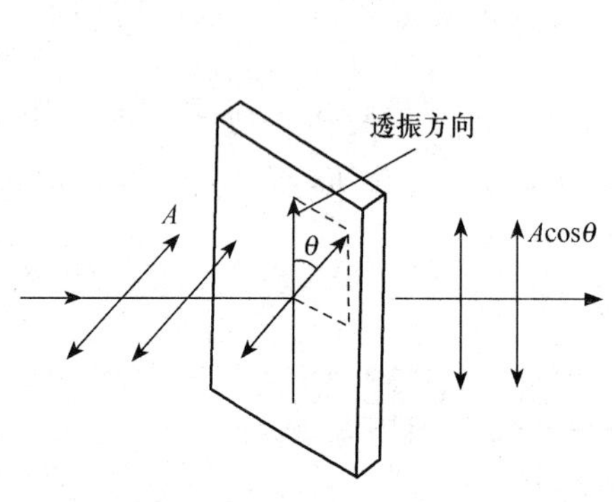

图 5-74 马吕斯定律图解

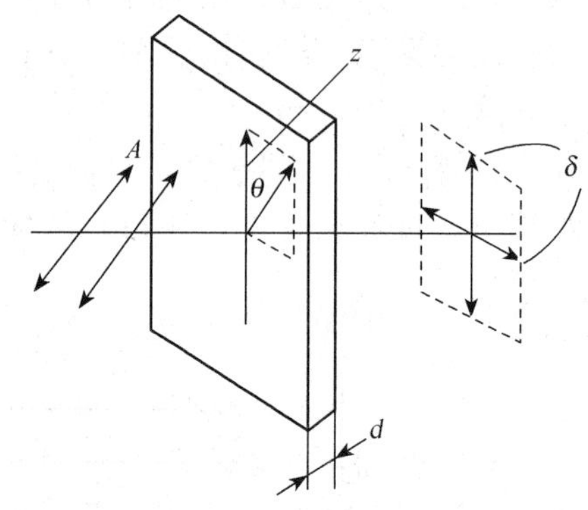

图 5-75 波片工作原理示意图

当 $\delta=2k\pi$，($k=\pm1$，±2，…) 时，波片为 λ 片，即波长片，出射光为线偏振光。当 $\delta=(2k+1)\pi$，($k=0$，±1，±2，…) 时，波片为 $\lambda/2$ 片或 1/2 波片，出射光为线偏振光。当入射的线偏振光的光振动面与 1/2 波片的光轴成 θ 角时，则透过 1/2 波片的光虽然仍为线偏振光，但其振动已转过了二倍 θ 角。

当 $\delta=(2k+1)\frac{\pi}{2}$，($k=0$，$\pm1$，$\pm2$，…) 时，波片为 $\lambda/4$ 片、或 1/4 波片，出射

光为正椭圆偏振光。当入射的线偏振光的光振动面平行与 1/4 波片出来的光，一般说来是椭圆偏振光，但 $\theta=0$，$\frac{\pi}{2}$时，得到的是线偏振光，$\theta=\frac{\pi}{4}$时，得到的是圆偏振光。

5. 各种偏振光检验

检验与鉴别光的偏振状态过程称为检偏。所使用的器件称为检偏器。实验中起偏器和检偏往往是通用的，例如用于起偏时的偏振片称为起偏器，但用于检偏时，就称为检偏器了。下面介绍偏振光的检验方法。

(1) 线偏振光

强度为 I_0 的线偏振光入射到检偏器上，若光矢量 E 的方向与透光方向（偏振片的偏振方向）成 θ 角时，由马吕斯定律，从检偏器射出的光强是 $I=I_0\cos^2\theta$。当旋转检偏一周时，分别出现两次光强最大和两次消光（光强为零）的情况。

(2) 圆偏振光

只使用一个检偏器，把它旋转一周，透射光强度将无变化，这种现象与自然光现象相同，因此还要考虑使用其他器件才能把它和自然光区别开来。若让圆偏振光先通过一个 $\theta=0$ 的 1/4 波片，则出现的是线偏振光，再旋转检偏器，可观察到两次消光现象。

(3) 自然光

在检偏器前加一个 1/4 波片，自然光通过后还是自然光，旋转检偏器，则透射光强仍然没有变化，由此，可以把它和圆偏振光区别开来。

(4) 椭圆偏振光

椭圆偏振光通过旋转的检偏器将出现光强度两消（不是消光状态）现象。光强度极小时检偏器的偏振方向（透振方向）就是椭圆的短轴方向。实验中先让椭圆偏振光通过 1/4 波片，并使 1/4 波片的光轴处于椭圆偏振光短轴的方位，则从 1/4 波片出射的将是振动方向与椭圆长短轴组成矩形的对角线方向相重合的线偏振光，再把检偏旋转一周，将会出现两次消光的现象。

(5) 部分偏振光（自然光加椭圆偏振光）

先旋转检偏器找到光强度最暗的方位，再把 1/4 波片置于检偏器前，并使 1/4 波片的光轴平行光强度最暗的方位，旋转检偏器，出射光将会出现两次变暗的现象，但变暗方位与未插入 1/4 波片变暗方位不相同。

将用一个已知偏振方向的偏振片和一个已知光轴方向的 1/4 波片鉴别各种不同偏振态的方法一个总结于表 5-1。

表 5-1 鉴别各种偏振态的方法和步骤

第一步：旋转偏镜	第二步：检偏镜前插入 1/4 波片	第三步：再旋转检偏镜	结论
光强无变化	光轴方位任意	两明两零	圆偏振光
	光轴方位任意	光强无变化	自然光
	光轴方位任意	两明两暗	自然光加圆偏振光

续表

第一步：旋转偏镜	第二步：检偏镜前插入 1/4 波片	第三步：再旋转检偏镜	结论
两明两零	—	— 两明两零	线偏振光 椭圆偏振光
两明两暗（使偏振镜处于暗方位）	旋转$\frac{1}{4}$波片，使光强最暗，即使其光轴与检偏镜透振方向平行或垂直	两明两暗，暗方位同第一步	自然光加线偏振光
		两明两暗 暗方位不同	自然光加椭圆偏振光

【实验内容】

1. 准备工作

1）首先将光功率计的光输入端遮住，将光功率计的数值显示调零。

2）将激光器的光线垂直入射到光功率计的光输入端，并将其固定。

3）将两个偏振片中的一个垂直放置在激光器和光功率计之间的起偏器。此时，可以见到有偏振片反射的光线反射到激光器上，调节偏振片使反射光线返回激光器的输出端或者激光器的上、下端即可。

4）调节起偏器，使光功率计的示数达到最大值。在此基础上，将另外的偏振片放到光功率计一端（检偏器）。调节检偏器，使之与光线垂直，将其固定。调节检偏器，将光功率计调节到最大值，记为 I_0，记下此时检偏器的初始角度 θ_0。

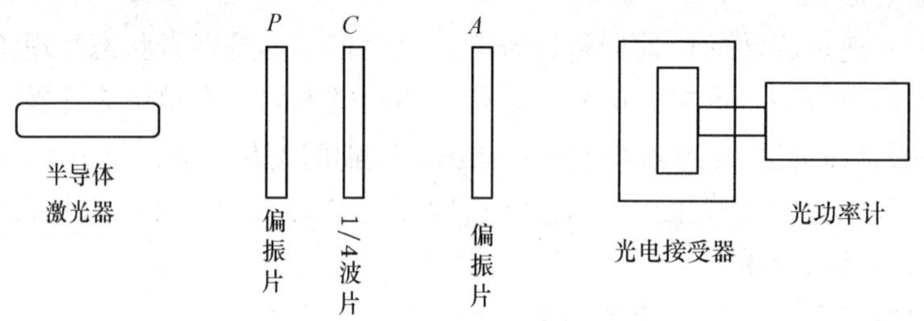

图 5-76　波片工作光路图

2. 1/4 波片的作用

1）首先将起偏器放置到激光器一端，并且调节光电流到最大值，将其固定。在光电接受器一端放置检偏器，调节检偏器，使光电流到达最小值（消光状态，理想情况下为零。）

2）在起偏器和检偏器之间放置$\frac{1}{4}$波片，如图 5-76 所示。放置伊始，光功率计有示数显示，调节$\frac{1}{4}$波片直到光功率计显示为零。记下此时$\frac{1}{4}$波片的位置 $\theta\frac{\lambda}{4}$，从 $\theta\frac{\lambda}{4}$ 位置将$\frac{1}{4}$波片旋转 15°。将检偏器旋转一周，将选装的过程中光电流的最大值以及最小值以及相应的角度记入下表。

3. $\frac{1}{2}$波片的作用

1）将$\frac{1}{2}$波片放置到起偏器和检偏器的中间，将其旋转一周，观察$\frac{1}{2}$波片在旋转一周的过程中有几次消光，进行记录。

2）将$\frac{1}{2}$波片固定，旋转检偏器一周。观察有几次消光，进行记录。

3）将$\frac{1}{2}$波片取下，调节检偏器，使输出光强为最小。记录下此时检偏器的角度θ'_0。

4）将$\frac{1}{2}$波片放置到起偏器和检偏器的中间，调节$\frac{1}{2}$波片到消光状态，记下此时$\frac{1}{2}$波片的角度$\theta\frac{\lambda}{2}$。

5）将$\frac{1}{2}$波片从$\theta\frac{\lambda}{2}$的位置调节15°，此时不再消光。调节检偏器（按照光强减小的方向进行调解），调节到消光状态，记下此时检偏器角度θ_1'。

6）将$\frac{1}{2}$波片从$\theta\frac{\lambda}{2}$的位置调解30°、45°、60°、75°。记下旋转检偏器使光功率计消光时检偏器的位置θ_2'、θ_3'、θ_4'、θ_5'，重复步骤5)，对结果进行分析。

【数据处理】

1. $\frac{1}{4}$波片的作用

$\frac{1}{4}$波片旋转过的角度	电流值/mA		角度		偏振光性质
15°	I_{max1}	I_{min1}	θ_{max1}	θ_{min1}	
	I_{max2}	I_{min2}	θ_{max2}	θ_{min2}	
30°	I_{max1}	I_{min1}	θ_{max1}	θ_{min1}	
	I_{max2}	I_{min2}	θ_{max2}	θ_{min2}	
45°	I_{max1}	I_{min1}	θ_{max1}	θ_{min1}	
	I_{max2}	I_{min2}	θ_{max2}	θ_{min2}	
60°	I_{max1}	I_{min1}	θ_{max1}	θ_{min1}	
	I_{max2}	I_{min2}	θ_{max2}	θ_{min2}	
75°	I_{max1}	I_{min1}	θ_{max1}	θ_{min1}	
	I_{max2}	I_{min2}	θ_{max2}	θ_{min2}	

2. $\frac{1}{2}$波片的作用

$\theta\frac{\lambda}{2}$	θ_0'	检偏器旋转过的角度	$\theta\frac{\lambda}{2}+45°$	θ_3'	$\theta_3'-\theta_0'=$
$\theta\frac{\lambda}{2}+15°$	θ_1'	$\theta_1'-\theta_0'=$	$\theta\frac{\lambda}{2}+60°$	θ_4'	$\theta_4'-\theta_0'=$
$\theta\frac{\lambda}{2}+30°$	θ_2'	$\theta_2'-\theta_0'=$	$\theta\frac{\lambda}{2}+75°$	θ_5'	$\theta_5'-\theta_0'=$

【思考题】

1）是否可借助于 1/4 波片把圆偏振光和自然光分别开来，把椭圆偏振光和部分偏振光分别开来，为什么？

2）如图 5-76 所示的装置中，在 A 和 C 分别处于 A（0）和 C（0）位置时，在 C 和 A 之间再插入一个$\frac{1}{4}$波片 C′，使 C 和 C′组成一个$\frac{1}{2}$波片，请考虑如何实现这一要求？

实验二十一　旋光仪测糖溶液的浓度

光是一种电磁波。光的传播就是电场强度 E（光矢量）和磁场强度 H 以横波的形式传播的过程。E 的振动称为光振动，当光振动始终在某一确定方向，这种光称为线偏振光，简称偏振光，如图 5-77（a）所示。普通光源发射的光是由大量原子或分子辐射产生的，单个原子或分子辐射的光是偏振的，光矢量出现在各个方向的概率是相同的，不显现偏振的性质，称为自然光，如图 5-77（b）所示。还有一种，光矢量在某个特定方向上出现的概率比较大的光线，称为部分偏振光，如图 5-77（c）所示。

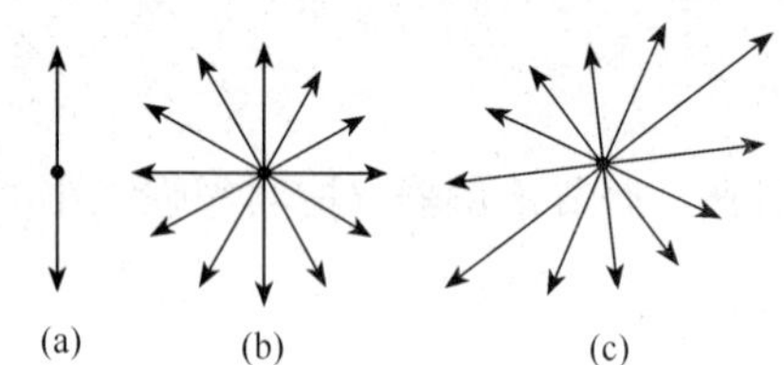

图 5-77　偏振光、自然光和部分偏振光

当线偏振光通过某些透明物质（例如糖溶液）后，偏振光的振动面将以光的传播方向为轴线旋转一定角度，这种现象称为旋光现象。旋转的角度 φ 称为旋光度。旋光度的测定对于确定某些有机化合物的分子结构具有重要的作用。

【实验目的】

1）了解自然光与偏振光的区别。

2）熟悉偏振光获得与检测的方法。

3）观察线偏振光通过旋光物质所发生的旋光现象。

4）学习旋光仪的使用方法，用旋光仪测定糖溶液的浓度。

【实验仪器】

WXG-4 圆盘旋光仪（见图 5-78），烧杯，蔗糖，蒸馏水。

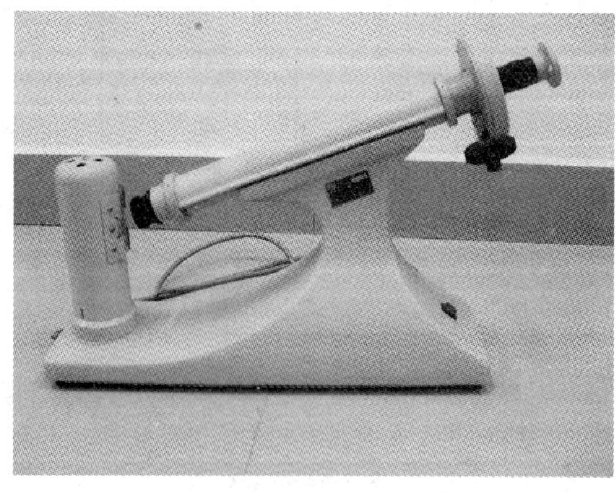

图 5-78　WXG-4 圆盘旋光仪

【实验原理】

利用偏振片（起偏器）将自然光变成偏振称为起偏，所形成偏振光的光矢量方向与偏振片的偏振化方向一致。在偏振片上用符号↕表示其偏振化方向。

利用偏振片（起偏器）鉴别光的偏振状态的过程称为检偏。如图 5-79 所示，自然光通过作为起偏器的偏振片 1 以后，变成光通量为 ϕ_0 的偏振光，这个偏振光的光矢量与偏振方向 2 同方位，而与作为检偏器的偏振片 3 的偏振方向 4 的夹角为 θ。根据马吕斯定律，ϕ_0 通过检偏器后，透射光通量

$$\phi = \phi_0 \cos^2\theta$$

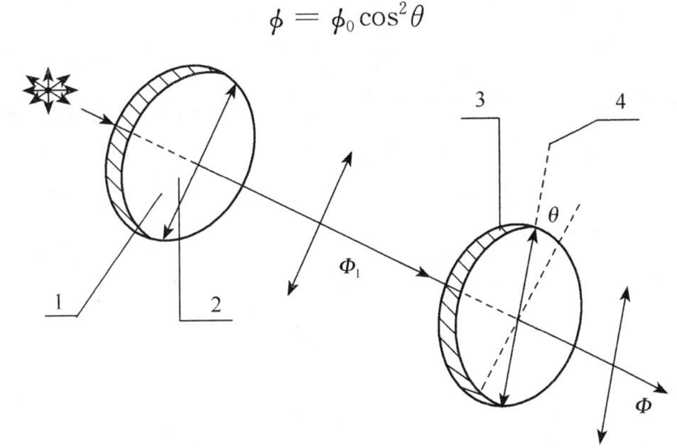

图 5-79 起偏与检偏系统图

透射光为偏振光，其光矢量与检偏器偏振化方向同方位。显然，当以光线传播方向为轴转动检偏器时，透射光通量 ϕ 将发生周期性变化。但对自然光转动检偏器时，透射光通量不变。对部分偏振光转动检偏器时，透射光通量有变化但没有消光状态。因此根据透射光通量的变化，就可以区分偏振光、自然光和部分偏振光。

利用以上原理制成了测定溶液或液体的旋光度的旋光仪。当偏振光通过盛有旋光性物质的样品管后，因物质的旋光性使偏振光不能通过第二个棱镜（检偏镜），必须将检偏镜扭转一定角度后才能通过，因此要调节检偏镜进行配光。由装在检偏镜上的标尺盘上移动的角度，可指示出检偏镜转动的角度，该角度即为待测物质的旋光度。

为了准确判断旋光度的大小，测定时通常在视野中分出三分视场（见图 5-80）。当检偏镜的偏振面与通过棱镜的光的偏振面平行时，通过目镜可观察到图 5-80（c）所示情况（当中明亮，两旁较暗）；若检偏镜的偏振面与起偏镜偏振面平行时，可观察到

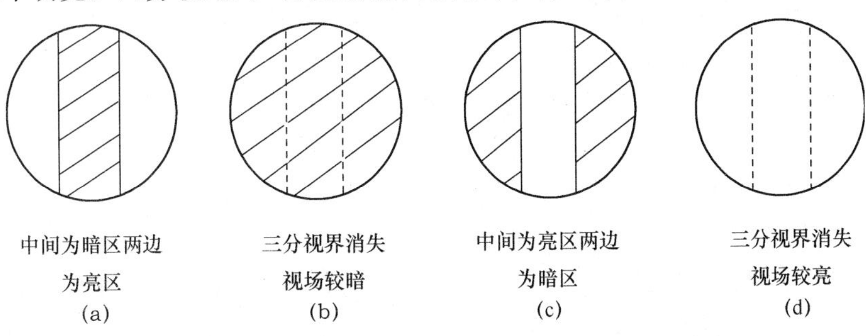

图 5-80 转动检偏镜时，目镜中视场明暗变化

图 5-80 (a)所示情况（当中较暗，两旁明亮）；只有当检偏镜的偏振面处于 $1/2\varphi$（半暗角）的角度时，视场内明暗相等如图 5-80（b）这一位置作为零度，使游标尺上 0°的对准刻度盘 0°。测定时，调节视场内明暗相等，以使观察结果准确。一般在测定时选取较小的半暗角，由于人的眼睛对弱照度的变化比较敏感，视野的照度随半暗角 φ 的减小而变弱，所以在测定中通常选几度到十几度的结果。

实验证明，对某一种旋光溶液，当入射光的波长已知时，旋光度 φ 与偏振光通过溶液的长度 l 和溶液的浓度 c 成正比，即

$$\varphi = \alpha c l \tag{5-96}$$

式中旋光度 φ 的单位为度，偏振光通过溶液的长度 l 的单位为 dm，溶液浓度的单位为 $g \cdot ml^{-1}$。α 为该物质的比旋光度，它在数值上等于偏振光通过单位长度（dm）、单位浓度（$g \cdot ml^{-1}$）的溶液后引起的振动面的旋转角度。其单位为度 · $ml \cdot dm^{-1} \cdot g^{-1}$。由于测量时的温度及所用波长对物质的比旋光度都有影响，因而应当标明测量比旋光度时所用波长及测量时的温度。例如 $[\alpha]_{5893Å}^{50℃} = 66.5°$，它表明在测量温度为 50℃，所用光源的波长为 5893Å 时，该旋光物质的比旋光度为 66.5°。

若已知某溶液的比旋光度，且测出溶液试管的长度 l 和旋光度 φ，可根据式（5-96）求出待测溶液的浓度，即

$$c = \frac{\varphi}{l[\alpha]_\lambda^t} \tag{5-97}$$

通常溶液的浓度用 100ml 溶液中的溶质克数来表示，此时上式改写成

$$c = \frac{\varphi}{l[\alpha]_\lambda^t} \times 100\% \tag{5-98}$$

在糖溶液浓度已知的情况下，测出溶液试管的长度 l 和旋光度 φ，就可以计算出该溶液比旋光度，即

$$[\alpha]_\lambda^t = \frac{\varphi}{cl} \times 100\% \tag{5-99}$$

糖溶液的旋光度见附表 15。

【仪器介绍】

WXG-4 圆盘旋光仪光路如图 5-81 所示。

物质的旋光性测量的简单原理如图 5-82 所示。首先将起偏镜与检偏镜的偏振化方向调到正交，此时可观察到视场最暗。然后装上待测旋光溶液的试管，因旋光溶液的振动面的旋转，视场变亮，为此调节检偏镜，再次使视场调至最暗，这时检偏镜所转过的角度，即为待测溶液的旋光度。

在图 5-83 中，OP 表示通过起偏镜后的光矢量，而 OP' 则表示通过起偏镜与石英片后的偏振光的光矢量，OA 表示检偏镜的偏振化方向，OP 和 OP' 与 OA 的夹角分别为 β 和 β'，OP 和 OP' 在 OA 轴上的分量分别为 OP_A 和 OP'_A。转动检偏镜时，OP_A 和 OP'_A 的大小将发生变化，于是从目镜中所看到的三分视场的明暗也将发生变化（见图 5-81）。

如图 5-83（a）所示，$\beta' > \beta$，$OP_A > OP'_A$。从目镜观察到三分视场中与石英片对应的中部为暗区，与起偏镜直接对应的两侧为亮区，三分视场很清晰。当 $\beta' = \frac{\pi}{2}$ 时，亮区

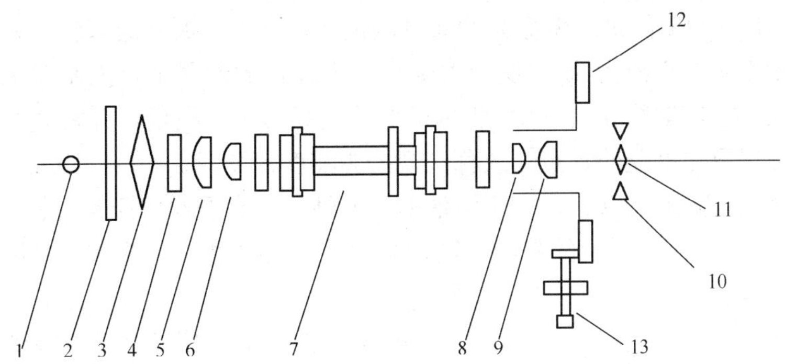

图 5-81 旋光仪的光学系统

1. 光源；2. 毛玻璃；3. 聚光镜；4. 滤色镜；5. 起偏镜；6. 半波片；7. 试管；8. 检偏镜；9. 物、目镜组；10. 读数放大器；11. 调焦手轮；12. 度盘与游标；13. 度盘转动手轮

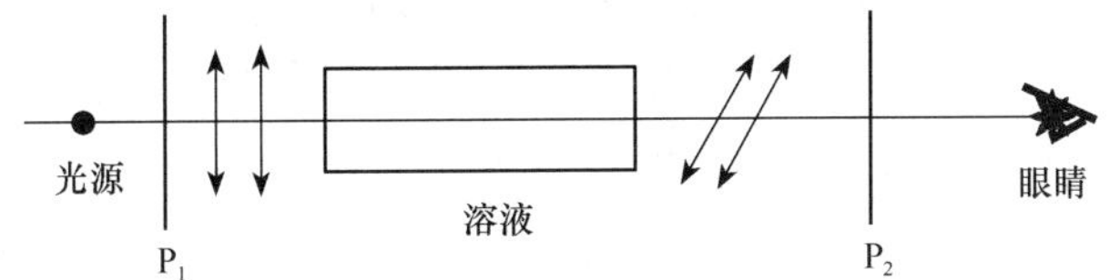

图 5-82 物质的旋光性测量简图

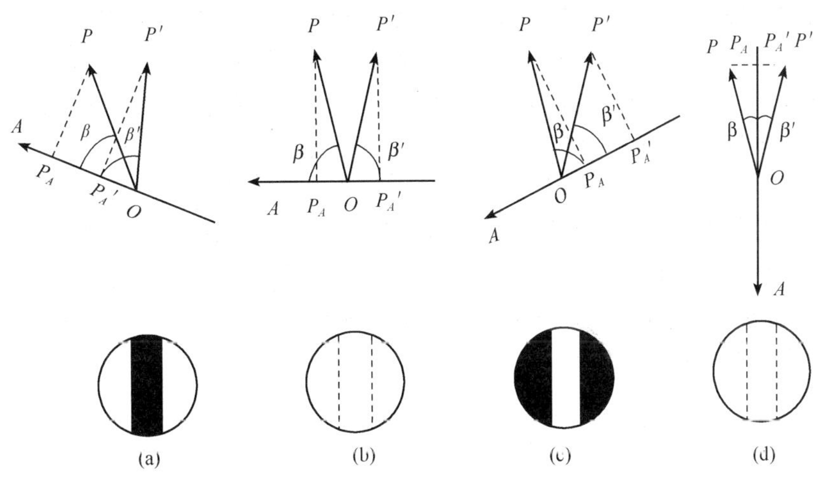

图 5-83 三分视场的明暗变化图

与暗区的反差最大。

如图 5-83（b）所示，$\beta'=\beta$，$OP_A=OP_A'$。三分视场消失，整个视场为较暗的黄色。

如图 5-83（c）所示，$\beta'<\beta$，$OP_A<OP_A'$。视场又分为三部分，与石英片对应的中部为亮区，与起偏镜直接对应的两侧为暗区。当 $\beta=\frac{\pi}{2}$ 时，亮区与暗区的反差最大。

如图 5-83（d）所示，$\beta'=\beta$，$OP_A=OP_A'$。三分视场消失。由于此时 OP 和 OP' 在 OA 轴上的分量比第二种情形时大，因此整个视场为较亮的黄色。

实验时，将旋光性溶液注入已知长度 L 的测试管中，把测试管放入旋光仪的试管筒内，这时 OP 和 OP' 两束线偏振光均通过测试管，它们的振动面都转过相同的角度 α，并保持两振动面间的夹角为 2θ 不变。由于在亮度较弱的情况下，人眼辨别亮度微小变化的能力较强，所以取图 5-80（b）所示情形的视场为参考视场，并将此时检偏镜偏振方向所在的位置取作度盘的零点，故称该视场为零度视场。

放进待测旋光液的试管后，由于溶液的旋光性，只有将检偏镜转过相同的角度，才能再次看到图 5-80（b）所示的视场，这个角度就是旋光度，它的数值可以由刻度盘和游标上读出。

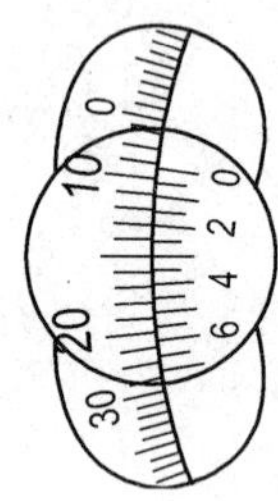

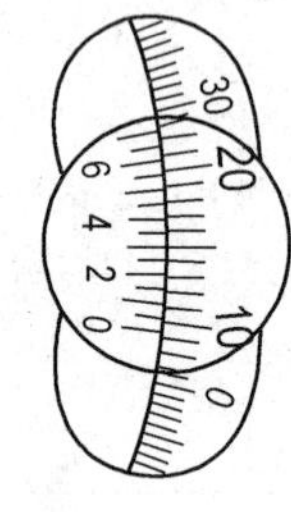

图 5-84　双游标读数示意

为了操作方便，整个仪器的光学系统以 50°倾角安装在基座上。光源用 50W 钠光灯，波长为 5893Å。检偏镜与刻度盘连接在一起，利用手轮可作精细转动。本旋光仪采用的是双游标读数，以消除刻度盘的中心偏差，如图 5-84 所示。刻度盘分度 360 格，每格 1°，游标分 20 格，它和刻度盘 19 格等长，故仪器的精密度为 0.05°。

【实验内容】

1. 调节旋光仪

1）接通电源，开启电源开关，约 5min 后，钠光灯发光正常，便可使用。

2）调节旋光仪调焦手轮，使其能观察到清晰的三分视场。

3）转动检偏镜，观察并熟悉视场明暗变化的规律，掌握零度视场的特点是测量旋光度的关键。零度视场即三分视界线消失，三部分亮度相等，且视场较暗。

4）校验零点位置。在没有放测试管时，调节望远镜调焦手轮，使三分视场清晰。调节度盘转动手轮，当三分视场刚消失并且整个视场变为较暗的黄色时，观察零度视场的位置与零位是否一致。若不一致，说明仪器有零位误差，记录下左、右两游标的读数 α_0、α_0'。反复测量 3 次，并求其平均值 α_0、α_0'。注意应在读数中减去（零位误差有正负之分）。要求掌握双游标的读法。

2. 测定旋光溶液的比旋光度

1）实验室事先将制备好的标准溶液注满试管。

2）将试管放入旋光仪的槽中，转动度盘，再次观察到零度视场时，读取 φ'，重复 3 次求出平均值 $\overline{\varphi'}$。算出旋光度 $\varphi=\overline{\varphi'}-\overline{\varphi_0}$。

3）将 φ、l、c 代入式（5-99），计算出标准溶液的比旋光度。并注意标明测量时所用的波长和测量时的温度。

3. 测量糖溶液的浓度

将长度已知，性质和标准溶液相同，而溶液浓度未知的溶液试管，放入旋光仪中，测量其旋光度 φ。将测得的旋光度 φ、溶液试管长度 l 和前面测出的比旋光度 $[\alpha]_\lambda^t$ 代入式（5-98），求出该溶液的浓度 c。

【注意事项】

1）样品管螺母与玻璃盖之间都附有橡皮垫圈，装卸时要注意，切勿丢失。螺母以旋到溶液流不出来为准，不宜旋得太紧，以免破盖产生张力而发生双折射，影响测定结果。

2）试管两端均应擦干净后放入旋光仪；

3）在测量中应维持溶液温度不变；

4）试管中溶液不应有沉淀，否则应更换溶液。

5）各种牌号仪器的游标尺的构造和读数原理都是一样的，但是游标刻度有差异，读数时应注意游标上最小刻度代表的度数值。游标总长度相当于主尺上的最小间隔，以此推算出游标最小间隔代表的度数。

【数据处理】

1. 测定零位误差

1		2		3		$\overline{\varphi_0}$（度）
左	右	左	右	左	右	

2. 测定旋光溶液的比旋光度

试管长度 l/dm	浓度 c /(g/100ml)	读数						平均值（度）	旋光度	溶液比旋光度 /(度·ml·dm^{-1}·g^{-1})
		1		2		3				
		左	右	左	右	左	右			

1）测量比旋光度时浓度已知的蔗糖溶液的旋光度的不确定度

$$\Delta_A(\varphi_1)=\sqrt{\frac{\sum_{i=1}^{6}(\varphi_{1i}-\overline{\varphi_1})^2}{6(6-1)}}= \qquad ,\Delta_B(\varphi_1)=\frac{0.05^\circ}{\sqrt{3}}=0.03^\circ$$

$$\Delta_c(\varphi_1)-\sqrt{\Delta_A^2(\varphi_2)+\Delta_B^2(\varphi_1)}=$$

2）比旋光度的不确定度为 $\Delta_c(\alpha)=\dfrac{1}{L_1c_1}\Delta_c(\varphi_1)=$

3. 测量糖溶液的浓度

试管长度 l/dm	读数						平均值（度）	旋光度（度）	溶液浓度 c/(g/100ml)
	1		2		3				
	左	右	左	右	左	右			

1）计算未知浓度溶液的旋光度的不确定度

$$\Delta_A(\varphi_2)=\sqrt{\frac{\sum_{i=1}^{6}(\varphi_{2i}-\overline{\varphi_2})^2}{6(6-1)}}= \qquad ,\Delta_B(\varphi_2)=\frac{0.05^\circ}{\sqrt{3}}=0.03^\circ$$

$$\Delta_c(\varphi_2)=\sqrt{\Delta_A^2(\varphi_2)+\Delta_B^2(\varphi_2)}=$$

2）浓度的不确定度为

$$S_c(c_x)=\overline{c_x}\sqrt{\left[\frac{S_c(\varphi_2)}{\overline{\varphi_2}}\right]^2+\left[\frac{S_c(\alpha)}{\alpha}\right]^2}=$$

注意由于浓度有单位，故其不确定度也有单位。

4. 测量结果

蔗糖溶液的旋光率为　　$\alpha=\bar{\alpha}\pm\Delta_c(\alpha)$

$$E_\alpha=\frac{\Delta_c(\alpha)}{\bar{\alpha}}\times100\%$$ （保留两位有效数字）

待测蔗糖溶液的浓度为　　$c_x=\bar{c}_x\pm\Delta_c(c_x)$

相对不确定度为　　$E_{c_x}=\frac{\Delta_c(c_x)}{\overline{c_x}}\times100\%$ （保留两位有效数字）

注意有效数字的位数保留。

【思考题】

1）仪器读数时能否估读？最小分度值是多少？

2）为什么要从左右两个读数窗读数？

实验二十二　测定普朗克常数

19 世纪末 20 世纪初，人们从实验中发现：当光（可见光或紫外光）照射在金属表面时，会逸出电子，这就是光电效应。

1905 年，爱因斯坦提出了对光电效应现象的解释，认为一束光中的能量是成包到来的，每包大小为 $h\nu$。当光照射金属表面时，这包能量的量子全部转给金属中的电子，使它具有能量 $E=h\nu$，但要使电子从金属表面逸出，则要损失一定的前量，故逸出电子的能量为

$$E_k=h_\nu-W_s\quad(W_s\text{是逸出功,和材料有关})\tag{5-100}$$

这就是爱因斯坦的光电方程，用它能说明光电效应的某些定性的特征，即电磁场由光量子组成，每一个光量子的能量为 $h\nu$。

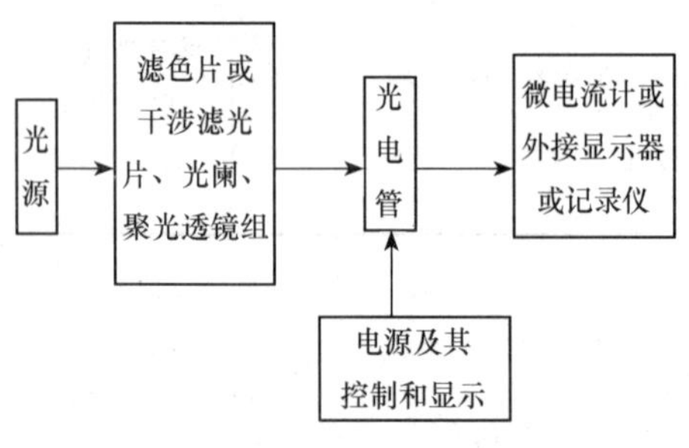

图 5-85　光电效应示意图

图 5-85 为光电效应示意图，当一定频率的单色光照射到金属板 K 时，引起电子逸出，A 极相对于 K 极有任意的电压 $-U$，它有抑制电子向 A 极运动的作用。AK 间的光电子电流可以测量。如果假设爱因斯坦光电方程正确，则当 $eU>E_k$ 时，没有一个电子能达到 A 极，当 $eU<E_k$ 时，AK 间有电流出现，如果 U_s 是电流恰为零时的电压（截止电压），则有

$$eU_s = h\nu - W_s, U_s = \frac{h}{e}\nu - \frac{w_s}{e} \quad (5\text{-}101)$$

说明截止电压 U_s 与照射光的频率有关，若改变入射光的频率 ν，则截止电压 U_s 与频率 ν 的曲线将是一条直线。由这条直线的斜率可以求出常数 $\frac{h}{e}$，由直线与 U_s 的截距可以求出与材料有关的常数 $\frac{W_s}{e}$。

【实验目的】

1）通过光电效应实验了解光的量子性；

2）测量光电管的弱电流特性，找出不同光频率下的截止电压；

3）验证爱因斯坦方程，并由此求出普朗克常数。

【实验原理】

爱因斯坦认为从一点发出的光不是按麦克斯韦电磁理论指出的那样从连续分布的形式把能量传播到空间，而是频率为 ν 的光以 $h\nu$ 的能量单位（光量子）的形式一份一份地向外辐射。光电效应，是具有能量 $h\nu$ 的一个光子作用于金属中的一个自由电子，并把它的全部能量都交给这个电子而造成的。如果电子脱离金属表面耗费的能量为 W_s（逸出功）的话，则光电效应发出的电子的动能为

$$E_k = h\nu - W_s \qquad 或 \qquad \frac{1}{2}mv^2 = h\nu - W_s \quad (5\text{-}102)$$

式中，h 为普朗克常数，公认值为 6.62916×10^{-34} J·S；ν 为入射光的频率；m 为电子的质量；v 为光电子逸出金属表面时的初速度；W_s 为受光照射的金属材料的逸出功。

在式（5-102）中，$\frac{1}{2}mv^2$ 是没有受到空间电场阻止，从金属中逸出的电子的最大初动能。由式（5-100）可见，入射到金属表面的光频率越高，逸出的电子最大初动能必然也越大。正因为光电子具有最大初动能，所以即使阳极不加电压也会有光电子落入而形成光电流，甚至阳极相对丁阴极电位低时也会有光电子落到阳极，直到阳极电位低于某一数值时，所有光电子都不能到达阳极，光电流才为零。这个相对于阳极为负值的阳极电位 U_s。被称为光电效应的截止电压。

显然，此时有

$$eU_s - \frac{1}{2}mv^2 = 0$$

代入式（5-100）即有

$$eU_s = h\nu - w_s \quad (5\text{-}103)$$

由于金属材料的逸出功 W_s 是金属的固有属性，对于给定的金属材料 w_s 是一个定值，它与入射光的频率无关，$W_s = h\nu_0$，ν_0 为阈频率；即具有阈频率 ν_0 的光子恰恰具有逸出功 W_s，而且没有多余的功能。

将式（5-103）改写为

$$U_s = \frac{h}{e}\nu - \frac{w_s}{e} = \frac{h}{e}(\nu - \nu_0) \quad (5\text{-}104)$$

式（5-104）表明，截止电压U_s是入射光频率ν的线性函数。当入射光的频率$\nu=\nu_0$时，没有光电子逸出。式（5-104）的斜率$k=\dfrac{h}{e}$是一个正常数。

$$h = ek \tag{5-105}$$

可见，只要用实验方法作出不同频率下的U_s-ν曲线，并求出曲线的斜率k，就可以通过式（5-105）求出普朗克常数h的值。其中$e=1.60\times10^{-19}$是电子电荷量。

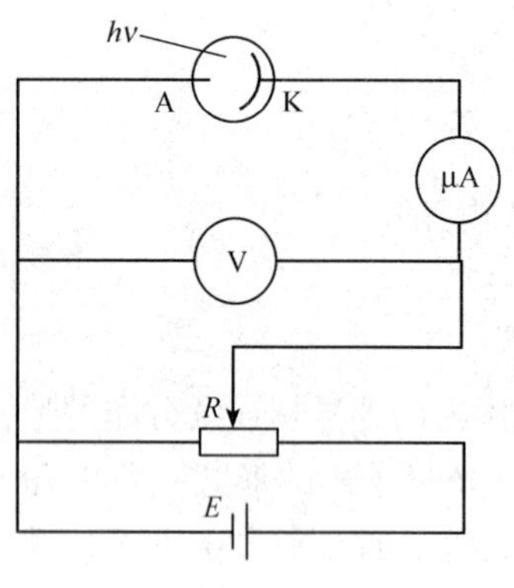

图 5-86　实验原理图

图5-86是用光电管进行光电效应实验，测定普朗克常数的实验原理图。频率为ν，强度为p的光线照射到光电管阴极上，即有光电子从阴极逸出，如图5-86所示，在阴级K和阳极A之间加有反向电压U_{KA}，它使电极K、A之间建立起来的电场对光电管阴极逸出的光电子起减退作用，随着电压U_{KA}的增加，到达阳极的光电子（光电流）将逐渐减小。

当$U_{KA}=U_s$时光电流降为零。图5-87所示是光电管的伏安特性曲线。不同频率光的照射，可以得到与之相对应的伏安特性曲线和对应的U_s值。在直角坐标系中作出U_s~ν关系曲线。如图5-88所示，如果它是一根直线，就证明了爱因斯坦电效应方程的正确性。即由该直线的斜率k则可求出普朗克常数($h=ek$)。另外，由该直线与坐标横轴的交点可求出该光电管阴极的截止频率（阈频率）ν。该直线的延长线与坐标纵轴的交点又可求出光电阴极的逸出功W_s。

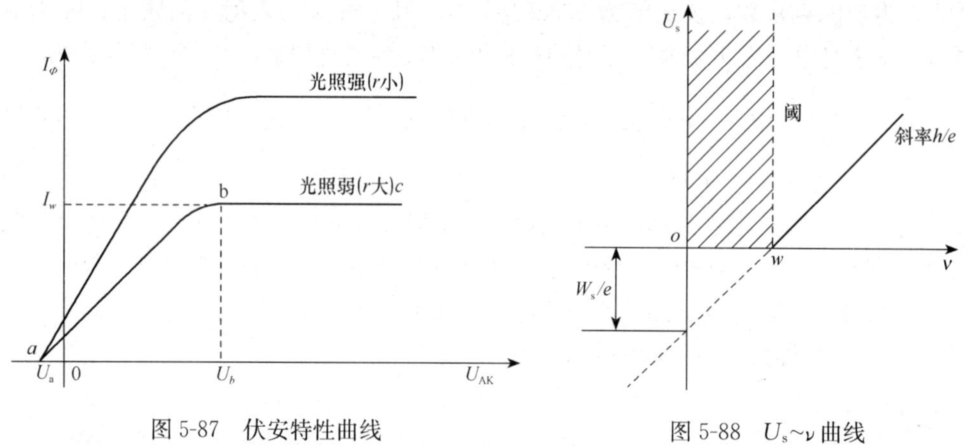

图 5-87　伏安特性曲线

图 5-88　U_s~ν曲线

【仪器介绍】

1）GDh-1型光电管，阳极为镍圈，阴极为银氧钾（Ag-O-K），光谱响应范围3400～7000Å，光窗为无铜多硼硅玻璃，最高灵敏波长是4100±100Å，阴极光灵敏度约1μA/lm，暗电流约10^{-12}A。为了避免杂散光和外界电磁场对微弱光电流的干扰，光电管要装在铝质暗盒中，暗盒窗口可以摆放ϕ5mm的光栅孔和ϕ36mm的各种滤色片。此外还装有单色仪匹配头，方便操作者从单色仪中取得单色光来进行实验。

2）NJ-50WHg高压汞灯。在3032～8720Å的谱线范围内有3650Å、4050Å、4358Å、4916Å、5461Å、5770Å等谱线可供实验使用。

3）NG型滤色片，是一组外径为ϕ36mm的宽带通型有色玻璃组合滤色片。它们具有滤选3650Å、4050Å、6050Å、5460Å、5770Å等谱线的能力。

4）GY-Ⅲ型微电流测量放大器，电流测量范围在$10^{-6}\sim10^{-13}$A，分六挡十进制变换，机内设有稳定度<1%，精密连续可调的光电管工作电源，电压量程分−2～0V、0～+24V两挡，读数精度为0.001V，测量放大器可以连续工作8小时以上。

【实验内容】

1. 准备工作

放置好仪器，预热微电流测试仪，点亮汞灯。检查微电流放大器是否已用专用电缆线连接好。将微电流测试仪开关关闭，接通电源预热30min以上。将汞灯点亮，预热20min，此时盖上遮光罩。汞灯一旦开启，不要随意关闭。

2. 调整光路

除去遮光罩，打开观察窗盖，使光源与暗盒之间的距离为30～50cm，并选用ϕ5mm或ϕ8mm小孔光栅，在实验过程中，光源与暗盒之间的距离保持不变。调整暗盒的高度与位置，使汞灯清晰地成像在光电管阴极面上。为避免阳极受光照射，调整完毕，将遮光盖盖好。

3. 标准微电流测试仪

先校准满度（−100μA），再校开路（零点）。

4. 测量光电管的暗电流

1）连接好光电管暗盒与测量放大器之间的屏蔽电缆、地线和阳极电源线。将测量放大器的“倍率”旋钮旋至“$\times10^{-5}$”。

2）顺时针缓慢旋转“电压调节”旋钮，并合适地改变“电压量程”和“电压极性”开关。仔细记录不同电压下的相应电流值（电流值＝倍率×电表读数$\times10^{-6}$）。此时所读得的即为光电管的暗电流。

5. 测量光电管的伏安特性

1）将测量放大器“倍率”置于“$\times10^{-5}$”。换上滤色片，除去遮光罩。“电压调节”从−3V或−2V开始，缓慢增加，先观察一遍不同滤色片下的电流变化情况，记下电流明显变化的电压值以待精测。

2）在粗测的基础上进行精测记录。从短波长开始小心地逐次换入滤色片，换片时用遮光罩将光源遮住，仔细读出不同频率的入射光照射下的光电流并记录（在电流开始变化的地方和电流接近零的地方多测量几次）。

3）将光电流为零时的电压值（截止电压）记录。

4）在精度合适的方格纸（如25cm×30cm）上，仔细作出不同波长（频率）的伏安特性曲线。

5）把不同频率下的截止电压 U_s 描绘在方格纸上，如果当电电效应遵从爱因斯坦方程，则 $U_s=f(\nu)$ 关系曲线应该是一根直线。求出直线的斜率 $k=\dfrac{\Delta U_s}{\Delta\nu}$，代入式（5-103）求出普朗克常数 $h=ek$。并算出所测值与公认值之间的误差。

6）改变光源与暗盒的距离 L 或光栅孔径，重做上述实验。

【数据处理】

距离 $L=$________ cm，光栅孔径 $\phi=$________ mm

3650Å	U_{AK}/V									
	$I_{AK}/\times10^{-11}$A									
4050Å	U_{KA}/V									
	$I_{AK}/\times10^{-11}$A									
4360Å	U_{AK}/V									
	$I_{AK}/\times10^{-11}$A									
5460Å	U_{AK}/V									
	$I_{AK}/\times10^{-11}$A									
5770Å	U_{AK}/V									
	$I_{AK}/\times10^{-11}$A									

距离 $L=$________ cm，　光栅孔径 $\phi=$________ mm

波长/Å	3650	4050	4360	5460	5770	$h/(\times10^{-34}\text{J}\cdot\text{s})$	E_r/%
频率/$\times10^{14}$Hz	8.22	7.41	6.88	5.49	5.20		
U_s/V							

【思考题】

1）实验时能否将干磁滤光片插到光源的光阑口上？为什么？

2）从截止电压 U_s 与入射光频率 ν 的关系曲线，你能确定阴极材料的逸出功吗？

3）测定普朗克常数的实验中有哪些误差来源？实验中如何减少误差？

实验二十三　氢原子光谱

【预习思考题】

1）什么是原子光谱？光谱有什么实际应用？

2）什么是光谱分析法？

【实验目的】

1）学习光谱分析的方法，

2）测量氢原子特征谱线波长，并验算里德伯常量。

【实验仪器】

高压汞灯、氢灯、分光计、棱镜。

【实验原理】

原子由原子核及核外电子组成，核外电子围绕原子核运动，它们可以有许多运动轨迹，不同轨道上的电子具有不同的能量。在正常状态下，原子的核外电子总是处在最低能量 E_1 的轨道上运动，即原子处于基态。当用某种手段（电激发、热激发、光激发）对基态原子进行激发，使核外电子在离核较远的轨道上运动时，电子具有较高的能量 E_j（E_j 可以是另一激发态，也可以是基态 E_1）跃迁。在跃迁的同时，原子将发出能量为 $h\nu_{ij}$ 的光子。从能量观点看，显然

$$h\nu_{ij}=E_i-E_j=\frac{hc}{\lambda_{ij}}$$

式中，h 为普朗克常量，$h=6.6260755\times10^{-34}\,\mathrm{J\cdot s}$；$\nu_{ij}$ 为光子频率；λ_{ij} 为光波波长；c 为光速。

不同原子有其特有的激发态分布（能级图），有其特征的光谱系。对于氢原子，其发出光波的波数 δ_{ij}（波长 λ_{ij} 的倒数，单位是 $\mathrm{m^{-1}}$），可表为

$$\delta_{ij}=\frac{1}{\lambda_{ij}}=\frac{2\pi^2 m_e e^4}{(4\pi\varepsilon_0)^2h^3c}\left(\frac{1}{n_j^2}-\frac{1}{n_i^2}\right)=R_\infty\left(\frac{1}{n_j^2}-\frac{1}{n_i^2}\right)$$

式中，e 为电子电量；m_e 为电子质量；R_∞ 为里德伯常量。

本实验将通过对氢原子特征谱线波长的测量，来验算里德伯常量。

氢原子特征谱线波长的测量可作如下考虑。

利用市电压激发的汞灯来获得汞的原子光谱，（汞的原子光谱线波长已知，如图 5-89 所示）。利用高电压激发的氢灯来获得氢的原子光谱，用分光计测量光谱线的偏向角。

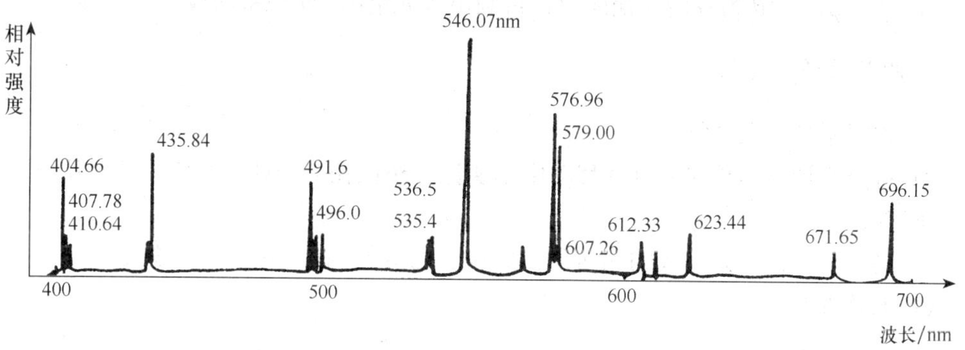

图 5-89 汞谱线的波长和强度

在保持入射角 i 不变的前提下，用分光计分别测出各波长相应的偏向角 θ，再以 θ 为横坐标，波长 λ 为纵坐标，就可画出一条曲线，即为定标曲线，如图 5-90 所示。若此时仍保持入射角 i 不变，用未知波长的光线入射，测出相应的偏向角 θ'，便可从定标曲线上找出它对应的波长。本实验用汞原子光谱作出定标曲线，再测出三条可观察到的氢原子光谱线的偏向角，在定标曲线上求出它们所对应的波长，验算里德伯常量。

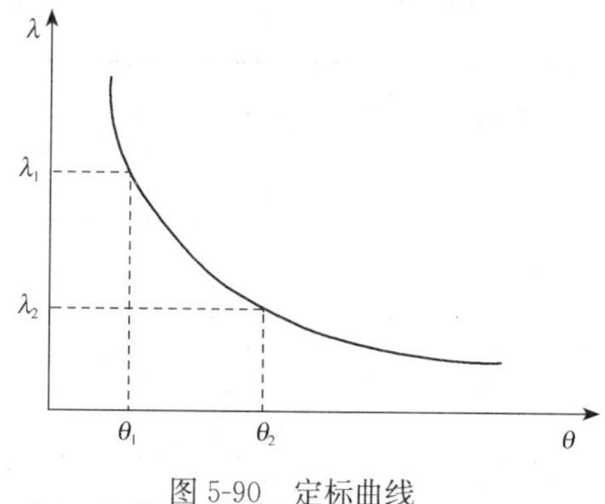

图 5-90 定标曲线

为了保证入射角 i 不变，可以采用如下方法：在测定定标曲线时，使汞的青谱线的入射角等于出射角，即使青谱线的偏向角等于最小偏向角。在测氢光谱偏向角时，i 改变，也使氢的青谱偏向角等于最小偏向角。由于这两条谱线的波长很接近，而对于同一棱镜来讲，一定波长的入射光对应的最小偏向角也是固定的，因此，在这两种情况下，可以认为平行光管和棱镜间的相对位置没有变动。

【实验内容】

1. 调节分光计

调节方法详见技能实验九。正确地调节分光计对减少测量误差，提高测量准确度是十分重要的。学生在做实验之前，必须仔细阅读有关分光计的介绍，熟悉其调节和使用方法。

2. 画定标曲线

1）点亮高压汞灯，从分光计的望远镜内找到高压汞灯的光谱，固定棱镜位置。

2）测入射光的方向 ϕ_0。将望远镜正对平行光管，使入射光线通过棱镜上方出射的光线落在望远镜叉丝中央（是一条雪亮的白的谱线），记下分光计上的读数 ϕ_0，左右游标都要读出，记为 $\phi_{0左}$、$\phi_{0右}$

$$\phi_0=\frac{1}{2}(\phi_{0左}+\phi_{0右})$$

3）将望远镜转向谱线方向，逐一地使各谱线落在叉丝中央，记下分光计上的读数 ϕ_i，则 $|\phi_i-\phi_0|=\theta_i$ 为各谱线偏向角，再画出汞光谱的 λ-θ 关系曲线——定标曲线。

3. 测量氢谱线波长

1）关闭汞灯，点亮氢灯。

2）将分光计整体移向氢灯（移动中不要让三棱镜在分光计上有任何相对位移），找出 3 条谱线。

3）测量氢光谱 3 条谱线的偏向角。并从 λ-θ 曲线上找出其相应的波长。

【数据处理】

1. 高压汞灯

入射线 $\bar{\phi}_0=\dfrac{\phi_{0左}+\phi_{0右}}{2}$

谱线特征	波长/nm	谱线位置			偏向角
		$\phi_左$	$\phi_右$	$\bar{\phi}$	$\theta=\lvert\bar{\phi}-\bar{\phi}_0\rvert$
红	690.7				
橙	623.4				
黄	579.1				
绿	546.1				
青	491.6				
蓝	435.8				
紫	404.7				

2. 氢灯

特征谱线	谱线位置			偏向角 $\lvert \phi-\phi_0 \rvert$	从曲线中查出 λ/nm	波数 $\sigma_{ij}/\mathrm{m}^{-1}$	里德伯常量 R_∞/m^{-1}	里德伯常量平均值 $\overline{R}_\infty/\mathrm{m}^{-1}$
	$\phi_{左}$	$\phi_{右}$	$\overline{\phi}$					
红								
青								
蓝								

相对误差 $E=\frac{\lvert \overline{R}_\infty - R_{\infty标} \rvert}{R_{\infty标}}\%=$

实验二十四　导光纤维

【预习思考题】

什么是导光纤维？它有哪些应用？

【实验目的】

1）观察导光纤维的传光现象。

2）了解导光纤维数值孔径的意义及测定方法。

3）了解光波通过媒质后强度衰减的规律，及测定导光纤维衰减系数的方法。

【实验仪器】

He-Ne 激光器、短焦距透镜、导光纤维束（两根）、积分球或功率计（光电池及灵敏电流计）、显微镜、光阑、支架。

【实验原理】

导光纤维是一种利用全反射原理，使光线和图像能够沿着弯曲路径从一端传送到另一端的光学元件。导光纤维的结构如图 5-91 所示，每根纤维的直径约为几微米到几十微米，分内外两层，内层是高折射率 n_1 材料的玻璃纤维芯，外层是低折射率 n_2 材料的玻璃或塑料等。纤维芯料和外层材料之间形成良好的光学界面。

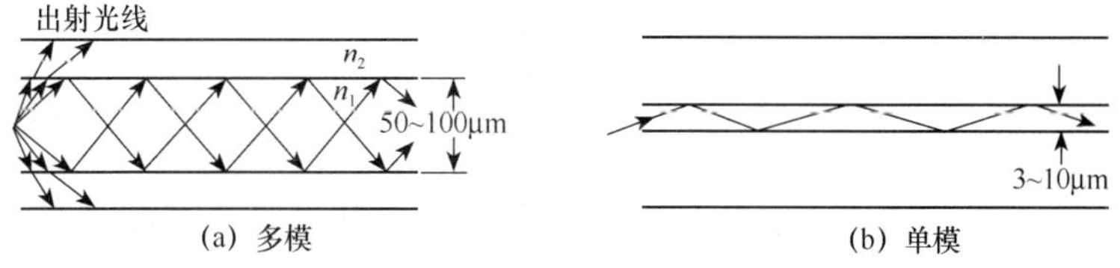

(a) 多模　　(b) 单模

图 5-91　阶跃型光纤

在纤维光学中，如果某光线的传播路径始终在同一平面内，则称为子午光线。对于圆柱形光纤来说，子午面就是包含圆柱体轴线的平面。所以，子午面内的光线传播是一个二维问题。当光线以入射角 i_0 投射到导光纤维的端面上，经折射进入导光纤维后，将以入射角 φ 入射到芯料和外层材料之间的界面上。发生全反射的临界角与折射率的关系为 $\sin i_c=\frac{n_2}{n_1}$入射角 φ 大于 i_c 的所有光线都在分界面上发生全反射。现考虑端面与纤维轴线垂直的导光纤维中光线的转播。图 5-92 表示这样一根纤维，光线从折射率 n_0 的介质进入系统，并且在构成该导光纤维的折射率 n_1 和 n_2 的介质分界面上发生反射。入射角 i_0 是在介质 n_0 中光线与轴线的夹角，i_1 为折射角，φ 是光线在分界面上的入射角。在 A 点，应用折射定律得

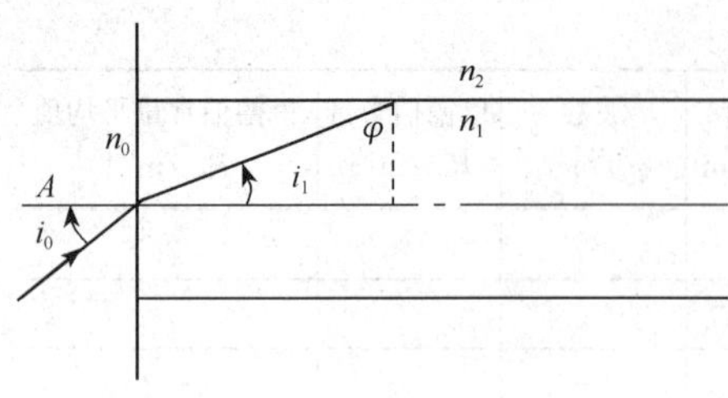

图 5-92 导光纤维光线传播示意图

$$n_0 \sin i_0 = n_1 \sin i_1 = n_1 \cos\varphi \tag{5-106}$$

当分界面上发生全反射时，必须要求 $\sin\varphi > \dfrac{n_2}{n_1}$，即

$$\cos\varphi < \left(1 - \frac{n_2^2}{n_1^2}\right)^{\frac{1}{2}} \tag{5-107}$$

将不等式（5-107）代入式（5-106），得到表达式

$$\sin i_0 < \frac{1}{n_0}(n_1^2 - n_2^2)^{\frac{1}{2}} \tag{5-108}$$

由式（5-108）可知，i_0 有一极限值 i_m，满足

$$i_m = \sin^{-1}\left(\frac{1}{n_0}\sqrt{n_1^2 - n_2^2}\right) \tag{5-109}$$

入射角 $i_0 < i_m$ 的光线都可以通过纤维传播出去。

导光纤维一般是均匀的圆柱状细丝，光线在光纤内连续发生若干次（决定于纤维的长度、直径和入射角的大小）全反射后，从一端传送到另一端，且以与入射角相同的角 i_0 或在子午面内转过 $2i_0$ 射出导光纤维。

与透镜一样，称 $n_0 \sin i_m$ 为导光纤维的数值孔径，由式（5-109）得

$$NA = n_0 \sin i_m = \sqrt{n_1^2 - n_2^2} \tag{5-110}$$

从式（5-110）可以看出，导光纤维中芯料介质的折射率 n_1 越大，包层介质的折射率 n_2 越小，则数值孔径就越大，临界入射角 i_m 也越大，能进入光纤中传递的光通量也越多。所以数值孔径是表征导光纤维集光能力的参量。

若将导光纤维放在空气中，则式（5-110）中 $n_0 = 1$，所以

$$\sin i_m = \sqrt{n_1^2 - n_2^2}$$

当 $\sin i_m = 1$ 时，意味着 $i_m = 90°$，入射光线与端面法线的夹角达到最大值，而所有入射光线在内部发生全反射，这样的导光纤维集光本领最大。

由于 $\sin i_m$ 只决定于导光纤维的折射率，而与导光纤维尺寸无关，所以导光纤维的孔径可以设计得很大，而截面又可以很小，从而使导光纤维具有纤维细、质地柔软、可以弯曲的特点。这是导光纤维得到广泛应用的原因所在。

导光纤维的另外两个重要的光学特性参量是透射率和分辨率。透射率 $T(\lambda)$ 是表示导光纤维透光性能的重要参数，它的定义和光学材料的透射率定义相同，即

$$T(\lambda) = \frac{I(\lambda)}{I_0(\lambda)} \tag{5-111}$$

式中，I_0、I 分别表示输入导光纤维的光强和从导光纤维输出的光强。导光纤维的透射率是光波波长的函数，T（λ）与 λ 的关系曲线称为光谱透射曲线。

在实际使用中，如用单色光照明，由于下述原因使得光通过导光纤维后，强度将发生一定的衰减。

（1）端面的反射损失

当入射光从空气射到导光纤维端面上时，不管入射角多大，总有一部分光被反射，入射角不同，被反射的光强也不同。入射角越小，端面的反射损失就越小。设端面的光强反射率为 R（i_0），则考虑端面的反射损失后，导光纤维所传送的光强是入射光强的 $t_1=[1-R(i_0)]^2$ 倍。

（2）界面的全反射损失

设 $a(i)$ 为导光纤维芯料与外层材料界面上的全反射率，在理想情况下，$a(i)=1$。由于外层材料的吸收、界面不是理想的光学接触、衍射作用和边界波的穿透等影响，$d(i)$一般小于 1。光束在纤维内传播也有损失，光束在纤维内反射次数越多，全反射损失就越大。若令 A（i）表示全反射的损失率，则 $a(i)=1-A(i)$；如果光束从导光纤维一端传送到另一端所经过的全反射次数为 n，则考虑界面全反射损失后，导光纤维传送的光强比为 $t_2=[1-R(i_0)]^n$，它与光波波长及纤维排列的空间特性有关。

以上仅针对某一特定方向的入射光线而言。如果入射光线有一定的角分布，则关系将是很复杂的；但从大量实验中可知，可以根据不同条件作近似的处理。

（3）导光纤维芯料的吸收和散射损失

任何物质对光都有一定的吸收和散射作用，其大小可用衰减系数表示。设 β 为导光纤维芯料的衰减系数（如果芯料质地纯洁无杂质，忽略其散射损失，β 就是芯料的吸收系数），L 为导光纤维的长度，则考虑到芯料的吸收和散射后，通过导光纤维透射的光强比 $t_3=e^{-\beta L}$。

综合考虑上述 3 种主要因素所造成的光能损失，则当光强为 I_0 的入射光束经过长度为 L 的导光纤维后，透射光强可近似表示为

$$I=I_0t_1t_2t_3=I_0(1-R)^2(1-A)^ne^{-\beta L} \tag{5-112}$$

由此可知，透过导光纤维的光强不仅决定于光纤芯料的质地纯洁度，还与光纤加工的工艺密切相关。

用导光纤维束传递图像时，纤维束中的每一根纤维分别传递一个图像单元，而纤维束输出端图像的质量则取决于导光纤维可分辨的两个像元的最小距离，称为导光纤维的分辨率。可分辨的距离越小，分辨本领越大，导光纤维束传递图像的性能越好，最后得到的图像就越清晰。影响导光纤维束分辨本领的因素有：每根纤维直径的大小，纤维排列方法以及相邻两纤维之间的距离，此外与使用的情况也有关。

本实验只测定光纤的数值孔径和衰减系数，不进行分辨本领的测定。

【实验内容】

1. 观察导光纤维的传光现象

1）用透明的有机玻璃细棒弯成一定几何形状的导光棒，并将两端面磨平、抛光。让

He-Ne 激光束以不大的角度从一端面射入。由于光线在有机玻璃棒内的全反射和散射，因此可以清楚地看到光在弯曲玻璃棒内的传播径迹，这和导光纤维内的传光作用是一致的。

2）用导光纤维代替有机玻璃棒，让 He-Ne 激光束以不大的角度从一端面射入，在另一端面观察其传光的实际效果。

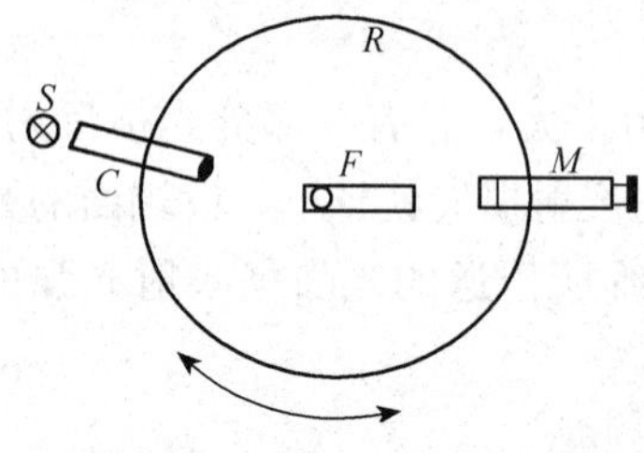

图 5-93　测量导光纤维数值孔径

2. 测定导光纤维的数值孔径

1）将照明光 S、准直管 C、导光纤维 F 和显微镜 M 按图 5-93 所示放好，导光纤维的两个端面固定安装在支架上，支架可绕铅直轴转动，以改变入射角，转角的大小用刻度盘 R 读出。点光源发出的光经准直管后成为平行光束，照射在待测导光纤维的一个端面上，在另一端面用生物显微镜（放大倍数为“300×”以上）进行观察。将显微镜对导光纤维的出光端面进行调焦，使视场中呈现端面的清晰像。固定显微镜与导光纤维的相对位置，并可一起绕轴转动。

2）测定临界入射角 i_m。令平行光束近于垂直入射于导光纤维的进光端面，由于入射角 $i<i_m$，显微镜视场中应观察到芯料比包层明亮，沿顺时针方向转动导光纤维的旋转支架，逐渐增大入射角，当芯料与包层的亮度一样时，记录支架的相对位置读数 T_1。

再沿逆时针方向旋转导光纤维支架，在端面法线的另一侧，同样当观察到芯料和包层视场亮度一样时，记录其位置读数 T_2。

由 $i_m=\frac{1}{2}(T_2-T_1)$ 计算光纤的临界入射角 i_m，重复几次，取其平均值。代入式(5-110) 即可求出待测光纤的数值孔径。

由于当 $i<i_m$ 时，显微镜视场中将观察到包层比芯料明亮，所以可以根据视场中明暗对比的变化来判断 i_m 的取值，以提高测量的精度。

3. 测定导光纤维的衰减系数 β'

1）为了通过测定透射光强而测定衰减系数 β，必须设法消除端面反射和全反射损失的影响。为此，让同样角分布的激光束分别通过长度为 L_1 和 L_2 的两根材料相同的导光纤维，测出其透射光强

$$I_1 = I_0(1-R)^2(1-A)^n e^{-\beta L_1} \tag{5-113}$$

和

$$I_2 = I_0(1-R)^2(1-A)^{n'} e^{-\beta L_2} \tag{5-114}$$

如果 L_1 和 L_2 相差不多，光束在两根纤维中的全反射次数相近，则 $n\approx n'$。于是，由式（5-113）除以式（5-114）得

$$\frac{I_1}{I_2} = e^{-\beta(L_1-L_2)} = e^{-\beta\Delta L} \tag{5-115}$$

式中，$\Delta L=L_1-L_2$ 为两根导光纤维的长度差。两边取自然对数，即得导光纤维的衰减系数为

$$\beta = \frac{\ln I_2 - \ln I_1}{\Delta L} \tag{5-116}$$

实际上，常以式（5-117）表示导光纤维的衰减系数

$$\beta' = \frac{10\lg(I_2 - I_1)}{\Delta L} \tag{5-117}$$

不难看出，β 和 β' 的关系为

$$\beta = \frac{\beta'}{10\lg e} = \frac{\beta'}{4.3429}$$

因为 $\ln b = \lg b / \lg e$，而 $\lg e = 0.43429$。如果长度 L（ΔL）以 m 为单位，则 β' 的单位为 dB/m。

2）如图 5-94 所示安排各光学元件。点亮激光器约 0.5h，待稳定后，让激光束经短焦距透镜，以不大的入射角照射到固定光阑后面长度为 L_1 的导光纤维的端面上，用积分球（或功率计）测定其透射光强 I_1（即用灵敏电流计显示光电流的偏转格值），并记录。

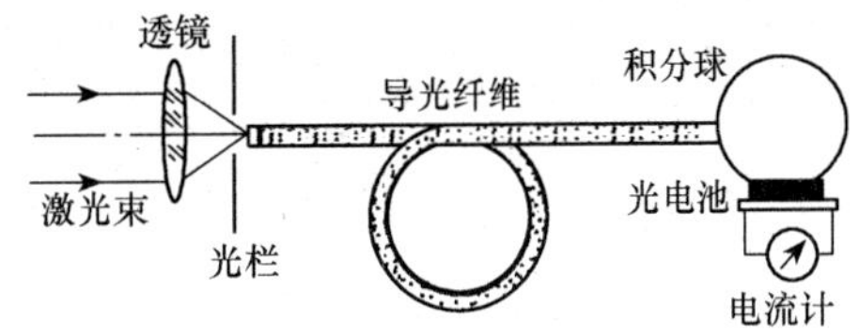

图 5-94　导光纤维

3）保持激光管、透镜和光阑的相对位置不变，换上另一个长度为 L_2 的材料相同的导光纤维，同上法测定其透射光强 I_2。将 I_1、I_2 代入式（5-117）算出衰减系数 β'。

【注意事项】

1）长度不同的两根导光纤维必须从同一纤维束上截取，以保持其内部结构和特性完全一样。

2）两根导光纤维的进光端面和出光端面必须具有相近的物理状态，以确保两次测试中端面反射的影响相同。

3）在测定 I_1、I_2 的过程中，应尽可能地使激光器的输出功率持不变；否则，须增加一个监控装置以修正其测定值。

4）如用功率计测定透射光强，则必须使它尽量靠近导光纤维出光端面，以免引起较大的测量误差。

【数据处理】

（1）求临界入射角 i_m 及数值孔径

1）记录 T_1，T_2。

2）由 $i_m = \frac{1}{2}(T_2 - T_1)$ 计算光纤的临界入射角 i_m，重复几次，取其平均值。

3）求出待测光纤的数值孔径。

（2）导光纤维的衰减系数 β'

1）记录两根材料相同的导光纤维的长度为 L_1 和 L_2。

2）透射光强 I_1、I_2。

3）算出导光纤维的衰减系数 β'。

【思考题】

1）试讨论用有机玻璃棒和导光纤维传揹光的实际效果的异同。

2）图 5-93 所示装置可否测定端面的反射损失？应该如何测量？

3）怎样测定导光纤维的光谱透射曲线？

4）怎样测定导光纤维的分辨本领？

第六章　提 高 实 验

实验一　波尔共振实验

在机械制造和建筑工程等科技领域中，受迫振动所导致的共振现象引起工程技术人员极大注意，它既有破坏作用，但也有许多实用价值。众多电声器件是运用共振原理设计制作的。此外，在微观科学研究中“共振”也是一种重要研究手段，例如利用核磁共振成像和电子顺磁共振研究物质结构等。

表征受迫振动的性质是受迫振动的振幅—频率特性和相位—频率特性（简称幅频特性和相频特性）。

本实验采用波尔共振仪定量测定机械受迫振动的幅频特性和相频特性，并利用频闪方法来测定动态的物理量——相位差。

【实验目的】

1）研究波尔共振仪中弹性摆轮受迫振动的幅频特性和相频特性。

2）研究不同阻尼力矩对受迫振动的影响，观察共振现象。

3）学习用频闪法测定运动物体的物理量，如相位差。

4）学习系统误差的修正。

【实验原理】

物体在周期外力的持续作用下发生的振动称为受迫振动，这种周期性的外力称为强迫力。如果外力是按简谐振动的规律变化，那么稳定状态时的受迫振动也是简谐振动，此时，振幅保持恒定，振幅的大小与强迫力的频率和原振动系统无阻尼时的固有振动频率以及阻尼系数有关。在受迫振动状态下，系统除了受到强迫力的作用外，同时还受到回复力和阻尼力的作用。所以在稳定状态时物体的位移、速度变化与强迫力的变化不是同相位的，存在一个相位差。当强迫力频率与系统的固有频率相同时产生共振，此时振幅最大，相位差为 90°。

实验采用摆轮在弹性力矩作用下自由摆动，在电磁阻尼力矩作用下作受迫振动来研究受迫振动特性，可直观地显示机械振动中的一些物理现象。

当摆轮受到周期性强迫外力矩 $M=M_0\cos\omega t$ 的作用，并在有空气阻尼和电磁阻尼的媒质中运动时（阻尼力矩为 $-b\dfrac{\mathrm{d}\theta}{\mathrm{d}t}$）其运动方程为

$$J\frac{\mathrm{d}^2\theta}{\mathrm{d}t^2}=-k\theta-b\frac{\mathrm{d}\theta}{\mathrm{d}t}+M_0\cos\omega t \tag{6-1}$$

式中，J 为摆轮的转动惯量；$-k\theta$ 为弹性力矩；M_0 为强迫力矩的幅值；ω 为强迫力的圆频率。

令
$$\omega_0^2=\frac{k}{J},\ 2\beta=\frac{b}{J},\ m=\frac{m_0}{J}$$

则式（6-1）变为

$$\frac{d^2\theta}{dt^2}+2\beta\frac{d\theta}{dt}+\omega_0^2\theta=m\cos\omega t \tag{6-2}$$

当 $m\cos\omega t=0$ 时，式（6-2）即为阻尼振动方程。

当 $\beta=0$，即在无阻尼情况时式（6-2）变为简谐振动方程，系统的固有频率为 ω_0。式（6-2）的通解为

$$\theta=\theta_1 e^{-\beta t}\cos(\omega_f t+\alpha)+\theta_2\cos(\omega t+\varphi_0) \tag{6-3}$$

由式（6-3）可见，受迫振动可分成两部分：①$\theta_1 e^{-\beta t}\cos(\omega_f t+\alpha)$，和初始条件有关，经过一定时间后衰减消失；②说明强迫力矩对摆轮作功，向振动体传送能量，最后达到一个稳定的振动状态。振幅为

$$\theta_2=\frac{m}{\sqrt{(\omega_0^2-\omega^2)^2+4\beta^2\omega^2}} \tag{6-4}$$

它与强迫力矩之间的相位差为

$$\varphi=\tan^{-1}\frac{2\beta\omega}{\omega_0^2-\omega^2}=\tan^{-1}\frac{\beta T_0^2 T}{\pi(T^2-T_0^2)} \tag{6-5}$$

由式（6-4）和式（6-5）可看出，振幅 θ_2 与相位差 φ 的数值取决于强迫力矩 m、频率 ω、系统的固有频率 ω_0 和阻尼系数 β 四个因素，而与振动初始状态无关。

由 $\frac{\partial}{\partial\omega}\left[(\omega_0^2-\omega^2)^2+4\beta^2\omega^2\right]=0$ 极值条件可得出，当强迫力的圆频率 $\omega=\sqrt{\omega_0^2-2\beta^2}$ 时，产生共振，θ 有极大值。若共振时圆频率和振幅分别用 ω_r、θ_r 表示，则

$$\omega_r=\sqrt{\omega_0^2-2\beta^2} \tag{6-6}$$

$$\theta_r=\frac{m}{2\beta\sqrt{\omega_0^2-2\beta^2}} \tag{6-7}$$

式（6-6）和式（6-7）表明，阻尼系数 β 越小，共振时圆频率越接近于系统固有频率，振幅 θ_r 也越大。图 6-1 和图 6-2 所示为在不同 β 时受迫振动的幅频特性和相频特性。

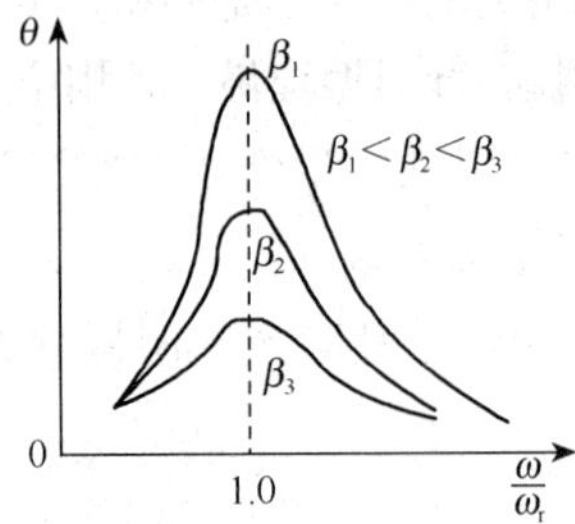

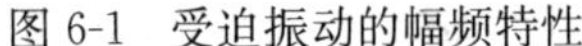

图 6-1 受迫振动的幅频特性

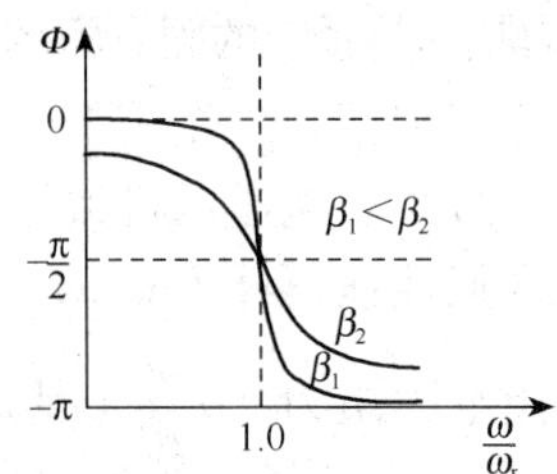

图 6-2 受迫振动的相频特性

【实验仪器】

ZKY-BG 型波尔共振仪由振动仪与电器控制箱两部分组成。振动仪部分如图 6-3 所示，铜质圆形摆轮 A 安装在机架上，弹簧 B 的一端与摆轮 A 的轴相连，另一端可固定在机架支柱上，在弹簧弹力的作用下，摆轮可绕轴自由往复摆动。在摆轮的外围有一个

卷槽型缺口，其中一个比其他凹槽长出许多的长凹槽C。机架上对准长型缺口处有一个光电门H，它与电器控制箱相连，用来测量摆轮的振幅角度值和摆轮的振动周期。在机架下方有一对带有铁心的线圈K，摆轮A恰巧嵌在铁心的空隙，当线圈中通过直流电流后，摆轮受到一个电磁阻尼力的作用。改变电流的大小即可使阻尼大小力的相应变化。为使摆轮A作受迫振动，在电动机轴上装有偏心轮，通过连杆机构E带动摆轮，在电动机轴上装有带刻线的有机玻璃转盘F，它随电机一起转动。由它可以从角度读数盘G读出相位差Φ。调节控制箱上的十圈电机转速调节旋钮，可以精确改变电机上的电压，使电机的转速在实验范围（30～45rad/min）内连续可调，由于电路中采用特殊稳速装置、电动机采用惯性很小的带有测速发电机的特种电机，所以转速极为稳定。电机的有机玻璃转盘F上装有两个挡光片。在角度读数盘G中央上方90°处也有光电门I（强迫力矩信号），并与控制箱相连，以测量强迫力矩的周期。

受迫振动时摆轮与外力矩的相位差是利用小型闪光灯来测量的。闪光灯受摆轮信号光电门控制，每当摆轮上长凹槽C通过平衡位置时，光电门H接受光，引起闪光，这一现象称为频闪现象。在稳定情况时，由闪光灯照射下可以看到有机玻璃指针F好像一直“停在”某一刻度处，所以此数值可方便地直接读出，误差不大于2°。闪光灯放置位置如图6-3所示，搁置在底座上，切勿拿在手中直接照射刻度盘。

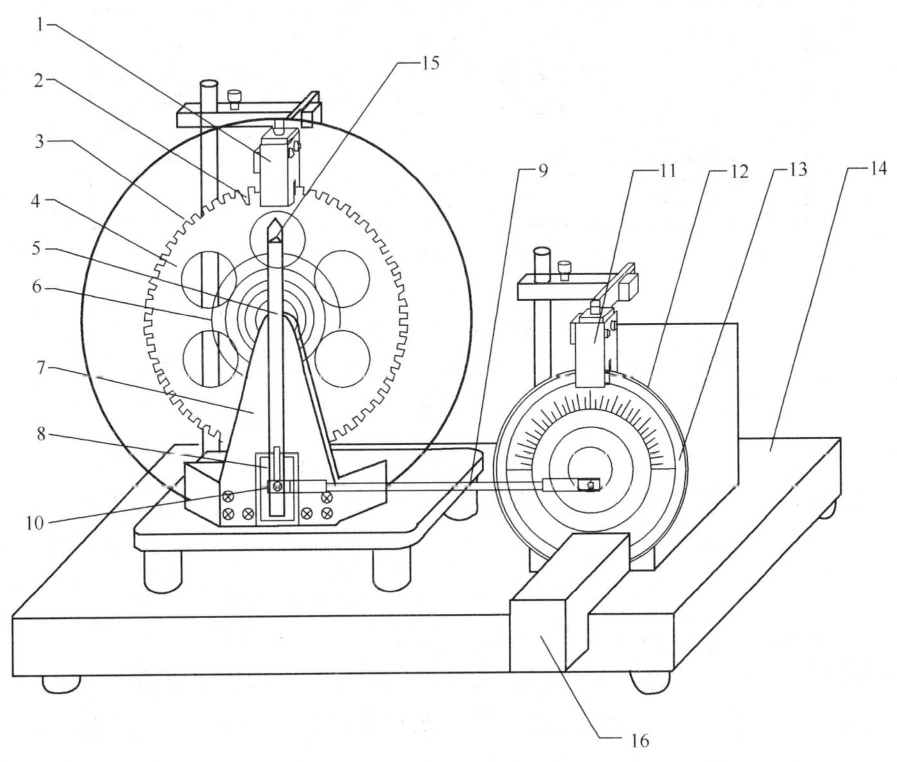

图6-3 波尔振动仪

1. 光电门H；2. 长凹槽C；3. 短凹槽D；4. 铜质摆轮A；5. 摇杆M；6. 蜗卷弹簧B；7. 支承架；8. 阻尼线圈K；9. 连杆E；10. 摇杆调节螺丝；11. 光电门I；12. 角度读数盘G；13. 有机玻璃转盘F；14. 底座；15. 弹簧夹持螺钉L；16. 闪光灯

摆轮振幅是利用光电门 H 测出摆轮读数 A 处圈上凹型缺口个数，并在控制箱液晶显示器上直接显示出此值，精度为 1°。

波尔共振仪电器控制箱的前面板和后面板分别如图 6-4 和图 6-5 所示。

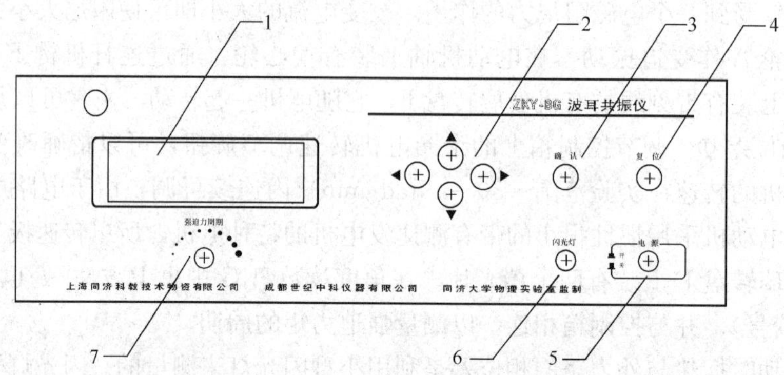

图 6-4　波尔共振仪前面板示意图

1. 液晶显示屏幕；2. 方向控制键；3. 确认按键；4. 复位按键；
5. 电源开关；6. 闪光灯开关；7. 强迫力周期调节电位器

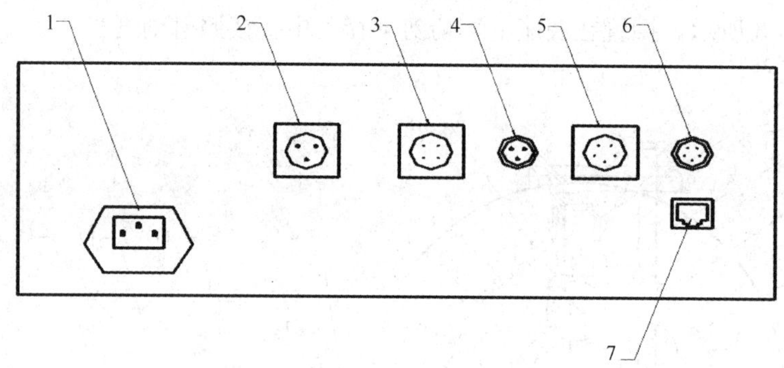

图 6-5　波尔共振仪后面板示意图

1. 电源插座（带保险）；2. 闪光灯开关；3. 阻尼线圈；4. 电机接口；
5. 振幅输入；6. 周期输入；7. 通信接口

电机转速调节旋钮，是带有刻度的十圈电位器，调节此旋钮时可以精确改变电机转速，即改变强迫力矩的周期。锁定开关处于图 6-6 所示的位置时，电位器刻度锁定，要调节大小须将其置于该位置的另一边。×0.1 挡旋转一圈，×1 挡走一个字。一般调节刻度仅供实验时作参考，以便大致确定强迫力矩周期值在多圈电位器上的相应位置。

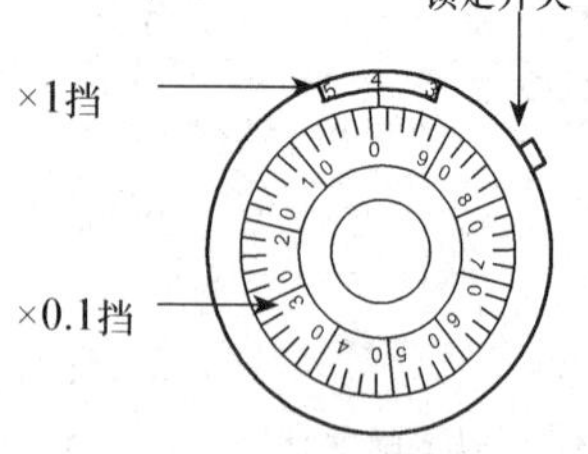

图 6-6　电机转速调节电位器

可以通过软件控制阻尼线圈内直流电流的大小，达到改变摆轮系统的阻尼系数的目的。阻尼档位的选择通过软件控制，共分 3 挡，分别是“阻尼 1”、“阻尼 2”、“阻尼 3”。阻尼电流由恒流源提供，实验时根据不同情况进行选择（可先选择在“阻尼 2”处，若共振时振幅太小则可改用“阻尼 1”），振幅在 150°左右。

闪光灯开关用来控制闪光与否，当按住闪光按钮、摆轮长缺口通过平衡位置时便产生闪光，由于频闪现象，可从相位差读盘上看到刻度线几乎静止不动的读数（实际有机玻璃F上的刻度线一直在匀速转动），从而读出相位差数值。为使闪光灯管不易损坏，采用按钮开关，仅在测量相位差时才按下按钮。

电器控制箱与闪光灯和波尔共振仪之间通过各种专业电缆相连接。不会产生接线错误等弊病。

【实验内容】

1. 实验准备

按下电源开关后，屏幕上出现欢迎界面，其中NO. 0000X为电器控制箱与电脑主机相连的编号。过几秒钟后屏幕上显示如图6-7（a）所示“按键说明”字样。符号◀为向左移动；▶为向右移动；▲为向上移动；▼为向下移动。下文中的符号不再重新介绍。

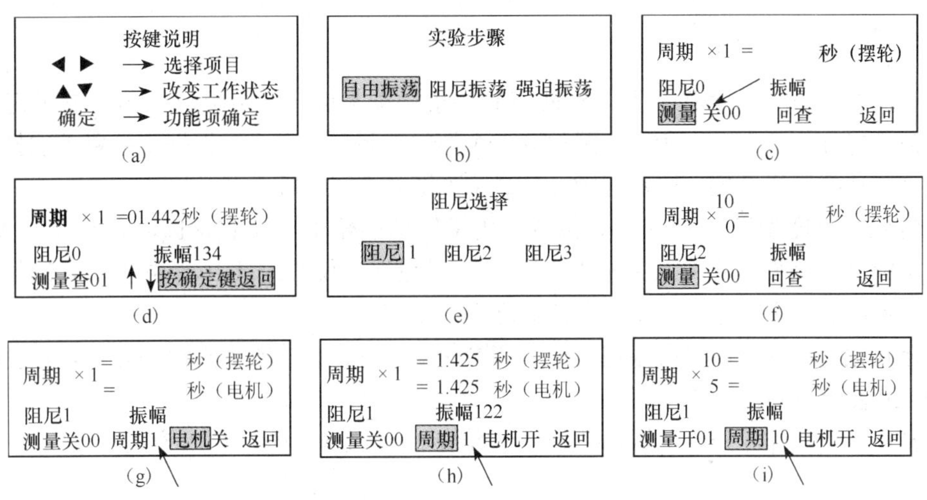

图6-7　波尔共振仪屏幕显示情况

为保证使用安全，电源线须可靠接地。

2. 选择实验方式

根据是否连接电脑选择联网模式或单机模式。这两种方式下的操作完全相同，故不再重复介绍。

3. 自由振荡——摆轮振幅θ与系统固有周期T_0的对应值的测量

自由振荡实验的目的，是为了测量摆轮的振幅θ与系统固有振动周期T_0的关系。

在图6-7（a）所示状态按确定键，显示如图6-7（b）所示的实验步骤，默认选中项为自由振荡，字体反白为选中。再按确定键显示如图6-7（c）所示界面。

用手转动摆轮160°左右，放开后按▲或▼键，测量状态由“关”变为“开”，控制箱开始记录实验数据，振幅的有效数值范围为160°～50°（振幅小于160°测量开始，小于50°测量自动关闭）。测量显示关时，此时数据已保存并发送主机。

查询实验数据，可按◀或▶键，选中回查，再按确认键如图 6-7（d）所示，表示第一次记录的振幅 $\theta_0=134°$，对应的周期 $T=1.442\text{s}$，然后按▲或▼键查看所有记录的数据，该数据为每次测量振幅相对应的周期数值，回查完毕，按确认键，返回到如图 6-7（c）所示状态。此法可作出振幅 θ 与 T_0 的对应表。该对应表将在稍后的“幅频特性和相频特性”数据处理过程中使用。

若进行多次测量可重复操作，自由振荡完成后，选中返回，按确认键回到前面如图 6-7（b）进行其他实验。

因电器控制箱只记录每次摆轮周期变化时所对应的振幅值，因此有时转盘转过光电门几次，测量才记录一次（其间能看到振幅变化）。当回查数据时，有的振幅数值被自动剔除了（当摆轮周期的第 5 位有效数字发生变化时，控制箱记录对应的振幅值。控制箱上只显示 4 位有效数字，故无法看到第 5 位有效数字的变化情况，在电脑主机上则可以清楚的看到）。

4. 测定阻尼系数 β

在图 6-7（b）所示状态下，根据实验要求，按▶键，选中阻尼振荡，按确定键显示阻尼选择如图 6-7（e）所示。阻尼分三个挡次，阻尼 1 最小，根据实验要求选择阻尼挡，例如选择阻尼 2 挡，按确定键屏幕显示如图 6-7（f）所示。

首先将角度盘指针 F 放在 0°位置，用手转动摆轮 160°左右，选取 θ_0 在 150°左右，按▲或▼键，测量由“关”变为“开”，并记录数据，仪器记录 10 组数据后，测量自动关闭，此时振幅大小还在变化，但仪器已经停止记数。

阻尼振荡的回查同自由振荡类似，请参照上面操作。若改变阻尼挡测量，重复阻尼一的操作步骤即可。

从屏幕读出摆轮作阻尼振动时的振幅数值 θ_1、θ_2、$\theta_3\cdots\theta_n$，利用公式

$$\ln\frac{\theta_0 e^{-\beta t}}{\theta_0 e^{-\beta(t+nT)}}=n\beta\overline{T}=\ln\frac{\theta_0}{\theta_n} \tag{6-8}$$

求出 β 值，式中 n 为阻尼振动的周期次数，θ_n 为第 n 次振动时的振幅，$\overline{T}$ 为阻尼振动周期的平均值。此值可以测出 10 个摆轮振动周期值，然后取其平均值。一般阻尼系数需测量 2～3 次。

5. 测定受迫振动的幅度特性和相频特性曲线

在进行强迫振荡前必须先做阻尼振荡，否则无法实验。

仪器在如图 6-7（b）所示状态下，选中强迫振荡，按确定键显示如图 6-7（g）所示默认状态选中电机。

按▲或▼键，让电机启动。此时保持周期为 1，待摆轮和电机的周期相同，特别是振幅已稳定，变化不大于 1，表明两者已经稳定了，如图 6-7（h）所示后方可开始测量。

测量前应先选中周期，按▲或▼键把周期由 1（见图 6-7（g））改为 10（见图 6-7（i）），（目的是为了减少误差，若不改周期，测量无法打开）。再选中测量，按下▲或▼键，测量打开并记录数据如图 6-7（i）所示。

一次测量完成，显示测量关后，读取摆轮的振幅值，并利用闪光灯测定受迫振动位移与强迫力间的相位差。

调节强迫力矩周期电位器，改变电机的转速，即改变强迫外力矩频率 ω，从而改变电机转动周期。电机转速的改变可按照 $\Delta\varphi$ 控制在 10°左右，可进行多次这样的测量。

每次改变强迫力矩的周期，都需要等待系统稳定，约需 2min，即返回到如图 6-7（h）所示状态，等待摆轮和电机的周期相同，然后再进行测量。

在共振点附近由于曲线变化较大，因此测量数据相对密集，此时电机转速极小变化会引起 $\Delta\varphi$ 很大改变。电机转速旋钮上的读数是一参考数值，建议在不同 ω 时都记下此值，以便实验中快速寻找要重新测量时参考。

测量相位时应把闪光灯放在电动机转盘前下方，按下闪光灯按钮，根据频闪现象来测量，仔细观察相位位置。

强迫振荡测量完毕，按◀或▶键，选中返回，按确定键，重新回到如图 6-7（b）所示状态。

【注意事项】

1）强迫振荡实验时，调节仪器面板“强迫力周期”旋钮，从而改变不同电机转动周期，该实验必须测量 10 次以上，其中必须包括电机转动周期与自由振荡实验时的自由振荡周期相同的数值。

2）在作强迫振荡实验时，须待电机与摆轮的周期相同（末位数差异不大于 2）即系统稳定后，方可记录实验数据。且每次改变了变强迫力矩的周期，都需要重新等待系统稳定。

3）因为闪光灯的高压电路及强光会干扰光电门采集数据，因此须待一次测量完成，显示测量关后，才可使用闪光灯读取相位差。

4）学生做完实验后测量数据需保存后，才可在主机上查看特性曲线及振幅比值。

5）关机。

在图 6-7（b）所示状态下，按住复位按钮保持不动，几秒钟后仪器自动复位，此时实验数据全部清除，然后按下电源按钮，结束实验。

【数据处理】

1. 摆轮振幅 θ 与系统固有周期 T_0 的关系

振幅 θ	固有周期 T_0/s	振幅 θ	固有周期 T_0/s	振幅 θ	固有周期 T_0/s	振幅 θ	固有周期 T_0/s

2. 阻尼系数β的计算

利用式（6-9）对所测数据按逐差法处理，求出β值。

$$5\beta\overline{T}=\ln\frac{\theta_i}{\theta_{i+5}} \tag{6-9}$$

i为阻尼振动的周期次数，θ_i为第i次振动时的振幅。

序号	振幅θ	序号	振幅θ	$\ln\frac{\theta_i}{\theta_{i+5}}$
θ_1		θ_6		
θ_2		θ_7		
θ_3		θ_8		
θ_4		θ_9		
θ_5		θ_{10}		
$\ln\frac{\theta_i}{\theta_{i+5}}$平均值				

$10T=$____s　　$\overline{T}=$____s

3. 幅频特性和相频特性测量

1）将记录的实验数据填入表，并查询振幅θ与固有频率T_0的对应表，获取对应的T_0值，也填入下表。

强迫力矩周期电位器刻盘度值	强迫力矩周期/s	相位差φ读取值	振幅θ测量值	查第1个表得出的与振幅θ对应的固有频率T_0

2）利用上表记录的数据，将计算结果填入下表。

强迫力矩周期/s	φ读取值	θ测量值	$\frac{\omega}{\omega_r}$	$\left(\frac{\theta}{\theta_r}\right)^2$	$\varphi=\tan^{-1}\frac{\beta T_0^2 T}{\pi(T^2-T_0^2)}$

以ω为横轴，$\left(\frac{\theta}{\theta_r}\right)^2$为纵轴，作幅频特性$\left(\frac{\theta}{\theta_r}\right)^2-\omega$曲线；以$\omega/\omega_r$为横轴，相位差$\Phi$为纵轴，作相频特性曲线。

在阻尼系数较小（满足$\beta^2\leqslant\omega_0^2$）和共振位置附近（$\omega=\omega_0$），由于$\omega_0+\omega=2\omega_0$，从式（6-4）和式（6-7）可得出

$$\left(\frac{\theta}{\theta_r}\right)^2=\frac{4\beta^2\omega_0^2}{4\omega_0^2(\omega-\omega_0)^2+4\beta^2\omega_0^2}=\frac{\beta^2}{(\omega-\omega_0)^2+\beta^2}$$

据此可由幅频特性曲线求β值

当 $\theta=\frac{1}{\sqrt{2}}\theta_r$，即 $\left(\frac{\theta}{\theta_r}\right)^2=\frac{1}{2}$，由上式可得

$$\omega-\omega_0=\pm\beta$$

此 ω 对应于图 $\left(\frac{\theta}{\theta_r}\right)^2=\frac{1}{2}$ 处两个值 ω_1，ω_2，由此得出

$$\beta=\frac{\omega_2-\omega_1}{2}\text{（此内容可以选做）}$$

将此法与逐差法求得的 β 值作比较并讨论，本实验重点应放在相频特性曲线测量。

【注意事项】

在实验过程中，电脑主机上看不到（$\frac{\theta}{\theta_r}$）值和特性曲线，必须要待实验完毕后并存储后，通过“实验数据查询”才可看到。

实验二 光栅传感实验

几百年前，法国人发现一种现象：当两层被称作莫尔丝绸的绸子叠在一起时将产生复杂的水波状的图案，如薄绸间相对挪动，图案也随之晃动，这种图案当时被称为莫尔或者莫尔条纹。一般来说，任何具有一定排列规律的几何簇图案的重合，均能形成按新规律分布的莫尔条纹图案。

1874 年，瑞利首次将莫尔图案作为一种计测手段，即根据条纹的结构形状来评价光栅尺各线纹间的间隔均匀性，从而开拓了莫尔计量学。随着时间的推移，莫尔条纹测量技术已经广泛应用于多种工程计量测试中，为微位移的测量，做出了重大的贡献。

【实验目的】

1）理解莫尔现象的产生机理；

2）测量直线光栅常数；

3）观察直线光栅、径向圆光栅、切向圆光栅的莫尔条纹并验证其特性；

4）了解光栅传感器的结构及应用。

【实验原理】

一、莫尔条纹现象

两只光栅以很小的交角相向叠合时，在相干或非相干光的照明下，在叠合面上将出现明暗相间的条纹，称为莫尔条纹。莫尔条纹现象是光栅传感器的理论基础，它可以用粗光栅或细光栅形成。栅距远大于波长的光栅称为粗光栅，栅距接近波长的光栅称为细光栅。

1. 直线光栅

两只光栅常数相同的光栅，其刻划面相向叠合并且使两者栅线有很小的交角 θ，则

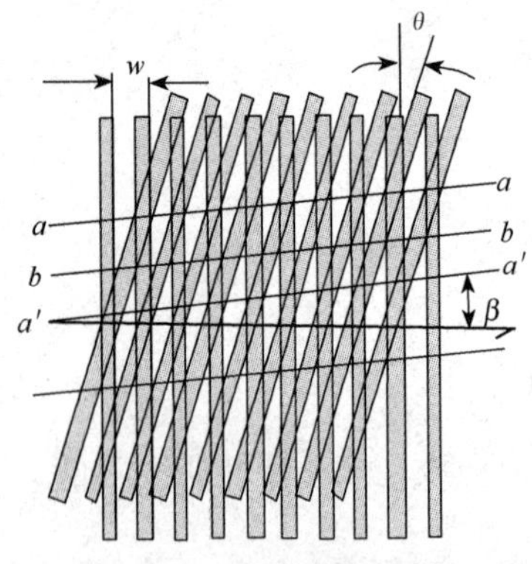

图 6-8　直线光栅莫尔条纹

由于挡光效应（刻线密度≤50mm）或光的衍射作用（刻线密度≤100mm），在与光栅刻线大致垂直的方向上形成明暗相间的条纹，如图 6-8所示。

若主光栅与指示光栅之间的夹角为 θ，光栅栅距为 w，则相邻莫尔条纹之间的距离 B 为

$$B=\frac{w}{2\sin\frac{\theta}{2}}\approx\frac{w}{\theta}$$

由上式可知，当改变光栅夹角 θ，莫尔条纹宽度 B 也将随之改变。

若主光栅沿与刻线垂直方向移动一个栅距 w，莫尔条纹移动一个条纹间距 B。因此，莫尔条纹可以将很小的光栅位移同步放大为莫尔条纹的位移。当得到莫尔条纹相对移动的个数 N 就可以得到光栅相对移动的位移为 $x=Nw$。

莫尔条纹有如下主要特性。

1）条纹的移动与光栅的相对运动方向相对应。在保持两光栅交角一定的情况下，使一个光栅固定，另一个光栅沿栅线的垂直方向运动，则莫尔条纹将沿栅线方向移动。若光栅反向运动，则莫尔条纹的移动方向也相应反向。

2）位移放大作用。当两光栅交角 θ 很小时，相当于把栅距 w 放大了 $1/\theta$ 倍。当$\theta=0$ 时 $B\to\infty$，称为光闸莫尔条纹。

3）同步性。光栅运动一个栅距 w，莫尔条纹相应移动一个条纹间距。

2. 径向圆光栅

径向圆光栅是指大量在空间均匀分布都指向圆心的刻线形成的光栅。图 6-9 是两个节距角相同（即 $\alpha_1=\alpha_2=\alpha$）的径向光栅相向叠合产生的莫尔条纹。

若两光栅的刻划中心相距为 $2S$，则莫尔条纹满足如下方程

$$x^2+\left(y-\frac{S}{\tan N\alpha}\right)^2=\left[\frac{S\sqrt{\tan^2 N\alpha+1}}{\tan N\alpha}\right]^2$$

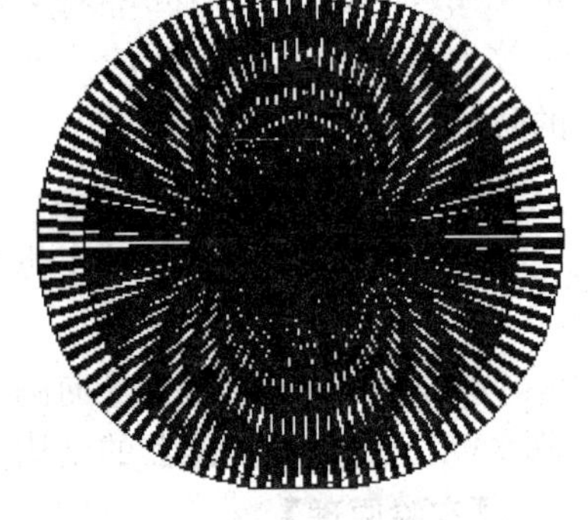
图 6-9　径向圆光栅莫尔条

因此，莫尔条纹有如下特点。

1）莫尔条纹为一组不同半径的圆方程，圆心位置为 $\left(0,\ \pm\frac{S}{\tan N\alpha}\right)$，半径为 $\frac{S\sqrt{\tan^2 N\alpha+1}}{\tan N\alpha}$。所有的圆均通过两光栅的中心（$S$，0）和（$-S$，0）。

2）条纹的曲率半径随位置不同而变化，靠近外面的曲率半径较大，靠近光栅中心的曲率半径较小。

3）当其中一只光栅转动时，圆族将向外扩张或向内收缩。每转动 1 个节距角，莫尔条纹移动一个条纹宽度。

3. 切向圆光栅

切向圆光栅是由空间分布均匀且都与1个半径很小的同心圆单向相切的众多刻线构成的圆光栅，如图 6-10（a）所示。切向光栅的栅线都切于一个小圆。两只小圆半径均为 r，节距角均为 α 的切向光栅相向同心叠合，其莫尔条纹满足的方程为

$$x^2 + y^2 = \left(\frac{2r}{N\alpha}\right)^2$$

它们是一组同心圆环，如图 6-10（b）所示。

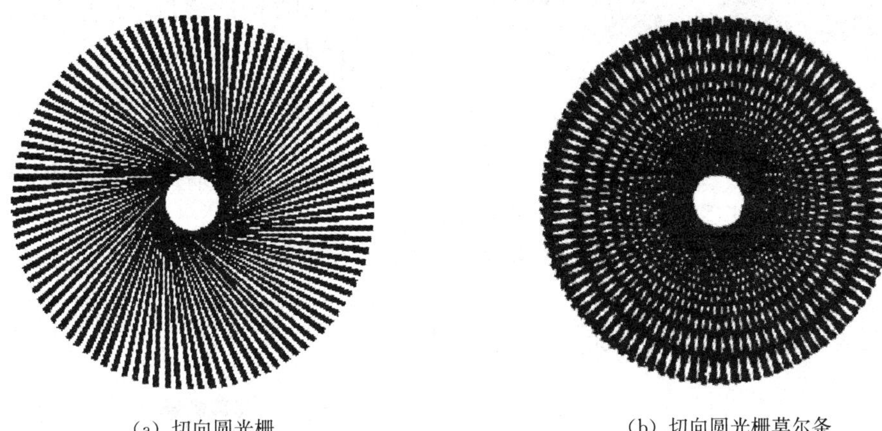

（a）切向圆光栅　　（b）切向圆光栅莫尔条

图 6-10　切向圆光栅及其莫尔条

二、光栅传感器

光栅传感器主要由光源系统、光栅副系统、光电转换及处理系统等组成，如图 6-11 所示。光源系统使光源以平面波或球面波的形式照射到光栅副系统，光电转换及处理系统用于检测莫尔条纹的变化并经适当处理后转换为位移或角度的变换，其中光栅副系统主要用于产生各种类型的莫尔条纹，是关键部分。

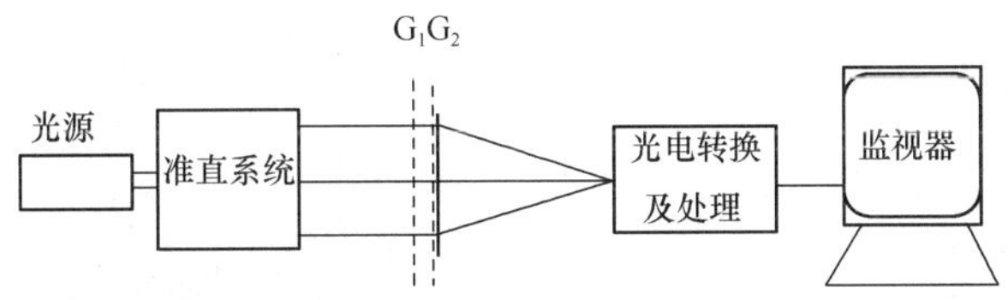

图 6-11　光栅传感器系统组成示意图

【实验仪器】

仪器结构如图 6-12 所示。

1. 主光栅基座

主光栅基座由主光栅和读数装置构成（见图 6-13）。读数装置由直尺和百分手轮组成，用于读取副光栅的移动距离，作为副光栅移动距离的标准值。主光栅和副光栅组成

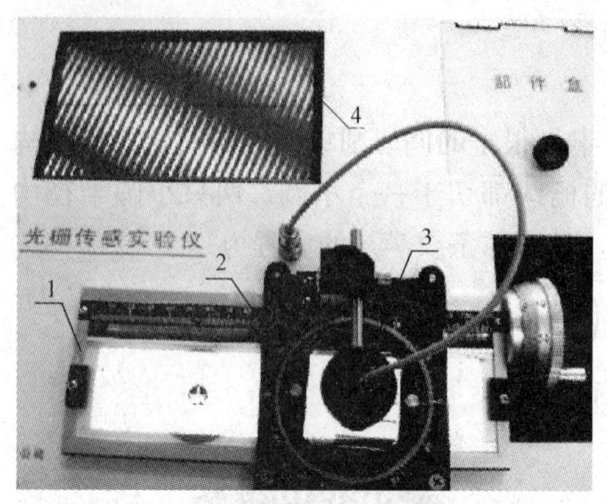

图 6-12 实验装置结构图

1. 主光栅基座；2. 副光栅滑座；3. 摄像头；4. 监视器

可组装、开放式结构，可以使学生直观地了解光栅位移传感器的结构，通过摄像头从监视器上观察和测量条纹的相关特性。

2. 副光栅滑座

副光栅滑座由副光栅、可转动副光栅座及角度读数盘组成（见图 6-14）。副光栅固定安装于副光栅座，转动副光栅座可改变光栅副之间的交角，其角位置由角度读数盘读出。

3. 摄像头及监视器

摄像头及监视器用于观察和测量莫尔条纹特性，由摄像头升降台、摄像头及监视器组成。

摄像头升降台位于副光栅滑座上（见图 6-15），用于调整摄像头的上下位置，以便在监视器中观察到清晰的条纹。

摄像头升降台的调节方法如下。

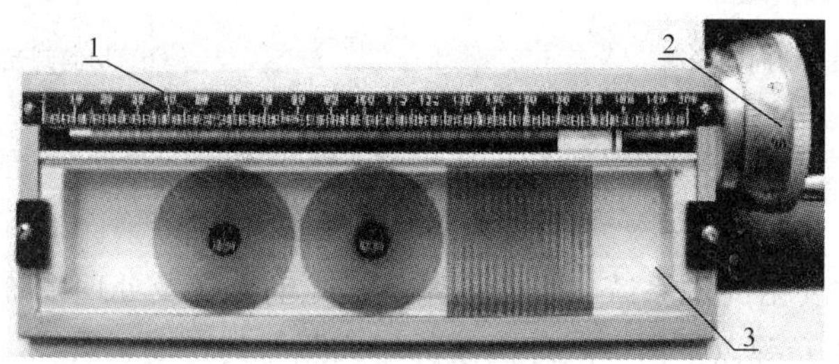

图 6-13 主光栅基座

1. 直尺；2. 百分手轮；3. 主光栅

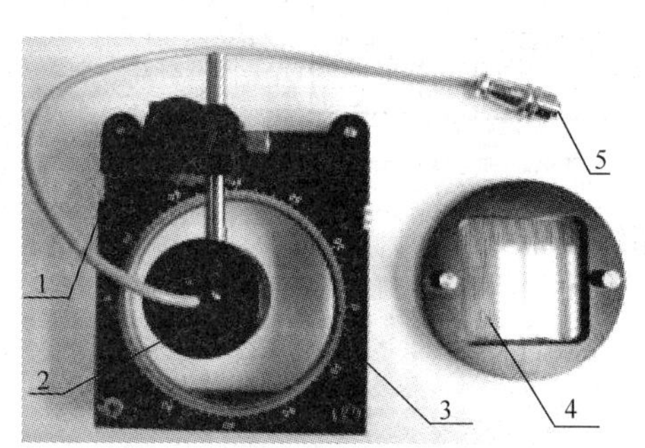

图 6-14 副光栅滑座

1. 读数位置；2. 摄像头；3. 角度读数盘；4. 副光栅；5. 视频接头

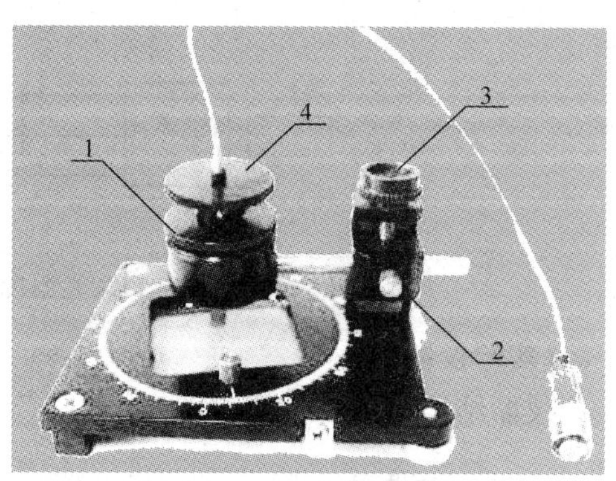

图 6-15 摄像头升降台

1）旋松调节图中的螺钉 2，前后移动摄像头使其对准副光栅中间位置，然后旋紧螺钉 2。

2）调节旋钮 3 使摄像头上下移动，直至在监视器中观察到清晰的莫尔条纹。

3）旋松旋钮 1 后转动旋钮 4 可以调节莫尔条纹在监视器上的倾斜角度，以便定标和测量，调整好角度后紧固旋钮 1。

【实验内容】

1. 准备工作

1）安装好直线主光栅。注意主光栅的刻划面要向上。

2）安装好摄像头。

2. 测量直线光栅的光栅常数

1）打开电源，调节摄像头的上下位置使监视器上出现清晰的直线光栅条纹。转动摄像头使光栅栅线与监视器纵向刻划线平行。

2）转动手轮，通过读游标初始位置和末位置的刻度读数测出 10 个光栅条纹间隔对应的距离 d_0 并记录。

3）从监视器上读出 10 个光栅条纹间隔距离 d_s 并记录，计算成像系统的放大率 k。

3. 观察直线光栅的莫尔条纹并测试其特性

1）安装好直线副光栅。

2）慢慢旋转副光栅以改变两光栅的夹角 θ，每改变 5°记录 1 条莫尔条纹在监视器上的宽度 s，计算莫尔条纹的实际宽度 $B=\dfrac{s}{k}=\dfrac{sd_0}{d_s}$并记录。

莫尔条纹实际宽度

$$B=\frac{s}{k}=\frac{sd}{d_s}$$

以 B 为纵坐标，$1/\theta$ 为横坐标作图并求出光栅常数 d_2。

3）验证条纹的移动与光栅的相对运动方向相对应：转动手轮移动副光栅，观察莫尔条纹的移动方向。反向移动副光栅，观察莫尔条纹移动方向的变化。

4. 利用直线光栅测量线位移

1）使主光栅和副光栅成一定夹角 θ，调节摄像头的上下位置使监视器上出现清晰的莫尔条纹图案。

2）转动光栅盘使副光栅沿轨道运动。每移动 1 个莫尔条纹，记录副光栅的位置。

以莫尔条纹变化的数目 N 为横坐标，位移量 y 为纵坐标作图；计算其非线性误差。

5. 观察径向光栅的莫尔条纹并测试其特性

1）安装好径向副光栅，调节摄像头的上下位置使监视器上出现清晰的莫尔条纹图案。注意主光栅和副光栅要相向放置。

2）调节两光栅中心距，使之出现莫尔条纹，观察并描绘莫尔条纹图案的对称性及圆半径的变化。

3）改变两光栅刻划中心的间距，观察圆曲率半径的变化。

4）转动手轮移动副光栅，观察莫尔条纹的移动方向。反向移动副光栅，观察莫尔条纹移动方向的变化。

6. 切向光栅莫尔条纹观察及其特性测试

1）安装好切向副光栅，调节摄像头的上下位置使监视器上出现清晰的莫尔条纹图案。注意主光栅和副光栅要相向放置。

2）转动手轮使两光栅同心，观察并描绘莫尔条纹图案。

3）转动手轮移动副光栅，观察莫尔条纹的移动方向。反向移动副光栅，观察莫尔条纹移动方向的变化。

7. 利用径向光栅莫尔条纹测量角位移

1）使两光栅中心相距一定距离 θ，调节摄像头的上下位置使监视器上出现清晰的莫尔条纹图案。

2）顺时针转动副光栅，每移动 5 个莫尔条纹记录副光栅的角位置，直至 30 个条纹为止。

3）逆时针转动副光栅，每移动 5 个莫尔条纹记录副光栅的角位置，直至 30 个条纹为止。

以莫尔条纹变化的数目 N 为横坐标，角度变化量 θ 为纵坐标作图；计算其非线性误差。

8. 利用切向光栅莫尔条纹测量角位移

1）使两光栅中心相距一定距离 θ，调节摄像头的上下位置使监视器上出现清晰的莫尔条纹图案。

2）顺时针转动副光栅，每移动 5 个莫尔条纹记录副光栅的角位置，直至 30 个条纹为止。

3）逆时针转动副光栅，每移动 5 个莫尔条纹记录副光栅的角位置，直至 30 个条纹为止。

以莫尔条纹变化的数目 N 为横坐标，角度变化量 θ 为纵坐标作图；计算其非线性误差。

【数据处理】

1. 测量直线光栅的光栅常数

游标刻度/cm \ 测量次数	1	2	3	4	平均值
游标初始位置 d_1					
游标末位置 d_1'					
$d_0=\lvert d_1'-d_1\rvert$					

2. 计算成像放大率 k

手轮读数/cm \ 测量次数	1	2	3	4	5
顺指针转动手轮 d_s					
逆指针转动手轮 d_s					

相邻栅线间距 d_s 为测量出的几组 d_s 值取其平均值。

由此计算成像系统的放大率 $k=\dfrac{d_s}{d_0}$。

3. 莫尔条纹的宽度

条纹宽度/cm \ 光栅盘旋转角度	5°	10°	15°	20°	25°	30°	35°	40°
条纹宽度 S（顺时针）								
莫尔条纹实际宽度 B								
条纹宽度 S（逆时针）								
莫尔条纹实际宽度 B								

4. 测量线位移

莫尔条纹变化数										
游标读数/cm										

5. 测量角位移

莫尔条纹移动个数 N						
转动角度（顺时针）						
转动角度（逆时针）						

6. 切向光栅测量角位移

莫尔条纹移动个数 N						
转动角度（顺时针）						
转动角度（逆时针）						

【注意事项】

1）使用前应首先详细阅读说明书。

2）为保证使用安全，电源线须可靠接地。

3）仪器应在清洁干净的场所使用，避免阳光直接暴晒和剧烈颠震。

4）切勿用手触摸光栅表面。如果光栅被弄脏，建议用清水加少量的洗洁精清洗然后晾干。

5）测量时应注意回程差。

6）测量时应尽量避免光栅的垂直上方有其他直射光源，因为玻璃的成像将对实验产生一定影响。

实验三　PN 结正向特性的研究和应用

本实验通过测量正向电流和正向压降的关系，研究 PN 结的正向特性：由可调微电流源输出一个稳定的正向电流，测量不同温度下的 PN 结正向电压值，以此来分析 PN 结正向压降的温度特性。通过这个实验可以测量出玻尔兹曼常数，估算半导体材料的禁带宽度，以及估算难以直接测量的极微小的 PN 结反向饱和电流；学习到很多半导体物理的知识，掌握 PN 结温度传感器的原理。

【实验目的】

1）测量同一温度下，正向电压随正向电流的变化关系，绘制伏安特性曲线。

2）在同一恒定正向电流条件下，测绘 PN 结正向压降随温度的变化曲线，确定其灵敏度，估算被测 PN 结材料的禁带宽度。

3）学习指数函数的曲线回归的方法，并计算出玻尔兹曼常数，估算反向饱和电流。

4）探究：用给定的 PN 结测量未知温度。

【实验原理】

一、PN 结的正向特性

理想情况下，PN 结的正向电流随正向压降按指数规律变化。其正向电流 I_F 和正向压降 V_F 存在如下近关系式：

$$I_F = I_s \exp\left(\frac{qV_F}{kT}\right) \tag{6-10}$$

式中，q 为电子电荷；k 为玻尔兹曼常数；T 为绝对温度；I_s 为反向饱和电流，它是一个和 PN 结材料的禁带宽度以及温度有关的系数，可以证明

$$I_S = CT^r \exp\left(-\frac{qV_{g(0)}}{kT}\right) \tag{6-11}$$

其中 C 是与截面积、掺杂浓度等有关的常数，r 也是常数（r 的数值取决于少数载流子迁移率对温度的关系，通常取 $r=3.4$）；$V_{g(0)}$ 为绝对零度时 PN 结材料的导带底和价带顶的电势差，对应的 $qV_{g(0)}$ 即为禁带宽度。

将式（6-11）代入式（6-10），两边取对数可得

$$V_F = V_{g(0)} - \left(\frac{k}{q}\ln\frac{C}{I_F}\right)T - \frac{kT}{q}\ln T^r = V_1 + V_{n1} \tag{6-12}$$

其中

$$V_1 = V_{g(0)} - \left(\frac{k}{q}\ln\frac{C}{I_F}\right)T$$

$$V_{n1} = -\frac{kT}{q}\ln T^r$$

式（6-12）就是 PN 结正向压降作为电流和温度函数的表达式，它是 PN 结温度传感器的基本方程。令 I_F = 常数，则正向压降只随温度而变化，但是在式（6-12）中还包含非线性项 V_{n1}。下面来分析一下 V_{n1} 项所引起的非线性误差。

设温度由 T_1 变为 T 时，正向电压由 V_{F1} 变为 V_F，由式（6-12）可得

$$V_F = V_{g(0)} - (V_{g(0)} - V_{F1})\frac{T}{T_1} - \frac{kT}{q}\ln\left(\frac{T}{T_1}\right)^r \tag{6-13}$$

按理想的线性温度响应，V_F 应取如下形式

$$V_{理想} = V_{F1} + \frac{\partial V_{F1}}{\partial T}(T - T_1) \tag{6-14}$$

$\frac{\partial V_{F1}}{\partial T}$ 等于 T_1 温度时的 $\frac{\partial V_F}{\partial T}$ 值

由式（6-12）求导，并变换可得到

$$\frac{\partial V_{F1}}{\partial T} = -\frac{V_{g(0)} - V_{F1}}{T_1} - \frac{k}{q}r \tag{6-15}$$

所以

$$\begin{aligned} V_{理想} &= V_{F1} + \left(-\frac{V_{g(0)} - V_{F1}}{T_1} - \frac{k}{q}r\right)(T - T_1) \\ &= V_{g(0)} - (V_{g(0)} - V_{F1})\frac{T}{T_1} - \frac{k}{q}(T - T_1)r \end{aligned} \tag{6-16}$$

由理想线性温度响应式（6-16）和实际响应式（6-13）相比较，可得实际响应对线性的理论偏差为

$$\Delta = V_{理想} - V_F = -\frac{k}{q}(T - T_1)r + \frac{kT}{q}\ln\left(\frac{T}{T_1}\right)r \tag{6-17}$$

设 T_1=300K，T=310K，取 r=3.4，由式（6-17）可得 Δ=0.048mV，而相应的 V_F 的改变量约为 20mV 以上，相比之下误差 Δ 很小。不过当温度变化范围增大时，V_F 温度响应的非线性误差将有所递增，这主要由 r 因子所致。

综上所述，在恒流小电流的条件下，PN 结的 V_F 对 T 的依赖关系取决于线性项 V_1，即正向压降几乎随温度升高而线性下降，这也就是 PN 结测温的理论依据。

二、求 PN 结温度传感器的灵敏度，测量禁带宽度

由前所述，可以得到一个测量 PN 结的结电压 V_F 与热力学温度 T 关系的近似关系式

$$V_F = V_1 = V_{g(0)} - \left(\frac{k}{q}\ln\frac{C}{I_F}\right)T = V_{g(0)} + ST \tag{6-18}$$

式中 S（单位为 mV/℃）为 PN 结温度传感器的灵敏度。

用实验的方法测出 $V_F - T$ 变化关系曲线，其斜率 $\frac{\Delta V_F}{\Delta T}$ 即为灵敏度 S。

在求得 S 后，根据式（6-18）可知

$$V_{g(0)} = V_F - ST \tag{6-19}$$

从而可求出温度为 0K 时半导体材料的近似禁带宽度 $E_{g(0)} = qV_{g(0)}$。硅材料的 $E_{g(0)}$ 约为 1.21eV。

必须指出，上述结论仅适用于杂质全部电离，本征激发可以忽略的温度区间（对于通常的硅二极管来说，温度范围约 −50～150℃）。如果温度低于或高于上述范围时，由于杂质电离因子减小或本征载流子迅速增加，V_F-T 关系将产生新的非线性，这一现象说明 V_F-T 的特性还随 PN 结的材料而异，对于宽带材料（如 GaAs，$E_{g(0)}$ 为 1.43eV）的 PN 结，其高温端的线性区则宽；而材料杂质电离能小（如 InSb）的 PN 结，则低温端的线性范围宽。对于给定的 PN 结，即使在杂质导电和非本征激发温度范围内，其线性度亦随温度的高低而有所不同，这是非线性项 V_{nl} 引起的，由 V_{nl} 对 T 的二阶导数 $\frac{d^2V}{dT^2} = \frac{1}{T}$ 可知，$\frac{dV_{nl}}{dT}$ 的变化与 T 成反比，所以 V_F-T 的线性度在高温端优于低温端，这是 PN 结温度传感器的普遍规律。此外，由式（6-13）可知，减小 I_F，可以改善线性度，但并不能从根本上解决问题，目前行之有效的方法大致有两种。

1）利用对管的两个 PN 结（将三极管的基极与集电极短路与发射极组成一个 PN 结），分别在不同电流 I_{F1}、I_{F2} 下工作，由此获得两者之差（$I_{F1} - I_{F2}$）与温度成线性函数关系，即

$$V_{F1} - V_{F2} = \frac{kT}{q}\ln\frac{I_{F1}}{I_{F2}} \tag{6-20}$$

本实验所用的 PN 结也是由三极管的 cb 极短路后构成的。尽管还有一定的误差，但与单个 PN 结相比其线性度与精度均有所提高。

2）采用电流函数发生器来消除非线性误差。由式（6-12）可知，非线性误差来自 T^r 项，利用函数发生器，I_F 比例于绝对温度的 r 次方，则 V_F-T 的线性理论误差为 $\Delta = 0$。实验结果与理论值比较一致，其精度可达 0.01℃。

三、求波尔兹曼常数

由式（6-20）可知，在保持 T 不变的情况下，只要分别在不同电流 I_{F1}、I_{F2} 下测得

相应的 V_{F1}、V_{F2}就可求得玻尔兹曼常数 k。

$$k = \frac{q}{T} \ln \frac{I_{F2}}{I_{F1}} (V_{F1} - V_{F2}) \tag{6-21}$$

为了提高测量的精度，也可根据指数函数的曲线回归，求得 k 值。方法是以公式 $I_F = A\exp(BV_F)$ 的正向电流 I_F和正向压降 V_F为变量，根据测得的数据，用电子表格软件 Excel 进行指数函数的曲线回归，求得 A、B 值，再由 A=I_S 求出反向饱和电流，$B=q/kT$ 求出波尔兹曼常数 k。

【实验内容】

1）将 DH-SJ 型温度传感器实验装置上的“加热电流”开关置于“关”位置，将“风扇电流”开关置于“关”位置，接上加热电源线。插好 Pt100 温度传感器和 PN 结温度传感器。PN 结引出线分别插入 PN 结正向特性综合试验仪上的＋V、－V 和＋I、－I（注意插头的颜色和插孔的位置）。

2）打开电源开关，温度传感器实验装置上将显示出室温 T_R，记录下起始温度 T_R。

3）测量同一温度下，正向电压随正向电流的变化关系，绘制伏安特性曲线。

为了获得较为准确的测量结果，在仪器通电预热 10min 后进行实验。先以室温为基准，测整个伏安特性实验的数据。

首先将 PN 结正向特性综合试验仪上的电流量程置于×1 挡，再调整电流调节旋钮，观察对应的 V_F值应有变化的读数。可以按照下表的 V_F值来调节设定电流值，如果电流表显示值到达 1000，可以改用大一挡量程，记录下一系列电压、电流值于下表。由于采用了高精度的微电流源，这种测量方法可以减小测量误差。

同一温度下正向电压与正向电流的关系 T=____℃

序号	1	2	3	4	5	6	7	8
V_F/V	0.350	0.360	0.370	0.380	0.390	0.400	0.410	0.420
I_F/μA								
序号	9	10	11	12	13	14	15	16
V_F/V	0.430	0.440	0.450	0.460	0.470	0.480	0.490	0.500
I_F/μA								
序号	17	18	19	20	21	22	23	24
V_F/V	0.510	0.520	0.530	0.540	0.550	0.560	0.570	0.580
I_F/μA								

注意，在整个实验过程中，都是在室温下测量的。实际的 V_F值的起、终点和间隔值可根据实际情况微调。

也可以再设置一个合适的温度值，待温度稳定后，重复以上实验，测得一组其他温度点的伏安特性曲线。

4）在同一恒定正向电流条件下，测绘 PN 结正向压降随温度的变化曲线，确定其灵敏度，估算被测 PN 结材料的禁带宽度。

选择合适的正向电流 I_F，并保持不变。一般选择小于 100μA 的值，以减小自身热效应。将DH-SJ型温度传感器实验装置上的“加热电流”开关置于“开”位置，根据目标温度，选择合适的加热电流，在实验时间允许的情况下，加热电流可以取得小一点，如0.3～0.6A之间。这时加热炉内温度开始升高，开始记录对应的V_F和T于下表。为了更准确地记数，可以根据的变化，记录T的变化。

注意：在整个实验过程中，正向电流I_F应保持不变。设定的温度不宜过高，必须控制在120℃以内。

同一I_F下，正向电压与温度的关系I_F=____μA

序号	1	2	3	4	5	6	7	8
T/℃								
V_F/V								
序号	9	10	11	12	13	14	15	16
T/℃								
V_F/V								
序号	17	18	19	20	21	22	23	24
T/℃								
V_F/V								

5）计算玻尔兹曼常数，学习用Execl进行指数函数的曲线回归的方法。

直接计算法：对测得的数据，用式（6-21），计算出玻尔兹曼常数k=__________。

曲线拟合法：借用Excel程序拟合指数函数。以公式$I_F=A\exp(BV_F)$的正向电流I_F和正向压降V_F为变量，根据测得的数据，以V_F为X轴数据，I_F为Y轴数据，用Excel进行指数函数的曲线回归，求得A、B值，再由$A=I_s$，估算出反向饱和电流$B=q/kT$，求出波尔兹曼常数k。

Excel中自动拟合曲线的方法如下。

在Excel中将选中需要拟合的正向电压和正向电流数据，依次单击Excel程序菜单“插入”→“图表”→“标准类型”→“XY散点图”→“子表类型”→“无数据点平滑线散点图”→“下一步”，出现“数据区域”、“系列”选项卡，在“数据区域”选项卡中，可根据实际的数据区域的排列，选择“行”或“列”；在“系列”选项卡中可填入不同系列的代号，如该曲线测量时的温度值；单击“下一步”，出现“图表选项”，在“标题”选项卡中，可填入“图表标题”、“数值（X）轴”、“数值（Y）轴”内容，如“PN结伏安特性”、“正向电压（V）”、“正向电流（μA）”，在“网格线”选项卡中，可选择主要网格线、次要网格线；单击“下一步”，可完成曲线的图表绘制。

完成后的图标，如果需要更改，还可以继续设置。双击图标区域，在弹出的绘图区格式中，可以选择绘图区的背景色；双击坐标轴，在弹出的坐标轴格式框中，可设置坐标轴的刻度、起始值等，可根据需要自行设置。

完成以上设置后，在已产生图表中，右击数据曲线，在右键菜单中，选择“添加趋势线”，在“类型”菜单中选择要生成曲线的类型，这里选择“指数（X）”，在“选项”菜单中选中“显示公式”、显示“R平方值”单击“确定”即可显示公式。右击公式，

单击“数据标志格式”，选择“数字栏”的“科学计数”，“小数位数”选择 3 位，单击“确定”，即可根据此公式可求出

$A=$__________，$B=$__________，相关系数 $r=\sqrt{R^2}=$__________。

估算反向饱和电流 $Is=A=$____，波尔兹曼常数 $k=q/(BT)$ =__________。

6）求被测 PN 结正向压降随温度变化的灵敏度 S。

以 T 为横坐标，V_F为纵坐标，作 V_F-T 曲线，其斜率就是 S。这里的 T 单位为 K。用 Excel 对 V_F-T 数据按公式 $V_F=AT+B$ 进行直线拟合，方法同前，参数可重新设定，建议 X 轴坐标起始点选 270K。在“添加趋势线”时，在“类型”菜单中选择“线性(L)”即可。根据得到的公式，可求出

$A=$__________，$B=$__________，相关系数 $r=\sqrt{R^2}=$__________。

斜率，即传感器灵敏度 $S=A=$__________ mV/K；

截距 $V_{g(0)}=B=$__________ V（温度为 0K）；

7）估算被测 PN 结材料的禁带宽度。

由前已知，PN 结正向压降随温度变化曲线的截距 B 就是 $V_{g(0)}$ 的值。也可以根据式（6-19）进行单个数据的估算，将温度 T 和该温度下的 V_F代入 $V_{g(0)}=V_F-ST$ 即可求得 $V_{g(0)}$，注意 T 的单位是 K。

将实验所得的 $E_{g(0)}=qV_{g(0)}=$__________电子伏，与公认值 $E_{g(0)}=1.21$ 电子伏比较，并求其误差。

附：仪器的使用方法

1. 连线

实验装置的连线如图 6-16 所示。

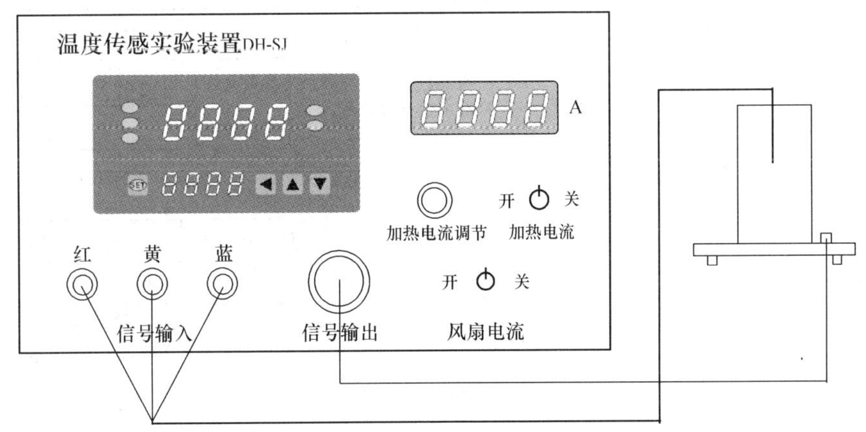

图 6-16　温控仪与恒温炉的连线

注意：Pt100 的插头与温控仪上的插座颜色对应相连。

警告：在做实验中或做完实验后，禁止手触传感器的钢质护套，以免烫伤！

2. 温控表的使用方法

温度的测量以 Pt100 作为温度传感器，温控表内部使用 PID 控制温度，其相应的参数可以修改。温控表的使用操作方法如图 6-17 所示。

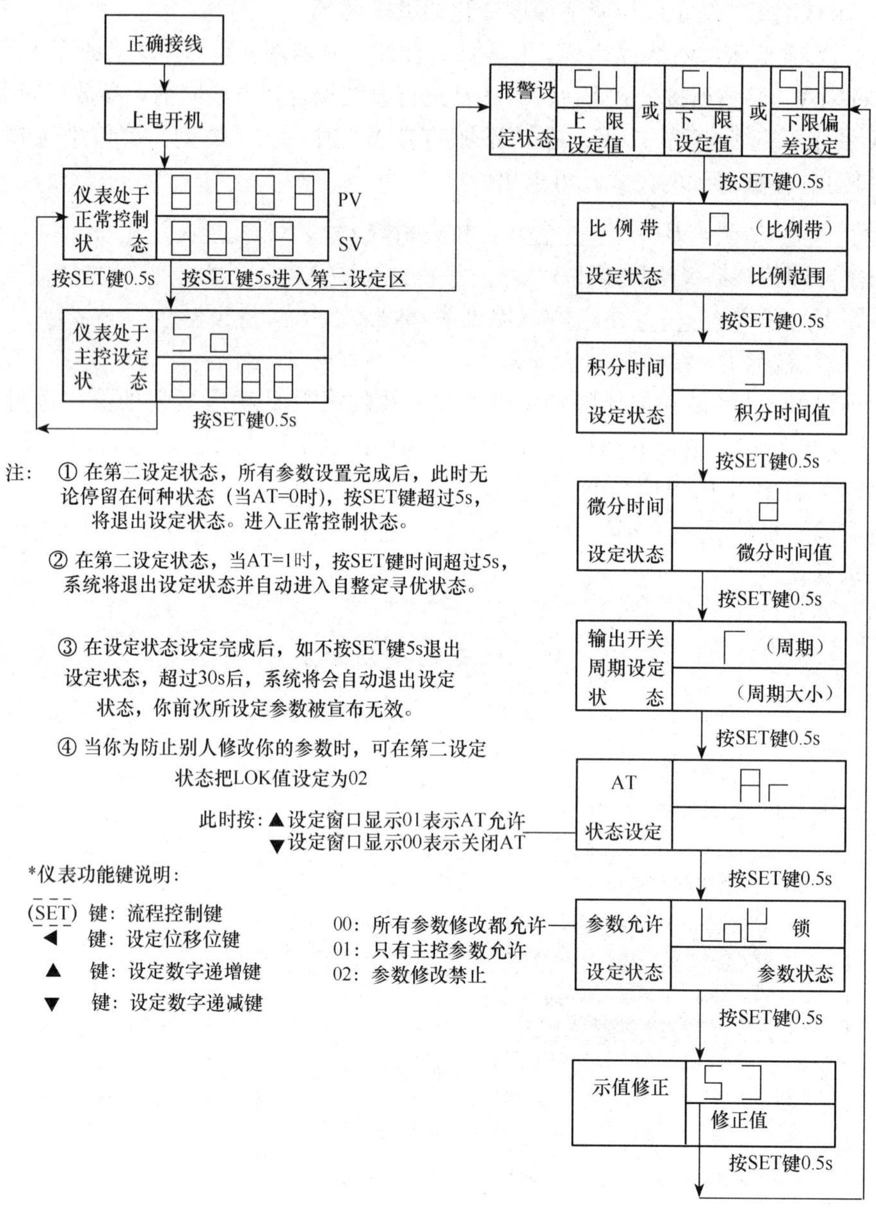

图 6-17　温控仪的使用方法

附加说明：

1）主控设定状态时，只要按 SET 键和三个方向功能键组合使用，调整好需要的温度即可，再按 SET 键即可返回正常的控制显示状态。

2）第二设定状态一般情况下不需要更改，也不建议自行更改，如确需更改，长按 SET 键 5s，即可进入设置菜单。

3. DH-SJ 温度传感器实验装置的使用

1）将 Pt 电阻传感器插入温度传感器实验装置的加热炉孔中。

2）控温“加热电流”开关置“关”位置，接上加热电源线和信号传输线，两者连接均为直插式。在连接和拆除信号线时，动作要轻，否则可能拉断引线影响实验。

3）插上电源线，打开电源开关，预热几分钟，待温度传感器实验装置所示温度值稳定之后，此时显示即为室温 T_R，可记录下起始温度 T_R。

4）“加热电流”开关置“开”位置，根据需要的温度，转动“加热电流调节”电位器，选择合适的加热电流大小。目标温度高，加热电流适当调大，目标温度低，加热电流要小一点。

5）将 PN 结温度传感器插入温度传感器实验装置的加热炉孔中。

6）PN 结管上的有两组线共 4 个插头，将对应颜色的插头接入 PN 结实验仪上的相应颜色的插孔中。

7）实验结束后，或者需要降温时，接通“风扇电流”开关即可。

4. PN 结正向特性综合实验仪的使用

PN 结传感器与 PN 结实验仪的连接如图 6-18 所示。

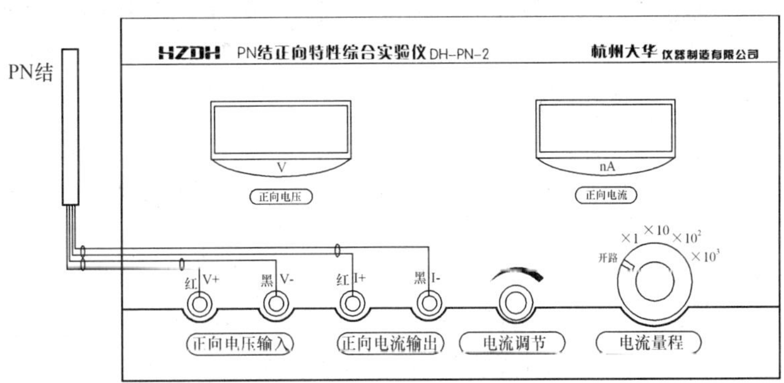

图 6-18　PN 结传感器与 PN 结实验仪的连接

“正向电流”屏幕显示的是 PN 结的正向电流。“正向电压”屏幕显示的是 PN 结的实时正向电压。

微电流源的有效量程分为 4 个挡位，范围从 1nA～1mA 分段可调。开路挡时正向电流源出为 0。电流量程挡位与正向电流大小之间的关系为正向电流表显示的数值×开关所处的挡位值。电流表最大显示是 0～1999，电流量程挡位×1，×10，$\times 10^2$，$\times 10^3$ 对应为 1.999μA，19.99μA，199.9μA，1.999mA。

【注意事项】

1）在选择电流量程时在保证测量范围的前提下尽量选择小挡位，以提高精度。

2）为了保证微电流源的准确性，仪器内部显示电路与微电流源是不共地的，所以与常规电流源不同的是：当负载开路时显示的电流信号不为零。这是正常的，并且也有一个好处是可以在不接负载时就能预先设定需要的电流。

3）仪器出厂时已经校准。不要用普通的万用表或其他仪器直接测量或比对 PN 结的正向电压和正向微电流，否则会得到失准的结果，原因是 PN 结实验时处于高阻状态。

4）仪器的电压表测量电压量程仅为 2V，不要超量程使用或测量其他未知电压。

5）仪器的连接线要注意使用，有插口方向的要对齐插拔，插拔时不可用力过猛。

6）加热装置温升不应超过 120℃，否则将造成仪器老化或故障。

7）使用完毕后，一定要切断电源。并存放于干燥、无灰尘、无腐蚀性气体的室内。

实验四　全息照相

【预习思考题】

1）什么是全息照相?

2）如何实现全息照片的再现和翻拍?

【实验目的】

1）了解全息照相的基本原理和实验装置。

2）初步掌握全息照相的实验技术，拍摄一幅漫反射全息照片和幅白光再现反射全息照片。

3）学习全息照片再现和翻拍的方法。

【实验仪器】

全息实验台、磁性光具、扩束镜、反射镜、半反镜、待拍物体、干板、显影定影液等。

【实验原理】

1948 年盖伯发现用一个合适的相干参考波与一个物体的散射波叠加，则此散射波的振幅和相位的分布就以干涉图样的形式被记录在感光板上，所记录的干涉图称为全息图。如移出被摄物体，用相干光照射全息图，透射光的一部分就能重新模拟出原物的散射波，于是重现一个与原物非常逼真的三维图像。全息照相在信息储存、图像识别、干涉计量和无损检测等方面均有广泛的应用，它渗透到科技、军事、工农业生产的各个领域。

光是一种电磁波，它具有振幅及相位两个方面的信息。普通的照相只记录了物体成像平面上的光强分布，即振幅的空间分布，却丢失了相位分布的信息。全息照相利用干涉方法记录物体抵达摄影底片时的光波的振幅与位相的全部信息。它记录的不是物体的几何图像，而是物光与另一束与这相干涉的参考光抵达照相底片的干涉条纹，所以，全息照片上一般看不到原物体的像，必须用原来的参考光照明，方可得到原物体的立体像，这被称为全息底片的再现。

1. 平面全息

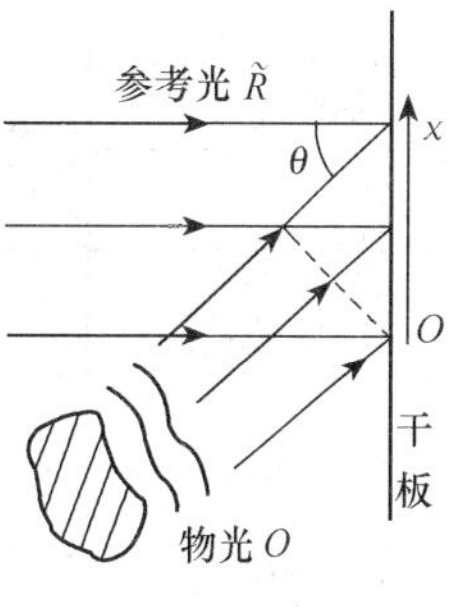

图 6-19 全息记录

如图 6-19 所示，设参考光为平面余弦波，垂直照射到照相干板上，它在干板上各点的振动的振幅相同，位相也相同，可用三角函数式表示为 $\widetilde{R}=A_R\cos(\omega t+\varphi_k)$，也可用复数式表示为

$$\widetilde{R}=A_R\exp\{i(\omega t+\varphi_k)\}=A_R\exp(i\varphi_k)\exp(i\omega t)$$

式中 $\exp(i\omega t)$ 因子对各相干光都是一样的，可以省略不记。令

$$R=A_R\exp(i\varphi_k) \tag{6-22}$$

为参考光的复数振幅，它同时包含了参考光的振幅信息和位相信息。

又设在干板的小区域 $\{x\}$ 内所接收到的物光也接近于平行光，它的入射角是 θ，在 $\{x\}$ 区域内各点相应的有位相差 $\frac{2\pi}{\lambda}x\cdot\sin\theta$。物光的复数式表示为

$$\begin{aligned}\widetilde{Q}&=A_0(x,y)\exp\left\{i\left[\omega t+\varphi_0-\left(\frac{2\pi}{\lambda}\right)x\cdot\sin\theta\right]\right\}\\&=A_0(x,y)\exp\left\{i\left[\varphi_0-\left(\frac{2\pi}{\lambda}\right)x\cdot\sin\theta\right]\right\}\exp(i\omega t)\end{aligned}$$

令

$$O(x,y)=A_0(x,y)\exp\left\{i\left[\varphi_0-\left(\frac{2\pi}{\lambda}\right)x\cdot\sin\theta\right]\right\} \tag{6-23}$$

为物光的复数振幅，它同时包含了物光的振幅信息和位相信息。

物光和参考光在 $\{x\}$ 区域叠加，合成光波的光强分布可用合成光波复数振幅的平方表示

$$\begin{aligned}I(x,y)&=[R+O(x,y)]^2\\&=\left[A_R\exp(i\varphi_R)+A_0(x,y)\exp\left\{i\left[\varphi_0-\left(\frac{2\pi}{\lambda}\right)x\cdot\sin\theta\right]\right\}\right]^2\\&=A_R^2+A_0^2(x,y)+A_RA_0(x,y)\exp\left[\exp\left\{i\left[\varphi_R-\varphi_0+\left(\frac{2\pi}{\lambda}\right)x\cdot\sin\theta\right]\right\}\right.\\&\quad\left.+\exp\left\{-i\left[\varphi_R-\varphi_0+\left(\frac{2\pi}{\lambda}\right)x\cdot\sin\theta\right]\right\}\right]\\&=A_R^2+A_0^2(x,y)+2A_RA_0(x,y)\cdot\cos\left[\varphi_R-\varphi_0+\left(\frac{2\pi}{\lambda}\right)x\cdot\sin\theta\right]\end{aligned} \tag{6-24}$$

由式 (6-24) 可以看出，沿 x 方向合光强在最大值 $(A_R+A_0)^2$ 和最小值 $(A_R-A_0)^2$ 之间变化，这就形成了明暗相间的干涉条纹。变化的空间周期可由下式决定

$$\frac{2\pi}{\lambda}\cdot x\cdot\sin\theta=2k\pi \tag{6-25}$$

这样的光强分布 $I(x,y)$ 在照相干板上被记录下来，经过显影、定影和冲洗的照相底片的处理过程后，就得到了全息底片，它的干涉条纹分布包含了物光振幅 A_0 和位相 φ_0 的两方面的信息。

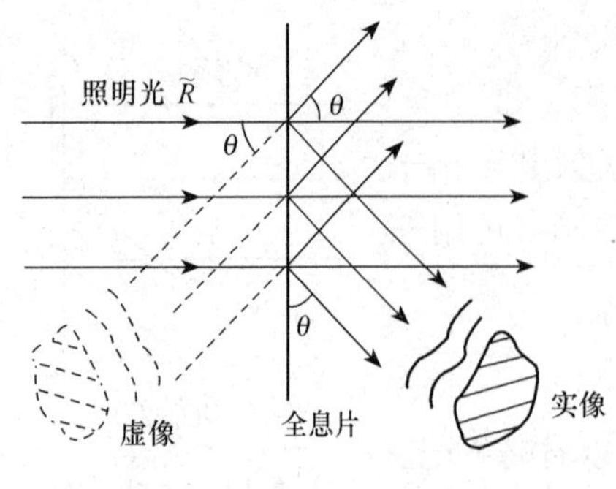

图 6-20　全息再现

2. 全息再现

用光波照明全息片时，干板底片上各点光振幅的透射率可表示为

$$\tau(x,y)=\frac{\text{透射振幅}}{\text{入射振幅}}=\tau_0+\beta I(x,y)$$

如图 6-20 所示，若以原参考光垂直照射到全息底片上，那么透过全息片的透射光波的复数振幅可表示为

$$\begin{aligned}U(x,y)&=\tau\cdot A_R\exp(i\varphi_R)\\&=[\tau_0+\beta I(x,y)]A_R\exp(i\varphi_R)\end{aligned}$$

将式（6-23）代入上式得到

$$\begin{aligned}U(x,y)=&(\tau_0+\beta A_R^2+\beta A_0^2)A_R\exp(i\varphi_R)\\&+\beta A_R A_0\cdot\left[\exp\left\{i\left[\varphi_R-\varphi_0+\left(\frac{2\pi}{\lambda}\right)x\cdot\sin\theta\right]\right\}\right.\\&\left.+\exp\left\{-i\left[\varphi_R-\varphi_0+\left(\frac{2\pi}{\lambda}\right)x\cdot\sin\theta\right]\right\}\right]A_R\exp(i\varphi_R)\\=&(\tau_0+\beta A_R^2+\beta A_0^2)A_R\exp(i\varphi_R)\\&+\beta A_R^2\exp(i\varphi_R)\cdot A_0\exp\left\{-i\left[\varphi_0-\left(\frac{2\pi}{\lambda}\right)x\cdot\sin\theta\right]\right\}\\&+\beta A_R^2\cdot A_0\exp\left\{i\left[\varphi_0-\left(\frac{2\pi}{\lambda}\right)x\cdot\sin\theta\right]\right\}\end{aligned}\qquad(6\text{-}26)$$

式（6-26）中的第一项与原来照明光波仅差一个因子，它是直接透射过全息片的照明光波；式（6-26）和式（6-23）相比，它与原物光的复数振幅仅差一个常数因子，因此在视觉效果上两者完全一样。它在 θ 角方向再现原物体的立体像（虚像）；式（6-26）中的第二项与原物光的复数振幅相比较，其振幅部分差一常数因子，相位部分也差一常数因子，而且符号相反，它在 $-\theta$ 角方向形成共轭实像。

3. 全息照相对实验系统的要求

1）要有足够稳定的系统。因为全息底板上记录的干涉条纹间距很小，如果全息底片在曝光过程中条纹移动超过半个条纹的宽度，就不能形成全息图；条纹移动小于半个条纹宽度，全息图像虽然可以形成，但清晰度会受到影响。物光与参考光夹角 θ 越大，条纹的间距就越小，曝光过程中所受到的限制也就越大，因此要求工作系统非常稳定。在实验中常采用气垫隔振，系统中光学元件和各种支架都用磁钢牢固地吸在钢板上，保证各元件间没有相对移动，使整个系统组成一个“刚体”。在曝光过程中不高声谈话，不走动，以保证条纹不漂移。

2）要有好的相干光源。采用 He-Ne（波长 $\lambda=632.8\text{nm}$）激光器作光源，可较好的满足此要求。

3）参考光与物光光强之比通常以 4∶1 到 10∶1 为宜，光程差要小。

【实验内容】

1. 布置全息照相的光路

拍摄漫反射全息光路如图 6-21 所示。

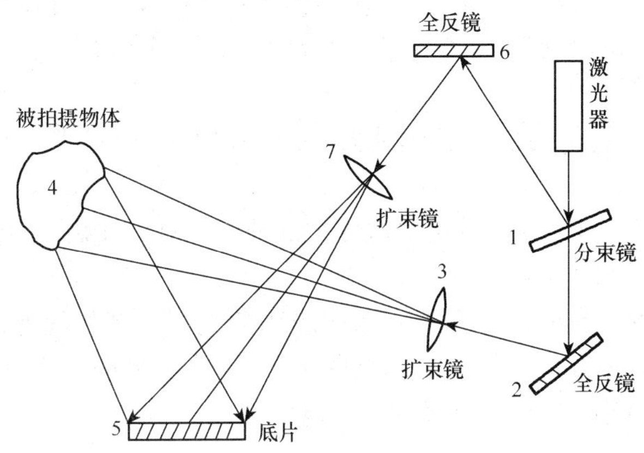

图 6-21　拍漫反射全息图的光路

若被拍摄物体较大，用 40 倍的扩束镜；若拍摄物体较小，则用 100 倍的扩束镜，使整个被拍摄物体照明均匀。

2. 拍摄漫反射全息照片

1）调整光路，使物光与参考光成 0°～35°的角度，打开光源。

调整物体位置或底片夹位置。保证物光与参考光之间的光程差 $\delta=0$。

调节光学元件，使光束基本等高。激光束基本照射在被拍摄物体和底片的中心部位。然后，在参考光路上加扩束镜，使参考光均匀照射底片；再在物光光路上加扩束镜，使激光均匀照射物体。反复几次调试，直至满意为止。

只让物光和参考光照亮底片夹上的白纸屏，防止其余的杂散光对底片的影响。

熟悉曝光定时器的使用，可模拟操作一次。

2）关闭室内所有光源。安装正式的底片。等待 1～2min，让工作台稳定后，打开激光光源进行曝光。

3. 冲洗干板

1）取下曝光后的干板，用清水打湿，放入显影液中显影 3～5min。取出来在暗绿色灯下观察显影程度，发现显影合适时，取出来在清水中清洗 1～5min，冲去多余的银粒。

2）再将干板放入定影液中定影 3～5min。

3）将底片放在吹风机旁吹干，即为一张制成的全息图。

4. 观察全息照片的再现

把底片放回拍照时的位置上，挡去物光，用参考光照明，透过干板观察，在原来放物体的位置上，会出现一个清晰的、立体的被摄物体像，这就是理想的全息图像。

【思考题】

1）根据观察的各种全息片总结一下全息照相有什么特点？为什么？

2）为什么要求光路中物光和参考光的光程差 $\Delta=0$ 最理想？

实验五 红外物理特性与应用实验

波长范围在 0.75～1000μm 的电磁波称为红外波，对红外频谱的研究历来是基础研究的重要组成部分。

现代红外技术的成熟已经打开了一系列应用的大门。例如红外通信，红外污染监测，红外跟踪，红外报警，红外治疗，红外控制，利用红外成像原理制作的各种空间监视传感器，机载传感器，房屋安全系统，夜视仪等。

【实验目的】

1）了解红外通信的原理及基本特性。

2）测量部分材料的红外特性。

3）测量红外发射管的伏安特性，电光转换特性。

4）测量红外发射管的角度特性。

5）测量红外接收管的伏安特性。

6）基带调制传输实验。

7）副载波调制传输实验。

8）音频信号传输实验。

9）数字信号传输实验。

【实验仪器】

红外通信特性实验仪、示波器、信号发生器。

【实验原理】

1. 红外通信

红外通信就是用红外波作载波的通信方式。红外传输的介质可以是光纤或空气，本实验采用空气传输。

2. 红外材料

光在光学介质中传播时，由于材料的吸收，散射，会使光波在传播过程中逐渐衰减，对于确定的介质，光的衰减 $\mathrm{d}I$ 与材料的衰减系数 α，光强 I，传播距离 $\mathrm{d}x$ 成正比

$$\mathrm{d}I=-\alpha I\,\mathrm{d}x \tag{6-27}$$

对上式积分，可得

$$I = I_0 e^{-\alpha L} \tag{6-28}$$

式中 L 为材料的厚度。

材料的衰减系数是由材料本身的结构及性质决定的，不同的波长衰减系数不同。普通的光学材料由于在红外波段衰减较大，通常并不适用于红外波段。常用的红外光学材料包括：石英晶体及石英玻璃，它在 0.14～4.5μm 的波长范围内都有较高的透射率。半导体材料及它们的化合物如锗、硅、金刚石、氮化硅、碳化硅、砷化镓、磷化镓。氟化物晶体如氟化钙、氟化镁。氧化物陶瓷如蓝宝石单晶（Al_2O_3）、尖晶石（$MgAl_2O_4$）、氮氧化铝、氧化镁、氧化钇、氧化锆。还有硫化锌、硒化锌以及一些硫化物玻璃，锗硫系玻璃等。

光波在不同折射率的介质表面会反射，入射角为零或入射角很小时反射率为

$$R = \left(\frac{n_1 - n_2}{n_1 + n_2}\right)^2 \tag{6-29}$$

由式（6-29）可见，反射率取决于界面两边材料的折射率。由于色散，材料在不同波长的折射率不同。折射率与衰减系数是表征材料光学特性的最基本参数。

由于材料通常有两个界面，测量到的反射与透射光强是在两界面间反射的多个光束的叠加效果，如图 6-22 所示。

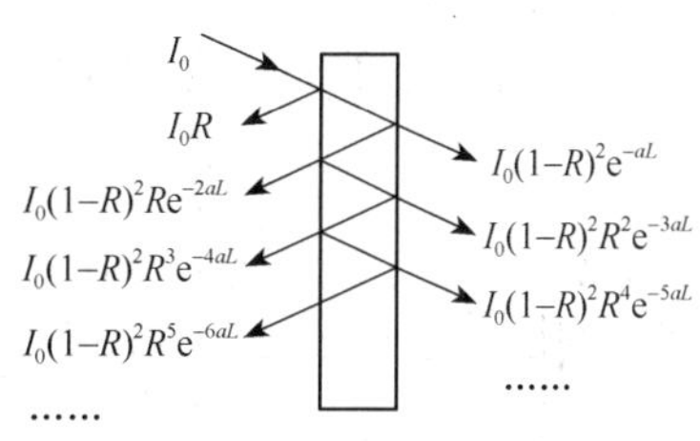

图 6-22 光在两界面间的多次反射

反射光强与入射光强之比为

$$\frac{I_R}{I_0} = R[1 + (1-R)^2]e^{-2\alpha L}(1 + R^2e^{-2\alpha L} + R^4e^{-4\alpha L} + \cdots)] = R\left[1 + \frac{(1-R)^2e^{-2\alpha L}}{1-R^2e^{-2\alpha L}}\right] \tag{6-30}$$

在式（6-30）的推导中，用到无穷级数 $1+x+x^2+x^3+\cdots=(1-x)^{-1}$。透射光强与入射光强之比为

$$\frac{I_T}{I_0} = (1-R)^2e^{-\alpha L}(1 + R^2e^{-2\alpha L} + R^4e^{-4\alpha L} + \cdots) = \frac{(1-R)^2e^{-\alpha L}}{1-R^2e^{-2\alpha L}} \tag{6-31}$$

原则上，测量出 I_0、I_R、I_T，联立式（6-30）、式（6-31），可以求出 R 与 α（不一定是解析解）。

下面讨论两种特殊情况下求 R 与 α。

对于衰减可忽略不计的红外光学材料，$\alpha=0$，$e^{-\alpha L}=1$，此时，由式（6-30）可解出

$$R = \frac{\dfrac{I_R}{I_0}}{2-\dfrac{I_R}{I_0}} \tag{6-32}$$

对于衰减较大的非红外光学材料，可以认为多次反射的光线经材料衰减后光强度接近零，对图 6-22 中的反射光线与透射光线都可只取第一项，此时

$$R = \frac{I_R}{I_0} \tag{6-33}$$

$$\alpha = \frac{1}{L}\ln\frac{I_0(1-R)^2}{I_T} \tag{6-34}$$

由于空气的折射率为 1，求出反射率后，可由式（6-29）解出材料的折射率：

$$n = \frac{1+\sqrt{R}}{1-\sqrt{R}} \tag{6-35}$$

很多红外光学材料的折射率较大，在空气与红外材料的界面会产生严重的反射。例如硫化锌的折射率为 2.2，反射率为 14%，锗的折射率为 4，反射率为 36%。为了降低表面反射损失，通常在光学元件表面镀上一层或多层增透膜来提高光学元件的透过率。

3. 发光二极管

红外通信的光源为半导体激光器或发光二极管，本实验采用发光二极管。

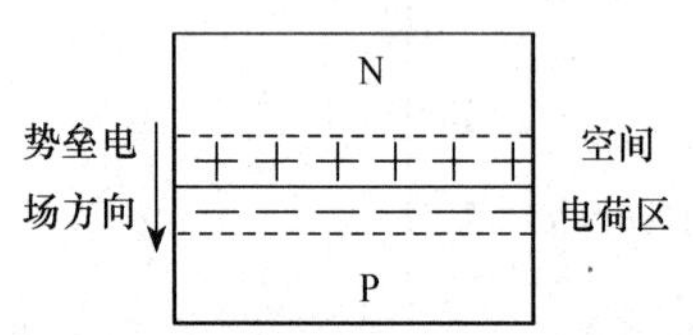

图 6-23　半导体 PN 结示意图

如图 6-23 所示，发光二极管与普通二极管的结构是一样的。

当加上与势垒电场方向相反的正向偏压时，结区变窄，在外电场作用下，P 区的空穴和 N 区的电子就向对方扩散运动，从而在 PN 结附近产生电子与空穴的复合，并以热能或光能的形式释放能量。采用适当的材料，使复合能量以发射光子的形式释放，就构成发光二极管。采用不同的材料及材料组分，可以控制发光二极管发射光谱的中心波长。

图 6-24 和图 6-25 所示分别为发光二极管的伏安特性与输出特性。从图 6-24 可见，发光二极管的伏安特性与一般的二极管类似。从图 6-25 可见，发光二极管输出光功率与驱动电流近似呈线性关系。这是因为驱动电流与注入 PN 结的电荷数成正比，在复合发光的量子效率一定的情况下，输出光功率与注入电荷数成正比。

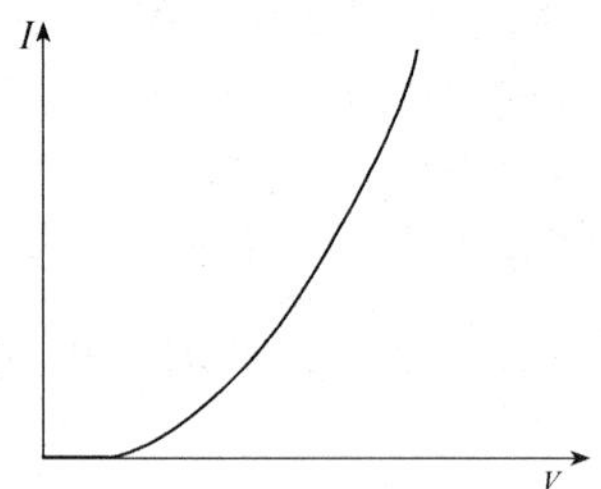

图 6-24　发光二极管的伏安特性

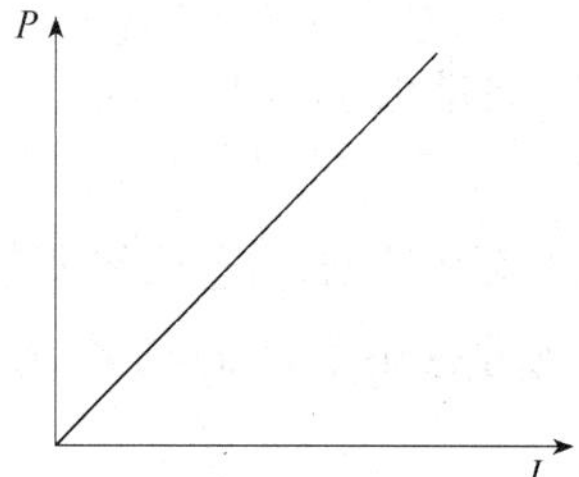

图 6-25　发光二极管输出特性

发光二极管的发射强度随发射方向而异，如图 6-26 所示，图 6-26 所示情况的发射强度是以最大值为基准，当方向角度为零度时，其发射强度定义为 100%。当方向角度增大时，其放射强度相对减少，发射强度如由光轴取其方向角度一半时，其值即为峰值的一半，此角度称为方向半值角，此角度越小即代表元件之间指向性越灵敏。

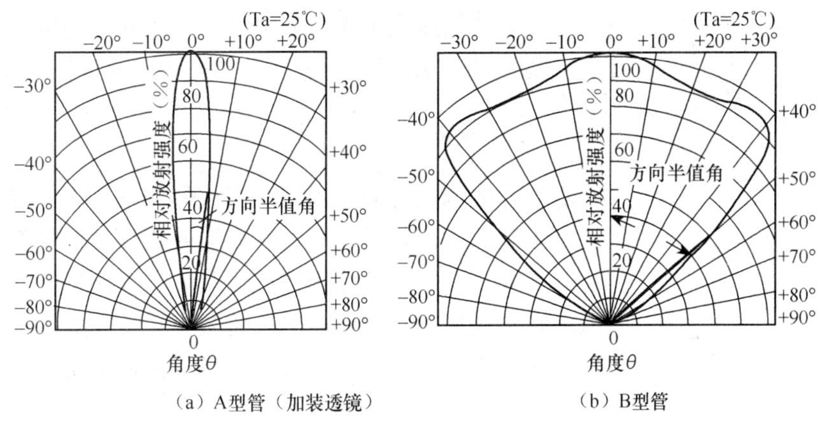

（a）A型管（加装透镜）　　（b）B型管

图 6-26　两种红外发光二极管的角度特性曲线图

一般使用红外线发光二极管均附有透镜，使其指向性更灵敏，而图 6-26（a）所示的曲线就是附有透镜的情况，方向半值角大约为±7°。另外每一种型号的红外线发光二极管其辐射角度亦有所不同，图 6-26（b）所示曲线为另一种型号的元件，方向半值角大约为±50°。

4. 光电二极管

红外通信接收端由光电二极管完成光电转换。光电二极管是工作在无偏压或反向偏置状态下的 PN 结，反向偏压电场方向与势垒电场方向一致，使结区变宽，无光照时只有很小的暗电流。当 PN 结受光照射时，价电子吸收光能后挣脱价键的束缚成为自由电子，在结区产生电子—空穴对，在电场作用下，电子向 N 区运动，空穴向 P 区运动，形成光电流。

红外通信常用 PIN 型光电二极管作光电转换。它与普通光电二极管的区别在于在 P 型和 N 型半导体之间夹有一层没有渗入杂质的本征半导体材料，称为 I 型区。这样的结构使得结区更宽，结电容更小，可以提高光电二极管的光电转换效率和响应速度。

图 6-27 所示是反向偏置电压下光电二极管的伏安特性。无光照时的暗电流很小，它是由少数载流子的漂移形成的。有光照时，在较低反向电压下光电流随反向电压的增加有一定升高，这是因为反向偏压增加使结区变宽，结电场增强，提高了光生载流子的收集效率。当反向偏压进一步增加时，光生载流子的收集接近极限，光电流趋于饱和，此时，光电流仅取决于入射光功率。在适当的反向偏置电压下，入射光功率与饱和光电流之间呈较好的线性关系。

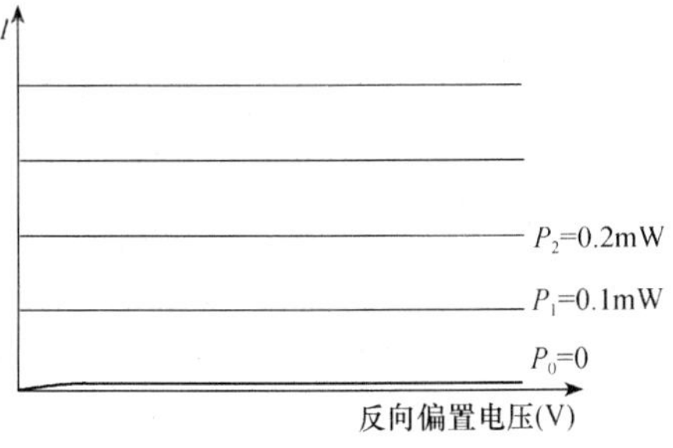

图 6-27　光电二极管的伏安特性

图 6-28 所示是光电转换电路，光电二极管接在晶体管基极，集电极电流与基极电

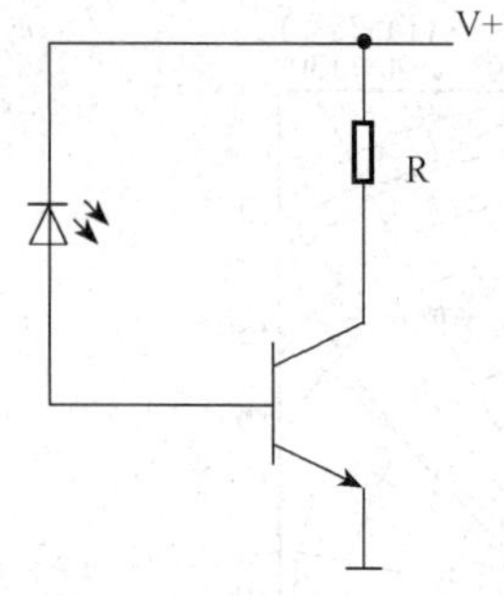

图 6-28 简单的光电转换电路

流之间有固定的放大关系，基极电流与入射光功率成正比，则流过 R 的电流与 R 两端的电压也与光功率成正比。

5. 光源的调制

对光源的调制可以采用内调制或外调制。内调制用信号直接控制光源的电流，使光源的发光强度随外加信号变化，内调制易于实现，一般用于中低速传输系统。外调制时光源输出功率恒定，利用光通过介质时的电光效应，声光效应或磁光效应实现信号对光强的调制，一般用于高速传输系统。本实验采用内调制。

图 6-29 所示是简单的调制电路。调制信号耦合到晶体管基极，晶体管作共发射极连接，流过发光二极管的集电极电流由基极电流控制，R_1，R_2 提供直流偏置电流。图 6-30所示是调制原理图，由于光源的输出光功率与驱动电流是线性关系，在适当的直流偏置下，随调制信号变化的电流变化由发光二极管转换成了相应的光输出功率变化。

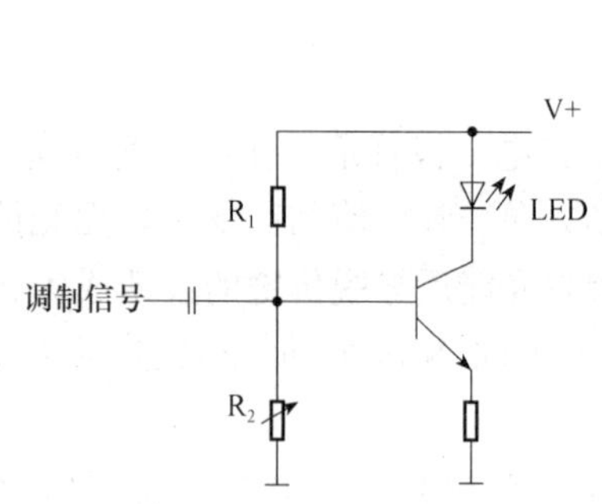

图 6-29 简单的调制电路

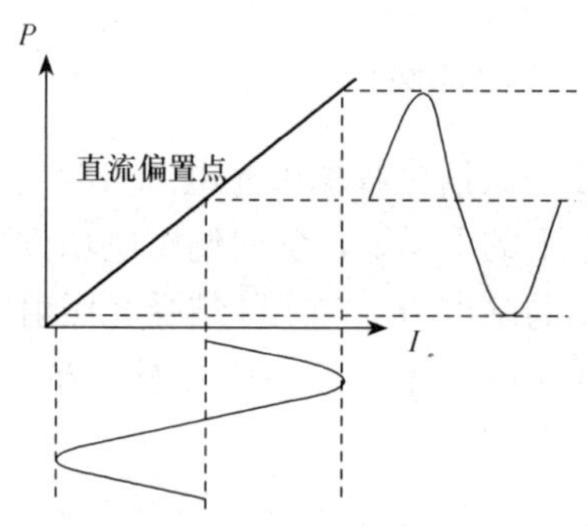

图 6-30 调制原理图

6. 副载波调制

由需要传输的信号直接对光源进行调制，称为基带调制。

在某些应用场合，例如有线电视需要在同一根光纤上同时传输多路电视信号，此时可用 N 个基带信号对频率为 f_1，$f_2\cdots f_N$的 N 个副载波频率进行调制，将已调制的 N 个副载波合成一个频分复用信号，驱动发光二极管。在接收端，由光电二极管还原频分复用信号，再由带通滤波器分离出副载波，解调后得到需要的基带信号。

对副载波的调制可采用调幅，调频等不同方法。调频具有抗干扰能力强，信号失真小的优点，本实验采用调频法。

图 6-31 所示是副载波调制传输框图。

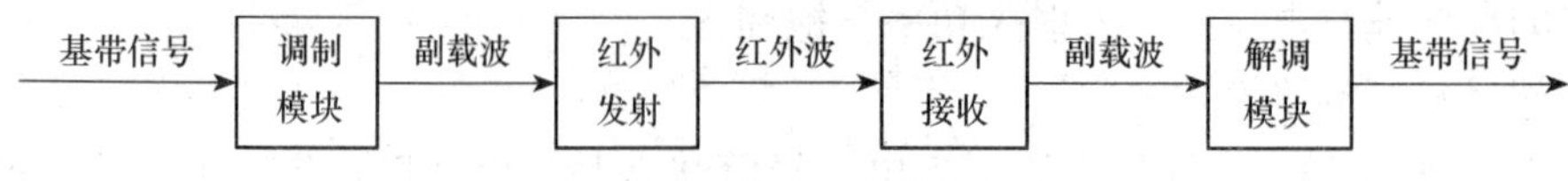

图 6-31 副载波调制传输框图

如果载波的瞬时频率偏移随调制信号 $m(t)$ 线性变化，即

$$\omega_d(t)=k_f m(t) \tag{6-36}$$

则称为调频，k_f是调频系数，代表频率调制的灵敏度，单位为 2πHz/V。

调频信号可写成下列一般形式

$$u(t)=A\cos\left[\omega t+k_f\int_0^t m(\tau)\mathrm{d}\tau\right] \tag{6-37}$$

式中 ω 为载波的角频率，$\left[k_f\int_0^t m(\tau)\mathrm{d}\tau\right]$为调频信号的瞬时相位偏移。下面考虑两种特殊情况。

1）假设 m(t) 为电压为 V 的直流信号，则式（6-37）可以写为

$$u(t)=A\cos[(\omega+k_f V)t] \tag{6-38}$$

式（6-38）表明直流信号调制后的载波仍为余弦波，但角频率偏移了 $k_f V$。

2）假设 $m(t)=U\cos\Omega t$，则式（6-37）式可以写为

$$u(t)=A\cos\left[\omega t+\frac{k_f U}{\Omega}\sin\Omega t\right] \tag{6-39}$$

可以证明，已调信号包括载频分量 ω 和若干个边频分量 $\omega\pm n\Omega$，边频分量的频率间隔为 Ω。

任意信号可以分解为直流分量与若干余弦信号的叠加，则式（6-38）和式（6-39）可以帮助理解一般情况下调频信号的特征。

【实验仪器】

整套实验系统由红外发射装置、红外接收装置、测试平台（轨道）以及测试镜片组成。

图 6-32 中，红外发射装置产生的各种信号，通过发射管发射出去。发出的信号通过空气传输或者经过测试镜片后，由接收管将信号传送到红外接收装置。接收装置将信号处理后，通过仪器面板显示或者示波器观察传输后的各种信号。

测试镜架的 A 处，可以安装不同的材料，以研究这些材料的红外传输特性。

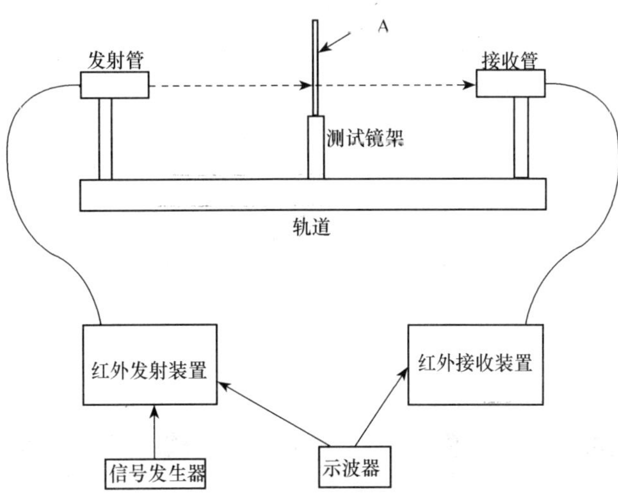

图 6-32　实验系统组成框图

信号发生器可以根据实验需要提供各种信号，示波器用于观测各种信号波形经红外传输后是否失真等特性（学校自备）。

红外发生装置、红外接收装置、轨道部分，三者要保证接地良好。

红外发射与接收装置面板如图 6-33 和图 6-34 所示。

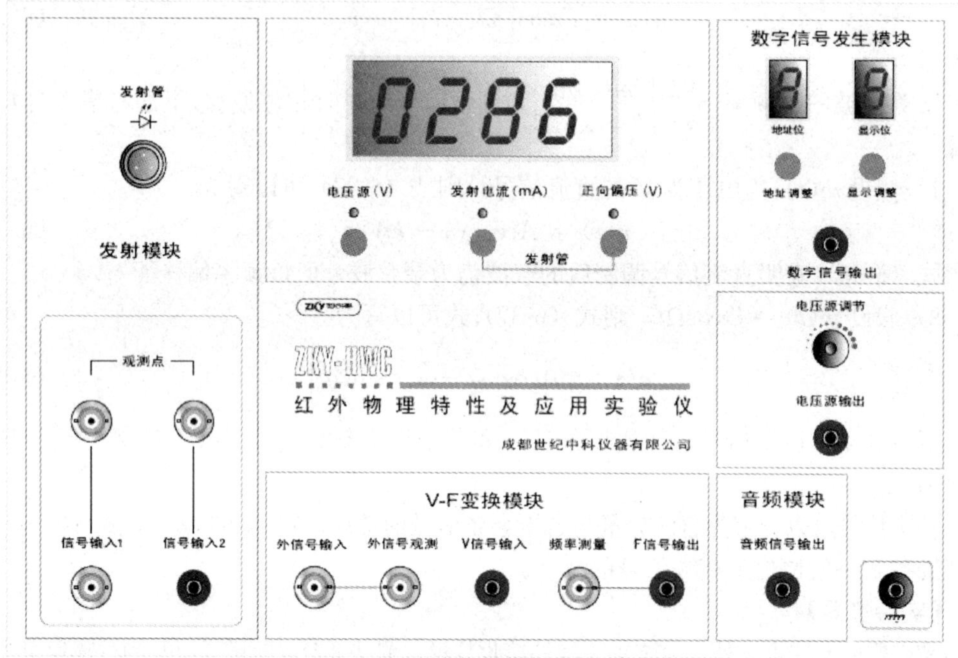

图 6-33 红外发射装置面板图

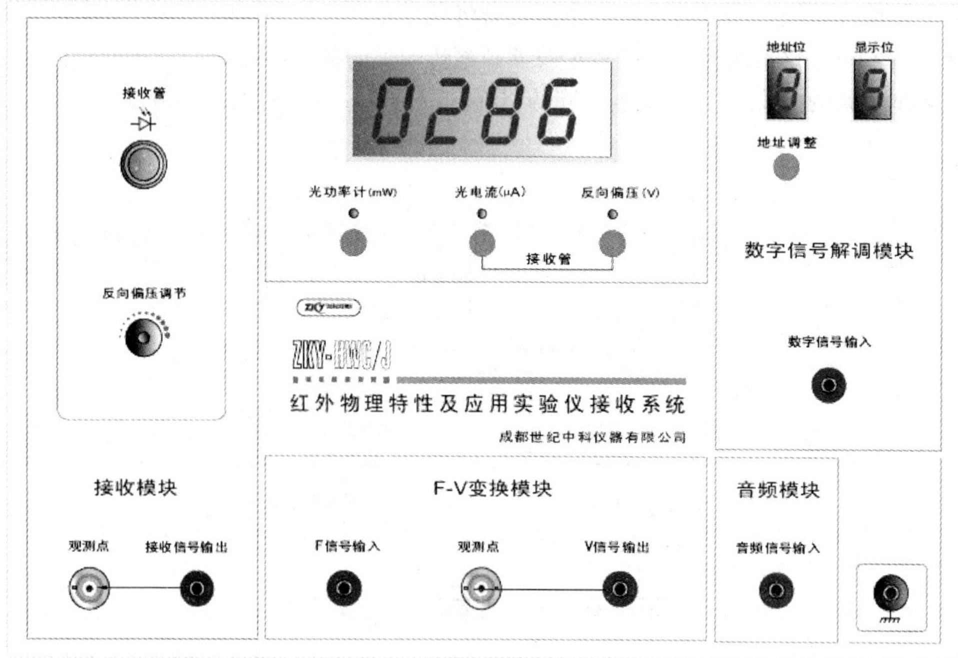

图 6-34 红外接收装置面板图

【实验内容】

1. 部分材料的红外特性测量

将红外发射器连接到发射装置的“发射管”接口，接收器连接到接收装置的“接收管”接口（在所有的实验进行中，都不取下发射管和接收管），二者相对放置，通电。

连接电压源输出到发射模块信号输入端 2（注意按极性连接），向发射管输入直流信号。将发射系统显示窗口设置为“电压源”。接收系统显示窗口设置为“光功率计”。

在电压源输出为 0 时，若光功率计显示不为 0，即为背景光干扰或 0 点误差，记下此时显示的背景值，以后的光强测量数据应是显示值减去该背景值。

调节电压源，使初始光强 $I_0>4\text{mW}$，微调接收器受光方向，使显示值最大。

按照样品编号安装样品（样品测试镜厚度都为 2mm），测量透射光强 I_T。

将接收端红外接收器取下，移到紧靠发光二极管处安装好，微调样品入射角与接收器方位，使接收到的反射光最强，测量反射光强 I_R。将测量数据记入下表。

01 镜片可见与红外都透光，衰减可忽略不计（$\alpha=0$）。02 镜片不透可见光，透红外光，对红外光的衰减可忽略不计。03 镜片对可见光有部分透过率，对红外光衰减严重。

对衰减可忽略不计的红外光学材料，用式（6-32）计算反射率，式（6-35）计算折射率。

对衰减严重的材料，用式（6-33）计算反射率，式（6-34）计算衰减系数，式（6-35）计算折射率。

初始光强 $I_0=$____mW

材料	样品厚度/mm	透射光强 I_T/mW	反射光强 I_R/mW	反射率 R	折射率 n	衰减系数 α/mm
测试镜 01						
测试镜 02						
测试镜 03						

2. 发光二极管的伏安特性与输出特性测量

将红外发射器与接收器相对放置，连接电压源输出到发射模块信号输入端 2（注意按极性连接），微调接收端受光方向，使显示值最大。将发射系统显示窗口设置为“发射电流”，接收系统显示窗口设置为“光功率计”。

调节电压源，改变发射管电流，记录发射电流与接收器接收到的光功率（与发射光功率成正比）。将发射系统显示窗口切换到“正向偏压”，记录与发射电流对应的发射管两端电压。

改变发射电流，将数据记录于下表（注：仪器实际显示值可能无法精确调节到表中设定值，应按实际调节的发射电流数值为准）。

正向偏压/V										
发射管电流/mA	0	5	10	15	20	25	30	35	40	45
光功率/mW										

以上表数据作所测发光二极管的伏安特性曲线和输出特性曲线。

讨论所作曲线与图 6-24，图 6-25 所描述的规律是否符合。

3. 发光管的角度特性测量

将红外发射器与接收器相对放置，固定接收器。将发射系统显示窗口设置为“电压源”，将接收系统显示窗口设置为“光功率计”。连接电压源输出到发射模块信号输入端 2，微调接收端受光方向，使显示值最大。增大电压源输出，使接收的光功率大于 4mW。

然后以最大接收光功率点为 0°，记录此时的光功率，以顺时针方向（作为正角度方向）每隔 5°（也可以根据需要调整角度间隔）记录一次光功率，填入下表。再以逆时针方向（作为负角度方向）每隔 5°记录一次光功率，填入下表。

转动角度	−30°	−25°	−20°	−15°	−10°	−5°	0°	5°	10°	15°	20°	25°	30°
光功率/mW													

根据上表的数据，以角度为横坐标，光强为纵坐标，作红外发光二极管发射光强和角度之间的关系曲线，并得出方向半值角（光强超过最大光强 60%以上的角度）。光电二极管伏安特性的测量

连接方式同上，调节发射装置的电压源，使光电二极管接收到的光功率如上表所示。

调节接收装置的反向偏压调节，在不同输入光功率时，切换显示状态，分别测量光电二极管反向偏置电压与光电流，记录于下表。

反向偏置电压/V		0	0.5	1	2	3	4	5
$P=0$	光电流/μA							
$P=1$mW								
$P=2$mW								
$P=3$mW								

以上表的数据，作光电二极管的伏安特性曲线。

讨论所作曲线与图 6-27 所描述的规律是否符合。

4. 基带调制传输实验

发射管和接收管的连接方式不变。

将信号发生器信号输出接入发射装置信号输入端 1，要求信号频率低于 100kHz。将电压源输出连接到发射模块信号输入端 2（注意按极性连接），调节电压源为 2.5V，

以提供直流偏置。

将发射装置信号输入观测点接入双踪示波器的其中一路，观测输入信号波形。将接收装置信号输出端的观测点接入双踪示波器的另一路，观测经红外传输后接收模块输出的波形。

观测信号经红外传输后，波形是否失真，频率有无变化，记入下表。

调节信号发生器输出幅度，当幅度超过一定值后，可观测到接收信号明显失真（见图 6-30），记录信号不失真对应的输入电压范围于下表。

转动接收器角度以改变接收到的光强，或在红外传输光路中插入衰减板，用遮挡物遮挡，观测对输出的影响，记入下表。

发光二极管调制电路输入信号			光电二极管光电转换电路输出信号			
波形	频率/kHz	不失真输入电压范围	波形	频率/kHz	信号失真度描述	衰减对输出的影响
正弦波						
方波						

对上表结果作定性讨论。

5. 观测调频电路的电压频率关系

将发射装置中的电压源输出接入 V-F 变换模块的 V 信号输入，用直流信号作调制信号。根据调频原理，直流信号调制后的载波角频率偏移 $k_f V$。将 F 信号输出的“频率测量”接入示波器，观测输入电压与 F 信号输出频率之间的 V-F 变换关系。调节电压源，通过在示波器上读输出信号的周期来换算成频率（也可以直接用频率计读出频率）。将输出频率 f_V 随电压的变化记入下表。

输入电压/V	0	0.2	0.4	0.6	0.8	1.0	1.2	1.4	1.6	1.8	2.0
输出频率 f_V/kHz											

以输入电压作横坐标，输出角频率 $\omega_V = 2\pi f_V$ 为纵坐标在坐标纸上作图。直线的斜率为调频系数 k_f，求出 k_f。

6. 副载波调制传输实验

通过信号发生器，将频率约为 1kHz，幅度 $V_{p\text{-}p}$ 小于 5V 的正弦信号接入发射装置 V-F 变换模块的外信号输入端，再将 V-F 变换模块 F 信号输出接入发射模块信号输入端 2，用副载波信号作发光二极管调制信号。

此时接收装置接收信号输出端输出的是经光电二极管还原的副载波信号，将接收信号输出接入 F-V 变换模块 F 信号输入端，在 V 信号输出端输出经解调后的基带信号。

用示波器观测基带信号（将“外信号观测”接入示波器），以及经调频，红外传输后解调的基带信号波形（F-V 变换模块的“观测点”），传输后的频率可以从 F 信号输入的“频率测量”处测得。将观测情况记入下表。

基带信号		红外传输后解调的基带信号			
幅度/V	频率/kHz	幅度	频率/kHz	信号失真程度	衰减对输出的影响

改变输入基带信号的频率（400Hz～5kHz）和幅度，转动接收器角度使输入接收器的光强改变，观测 F-V 变换模块输出的波形。

对上表结果作定性讨论。

7. 音频信号传输实验

将发射装置“音频信号输出”接入发射模块信号输入端；

将接收装置“接收信号输出”端接入音频模块音频信号输入端。

倾听音频模块播放出来的音乐。定性观察位置是否受对正，衰减，遮挡等外界因素对传输的影响，陈述你的感受。

8. 数字信号传输实验

将发射装置数字信号输出接入发射模块信号输入端，接收装置接收信号输出端接入数字信号解调模块数字信号输入端。

分别设置一致的发射地址和接收地址，以及不一致的发射地址和接收地址，观察传输结果，得出结论。

实验六　密立根油滴实验

【实验目的】

1）验证电荷的不连续性以及测量基本电荷电量。

2）了解电荷藕合器件图像传感器 CCD、光学系统成像原理。

【实验原理】

密立根油滴实验测定电子电荷的基本设计思想是使带电油滴在测量范围内处于受力平衡状态。按运动方式分类，油滴法测电子电荷分为动态测量法和平衡测量法。

1. 动态测量法（选做）

考虑重力场中一个足够小油滴的运动，设此油滴半径为 r，质量为 m_1，空气是黏滞流体，故此运动油滴除重力和浮力外还受黏滞阻力的作用。由斯托克斯定律，黏滞阻力与物体运动速度成正比。设油滴以速度 v_f 匀速下落，则有

$$m_1 g - m_2 g = K v_f \tag{6-40}$$

此处 m_2 为与油滴同体积的空气质量，K 为比例系数，g 为重力加速度。油滴在空气及重力场中的受力情况如图 6-35 所示。

若此油滴带电荷为 q，并处在场强为 E 的均匀电场中，设电场力 qE 方向与重力方向相反，如图 6-36 所示，如果油滴以速度 v_r 匀速上升，则有

$$qE = (m_1 - m_2)g + K v_r \tag{6-41}$$

图 6-35　重力场中油滴受力示意图　　　图 6-36　电场中油滴受力示意图

由式（6-40）和式（6-41）消去 K，可解出 q 为

$$q = \frac{(m_1 - m_2)g}{E v_f}(v_f + v_r) \tag{6-42}$$

由式（6-42）可以看出，要测量油滴上携带的电荷 q，需要分别测出 m_1、m_2、E、v_f、v_r 等物理量。

由喷雾器喷出的小油滴的半径 r 是微米数量级，直接测量其质量 m_1 也是困难的，为此希望消去 m_1，而代之以容易测量的量。设油与空气的密度分别为 ρ_1、ρ_2，于是半径为 r 的油滴的视重为

$$m_1 g - m_2 g = \frac{4}{3}\pi r^3 (\rho_1 - \rho_2) g \tag{6-43}$$

由斯托克斯定律，黏滞流体对球形运动物体的阻力与物体速度成正比，其比例系数 K 为 $6\pi\eta r$，此处 η 为黏度，r 为物体半径。于是可将式（6-43）代入式（6-40），有

$$v_f = \frac{2gr^2}{9\eta}(\rho_1 - \rho_2) \tag{6-44}$$

因此

$$r = \left[\frac{9\eta v_f}{2g(\rho_1 - \rho_2)}\right]^{\frac{1}{2}} \tag{6-45}$$

将式（6-42）、式（6-43）和式（6-45）联立并整理得到

$$q = 9\sqrt{2}\pi\left[\frac{\eta^3}{(\rho_1 - \rho_2)g}\right]^{\frac{1}{2}} \frac{1}{E}\left(1 + \frac{v_r}{v_f}\right) v_f^{\frac{3}{2}} \tag{6-46}$$

因此，如果测出 v_r、v_f 和 η、ρ_1、ρ_2、E 等宏观量即可得到 q 值。

考虑到油滴的直径与空气分子的间隙相当，空气已不能看成是连续介质，其黏度

η需作相应的修正 $\eta'=\dfrac{\eta}{1+\dfrac{b}{pr}}$此处 p 为空气压强，b 为修正常数，$b=0.00823$N/m $(6.17\times10^{-6}$m·cmHg)，因此

$$v_f=\frac{2gr^2}{9\eta}(\rho_1-\rho_2)\left(1+\frac{b}{pr}\right) \tag{6-47}$$

当精度要求不是太高时，常采用近似计算方法先将 v_f 值代入式（6-45）计算得

$$r_0=\left[\frac{9\eta v_f}{2g(\rho_1-\rho_2)}\right]^{\frac{1}{2}} \tag{6-48}$$

再将此 r_0 值代入 η'中，并以 η'代入式（6-46）得

$$q=9\sqrt{2}\pi\left[\frac{\eta^3}{(\rho_1-\rho_2)g}\right]^{\frac{1}{2}}\frac{1}{E}\left(1+\frac{v_r}{v_f}\right)v_f^{\frac{3}{2}}\left[\frac{1}{1+\dfrac{b}{pr_0}}\right]^{\frac{3}{2}} \tag{6-49}$$

实验中常常固定油滴运动的距离，通过测量油滴在距离 s 内所需要的运动时间来求得其运动速度，且电场强度 $E=\dfrac{U}{d}$，d 为平行板间的距离，U 为所加的电压，因此，式（6-49）可写成

$$q=9\sqrt{2}\pi d\left[\frac{(\eta s)^3}{(\rho_1-\rho_2)g}\right]^{\frac{1}{2}}\frac{1}{U}\left(\frac{1}{t_f}+\frac{1}{t_r}\right)\left(\frac{1}{t_f}\right)^{\frac{1}{2}}\left[\frac{1}{1+\dfrac{b}{pr_0}}\right]^{\frac{3}{2}} \tag{6-50}$$

式中有些量和实验仪器以及条件有关，选定之后在实验过程中不变，如 d、s、$(\rho_1-\rho_2)$ 及 η 等，将这些量与常数一起用 C 代表，可称为仪器常数，于是式（6-50）简化成

$$q=C\frac{1}{U}\left(\frac{1}{t_f}+\frac{1}{t_r}\right)\left(\frac{1}{t_f}\right)^{\frac{1}{2}}\left[\frac{1}{1+\dfrac{b}{pr_0}}\right]^{\frac{3}{2}} \tag{6-51}$$

由此可知，测量油滴上的电荷，只体现在 U、t_f、t_r 的不同。对同一油滴，t_f 相同，U 与 t_r 的不同，标志着电荷的不同。

2. 平衡测量法

平衡测量法的出发点是使油滴在均匀电场中静止在某一位置，或在重力场中作匀速运动。

当油滴在电场中平衡时，油滴在两极板间受到的电场力 qE、重力 m_1g 和浮力 m_2g 达到平衡，从而静止在某一位置，即

$$qE=(m_1-m_2)g$$

油滴在重力场中作匀速运动时，情形同动态测量法，将式（6-43）、式（6-48）和 $\eta'=\dfrac{\eta}{1+\dfrac{b}{pr}}$代入式（6-50）并注意到$\dfrac{1}{t_r}=0$，则有

$$q=9\sqrt{2}\pi d\left[\frac{(\eta s)^3}{(\rho_1-\rho_2)g}\right]^{\frac{1}{2}}\frac{1}{U}\left(\frac{1}{t_f}\right)^{\frac{3}{2}}\left[\frac{1}{1+\frac{b}{pr_0}}\right]^{\frac{3}{2}} \tag{6-52}$$

3. 元电荷的测量方法

测量油滴上带的电荷的目的是找出电荷的最小单位 e。为此可以对不同的油滴，分别测出其所带的电荷值 q_i，它们应近似为某一最小单位的整数倍，即油滴电荷量的最大公约数，或油滴带电量之差的最大公约数，即为元电荷。

实验中常采用紫外线、X 射线或放射源等改变同一油滴所带的电荷，测量油滴上所带电荷的改变值 Δq_i，而 Δq_i 值应是元电荷的整数倍。即

$$\Delta q_i = n_i e\ (\text{其中}\ n_i\ \text{为一整数}) \tag{6-53}$$

也可用作图法求 e 值，根据式（6-53），e 为直线方程的斜率，通过拟合直线即可求的 e 值。

【仪器介绍】

实验仪由主机、CCD 成像系统、油滴盒、监视器等部件组成。其中，主机包括可控高压电源、计时装置、A/D 采样、视频处理等单元模块。CCD 成像系统包括 CCD 传感器、光学成像部件等。油滴盒包括高压电极、照明装置、防风罩等部件。监视器是视频信号输出设备。仪器部件示意如图 6-37 所示。

CCD 模块及光学成像系统用来捕捉暗室中油滴的像，同时将图像信息传给主机的

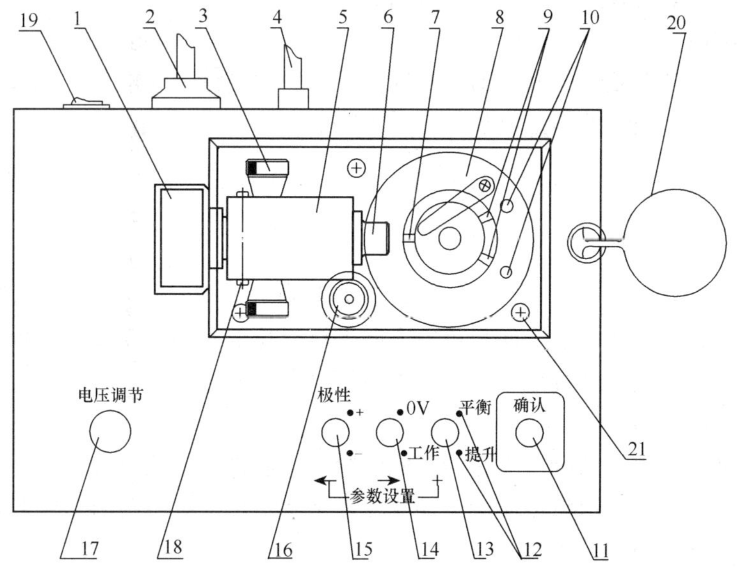

图 6-37 实验仪部件示意图

1. CCD 盒；2. 电源插座；3. 调焦旋钮；4. Q9 视频接口；5. 光学系统；6. 镜头；7. 观察孔；8. 上极板压簧；9. 进光孔；10. 光源；11. 确认键；12 状态指示灯；13. 平衡提升切换键；14. 0V、工作切换键；15. 定时开始、结束切换键；16. 水准泡；17. 电压调节旋钮；18. 固定螺钉；19. 电源开关；20. 油滴管收纳盒安放环；21. 调平螺钉（3 颗）

视频处理模块。实验过程中可以通过调焦旋钮来改变物距，使油滴的像清晰的呈现在CCD传感器的窗口内。

电压调节旋钮可以调整极板之间的电压，用来控制油滴的平衡、下落及提升。

定时开始、结束按键用来记时；0V、工作按键用来切换仪器的工作状态；平衡、提升按键可以切换油滴平衡或提升状态；确认按键可以将测量数据显示在屏幕上，从而省去了每次测量完成后手工记录数据的过程，使操作者将更多的注意力集中到实验本质上。

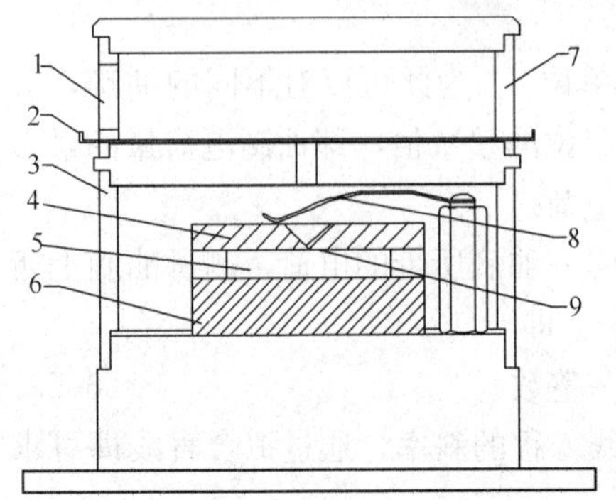

图 6-38　油滴盒装置示意图

1. 喷雾口；2. 进油量开关；3. 防风罩；4. 上极板；5. 油滴室；6. 下极板；7. 油雾杯；8. 上极板压簧；9. 落油孔

油滴盒是一个关键部件，具体构成如图 6-38 所示。

上、下极板之间通过胶木圆环支撑，三者之间的接触面经过机械精加工后可以将极板间的不平行度、间距误差控制在 0.01mm 以下；这种结构基本上消除了极板间的“势垒效应”及“边缘效应”，较好地保证了油滴室处在匀强电场之中，从而有效地减小了实验误差。

胶木圆环上开有两个进光孔和一个观察孔，光源通过进光孔给油滴室提供照明，而成像系统则通过观察孔捕捉油滴的像。照明由带聚光的高亮发光二极管提供，其使用寿命长、不易损坏；油雾杯可以暂存油雾，使油雾不至于过早地逸散；进油量开关可以控制落油量；防风罩可以避免外界空气流动对油滴的影响。

【实验内容】

学习控制油滴在视场中的运动，并选择合适的油滴测量元电荷。要求至少测量 5 个不同的油滴，每个油滴的测量次数应在 3 次以上。

1. 调整油滴实验仪

（1）水平调整

调整实验仪台面的可旋螺钉（顺时针仪器升高，逆时针仪器下降），通过水准仪将实验平台调平，使平衡电场方向与重力方向平行以免引起实验误差。极板平面是否水平决定了油滴在下落或提升过程中是否发生前后、左右的漂移。

（2）喷雾器调整

将少量钟表油缓慢的倒入喷雾器的储油腔内，使钟表油淹没提油管下方，油不要太多，以免实验过程中不慎将油倾倒至油滴盒内堵塞落油孔。将喷雾器竖起，用手挤压气囊，使得提油管内充满钟表油。

（3）仪器硬件接口连接

主机接线：电源线接交流 220V/50Hz；Q9 视频输出接监视器视频输入（IN）。

监视器：输入阻抗开关拨至 75Ω（ohm），Q9 视频线缆接 IN 输入插座。电源线接 220V/50Hz 交流电压。前面板调整旋钮自左至右依次为左右调整、上下调整、亮度调整、对比度调整。

数据采集卡如图 6-39 所示，直接插入电脑 PCI 插槽即可（微机型）。

图 6-39 数据采集卡

（4）实验仪联机使用

1）打开实验仪电源及监视器电源，监视器出现欢迎界面。

2）按任意键，监视器出现参数设置界面，首先，设置实验方法，然后根据该地的环境适当设置重力加速度、油密度、大气压强、油滴下落距离。

←表示左移键、→表示为右移键、＋表示数据设置键。

3）按确认键出现实验界面：将工作状态切换至“工作”，红色指示灯亮，将平衡、提升按键设置为“平衡”。

（5）CCD 成像系统调整

从喷雾口喷入油雾，此时监视器上应该出现大量运动油滴的像。若没有看到油滴的像，则需调整调焦旋钮或检查喷雾器是否有油雾喷出，直至得到油滴清晰的图像。

2. 选择适当的油滴并练习控制油滴

（1）平衡电压的确认

仔细调整平衡电压旋钮使油滴平衡在某一格线上，等待一段时间，观察油滴是否飘离格线，若向同一方向飘动，则需重新调整；若基本稳定在格线或只在格线上下作轻微的布朗运动，则可以认为其基本达到了力学平衡。由于油滴在实验过程中处于挥发状态，在对同一油滴进行多次测量时，每次测量前都需要重新调整平衡电压，以免引起较大的实验误差。事实证明，同一油滴的平衡电压将随着时间的推移有规律地递减，且会造成较大的实验误差。

（2）控制油滴的运动

选择适当的油滴，调整平衡电压，使油滴平衡在某一格线上，将工作状态按键切换至“0V”，绿色指示灯点亮，此时上下极板同时接地，电场力为零，油滴将在重力、浮力及空气阻力的作用下作下落运动，当由滴下落到有 0 标记的刻度线时，立刻按下定时开始键，同时计时器开始记录油滴下落的时间；待油滴下落至有距离标志的格线时，立即按下定时结束键，同时计时器停止计时。经历一小段时间后 0V、工作按键自动切换至“工作”（平衡、提升按键处于“平衡”），此时油滴将停止下落，可以通过确认键将此次测量数据记录到屏幕上。

将工作状态按键切换至“工作”，红色指示灯点亮，此时仪器根据平衡或提升状态分两种情形：若置于“平衡”，则可以通过平衡电压调节旋钮调整平衡电压；若置于“提升”，则极板电压将在原平衡电压的基础上再增加 200V 的电压，用来向上提升油滴。

（3）选择适当的油滴

要作好油滴实验，所选的油滴体积要适中，大的油滴虽然明亮，但一般带的电荷多，下降或提升太快，不容易测准确。太小则受布朗运动的影响明显，测量时涨落较大，也不容易测准确。因此应该选择质量适中而带电不多的油滴。建议选择平衡电压在

150～400V 之间、下落时间在 20s（当下落距离为 2mm 时）左右的油滴进行测量。

具体操作：将定时器置为“结束”，工作状态置为“工作”，平衡、提升置为平衡通过调节电压平衡旋钮将电压调至 400V 以上，喷入油雾，此时监视器出现大量运动的油滴，观察上升较慢且明亮的油滴，然后降低电压，使之达到平衡状态。随后将工作状态置为“0V”，油滴下落，在监视器上选择下落一格的时间约 2s 左右的油滴进行测量。确认键用来实时记录屏幕上的电压值及计时值。当记录 5 组后，按下确认键，在界面的左面将出现 $\overline{V}$（表示 5 组电压的平均值）、$\overline{t}$（表示 5 组下落时间的平均值）、$\overline{Q}$（表示该油滴的五次测量的平均电荷量）的数值，若需继续实验，按确认键。

3. 正式测量

实验可选用平衡测量法（推荐）、动态测量法及改变电荷法（第三种方法所用射线源用户自备）。实验前仪器必须水平调平。

1）开启电源，进入实验界面将工作状态按键切换至“工作”，红色指示灯点亮；将平衡、提升按键置于“平衡”。

2）通过喷雾口向油滴盒内喷入油雾，此时监视器上将出现大量运动的油滴。选取适当的油滴，仔细调整平衡电压，使其平衡在某一起始格线上（见后面平衡法示意图）。

3）将工作状态按键切换至“0V”，此时油滴开始下落，当油滴下落到有“0”标记的格线时，立即按下定时开始键，同时计时器启动，开始记录油滴的下落时间。

4）当油滴下落至有距离标记的格线时，立即按下定时结束键，同时记时器停止记时（如无人为干预，经过一小段时间后，工作状态按键自动切换至“工作”，油滴将停止移动），此时可以通过确认按键将测量结果记录在屏幕上。

5）将平衡、提升按键置于“提升”，油滴将被向上提升，当回到高于“0”标记格线时，将平衡、提升键置回平衡状态，使其静止。

6）重新调整平衡电压，重复 3）、4）、5），并将数据记录到屏幕上（平衡电压 V 及下落时间 t）。当达到 5 次记录后，按确认键，界面的左面出现实验结果。

7）重复 2）、3）、4）、5）、6）步，测出油滴的平均电荷量

至少测 5 个油滴，并根据所测得的平均电荷量 $\overline{Q}$ 求出它们的最大公约数，即为基本电荷 e 值（需要足够的数据统计量）。根据 e 的理论值，计算出 e 的相对误差。

4. 数据处理

平衡法依据的公式为

$$q = 9\sqrt{2}\pi d\left[\frac{(\eta s)^3}{(\rho_1-\rho_2)g}\right]^{\frac{1}{2}}\frac{1}{U}\left(\frac{1}{t_f}\right)^{\frac{3}{2}}\left[\frac{1}{1+\frac{b}{pr_0}}\right]^{\frac{3}{2}}$$

其中

$$r_0=\left[\frac{9\eta s}{2g\ (\rho_1-\rho_2)\ t_f}\right]^{\frac{1}{2}}$$

式中，d 为极板间距，$d=5.00\times10^{-3}$m；η 为空气黏滞系数，$\eta=1.83\times10^{-5}\text{kg}\cdot\text{m}^{-1}\cdot\text{s}^{-1}$；$s$ 为下落距离，依设置，默认 1.6mm；ρ_1 为油的密度，$\rho_1=981\text{kg}\cdot\text{m}^{-3}$（20℃）；$\rho_2$ 为空气密度，$\rho_2=1.2928\text{kg}\cdot\text{m}^{-3}$（标准状况下）；$g$ 为重力加速度，$g=9.794\text{m}\cdot\text{s}^{-2}$（成都）；$b$ 为修正常数，$b=0.00823$N/m（6.17×10^{-6}m·cmHg）；p 为标准大气压强，$p=101325$Pa（76.0cmHg）；U 为平衡电压；t_f 为油滴的下落时间。

注：1）由于油的密度远远大于空气的密度，即 $\rho_1\gg\rho_2$，因此 ρ_2 相对于 ρ_1 来讲可忽略不计（当然也可代入计算）。

2）标准状况指大气压强 $P=101325$Pa，温度 $t=20$℃，相对湿度 $\varphi=50\%$的空气状态。实际大气压强可由气压表读出。

3）油的密度随温度变化关系如下表。

T/℃	0	10	20	30	40
$\rho/\text{kg}\cdot\text{m}^{-3}$	991	986	981	976	971

计算出各油滴的电荷后，求它们的最大公约数，即为基本电荷 e 值（需要足够的数据统计量）。

【注意事项】

1）CCD 盒、固定螺钉、摄像镜头的机械位置不能变更，否则会对像距及成像角度造成影响（见图 6-37）。

2）仪器使用环境：温度为（0～40℃）的静态空气中。

3）注意调整进油量开关（见图 6-38），应避免外界空气流动对油滴测量造成影响。

4）仪器内有高压，实验人员避免用手接触电极。

5）实验前应对仪器油滴盒内部进行清洁，防止异物堵塞落油孔。

6）注意仪器的防尘保护。

实验七　液晶电光效应

【预习思考题】

1）什么是液晶？它有什么应用？

2）液晶有哪些特性？

早在 20 世纪 70 年代，液晶已作为物质存在的第四态开始写入教科书。至今已成为由物理学家、化学家、生物学家、工程技术人员和医药工作者共同关心与研究的领域，在物理、化学、电子、生命科学等诸多领域有着广泛应用。如光导液晶光阀、光调制器、液晶显示器件、各种传感器、微量毒气监测、夜视仿生等，尤其液晶显示器件已相当普遍，占领了电子表、手机、笔记本电脑等领域。

其中液晶显示器件、光导液晶光阀、光调制器、光路转换开关等均是利用液晶电光效应的原理制成的。因此，掌握液晶电光效应从实用角度或物理实验教学角度都是很有意义的。

【实验目的】

1）测定液晶样品的电光曲线；

2）根据电光曲线，求出样品的阈值电压 U_{th}、饱和电压 U_r、对比度 D_r、陡度 β 等电光效应的主要参数；

3）了解最简单的液晶显示器件 TN-LCD 的显示原理；

4）测定液晶样品的电光响应曲线，求得液晶样品的响应时间。

【实验仪器】

液晶电光效应实验仪如图 6-40 所示。

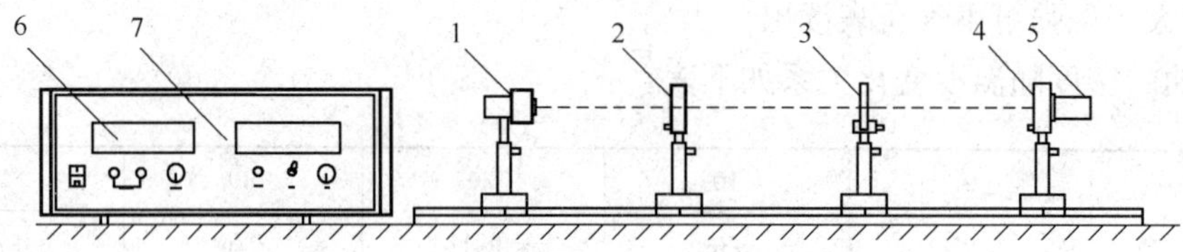

图 6-40　液晶光效应实验仪

1. 半导体激光器；2. 起偏器；3. 液晶样品；4. 检偏器；
5. 光电探测器；6. 方波有效值电压表；7. 光功率计

【实验原理】

1. 液晶的结构

液晶态是一种介于液体和晶体的中间态，既有液体的流动性、黏度、形变等机械性质，又有晶体的热、光、电、磁等物理性质。液晶与液体、晶体的区别是液体是各向同性的，分子取向无序；液晶分子取向有序，但位置无序；晶体分子则既取向有序又位置有序。

就形成液晶方式而言，液晶可分为热致液晶和溶致液晶。热致液晶又可分为近晶相、向列相和胆甾相。其中向列相液晶是液晶显示器件的主要材料。

2. 液晶电光效应

液晶分子是在形状、介电常数、折射率及电导率上具有各向异性特性的物质，如果对这样的物质施加电场（电流），随着液晶分子取向结构发生变化，它的光学特性也随之变化，这就是通常说的液晶的电光效应。

液晶的电光效应种类繁多，主要有动态散射型（DS）、扭曲向列相型（TN）、超扭曲向列相型（STN）、有源矩阵液晶显示（TFT）、电控双折射（ECB）等。其中应用较广的有：TFT 型——主要用于液晶电视、笔记本电脑等高档产品；STN 型——主要用于手机屏幕等中档产品；TN 型——主要用于电子表、计算器、仪器仪表、家用电器等中低档产品，是目前应用最普遍的液晶显示器件。

TN 型液晶显示器件显示原理较简单，是 STN、TFT 等显示方式的基础。本实验仪器所使用的液晶样品即为 TN 型。

3. TN 型液晶盒结构

TN 式液晶盒结构如图 6-41 所示。

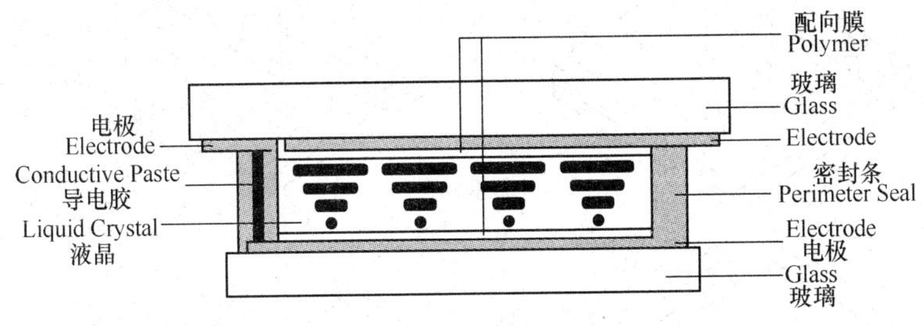

图 6-41 TN 型液晶盒结构图

在涂覆透明电极的两枚玻璃基板之间，夹有正介电各向异性的向列相液晶薄层，四周用密封材料（一般为环氧树脂）密封。玻璃基板内侧覆盖着一层定向层，通常是一薄层高分子有机物，经定向摩擦处理，可使棒状液晶分子平行于玻璃表面，沿定向处理的方向排列。上下玻璃表面的定向方向是相互垂直的，这样，盒内液晶分子的取向逐渐扭曲，从上玻璃片到下玻璃片扭曲了 90°，所以称为扭曲向列型。

4. 扭曲向列型液晶电光效应

无外电场作用时，由于可见光波长远小于向列相液晶的扭曲螺距，当线偏振光垂直入射时，若偏振方向与液晶盒上表面分子取向相同，则线偏振光将随液晶分子轴方向逐渐旋转 90°，平行于液晶盒下表面分子轴方向射出。如图 6-42（a）中所示不通电部分，其中液晶盒上下表面各附一片偏振片，其偏振方向与液晶盒表面分子取向相同，因此光可通过偏振片射出；若入射线偏振光偏振方向垂直于上表面分子轴方向，出射时，线偏振光方向亦垂直于下表面液晶分子轴；当以其他线偏振光方向入射时，则根据平行分量和垂直分量的相位差，以椭圆、圆或直线等某种偏振光形式射出。

对液晶盒施加电压，当达到某一数值时，液晶分了长轴开始沿电场方向倾斜，电压继续增加到另一数值时，除附着在液晶盒上下表面的液晶分子外，所有液晶分子长轴都按电场方向进行重排列［见图 6-42（a）中通电部分］，TN 型液晶盒 90°旋光性完全消失。

若将液晶盒放在两片平行偏振片之间，其偏振方向与上表面液晶分子取向相同。不加电压时，入射光通过起偏器形成的线偏振光，经过液晶盒后偏振方向随液晶分子轴旋转 90°，不能通过检偏器；施加电压后，透过检偏器的光强与施加在液晶盒上电压大小的关系如图 6-43 所示；其中纵坐标为透光强度，横坐标为外加电压。

阈值电压（U_{th}）：最大透光强度的 10％所对应的外加电压值称为阈值电压，标志了液晶电光效应有可观察反应的开始（起辉），阈值电压足够小，是电光效应好的一个重要指标。

饱和电压（U_r）：最大透光强度的 90％对应的外加电压值称为饱和电压（U_r），标志获得最大对比度所需的外加电压数值，U_s小则易获得良好的显示效果，且降低显示功耗，对显示寿命有利。

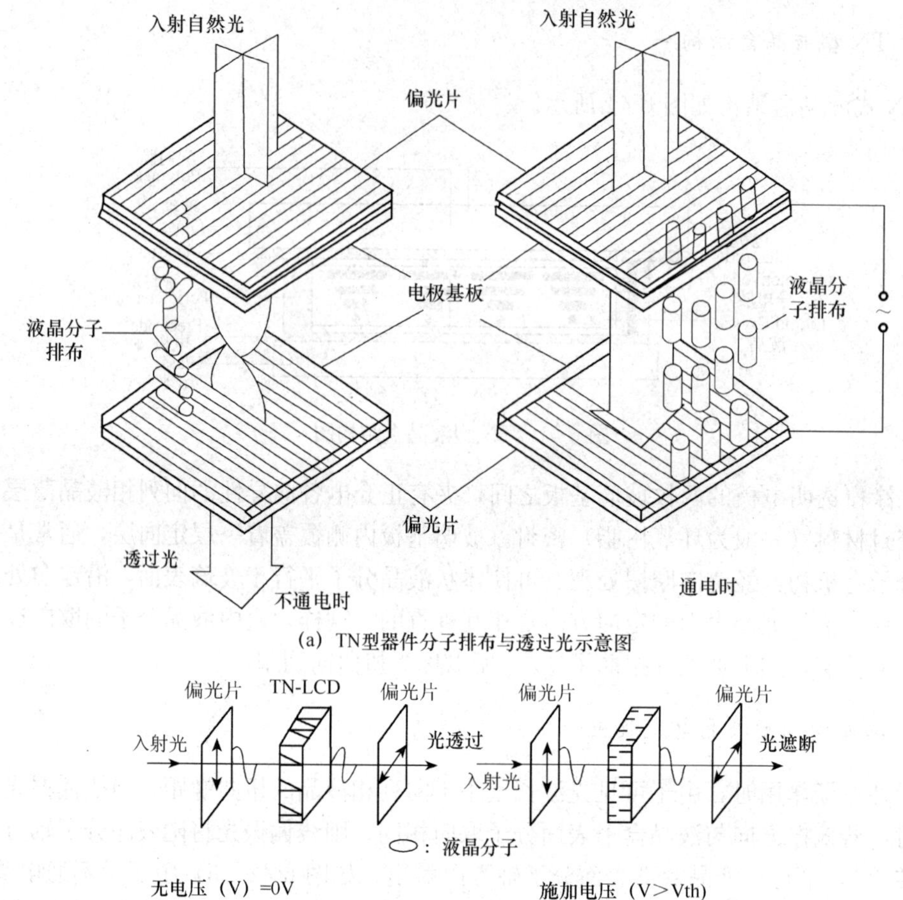

(a) TN型器件分子排布与透过光示意图

(b) TN型电光效应的原理示意图

图 6-42　TN 型液晶显示器件显示原理示意图

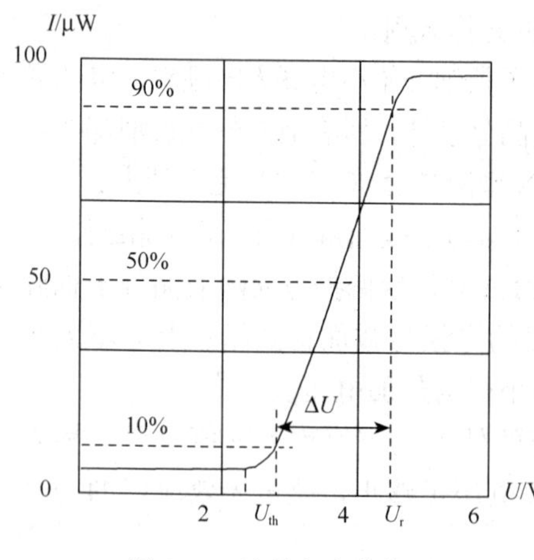

图 6-43　液晶电光曲线图

对比度（D_r）：$D_r = I_{max}/I_{min}$，其中 I_{max} 为最大观察（接收）亮度（照度），I_{min} 为最小亮度。

陡度（β）：$\beta = U_r/U_{th}$ 即饱和电压与阈值电压之比。

5. TN-LCD 结构及显示原理

TN 型液晶显示器件结构参考图 6-41，液晶盒上下玻璃片的外侧均贴有偏光片，其中上表面所附偏振片的偏振方向总是与上表面分子取向相同。自然光入射后，经过偏振片形成与上表面分子取向相同的线偏振光，入射液晶盒后，偏振方向随液晶分子长轴旋转 90°，以平行于下表面分子取向的线偏振光射出液晶盒。若下表面所附偏振片偏振方向与下表面分子取向垂直（即与上表面平行），则为黑底白字的常黑型，不通电时，光不能透过显示器

(为黑态),通电时,90°旋光性消失,光可通过显示器(为白态);若偏振片与下表面分子取向相同,则为白底黑字的常白型,如图 6-41 所示。TN-LCD 可用于显示数字、简单字符及图案等,有选择的在各段电极上施加电压,就可以显示出不同的图案。

【实验内容】

1)光学导轨上依次为:半导体激光器、起偏器、液晶盒、检偏器(带光电探测器)。打开半导体激光器,调节各元件高度,使激光依次穿过起偏器、液晶盒、检偏器,打在光电探测器的通光孔上。

2)接通主机电源,将光功率计调零,用音频线连接光功率计和光电转换盒,此时光功率计显示的数值为透过检偏器的光强大小。旋转起偏器至 120°(出厂时已校准过),使其偏振方向与液晶片表面分子取向平行(或垂直)。旋转检偏器,观察光功率计数值的变化,若最大值小于 200μW,可旋转半导体激光器,使最大透射光强大于 200μW。旋转检偏器使透射光强达到最小。

3)将电压表调至零点,用红黑导线连接主机和液晶盒,从 0 开始逐渐增大电压,观察光功率计读数变化,电压调至最大值后归零。

4)从 0 开始逐渐增加电压,0～2.5V 每隔 0.2V 或 0.3V 记一次电压及透射光强值,2.5V 后每隔 0.1V 左右记一次数据,6.5V 后再每隔 0.2 或 0.3V 记一次数据,在关键点附近应多测几组数据。

5)作电光曲线图,纵坐标为透射光强值,横坐标为外加电压值(见图 6-43)。

6)根据作好的电光曲线,求出样品的阈值电压 U_{th}、饱和电压 U_r、对比度 D_r 及陡度 β。

7)演示黑底白字的常黑型 TN-LCD。拔掉液晶盒上的插头,光功率计显示为最小,即黑态;将电压调至 6～7V,连通液晶盒,光功率计显示最大数值,即白态。搭配数字或字符型液晶片演示,有选择地在各段电极上施加电压,就可以显示出不同的图案。

8)搭配数字存储示波器,测试液晶样品的电光响应曲线,求得样品的响应时间。自行设计表格。

【注意事项】

1)拆装时只压液晶盒边缘,切忌挤压液晶盒中部;保持液晶盒表面清洁,不能有划痕;应防止液晶盒受潮,防止受阳光直射。

2)驱动电压不能为直流。

3)切勿直视激光器。

4)液晶样品受温度等环境因素的影响较大,如 TN 型液晶的阈值电压在 20℃±20℃范围内漂移达 15%～35%,因此每次实验结果有一定出入为正常情况。也可比较不同温度下液晶样品的电光曲线图。

【数据处理】

U/V	I/μW	U/V	I/μW	U/V	I/μW	U/V	I/μW	U/V	I/μW

实验八　光纤特性及传输实验

在现代通信技术中，光纤通信是用光波作为载波，用光纤传输光信号的通信方式。与用电缆传输电信号相比，光纤通信具有通信容量大，传输距离长，价格低廉，重量轻易敷设，抗干扰，保密性好等优点，已成为固定通信网的主要传输技术。

【实验目的】

1）了解光纤通信的原理及基本特性。

2）测量激光二极管的伏安特性，电光转换特性。

3）测量光电二极管的伏安特性。

4）基带（幅度）调制传输实验。

5）频率调制传输实验。

【实验仪器】

光纤特性及传输实验仪；示波器。

【实验原理】

1. 光纤

光纤是由纤芯，包层，防护层组成的同心圆柱体，横截面如图 6-44 所示。通常将若干根光纤与其他保护材料组合起来构成光缆，便于工程上敷设和使用。

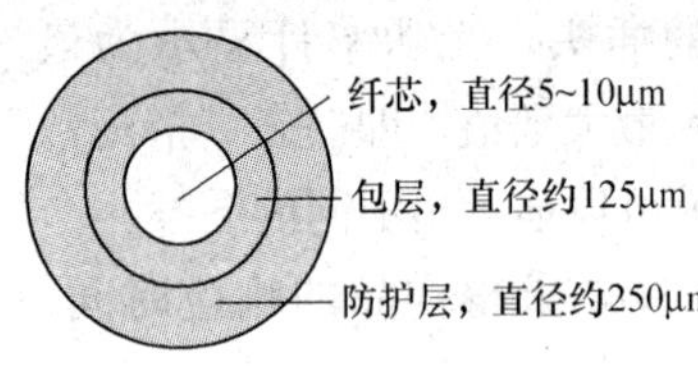

图 6-44　光纤的基本结构

衡量光纤性能好坏的主要是它的损耗特性与色散特性。

损耗特性决定光纤传输的中继距离。光在光纤中传输时，由于材料的散射、吸收，会使光信号衰减，当信号衰减到一定程度时，就必须对信号进行整形放大处理，再进行传输，才能保证信号在传输过程中不失真，这段传输的距离称为中继距离，损耗越小，中继距离越长。光纤的损耗与光波长有关，通过研究发现，石英光纤在 0.85μm、1.30μm、1.55μm 附近有 3 个低损耗窗口，实用的光纤通信系统光波长都在低损耗窗口区域内。

损耗用损耗系数表示。光在有损耗的介质中传播时，光强按指数规律衰减，在通信领域，损耗系数用单位长度的分贝（dB）表示，定义为

$$\alpha = \frac{10}{L}\lg\frac{P_0}{P_1}(\mathrm{dB/km}) \tag{6-54}$$

已知损耗系数，可计算光通过任意长度 L 后的强度

$$P_1 = P_0 10^{-\frac{\alpha L}{10}} \tag{6-55}$$

上两式中，L 是传播距离；P_0 是入射光强；P_1 是损耗后的光强。

对于单模光纤而言，随着波长的增加，其弯曲损耗也相应增大，因此对 1550nm 波长的使用，要特别注意弯曲损耗的问题。随着光纤通信工程的发展，最低衰减窗口 1550nm 波长区的通信必将得到广泛的运用。CCITT（国际电报电话咨询委员会）对

G. 652光纤和G. 653光纤在1550nm波长的弯曲损耗作了明确的规定。

用半径为37. 5mm的G. 652光纤松绕100圈，在1550nm波长测得增加的损耗应小于1dB；对G. 653而言，要求增加的损耗小于0. 5dB。

此处可不用扰模器，用其他材料实现光纤的弯曲也可。

弯曲损耗的测量，要求在具有较为稳定的光源条件下，将几十米被测光纤耦合到测试系统中，保持注入状态和接收端耦合状态不变的情况下，分别测出松绕100圈前后的输出光功率 P_1 和 P_2，弯曲损耗可由下式计算得出。

$$A = 10\lg(P_1/P_2) \tag{6-56}$$

相同光纤，传输相同波长光波信号，弯曲半径不同时其损耗也必定不同，同样，对于相同光纤，弯曲半径相同时，传输不同光波信号，其损耗也不同。

由于按照CCITT标准，光纤的弯曲损耗比较小，在实际测试中可采用减小弯曲半径的办法提高实验效果的明显性。实验测试方法如图6-45所示。

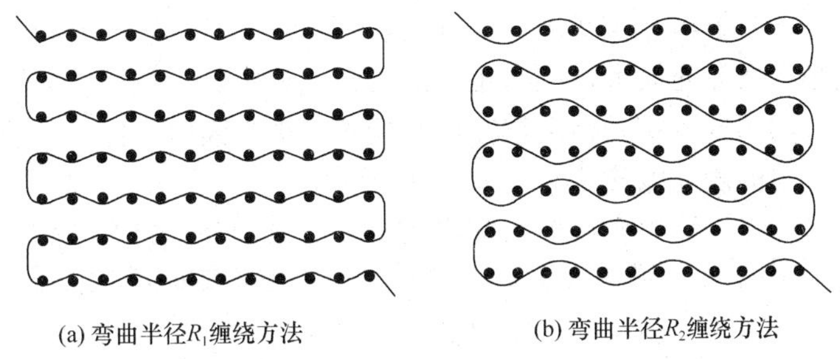

(a) 弯曲半径R_1缠绕方法　(b) 弯曲半径R_2缠绕方法

图6-45 扰模器缠绕方法

2. 激光二极管（FP-LD）

光通信的光源为半导体激光器（LD）或发光二极管（LED），本实验采用半导体激光器。

半导体激光二极管或简称半导体激光器，它通过受激辐射发光，是一种阈值器件。处于高能级 E_2 的电子在光场的感应下发射一个和感应光子一模一样的光子，而跃迁到低能级 E_1，这个过程称为光的受激辐射。所谓一模一样，是指发射光子和感应光子不仅频率相同，而且相位、偏振方向和传播方向都相同，它和感应光子是相干的。由于受激辐射与自发辐射的本质不同，导致了半导体激光器不仅能产生高功率（≥10mW）的辐射，而且输出光发散角小（垂直发散角为30°～50°，水平发散角为0～30°），与单模光纤的耦合效率高（约30%～50%），辐射光谱线窄（Δλ=0. 1～1. 0nm），适用于高比特工作，载流子复合寿命短，能进行高速信号（>20GHz）直接调制，非常适合于作高速长距离光纤通信系统的光源。

LD和LED都是半导体光电子器件，其核心部分都是PN结。因此其具有与普通二极管相类似的 V-I 特性，如图6-46所示。

由于结构上的不同，LD和LED的 P-I 特性曲线则有很大的差别。LED的 P-I 曲线基本上是一条近似的直线。而LD半导体激光器的 P-I 曲线，如图6-47所示，可以

看出有一阈值电流 I_{th}，只有在工作电流 $I>I_{th}$部分，P-I 曲线才近似为一条直线。而在 $I<I_{th}$部分，LD 输出的光功率几乎为零。

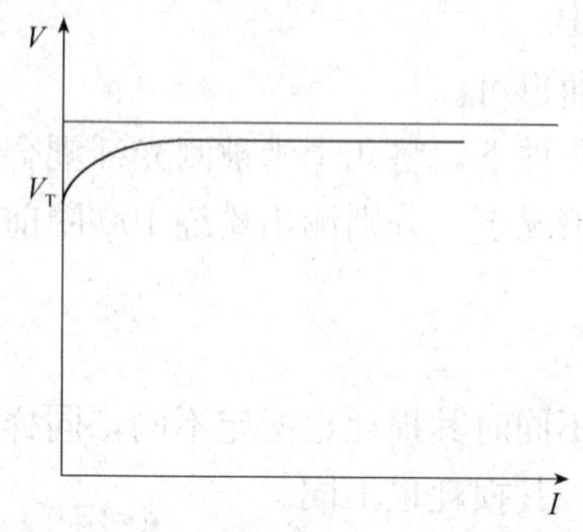

图 6-46　LD 激光器输出 V-I 特性示意图

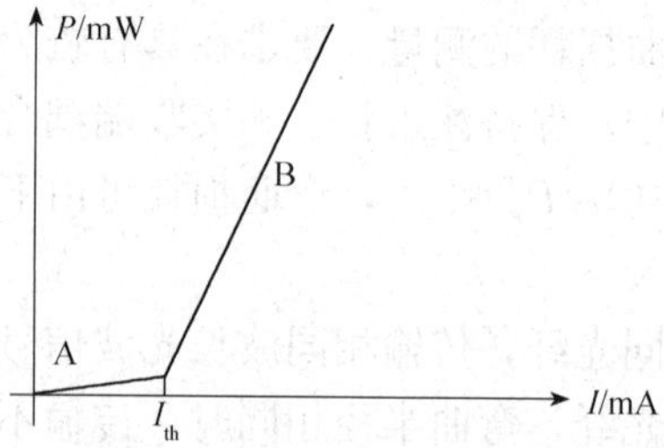

图 6-47　LD 半导体激光器 P-I 特性示意图

阈值电流是非常重要的特性参数。图 6-47 中 A 段与 B 段的交点表示开始发射激光，它对应的电流就是阈值电流 I_{th}。半导体激光器可以看作为一种光学振荡器，要形成光的振荡，就必须要有光放大机制，也即激活介质处于粒子数反转分布，而且产生的增益足以抵消所有的损耗。将开始出现净增益的条件称为阈值条件。一般用注入电流值来标定阈值条件，也即阈值电流 I_{th}。

当注入电流增加时，输出光功率也随之增加，在达到 I_{th}之前半导体激光器输出荧光，到达 I_{th}之后输出激光，输出光子数的增量与注入电子数的增量之比见下式。

$$\eta_d=\frac{\left(\dfrac{\Delta P}{hv}\right)}{\left(\dfrac{\Delta I}{e}\right)}=\frac{e}{hv}\cdot\frac{\Delta P}{\Delta I}$$

$\dfrac{\Delta P}{\Delta I}$就是图 6-46 所示激射时的斜率，$h$ 是普朗克常数（$6.625\times10^{-34}\,\mathrm{J\cdot s}$），$v$ 为辐射跃迁情况下，释放出的光子的频率。

P-I 特性是选择半导体激光器的重要依据。在选择时，阈值电流 I_{th}应尽可能小，I_{th}对应 P 值小，而且没有扭折点的半导体激光器。这样的激光器工作电流小，工作稳定性高，消光比大，而且不易产生光信号失真。并且要求 P-I 曲线的斜率适当，斜率太小，则要求驱动信号太大，给驱动电路带来麻烦；斜率太大，则会出现光反射噪声及使自动光功率控制环路调整困难。

3. 光电二极管

此部分内容参见实验五实验原理相关内容。

4. 光源的调制

参见实验五实验原理相关内容。

5. 副载波调频调制

参见实验五实验原理相关内容。

【实验仪器】

整套实验系统由光纤发射装置、光纤接收装置、光纤跳线、光纤适配器以及示波器组成。

光纤发射装置可产生各种实验需要的信号，通过发射管发射出去。发出的信号通过光纤传输后，由接收管将信号传送到光纤接收装置。接收装置将信号处理后，通过仪器面板或者示波器观察传输后的各种信号。

发射系统中的信号源模块部分由电压源、音频信号、脉冲信号、方波信号、正弦波信号等组成。这些信号可以通过信号切换键来选择并调整参数。当对应信号源的指示灯亮起时，表示可以对该信号进行幅度/电压调节和频率调节。调节也可以根据所需步骤选择“粗调”和“细调”，即当调节的指示灯亮起代表细调，不亮代表粗调。

接收系统中，显示部分的“光功率计”只能调节到“1310”，“1550”则作为扩展显示（当前验仪中没有设置1550nm波长的发射装置）。

实验中使用的光纤为FC-FC光跳线（短光纤）。示波器用于观测各种信号波形经光纤传输后是否失真等特性（学校自备）。

光纤发射与接收装置面板如图6-48和图6-49所示。

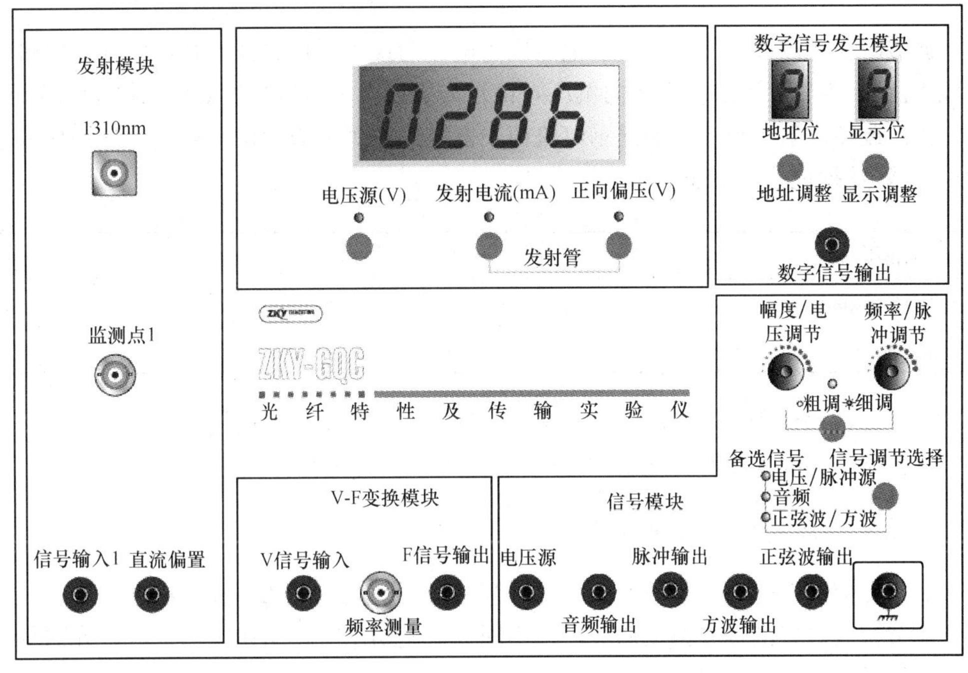

图6-48　光纤发射装置

【实验内容】

1. 激光二极管的伏安特性与输出特性测量

用FC-FC光跳线将光发送口与光接收口相连。设置发射显示为“发射电流”，接收显示为“光功率计”。

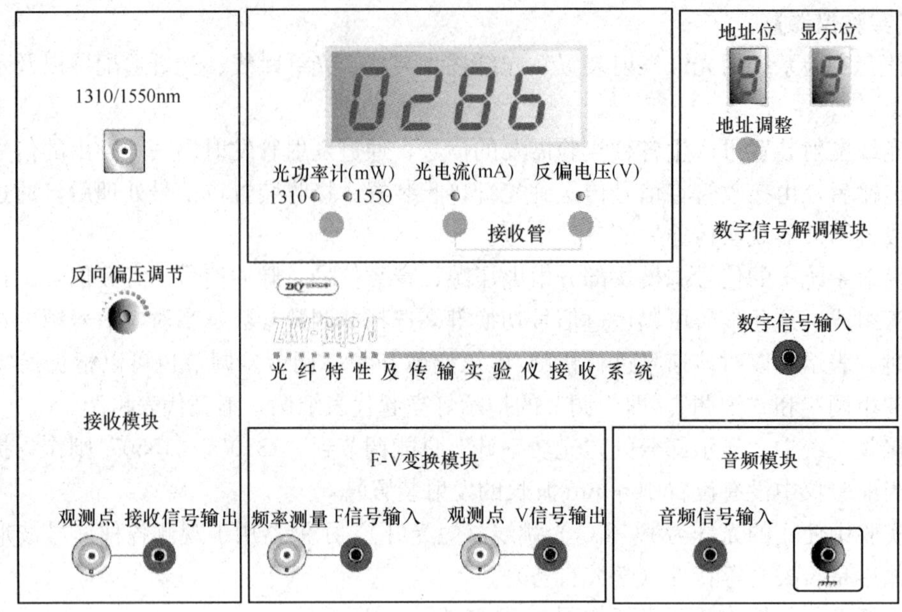

图 6-49　光纤接收装置面板图

调节电压源以改变发射电流，记录发射电流与接收器接收到的光功率（与发射光功率成正比）。设置发射显示为正向偏压，记录与发射电流对应的发射管两端电压于下表。

依次改变发射电流（可能显示电流值不能精确达到下表的设定数值，只要尽量接近即可），将数据记录于下表。

正向偏压/V										
发射管电流/mA	0	5	6	8	10	15	20	25	30	35
光功率/mW										

以上表数据作所测激光二极管的伏安特性曲线，输出特性曲线。

讨论所作曲线与图 6-46 和图 6-47 所描述的规律是否符合。

2. 光电二极管伏安特性的测量

调节发射装置的电压源，使光电二极管接收到的光功率如下表所示。

调节接收装置的反向偏压调节，在不同输入光功率时，切换显示状态，分别测量光电二极管反向偏置电压与光电流，记录于下表。

反向偏置电压/V		0	1	2	3	4	
$P=0$	光电流/μA						
$P=0.1$mW							
$P=0.2$mW							

以上表数据，作光电二极管的伏安特性曲线。

讨论所作曲线与图 6-47 所描述的规律是否符合。

3. 基带（幅度）调制传输实验

用 FC-FC 光跳线将光发送口与光接收口相连。

将信号源模块正弦波输出接入发射模块信号输入端 1，将电压源信号接入到发射模块的直流偏置出，调节直流偏置电压为 3.2～3.5V。

将监测点 1 接入双踪示波器的其中一路，观测输入信号波形。将接收装置信号输出端的观测点接入双踪示波器的另一路，观测经光纤传输后接收模块输出的波形。

观测信号经光纤传输后，波形是否失真，频率有无变化，记入下表。

调节正弦波信号幅度，当幅度超过一定值后，可观测到接收信号明显失真（见图 6-47），记录信号不失真对应的最大输入信号幅度及对应接收端输出信号幅度于下表。

将正弦波信号改为方波信号，重复以上步骤实验，将数据记录于下表。

激光二极管调制电路输入信号			光电二极管光电转换电路输出信号		
波形	频率/kHz	幅度/V	波形	频率/kHz	幅度/V
正弦波					
方波					

对上表结果作定性讨论。

4. 副载波调制传输实验

（1）观测调频电路的电压频率关系

用 FC-FC 光跳线将光发送口与光接收口相连。

将发射装置中的电压源输出接入 V-F 变换模块的 V 信号输入（用直流信号作调制信号）。根据调频原理，直流信号调制后的载波角频率偏移 $k_f V$。将 F 信号输出的频率测量接入示波器，观测输入电压与输出频率之间的 V-F 变换关系。调节电压源，通过在示波器上读输出信号的周期来换算成频率。将输出频率 f_V 随电压的变化记入下表。

输入电压/V	0	0.2	0.4	0.6	0.8	1.0	1.2	1.4	1.6	1.8	2.0
输出频率 f_V/kHz											

以输入电压作横坐标，输出角频率 $\omega_V = 2\pi f_V$ 为纵坐标在坐标纸上作图。直线与纵轴的交点为副载波的角频率 ω，直线的斜率为调频系数 k_f。求出 ω 与 k_f。

（2）副载波调制传输实验

用 FC-FC 光跳线将光发送口与光接收口相连。

将信号源模块正弦波输出接入发射装置 V-F 变换模块的 V 信号输入端，再将 V-F 变换模块 F 信号输出接入发射模块信号输入端 1（用副载波信号作激光二极管调制信号）。

将电压源信号接入到发射模块的直流偏置出，调节直流偏置电压为 3.2V。

用示波器观测基带信号（“正弦输出”与“地”之间），在保证正弦波不失真的前提下调节其幅度和频率到一个固定值，记录幅度和频率于下表。

此时接收装置接收信号输出端输出的是经光电二极管还原的副载波信号，将接收信号输出接入 F-V 变换模块 F 信号输入端，在 V 信号输出端输出经解调后的基带信号。

用示波器观测经调频，光纤传输后解调的基带信号波形（F-V 变换模块的“观测点”）；将观测情况记入下表。

改变输入基带信号（正弦波）的频率和幅度，观测 F-V 变换模块输出的波形，记录于下表。

基带信号		光纤传输后解调的基带信号		
幅度/V	频率/kHz	幅度/V	频率/kHz	信号失真程度

基带调制是幅度调制，基带传输实验中，衰减会使输出幅度减小，传输过程的非线性会使信号失真。副载波传输采用频率调制，解调电路的输出只与接收到的瞬时频率有关，可以观察到衰减对输出几乎无影响，表明调频方式抗干扰能力强，信号失真小。

对上表结果作定性讨论。

【注意事项】

光学器件属于昂贵易损器件，所以在实验操作过程中应加倍小心，防止光学器件的损坏，为了保证实验顺利地进行，请注意以下事项。

1）本实验需要经常连接、断开光跳线（尾纤）与光发射器、光检测器，应轻拿轻放，使用时切忌用力过大。

2）实验完毕后，请立即将防尘帽盖住光纤输入、输出端口，用光纤端面防尘盖盖住光纤跳线端面，防止灰尘进入光纤端面而影响光信号的传输。

3）若不小心把光纤输出端的接口弄脏，需用酒精棉球进行清洗。

4）光纤跳线接头应妥善保管，防止磕碰，使用后及时戴上防尘帽。

5）不要用力拉扯光纤，光纤弯曲半径一般不小于 30mm，否则可能导致光纤折断。

实验九　电光调制

【预习思考题】

1）什么是电光调制？如何实现晶体电光调制？

2）电光效应有哪些特性？

【实验目的】

1）了解、认识晶体电光调制器的原理和实验方法。

2）学会测量晶体半波电压和电光常数的实验方法。

3）观察电光效应所引起的晶体光性的变化和会聚偏振光的干涉现象。

【实验仪器】

晶体电光调制器、电光调制电源、接受放大器、示波器和万用表。

【实验原理】

电光调制器是利用某些晶体材料在外加电压作用下折射率发生改变的线性电光效应而制成的调制器。电光调制主要用于激光调制，把要传递的信息加载于激光上的过程称为激光调制。由已经调制过的激光还原出所加载信息的过程则称为解调。激光在这些过程当中只起到“携带”低频信号的作用，称为载波，而起控制作用的低频信号是我们所需要的，称为调制信号。被调制的载波称为已调波或者调制光。

因为光接收器（探测器）一般都是直接对其所接受的光强度做相应变化，激光调制常常采用强度调制。使输出的激光辐射强度按照调制信号的规律变化。

光波的电光调制按照外加电场的方向可以分为两种类型：①电场平行于传播方向的调制称之为纵向调制；②电场垂直于传播方向的调制称之为横向调制（本实验中采用横向调制，调制晶体为铌酸锂 $LiNbO_3$ 晶体]。

典型的利用 $LiNbO_3$ 晶体横向电光效应原理制成的激光振幅调制器的结构如图 6-50 所示，电光调制晶体放在两个正交偏振器之间，起偏器的透振方向平行于 Z 轴，光沿 Z 轴传播。当在平行于 X 轴的外加电场（E）的作用下，晶体的主轴 X 轴和 Y 轴旋转 45°，形成新的主轴 X'轴和 Y'轴（Z 轴不变），它们的感生折射率差为 Δn，它正比于所施加的电场强度 E

$$\Delta n = n_0^3 rE$$

式中，r 为与晶体结构和温度有关的参量，称为电光系数；n_0 为晶体对寻常光的折射率。

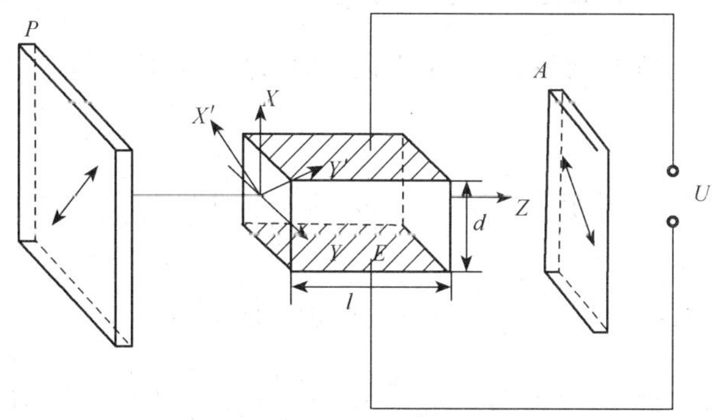

图 6-50 激光振幅调制器结构

利用线性电光效应来进行调制主要是依靠加在晶体上的外加电压来控制晶体的折射率的变化，从而使通过晶体的光束的相位受到外加电压的控制，利用它来进行光束的强度调制或相位调制。假设一束线偏振光从长度为 l，厚度为 d 的晶体中射出时，由于晶体折射率的差异而使光波经晶体后出射光的两振动分量会产生附加的折射率 σ。理论证明，对于某一个波长的激光，它的光强透过率 T 与 $LiNbO_3$ 晶体外加电压 U 成正弦平

方的关系，即

$$T=\frac{I_t}{I_i}=\sin^2\frac{\delta}{2} \tag{6-57}$$

其中

$$\delta=\frac{2\pi}{\lambda}(n_{x'}-n_{y'})l=\frac{2\pi}{\lambda}n_0^3\gamma_{22}u\frac{l}{d} \tag{6-58}$$

式中，d，l，n_0，γ_{22}分别为晶体厚度、长度、寻常光折射率和电光系数。

由此可见，δ和U有关，当$LiNbO_3$晶体几何尺寸一定，电压增加到某一数值的时候，x'，y'方向的偏振光，经过晶体之后产生$\frac{\lambda}{2}$的光程差，相位差$\delta=\pi$，$T=100\%$，这一电压叫做半波电压，通常用U_π或者$U_{\frac{\lambda}{2}}$表示。

半波电压U_π是电光调制器件的一个重要参数。在应用中，这个电压越小越好。对于$LiNbO_3$晶体，由式（6-58），取$\delta=\pi$，半波电压可以表示为

$$U_\pi=\frac{\lambda}{2n_0^3\gamma_{22}}\left(\frac{d}{l}\right) \tag{6-59}$$

由上式可以看出，适当的选择晶体尺寸可以大大降低半波电压，这正是采用横向电光调制的优点之一。

由式（6-58）、式（6-59）、$\delta=\pi\frac{U}{U_\pi}$可以将式（6-57）改写成

$$T=\sin^2\frac{\pi}{2U_\pi}U=\sin^2\left[\frac{\pi}{2U_\pi}(U_0+U_m\sin\omega t)\right] \tag{6-60}$$

其中U_0为直流偏压，$U_m\sin\omega t$是交流调制信号，U_m、U_m分别为交流调制信号的振幅和圆频率。

T-U的曲线称为调制曲线。T与U的关系是非线性的，如果工作点即直流偏压U_0选择不好，会使输出信号畸变。在A点附近称为线性工作区，当$U=\frac{U_\pi}{2}$时。$\delta=\frac{\pi}{2}$，$T=50\%$。

1）当$U_0=\frac{U_\pi}{2}$，$U_m\ll U_\pi$，将工作点选定在线性工作区的中心A处，此时，可获得较高频率的线性调制，把$U_0=\frac{U_\pi}{2}$代入式（6-60）得

$$\begin{aligned}T&=\sin^2\left[\frac{\pi}{4}+\left(\frac{\pi}{2U_\pi}\right)U_m\sin\omega t\right]=\frac{1}{2}\left[1-\cos\left(\frac{\pi}{2}+\frac{\pi}{U_\pi}U_m\sin\omega t\right)\right]\\&=\frac{1}{2}\left[1+\sin\left(\frac{\pi}{U_\pi}U_m\sin\omega t\right)\right]\end{aligned}$$

且由$U_m\ll U_\pi$，可以得到

$$T\approx\frac{1}{2}\left[1+\left(\frac{\pi}{U_m}U_m\right)\sin\omega t\right]$$

即

$$T\propto U_m\sin\omega t \tag{6-61}$$

此时输出光强的强度变化与晶体上所加调制电压之间近似的线性关系。调制器输出的波形和调制信号的波形的频率相同，即线性调制。

2）当 $U_0=0$ 或 U_π，$U_m \ll U_\pi$ 时，把 U_0 代入到式（6-60），得

$$T=\sin^2\left(\frac{\pi}{2U_\pi}U_m\sin\omega t\right)=\frac{1}{2}\left[1-\cos\left(\frac{\pi}{U_\pi}\sin\omega t\right)\right]$$
$$\approx\frac{1}{4}\left(\frac{\pi}{U_\pi}U_m\right)^2\sin^2\omega t\approx\frac{1}{8}\left(\frac{\pi}{U_\pi}U_m\right)^2(1-\cos2\omega t) \tag{6-62}$$

即

$$T\propto U_m\cos2\omega t$$

从式（6-62）中可以看出，输出光是调制信号频率的二倍。即产生“倍频”失真。

若把 $U_0=U_\pi$ 代入到式（6-60）中，经过推导，可以得到

$$T\approx1-\frac{1}{8}\left(\frac{\pi}{U_\pi}U_m\right)^2(1-\cos2\omega t)$$

即 $T\propto U_m\cos2\omega t$ 这时看到的仍是“倍频”失真的波形。

3）直流偏压 U_0 在 0 附近或者在 U_0 附近变化时，由于工作点不在线性工作区，输出波形将失真。

4）当 $U_0=\frac{\pi}{2}$，$U_m \gg U_\pi$，调制器的工作点虽然选定在线性工作点的中心，但不满足小信号调制的要求，式（6-60）不能写成式（6-61）的形式。可以证明，此时，调制信号的幅度较大，奇次谐波不能忽略，因此，虽然工作点选定在线性区，输出波形仍然失真。

【实验内容】

一、实验前的准备

1）按照结构图首先在光具座上垂直放置好激光器和光电接收器。

2）按系统连接方法将激光器、光电调制器、光电接收器等部件连接到位（预先将光敏接收孔盖上）。

3）光路准直：打开激光器，调节激光电位器使激光束有足够强度。准直调整时可先将激光器沿导轨推近接收器，调节激光器上的三只夹持螺钉使激光束基本保持水平，并使激光束的光点落在接收器的塑盖中心点上，然后将激光器远离接收器（移至导轨的一端）；再次调节后面的夹持螺钉，使光点仍保持在塑盖中心位置上，此后激光器与接收器的位置不宜再动。

4）插入起偏器，调节起偏器的镜片架转角，使其透光轴与垂直方向成 $\theta_P=45°$ 角 $\theta_x=0°$。

5）将调节监视与解调监视输出分别与双踪示波器的 Y_{I}、Y_{II} 输入端相连，打开主控单元的电源，此时在接收器塑盖中心点应出现光点（去除盖子则光强指示表有读数）。插入检偏器转动检偏器，使光点消失，光强指示接近于 0，此时检偏器与起偏器的光轴已经处于正交状态，即 $\theta_A=-45°$。

6）使电光晶体按标记线向上插入镜片架中，并用两个螺钉将定位压环固定，然后将镜片架插入光具座，旋转镜片架至 0 刻度线即可使晶体的 X 轴处于铅直方向，再适当调节光源位置，务必使激光束正射透过，这时 $\theta_P-\theta_x=45°$，此时光强应接近 0（或最小）。如不为 0，可调节激光电位器使其接近 0。

7）去除接收孔塑盖，打开主控单元的晶体偏压电源开光，稍加偏压，偏压指示表与光强指示表均呈现一定值。

8）必要时插入调节光强大小用的减广器和作为光偏置的 1/4 波片构成完整的光路系统。

二、实验步骤

1. 观察电光调制现象

1）改变晶体偏压，观察输出光强指示的变化。

2）改变晶体的极性，观察输出光强指示的变化。

3）打开调制加载开关，适当调节调制幅度，使双踪示波器上呈现出调制信号（Y_{I}）与解调输出波形（Y_{II}）。

4）插入 1/4 波片其光轴平行于晶体 X 轴，观察电光调制现象。去掉晶体上所加的直流偏压，把 1/4 波片置入晶体和偏振片之间，绕光轴缓慢旋转时，可以看到输出波形随着变化。当波片的快慢轴平行于晶体的感应轴时，输出光线性调制；当波片的快慢轴分别平行于晶体的 X、Y 轴时，输出光失真。因此，把波片旋转一周时，将出现四次线性调制和倍频失真。

2. 测量电光调制特性

测定 $LiNbO_3$ 晶体的透过率曲线（即 T-U 曲线），求出半波电压 U_π（此时光电流达到最大值 I_{max}，这时偏压即为 U_π），算出电光系数 γ_{22} 并且和理论值作比较。

把接受器对准输出光点，加在晶体上的电压从零开始，每隔 20V，测一次输出光强，直流偏压值在电源面板上的数字表读出，放大器的直流输出接到万用表上，旋转起偏器前的偏振器，使万用表上最大输出不超过 200V。

为了使曲线更完善，再透过率曲线的极小，或者极大值附近每隔 10V 测量一次，列表记录数据，以横坐标为偏压值，纵坐标为输出光强，作调制曲线。

【注意事项】

1）晶体容易损坏，不要随意取下。操作的时候，晶体电极上面的导线条不能压得太紧，以免折断晶体，或者给晶体施加应力。

2）He-Ne 激光器的电压较高，注意安全。

【数据处理】

计算出电光晶体的消光比和透光率。

由光电流的极大、极小值得消光比

$$M=\frac{I_{\max}}{I_{\min}}$$

将电光晶体从光路中去除，旋转检偏器，测出最大光强值 I_0，可计算透射率

$$T=\frac{I_{max}}{I_0}$$

附：实验装置

晶体电光调制实验装置如图 6-51 所示，由光路、电路两个主要部分组成。

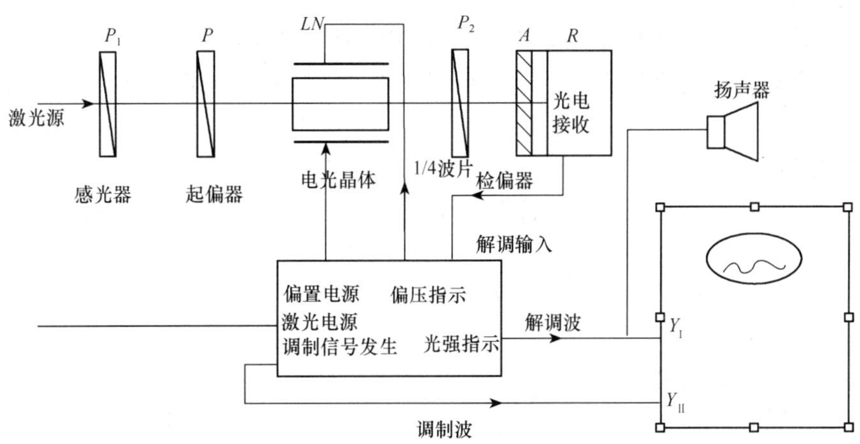

图 6-51　晶体电光调制实验装置

光路系统由激光源、起偏器、检偏器和光电接收组件以及附加的感光器和 1/4 波片等组装在精密光具座上，组成电光调制器的光路系统。

电路系统除去光电转换接收部件之外，包括激光电源、晶体偏置高压电源、交流调制信号发生、偏压与光电流指示表等电路单元均组装在同一主控单元中。

实验十　硅光电池特性的研究

【预习思考题】

1）什么是半导体？

2）本征半导体和杂质半导体有什么区别？

本实验的目的主要是探讨太阳能电池的基本特性，太阳能电池能够吸收光的能量，并将所吸收的光子能量转换为电能。

【实验目的】

对太阳能的硅光电池特性进行研究，包括如下几方面。

1）在没有光照时，太阳能电池主要结构为一个二极管，测量该二极管在正向偏压时的伏安特性曲线，并求得电压和电流关系的经验公式。

2）测量太阳能电池在光照时的输出特性并求得它的短路电流（I_{SC}）、开路电压（U_{OC}）、最大输出功率 P_m 及填充因子 $\mathrm{FF}=\frac{P_m}{I_{SC}U_{OC}}$，填充因子是代表太阳能电池性能优

劣的一个重要参数。

3）光照效应：①测量短路电流 I_{SC} 和相对光强度$\frac{J}{J_0}$之间关系，画出 I_{SC} 与相对光强$\frac{J}{J_0}$之间的关系图；②测量开路电压 U_{OC} 和相对光强度$\frac{J}{J_0}$之间的关系，画出 U_{OC} 与相对光强$\frac{J}{J_0}$之间的关系图。

【实验仪器】

光具座及滑块座；有引出接线的盒装太阳能电池；数字电压表 1 只；电阻箱 1 只或数字万用表 2 只；干电池 2 节（1.5V）或直流电源 1 个；白光源 1 个；遮板及遮光罩各一个。

【实验原理】

太阳能电池在没有光照时，其特性可视为一个二极管，此时其正向偏压 U 与通过电流 I 的关系式为

$$I = I_o(e^{\beta U} - 1) \tag{6-63}$$

式中，I_o 和 β 是常数。

由半导体理论，二极管主要是由能隙为 $E_C - E_V$ 的半导体构成，如图 6-52 所示。E_C 为半导体导电带，E_V 为半导体价电带。当入射光子能量大于能隙时，光子会被半导体吸收，产生电子和空穴对。电子和空穴对会分别受到二极管之内电场的影响而产生光电流。

设太阳能电池的理论模型是由一个理想电流源（光照产生光电流的电流源）、一个理想二极管、一个并联电阻 R_{sh} 与一个电阻 R_s 所组成，如图 6-53 所示。

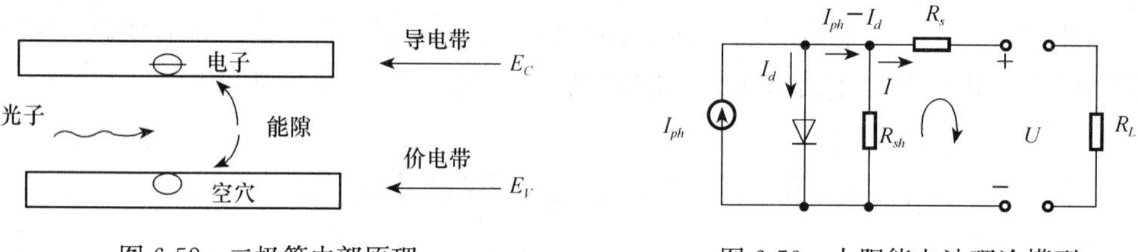

图 6-52 二极管内部原理　　图 6-53 太阳能电池理论模型

图 6-53 中，I_{ph} 为太阳能电池在光照时该等效电源输出电流，I_d 为光照时，通过太阳能电池内部二极管的电流。由基尔霍夫定律得

$$IR_s + U - (I_{ph} - I_d - I)R_{sh} = 0 \tag{6-64}$$

式中，I 为太阳能电池的输出电流；U 为输出电压。

由式（6-63）可得

$$I\left(1 + \frac{R_s}{R_{sh}}\right) = I_{ph} - \frac{U}{R_{sh}} - I_d \tag{6-65}$$

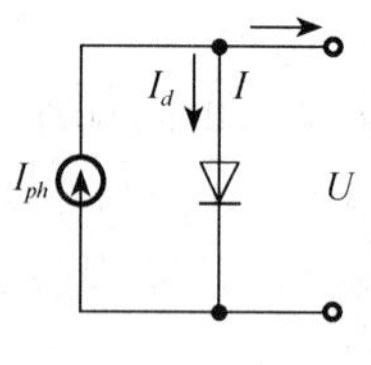

图 6-54 简化电路

假定 $R_{sh}=\infty$ 和 $R_s=0$，太阳能电池可简化为图 6-54 所示电路。

这里，$I=I_{ph}-I_d=I_{ph}-I_0$（$e^{\beta U}-1$）。

在短路时，$U=0$，$I_{ph}=I_{sc}$；

而在开路时，$I=0$，$I_{sc}-I_0$（$e^{\beta U_{oc}}-1$）$=0$；

所以

$$U_{OC}=\frac{1}{\beta}\ln\left[\frac{I_{sc}}{I_0}+1\right] \tag{6-66}$$

式（6-66）即为在 $R_{sh}=\infty$ 和 $R_s=0$ 的情况下，太阳能电池的开路电压 U_{OC} 和短路电流 I_{SC} 的关系式。其中 U_{OC} 为开路电压，I_{SC} 为短路电流，而 I_0、β 是常数。实验装置如图 6-55 所示。

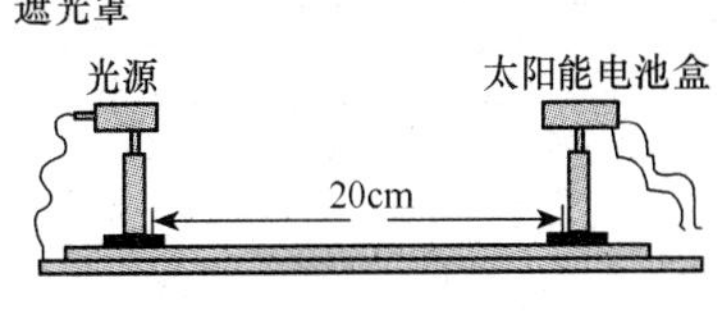

图 6-55　实验装置

【实验内容】

1. 无光源条件测量太阳能电池正向偏压的 I-U 特性

1）画出测量线路图。
2）利用测得的正向偏压时 I-U 关系数据，画出 I-U 曲线并求得常数 β 和 I_0 的值。

2. 不加偏压用白色光源照射太阳能电池的特性

注意此时光源到太阳能电池距离保持为 20cm。
1）画出测量线路图。
2）测量电池在不同负载电阻下，I 对 U 变化关系，画出 I-U 曲线图。
3）求短路电流 I_{SC} 和开路电压 U_{OC}。
4）求太阳能电池的最大输出功率及最大输出功率时的负载电阻。
5）计算填充因子 $\mathrm{FF}=\dfrac{P_m}{I_{SC}U_{SC}}$。

3. 测量太阳能电池的光照效应与光电性质

在暗箱中（用遮光罩挡光），取离白光源 20cm 水平距离光强作为标准光照强度，用光功率计测量该处的光照强度 J_0；改变太阳能电池到光源的距离 x，用光功率计测量 x 处的光照强度 J，求光强 J 与位置 x 的关系。测量太阳能电池接收到相对光强度 $\frac{J}{J_0}$ 不同值时，相应的 I_{SC} 和 U_{OC} 的值。

1）描绘 I_{SC} 和相对光强度 $\frac{J}{J_0}$ 之间的关系曲线，求 I_{SC} 和与相对光强 $\frac{J}{J_0}$ 之间近似关系函数。

2）描绘出 U_{OC} 和相对光强度 $\frac{J}{J_0}$ 之间的关系曲线，求 U_{OC} 与相对光强度 $\frac{J}{J_0}$ 之间近似函数关系。

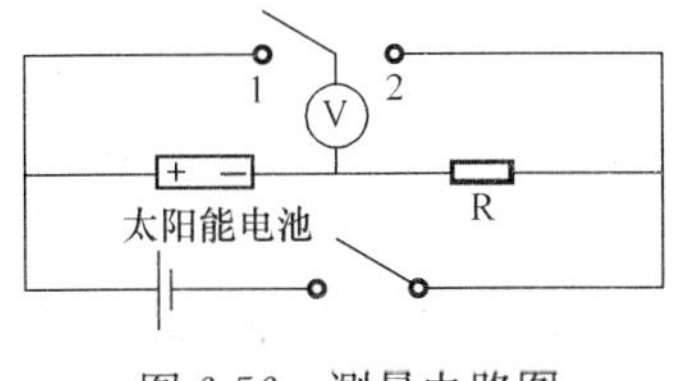

图 6-56　测量电路图

【数据处理】

在全暗的情况下，测量太阳能电池正向偏压下流过太阳能电池的电流 I 和太阳能电池的输出电压 U，测量电路如图 6-56 所示。正向偏压从 0～3.0V 条件下，测量结果记入下表（其中，R＝1000Ω）。

U_1/V								
U_2/mV								
$I/\mu A$								

U_1/V				
U_2/mV				
$I/\mu A$				

实验十一　温度传感器的热电阻特性实验

温度是表征物体冷热程度的物理量。温度只能通过物体随温度变化的某些特性来间接测量。温度传感器就是将温度信息转换成易于传递和处理的电信号的传感器。

【实验目的】

1）研究 Pt100 电阻、Cu50 电阻和热敏电阻（NTC 和 PTC）的温度特性及其测温原理。

2）研究比较不同温度传感器的温度特性及其测温原理。

3）了解温度控制的最小微机控制系统。

4）掌握实验中单片机在温度实时控制、数据采集、数据处理等方面的应用。

【实验原理】

1. Pt100 电阻的测温原理

金属铂（Pt）的电阻值随温度变化而变化，并且具有很好的重现性和稳定性，利用铂的这种物理特性制成的传感器称为铂电阻温度传感器，通常使用的铂电阻温度传感器 0℃阻值为 100Ω，电阻变化率为 0.3851Ω/℃。铂电阻温度传感器精度高，稳定性好，应用温度范围广，是中低温区（−200～650℃）最常用的一种温度检测器，不仅广泛应用于工业测温，而且被制成各种标准温度计（涵盖国家和世界基准温度）供计量和校准使用。

一般把温度系数为 TCR＝0.003851，Pt100（$R_0=100\Omega$）、Pt1000（$R_0=1000\Omega$）称为统一设计型铂电阻。

$$\mathrm{TCR}=(R100-R_0)/(R_0\times 100) \tag{6-67}$$

100℃时标准电阻值 $R100=138.51\Omega$。100℃时标准电阻值 $R1000=1385.1\Omega$。

Pt100 铂电阻的阻值随温度变化而变化计算公式

$$-200<t<0℃\quad R_t=R_0[1+At+Bt^2+C(t-100)t^3] \tag{6-68}$$

$$0<t<850℃\quad R_t=R_0(1+At+Bt^2] \tag{6-69}$$

R_t 在 t℃时的电阻值；R_0 在 0℃时的电阻值。式中 A、B、C 的系数各为 $A=3.90802\times10^{-3}\mathrm{C}^{-1}$；$B=-5.802\times10^{-7}\mathrm{C}^{-2}$；$C=-4.27350\times10^{-12}\mathrm{C}^{-4}$。

三线制接法要求引出的三根导线截面积和长度均相同，测量铂电阻的电路一般是平衡电桥，铂电阻作为电桥的一个桥臂电阻，将导线一根接到电桥的电源端，其余两根分

别接到铂电阻所在的桥臂及与其相邻的桥臂上，当桥路平衡时，通过计算可知

$$R_t = \frac{R_1 R_3}{R_2} + \frac{rR_1}{R_2} - r \tag{6-70}$$

当 $R_1 = R_2$ 时，导线电阻的变化对测量结果没有任何影响，这样就消除了导线线路电阻带来的测量误差，但是必须为全等臂电桥，否则不可能完全消除导线电阻的影响，但分析可见，采用三线制会大大减小导线电阻带来的附加误差，工业上一般都采用三线制接法。

2. 热敏电阻温度特性原理（NTC 型）

热敏电阻是阻值对温度变化非常敏感的一种半导体电阻，它有负温度系数和正温度系数两种。负温度系数的热敏电阻（NTC）的电阻率随着温度的升高而下降（一般是按指数规律）；而正温度系数热敏电阻（PTC）的电阻率随着温度的升高而升高；金属的电阻率则是随温度的升高而缓慢地上升。热敏电阻对于温度的反应要比金属电阻灵敏得多，热敏电阻的体积也可以做得很小，用它来制成的半导体温度计，已广泛地使用在自动控制和科学仪器中，并在物理、化学和生物学研究等方面得到了广泛的应用。

在一定的温度范围内，半导体的电阻率 ρ 和温度 T 之间有如下关系

$$\rho = A_1 e^{B/T} \tag{6-71}$$

式中，A_1 和 B 是与材料物理性质有关的常数；T 为热力学温度。对于截面均匀的热敏电阻，其阻值 R_T 可用下式表示

$$R_T = \rho \frac{l}{s} \tag{6-72}$$

式中，R_T 的单位为 Ω；ρ 的单位为 Ω · cm；l 为两电极间的距离，单位为 cm；s 为电阻的横截面积，单位为 cm^2。将式（6-71）代入式（6-72），令 $A = A_1 \frac{l}{s}$，于是可得

$$R_T = A e^{B/T} \tag{6-73}$$

对一定的电阻而言，A 和 B 均为常数。对式（6-73）两边取对数，则有

$$\ln R_T = B \frac{1}{T} + \ln A \tag{6-74}$$

$\ln R_T$ 与 $\frac{1}{T}$ 成线性关系，在实验中测得各个温度 T 的 R_T 值后，即可通过作图求出 B 和 A 值，代入式（6-73），即可得到 R_T 的表达式。式中 R_T 为在温度 T 时的电阻值，A 为在某温度时的电阻值，B 为常数，其值与半导体材料的成分和制造方法有关。图 6-57 表示了热敏电阻（NTC）与金属电阻的不同温度特性。

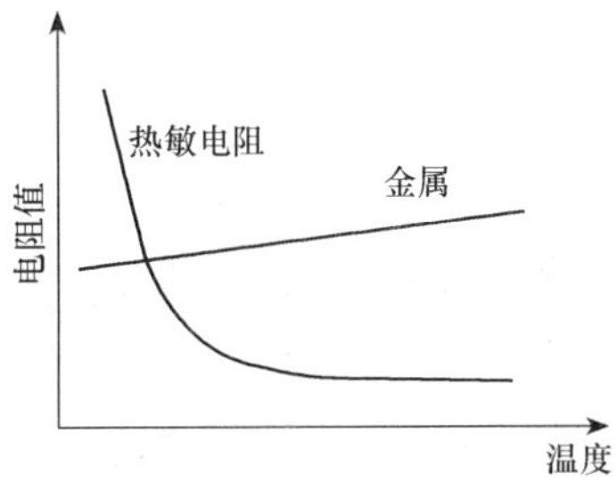

图 6-57 不同材质电阻的温度特性

3. Cu50 电阻温度特性原理

铜电阻是利用物质在温度变化时电阻也随着发生变化的特性来测量温度的。铜电阻

的受热部分（感温元件）是用细金属丝均匀地双绕在绝缘材料制成的骨架上，当被测介质中有温度梯度存在时，所测得的温度是感温元件所在范围内介质层中的平均温度。

【实验仪器】

九孔板；DH-VC1 直流恒压源恒流源；DH-SJ 型温度传感器实验装置；数字万用表；电阻箱。

【实验内容】

1. 用万用表直接测量法

1）参照附录的使用方法，将温度传感器直接插在温度传感器实验装置的恒温炉中。在传感器的输出端用数字万用表直接测量其电阻值。本实验的热敏电阻 NTC 温度传感器 25℃的阻值 5kΩ；PTC 温度传感器 25℃的阻值 350Ω。

2）在不同的温度下，观察 Pt100 电阻、热敏电阻（NTC 和 PTC）和 Cu50 电阻的阻值的变化，从室温（25℃）到 120℃（PTC 温度实验从室温到 100℃。），每隔 5℃（或自定度数）测一个数据，将测量数据逐一记录在表格内。

3）以温标为横轴，以阻值为纵轴，按等精度作图的方法，用所测的各对应数据作出 R_T—t 曲线。

4）分析比较它们的温度特性。

2. 单臂电桥法

1）根据单臂电桥原理，按图 6-58 所示的方式连接成单臂电桥形式。运用万用表，自行判定三线制 Pt100 的接线。将 R_3用电位器代替。用 DH-VC1 直流恒压源恒流源的恒压源来提供稳定的电压源，范围 0～5V。将电压由 0 至 5V 缓慢调节，具体电压自定。

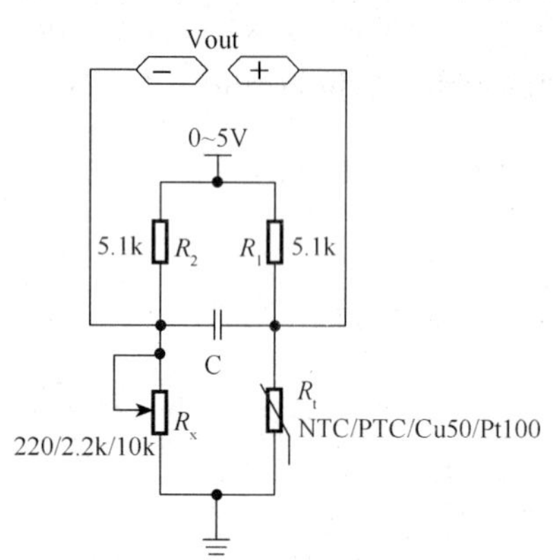

图 6-58　单臂电桥连线图

2）将温度传感器作为其中的一个臂。根据不同的温度传感器，参照温度传感器在 0℃的对应阻值，把电阻器件调到与 Pt100 或 Cu50 温度传感器对应得阻值（Cu50 在 0℃的阻值是 50Ω，用 100Ω 并联 220Ω 的电位器，比较臂 R_3的阻值可以按照同样思路来匹配），仔细调节比较臂 R_3使桥路平衡，即万用表的示数为零。NTC 和 PTC 温度传感器以 25℃时阻值为桥路平衡的零点。把电阻器件调到与 NTC 或 PTC 温度传感器对应得 25℃时的阻值（NTC 的阻值 5kΩ，用 1kΩ 的电阻串联 5kΩ 和 220Ω 的电位器，比较臂 R_3的阻值可以按照同样思路来匹配），仔细调节比较臂 R_3 使桥路平衡，即万用表的示数为零。

3）将 R_x 直接插在温度传感器实验装置的恒温炉中。通过温控仪加热，在不同的温度下，观察 Pt100 电阻、热敏电阻（NTC 和 PTC）和 Cu50 电阻的阻值的变化，从室温到 120℃（PTC 温度实验从室温到 100℃），每隔 5℃（或自定度数）测一个数据，将测量数据逐一记录在表格内。

4）以温标为横轴，以电压为纵轴，按等精度作图的方法，用所测的各对应数据作出 $V-t$ 曲线。

5）推导测量原理计算公式。

6）分析比较它们的温度特性。

3. 恒流法

1）按照图 6-59 所示接线。用 DH-VC1 提供 1mA 或 0.1mA 直流电流源。用万用表测量取样电阻 R_0，调节 DH-VC1 上的恒流源的电位器使其两端的电压为 1V 或 0.1V。将电压由 0 至 1V 缓慢调节。

2）将温度传感器直接插在温度传感器实验装置的恒温炉中。通过温控仪加热，在不同的温度下，观察 Pt100 电阻、热敏电阻（NTC 和 PTC）和 Cu50 电阻的阻值的变化，从室温到 120℃（PTC 温度实验从室温到 100℃），每隔 5℃（或自定度数）测一个数据，将测量数据逐一记录在表格内。温控仪的使用方法详见附录 4。

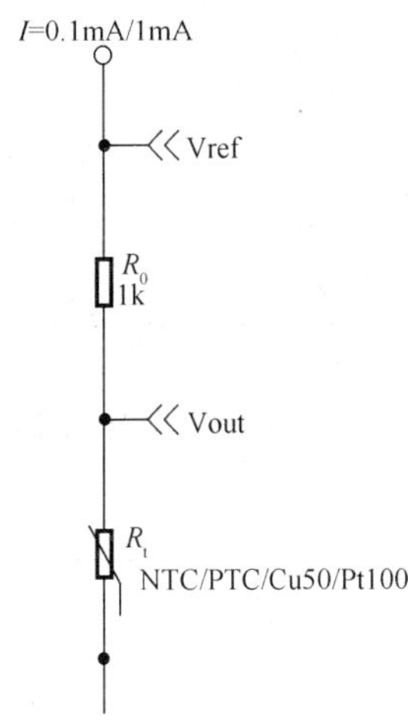

图 6-59　恒流法连线图

3）以温标为横轴，以电压为纵轴，按等精度作图的方法，用所测的各对应数据作出 V-t 曲线。

4）推导测量原理计算公式。

5）分析比较它们的温度特性。

6）分析比较单臂电桥法与恒流法这两种测量方法的特点。

【数据记录】

1. Pt100 电阻数据记录

室温________℃

序号	1	2	3	4	5	6	7	8	9	10
温度/℃										
R/Ω										
序号	11	12	13	14	15	16	17	18	19	20
温度/℃										
R/Ω										

2. NTC 负温度系数热敏电阻数据记录

室温________℃

序号	1	2	3	4	5	6	7	8	9	10
温度/℃										
R/Ω										
序号	11	12	13	14	15	16	17	18	19	20
温度/℃										
R/Ω										

3. PTC 正温度系数热敏电阻数据记录

室温________℃

序号	1	2	3	4	5	6	7	8	9	10
温度/℃										
R/Ω										
序号	11	12	13	14	15	16	17	18	19	20
温度/℃										
R/Ω										

4. Cu50 电阻数据记录

室温________℃

序号	1	2	3	4	5	6	7	8	9	10
温度/℃										
R/Ω										
序号	11	12	13	14	15	16	17	18	19	20
温度/℃										
R/Ω										

第七章　设计实验

实验一　利用激光测量金属丝的弹性模量

【实验目的】

1）利用实验室常用的仪器、工具测定金属丝的弹性模量。

2）设计实验方案并完成实验内容。每项实验内容至少要设计两种不同的方案，并进行对比分析。

3）在设计方案的过程中，要求查阅资料、认真分析，写出实验原理，导出测量公式，列出实验步骤，画出合理的实验数据表格。

4）上述实验内容可以任选一项进行实验。

【实验仪器】（供参考）

弹性模量仪、钢卷尺、螺旋测微器、水准仪、He-Ne激光器、刻度尺、墨镜等。

【实验内容】

设计利用激光测金属丝的弹性模量的实验方法。

【实验报告要求】

1）写明本实验的目的和要求。

2）记下实验所用的器材。

3）阐述本实验的基本原理（要求导出测量公式）、设计思路。

4）记下实验步骤。

5）画出数据表格，记下实验数据，对数据进行处理。

6）对实验结果进行分析与讨论。

7）谈谈本实验的收获、体会或改进意见。

【参考资料】

1）《大学物理实验》赵亚林，周在进主编，南京：南京大学出版社，2006

2）《普通物理实验》林抒，龚镇雄主编，北京：高等教育出版社，1981

3）其他网络资源。

实验二　薄纸厚度的测量

【实验目的】

1）掌握用光杠杆原理测量微小量的原理。

2）学习使用读数显微镜，学习使用劈尖干涉法测量微小厚度。

【实验仪器】（供参考）

光杠杆、望远镜、标尺、钢卷尺、劈尖、读数显微镜、钠光灯、螺旋测微计等。

【实验内容】

1）用光杠杆方法测量薄纸的厚度。

2）利用劈尖干涉测量薄纸的厚度。

3）用螺旋测微器进行直接测量。

4）光杠杆方法及劈尖方法任选一种进行测量，和螺旋测微器直接测量结果进行比较分析，分析产生误差的原因以及如何减小测量误差。

【实验报告要求】

1）写明本实验的目的和要求。

2）记下实验所用的器材。

3）阐述本实验的基本原理（要求导出测量公式）、设计思路。

4）记下实验步骤。

5）画出数据表格，记下实验数据，对数据进行处理。

6）对实验结果进行分析与讨论。

7）谈谈本实验的收获、体会或改进意见。

【注意事项】

1）调节光杠杆时一定要细心，以免损坏。

2）在测量中，为了避免螺距误差，只能单方向前进，不能中途倒退后再前进。

【参考资料】

1）《大学物理实验》赵亚林，周在进主编，南京：南京大学出版社，2006

2）《大学物理实验教程》王云才，李秀燕主编，北京：科学出版社，2003

3）《大学物理实验》成正维主编，北京：高等教育出版社，2002，12

4）其他网络资源。

实验三　重力加速度的测量

【实验目的】

1）利用实验室常用的仪器、工具测定重力加速度。

2）设计实验方案并完成实验内容，每项内容至少要设计两种不同的方案，并进行对比分析。

3）在设计方案的过程中，要求查阅资料、认真分析，写出实验原理，导出测量公式，列出实验步骤，画出合理的实验数据表格。

4）上述实验内容可以任选一项进行实验。

【实验仪器】（供参考）

单摆、打点计时器、气垫导轨、弹簧秤、计数计时器、微型气泵、学生电源、游标卡尺、秒表、小钢球、纸带、滑块、钩码、砝码、直尺、带线夹的铁架台、米尺、夹子。

【实验内容】

1）设计测定重力加速度的方法。

2）加深对物体运动规律的理解。

【实验报告要求】

1）写明本实验的目的和要求。

2）记下所用的器材。

3）阐述本实验的基本原理（导出测量公式）、设计思路。

4）记下实验步骤。

5）画出数据表格，记下实验数据，对数据进行处理。

6）对实验结果进行分析讨论。

7）谈谈本实验的收获、体会或改进意见。

【参考资料】

1）《大学物理实验》赵亚林、周在进主编，南京：南京大学出版社，2006

2）《大学物理实验教程》王云才、李秀燕主编，北京：科学出版社，2003

3）《普通物理实验》林抒、龚镇雄主编，北京：高等教育出版社，1981

4）其他网络资源。

实验四　不规则固体密度的测定

【实验目的】

1）利用实验室常用的仪器、工具测定不规则固体或漂浮体的密度。

2）设计实验方案并完成实验内容。每项实验内容至少要设计两种不同的方案，并进行对比分析。

3）在设计方案的过程中，要求查阅资料、认真分析，写出实验原理，导出测量公式，列出实验步骤。

4）画出合理的实验数据表格。

上述实验内容学生可以任选一项进行实验。

【实验仪器】（供参考）

物理天平、量桶、量杯、烧杯、形状不规则固体（铜块、铁块、铝块、石蜡块）、水、细线等。

【实验内容】

1）设计测定不规则固体密度。

2）设计测定漂浮体的密度。

【实验报告要求】

1）写明本实验的目的和要求。

2）记下实验所用的器材。

3）阐述本实验的基本原理（要求导出测量公式）、设计思路。

4）记下实验步骤。

5）画出数据表格，记下实验数据，对数据进行处理。

6）对实验结果进行分析与讨论。

7）谈谈本实验的收获、体会或改进意见。

【参考资料】

1)《大学物理实验》赵亚林、周在进主编，南京：南京大学出版社，2006

2)《大学物理实验教程》肖井华、蒋达娅等主编，北京：北京邮电大学出版社，2005

3）其他网络资源。

实验五　液体（蔗糖溶液）表面张力系数和浓度的关系

【实验目的】

1）利用实验室常用的仪器、工具测定液体表面张力与浓度的关系。

2）设计实验方案并完成实验内容，每项内容至少要设计两种不同的方案，并进行对比分析。

3）在设计方案的过程中，要求查阅资料、认真分析，写出实验原理，导出测量公式，列出实验步骤，画出合理的实验数据表格。

4）上述实验内容学生可以任选一项进行实验。

【实验仪器】（供参考）

液体表面张力系数测定仪、垂直调节台、硅压阻力敏传感器、铝合金吊环、0.5g砝码7只、吊盘、玻璃皿、容量瓶、电子天平、刻度试管、烧杯、玻璃棒、游标卡尺、蔗糖、蒸馏水等。

【实验内容】

1）设计测定液体表面张力与浓度的关系。

2）加深对液体表面张力与浓度规律的理解。

【实验报告要求】

1）写明本实验的目的和要求。

2）记下所用的器材。

3）阐述本实验的基本原理（导出测量公式）、设计思路。

4）记下实验步骤。

5）画出数据表格，记下实验数据，对数据进行处理，绘制表面张力系数与浓度的关系曲线。

6）对实验结果进行分析讨论。

7）谈谈本实验的收获、体会或改进意见。

【参考资料】

1)《新编物理实验》李学慧、赵佳明等主编，大连：大连理工大学出版社，2001

2)《大学物理实验》赵亚林、周在进主编，南京：南京大学出版社，2006

3）其他网络资源。

实验六　液体中的声速测量

【实验目的】

1）利用实验室常用的仪器、工具测定超声波在不同液体中的声速。

2）设计实验方案并完成实验内容，每项内容至少要设计两种不同的方案，并进行对比分析。

3）在设计方案的过程中，要求查阅资料、认真分析，写出实验原理，导出测量公式，列出实验步骤。

上述实验内容学生可以任选一项进行实验。

【实验仪器】（供参考）

声速测定仪、水槽、双踪示波器、函数信号发生器、水（或其他液体）、导线等。

【实验内容】

1）设计测定液体中声速的方法。

2）了解超声波的产生和接受原理。

【实验报告要求】

1）写明本实验的目的和要求。

2）记下所用的器材。

3）阐述本实验的基本原理（导出测量公式）、设计思路。

4）记下实验步骤。

5）画出数据表格，记下实验数据，对数据进行处理。

6）对实验结果进行分析讨论。

7）谈谈本实验的收获、体会或改进意见。

【参考资料】

1）《大学物理实验》赵亚林、周在进主编，南京：南京大学出版社，2006

2）《大学物理实验教程》王云才、李秀燕主编，北京：科学出版社，2003

3）其他网络资源。

实验七　非线性电阻伏安特性曲线测定

【实验目的】

1）自拟电路，测量半导体二极管的正、反向伏安特性曲线。

2）自拟电路，测量小电阻的伏安特性曲线。

3）用图示法绘出被测二极管和小电阻的伏安特性曲线。二极管的正、反向特性曲线绘在同一坐标纸上，由于正、反向电压、电流值相差较大，作图时可选取不同的单位。

【实验仪器】（供参考）

直流电流表（毫安表，微安表）、电压表、直流稳压电源、滑线变阻器、电阻箱、待测元件（半导体二极管、小电阻）开关、导线等。

【实验内容】

1）自拟电路，涉及实验方案。

2）进行实验数据的测量并且作图。

【实验报告要求】

1）写明本实验的目的和要求。

2）记录实验所用的仪器。

3）阐述本实验的基本原理（要求写出公式）、设计电路。

4）记下实验步骤。

5）记录数据，对数据进行作图处理。

6）对结果进行分析和讨论。

7）谈谈感想、收获和体会。

【参考资料】

1）《大学物理实验》周希坚等主编，山西高校联合出版社，1994

2）《物理实验教程》丁慎训、张孔时主编，北京：清华大学出版社，1992

实验八　电表的改装和校准

【实验目的】

1）将小量程待改装的电流表头改装成大量程的电流表、电压表并掌握其校准方法；将待改装电流表头改装成欧姆表；学会电表内阻的测量方法。

2）要求查阅资料、认真思考、写出实验原理，导出电表改装时用到的计算公式，画出合理的电路图并拟好数据记录表。

3）电表内阻的测量必做；电压表、电流表的改装和校准、欧姆表的改装任选其一。

【实验仪器】（供参考）

稳压电源、校准用0.5级电流表和电压表、待改装电流表头、滑线变阻器、直流稳压电源、电位器、分压、分流用电阻、开关、导线、插座。

【实验报告要求】

1）写明本实验的目的和要求。

2）写清实验所用到实验仪器。

3）阐述本实验的实验原理（包括所用的计算公式）、设计好电路图以及实验步骤。

4）拟好数据记录表格、记下实验数据并对数据进行处理。

5）对数据进行分析、讨论。

6）谈谈自己的实验收获以及更加合理的意见。

【参考资料】

1）《大学物理实验》赵亚林、周在进主编，南京：南京大学出版社，2006

2）《大学物理实验教程》吴锋、王若田主编，北京：化学工业出版社，2003

3）其他网络资源。

实验九 变阻器变流和分压电路的设计

【实验目的】

1）研究滑线式变阻器的有关参数。

2）学会设计简单的控制电路，根据对电路控制和调整的要求，正确选择滑线式变阻器的阻值、额定电流，以及它在电路中的连接方法。

【实验内容】

1）设计一个用伏安法测量阻值为56Ω负载的控制电路，测量电流的范围为0.01～0.1A。

2）选择合适的电源（规格），安培表、伏特表（量程），滑线式变阻器（阻值、额定电流），设计电路连接的方法和依据。

3）用实验来验证选择和设计的正确性，作出特性曲线，考察细调情况，进行分析和讨论。

【实验报告要求】

1）写明本实验的目的和要求。

2）记下实验所用的器材。

3）阐述本实验的基本原理（要求导出测量公式）、设计思路。

4）记下实验步骤。

5）画出数据表格，记下实验数据，对数据进行处理。

6）对实验结果进行分析与讨论。

7）谈谈本实验的收获、体会或改进意见。

【参考资料】

1）《普通物理实验》林抒、龚镇雄主编，北京：人民教育出版社，1982

2）《物理实验》华中工学院、天津大学、上海交通大学共编，北京：人民教育出版社，1981

实验十 三棱镜对不同波长的折射率测定

【实验目的】

1）利用实验室常用的仪器、工具测定三棱镜顶角及三棱镜对不同波长的折射率。

2）设计实验方案并完成实验内容。

3）在设计方案的过程中，要求查阅资料、认真分析，写出实验原理，导出测量公式，列出实验步骤，画出合理的实验数据表格。

【实验仪器】（供参考）

分光计、三棱镜、汞灯、双面镜等。

【实验内容】

1）设计测定三棱镜顶角。

2）设计测定三棱镜对不同波长的折射率。

【实验报告要求】

1）写明本实验的目的和要求。

2）记下实验所用的器材。

3）阐述本实验的基本原理（要求导出测量公式）、设计思路。

4）记下实验步骤。

5）画出数据表格，记下实验数据，对数据进行处理。

6）对实验结果进行分析与讨论。

7）谈谈本实验的收获、体会或改进意见。

【参考资料】

1)《大学物理实验》赵亚林、周在进主编，南京：南京大学出版社，2006

2)《普通物理实验》林抒、龚镇雄主编，北京：高等教育出版社，1981

3）其他网络资源。

实验十一　利用白光干涉测量玻璃片折射率

【实验目的】

1）利用实验室所提供的仪器，观察白光干涉，测量透明薄片折射率或厚度。

2）设计实验方案并完成实验内容。每项实验内容至少要设计两种不同的方案，并进行对比分析。

3）在设计方案的过程中，要求查阅资料、认真分析，写出实验原理，导出测量公式，列出实验步骤，画出合理的实验数据表格。

上述实验内容学生可以任选一项进行实验。

【实验仪器】（供参考）

迈克尔逊干涉仪、白光源、He-Ne 激光器、钠光灯、毛玻璃、透镜、螺旋测微器、待测玻璃片等。

【实验内容】

1）设计观察白光干涉现象。

2）设计利用白光干涉测量玻璃片的折射率。

【实验报告要求】

1）写明本实验的目的和要求。

2）记下实验所用的器材。

3）阐述本实验的基本原理（要求导出测量公式）、设计思路。

4）记下实验步骤。

5）画出数据表格，记下实验数据，对数据进行处理。

6）对实验结果进行分析与讨论。

7）谈谈本实验的收获、体会或改进意见。

【参考资料】

1）《大学物理实验》赵亚林、周在进主编，南京：南京大学出版社，2006

2）《大学物理实验教程》王云才、李秀燕主编，北京：科学出版社，2003

3）《大学物理实验》成正维主编，北京：高等教育出版社，2002

4. 其他网络资源。

实验十二　液体折射率的测定

【实验目的】

1）利用实验室常用仪器、工具测定液体的折射率。

2）设计实验方案并完成实验内容，至少设计两种不同的方案，并进行对比分析。

3）在设计方案的过程中，要求查阅资料、认真分析，写出实验原理，测量方法，导出测量公式，画出相关的光路图，列出实验步骤，画出合理的实验数据表格。

4）学习用逐差法进行数据处理。

【实验仪器】（供参考）

牛顿环、读数显微镜连 45°镜、钠光灯、待测蒸馏水及酒精、石英培养皿。

【实验内容】

测定液体的折射率（包括蒸馏水和酒精）。

【实验报告要求】

1）写明实验目的和要求。

2）记录实验所需的仪器。

3）设计测蒸馏水和酒精折射率实验方案（包括实验原理、测量方法、测量公式、光路图，主要操作步骤等）。

4）画出数据表格，记下实验数据，对数据进行处理，尽可能提高测量结果精度。

5）对实验结果进行分析总结、讨论。

6）谈谈本实验的体会及改进意见。

【参考资料】

1）《大学物理实验》赵亚林、周在进主编，南京：南京大学出版社，2006

2）《大学物理实验》董传华主编，上海：上海大学出版社，2003

3）李文成、宁亚平，用牛顿环干涉测量液体折射率 [J]，大学物理实验，2004（4）

附　　表

附表 1　国际单位制的基本单位

物理量	名称	符号
长度	米	m
质量	千克（公斤）	kg
时间	秒	s
电流	安［培］	A
热力学温度	开［尔文］	K
物质的量	摩［尔］	mol
发光强度	坎［德拉］	cd

附表 2　具有专门名称的国际单位制导出单位

物理量	国际单位制单位		
	名称	符号	用其他单位表示的关系式
力	牛［顿］	N	S^{-1}
频率	赫［兹］	Hz	$M\cdot kg\cdot S^{-2}$
压强、压力	帕［斯卡］	Pa	N/m^2
功、能、热量	焦［耳］	J	N·m
功率、辐射通量	瓦［特］	W	J/s
电量、电荷	库［仑］	C	S·A
电位、电压、电动势	伏［特］	V	W/A
电容	法［拉］	F	C/V
电阻	欧［姆］	Ω	V/A
电导	西［门子］	S	A/V
磁通量	韦［伯］	Wb	V·s
磁感应强度	特［斯拉］	T	Wb/m^2
电感	亨［利］	H	Wb/A
光通量	流［明］	lm	cd·sr
光照度	勒［克斯］	lx	lm/m^2
活度（放射性强度）	贝克［勒尔］	Bq	s^{-1}
吸收剂量	戈［瑞］	Gy	J/kg

附表 3　部分已废除的单位

名称	符号	相当于 SI 单位的数值
尔格	erg	$1erg=10^{-7}J$
达因	dyn	$1dyn=10^{-5}N$
泊	P	1P=0.1Pa·s
斯托克斯	st	$1st=1cm^2/s=10^{-4}m^2/s$
高斯	Gs·G	$1Gs=10^{-4}T$
奥斯特	Oe	$1Os=10^{-4}T$
麦克斯韦	Mx	1Mx 相当于 $10^{-8}Wb$
熙提	sh	$1sh=1cd/cm^2=10^4cd/m^2$
辐透	ph	$1ph=10^4lx$
费密		1 费密 $=10^{-15}m$
米制克拉		1 米制克拉 $=200mg=2\times10^{-4}kg$
托	Torr	1 托=133.322Pa
千克力	kgf	1kgf=9.80665N
卡	cal	1cal=4.1868J
micron	μ	$1\mu=1\mu m=10^{-6}m$
X 单位	XU	$1XU=1.002\times10^{-4}nm$
stere	st	$1st=1m^3$
伽马（γ）	γ	$1\gamma=1nT=10^{-9}T$
γ		$1\gamma=1\mu g=10^{-9}kg$
λ		$1\lambda=1\mu l=10^{-6}l$

附表 4　常用基本物理常量

基本物理常量	符号	数值	单位	不确定度（10^{-6}）
真空中光速	C	299792458	m/s	（精确）
真空中磁导率	μ_0	12.566370…	$10^{-7}N/A^2$	（精确）
真空介电常量	ε_0	8.854187…	$10^{-12}F/m$	（精确）
牛顿引力常量	G	6.67259（85）	$10^{-11}m^3kg^{-1}s^{-2}$	128
普朗克常量	h	6.6260755（40）	$10^{-34}Js$	0.60
基本电荷	e	1.60217733（49）	10^{-19}	0.30
玻尔磁子	μ_g	9.2740154（31）	$10^{-24}J/T$	0.34
里德伯常量	R_∞	10973731534（13）	/m	0.0012
玻尔半径	a_0	0.529177249（24）	$10^{-10}m$	0.045
电子质量	m_e	0.91093897（54）	$10^{-30}kg$	0.59

续表

基本物理常量	符号	数值	单位	不确定度（10^{-6}）
电子荷质比	$-e/m_e$	−1.75881962（53）	10^{11}C/kg	0.30
质子质量	m_p	1.6726231（10）	10^{-27}kg	0.59
中子质量	m_n	1.6749286（10）	10^{-27}kg	0.59
阿伏加德罗常量	N_A，L	6.0221367（36）	10^{-23}/mol	0.59
原子质量单位	m_u	1.6605402（10）	10^{-27}kg	0.59
气体常量	R	8.314510（70）	J/(mol·K)	8.4
玻尔兹曼常量	k	1.380658（12）	10^{-23}J/K	8.4
摩尔体积（理想气体）T=273.15K，P=101325Pa	V_m	22.41410（19）	L/mol	8.4

附表 5　海平面上不同纬度处的重力加速度

纬度	g/(cm/s²)	纬度	g/(cm/s²)	纬度	g/(cm/s²)	纬度	g/(cm/s²)
0°	978.039	35°	979.737	46°	980.711	57°	981.675
5°	978.078	36°	979.822	47°	980.802	58°	981.757
10°	978.195	37°	979.908	48°	980.892	59°	981.839
15°	978.384	38°	979.995	49°	980.981	60°	981.918
20°	978.641	39°	980.083	50°	981.071	65°	982.288
25°	978.960	40°	980.171	51°	981.159	70°	982.608
30°	979.329	41°	980.261	52°	981.247	75°	982.868
31°	979.407	42°	980.350	53°	981.336	80°	983.059
32°	979.487	43°	980.440	54°	981.422	85°	983.178
33°	979.569	44°	980.531	55°	981.507	90°	983.217
34°	979.652	45°	980.621	56°	981.592		

附表 6　某些元素及无机化合物的密度

物质	密度/(g/cm³)	物质	密度/(g/cm³)	物质	密度/(g/cm³)	物质	密度/(g/cm³)
铝	2.702	铬	7.20	铟	7.30	镍	8.90
锑	6.684	三氧化二铬	5.21	碘	4.93	白金	21.45
砷	5.727	钴	8.9	铁	7.86	钾	0.86
硼	2.34	铜	8.92	铅	11.34	氯化钾	1.984
镉	8.642	氧化亚铜	6.0	镁	1.74	银	10.5
钙	1.54	氧化铜	6.3～6.49	锰	7.20	硅	2.32～2.34
金刚石	3.51	硫酸铜	3.605	汞	13.59	钠	0.97
石墨	2.25	锗	5.35	氧化汞	9.8	锌	7.14
碳	1.8～2.1	金	18.88	钼	10.2	钨	19.35

附表 7　某些液体的密度

液体	温度/℃	密度/(g/cm³)	液体	温度/℃	密度/(g/cm³)
丙酮	20	0.792	汽油		0.66～0.69
酒精	20	0.791	牛奶		1.028～1.035
苯	0	0.899	海水	15	1.025
乙醚	0	0.736	蓖麻油	15	0.969

附表 8　水在不同温度时的密度

温度/℃	密度/(g/cm³)	温度/℃	密度/(g/cm³)	温度/℃	密度/(g/cm³)
0	0.99987	30	0.99567	65	0.98059
3.98	1.00000	35	0.99406	70	0.97781
5	0.99999	38	0.99299	75	0.97489
10	0.99973	40	0.99224	80	0.97183
15	0.99913	45	0.99025	85	0.96865
18	0.99862	50	0.98807	90	0.96534
20	0.99823	55	0.98573	95	0.96192
25	0.99707	60	0.98324	100	0.95838

附表 9　水在不同压强下的沸点

$p/10^2$Pa	t/℃	$p/10^2$Pa	t/℃	$p/10^2$Pa	t/℃	$p/10^2$Pa	t/℃
950	98.205	980	99.069	1010	99.910	1040	100.731
951	98.234	981	99.097	1011	99.937	1041	100.758
952	98.263	982	99.125	1012	99.965	1042	100.785
953	98.292	983	99.153	1013	99.993	1043	100.812
954	98.322	984	99.182	1014	100.020	1044	100.839
955	98.351	985	99.210	1015	100.048	1045	100.866
956	98.380	986	99.238	1016	100.076	1046	100.893
957	98.409	987	99.267	1017	100.103	1047	100.919
958	98.438	988	99.295	1018	100.131	1048	100.946
959	98.467	989	99.323	1019	100.158	1049	100.973
960	98.495	990	99.351	1020	100.186	1050	101.000
961	98.524	991	99.379	1021	100.213	1051	101.026
962	98.553	992	99.408	1022	100.241	1052	101.053
963	98.582	993	99.436	1023	100.268	1053	101.080
964	98.611	994	99.464	1024	100.296	1054	101.107
965	98.640	995	99.492	1025	100.323	1055	101.133
966	98.668	996	99.520	1026	100.351	1056	101.160
967	98.697	997	99.548	1027	100.378	1057	101.187
968	98.726	998	99.576	1028	100.405	1058	101.214
969	98.755	990	99.604	1029	100.432	1059	101.240
970	98.783	1000	99.632	1030	100.460	1060	101.267
971	98.812	1001	99.659	1031	100.487		
972	98.840	1002	99.688	1032	100.514		
973	98.869	1003	99.715	1033	100.541		
974	98.898	1004	99.743	1034	100.568		
975	98.926	1005	99.771	1035	100.595		
976	98.955	1006	99.799	1036	100.623		
977	98.983	1007	99.827	1037	100.650		
978	98.012	1008	99.854	1038	100.677		
979	98.040	1009	99.882	1039	100.704		

附表 10　水的饱和蒸气压（mmHg）与温度的关系

温度/℃	0.0	0.2	0.4	0.6	0.8	温度/℃	0.0	0.2	0.4	0.6	0.8
−15	1.436	1.414	1.390	1.368	1.345	43	64.80	65.48	66.16	66.86	67.56
−14	1.560	1.534	1.511	1.485	1.460	44	68.26	68.97	68.69	70.41	71.14
−13	1.691	1.665	1.637	1.611	1.585	45	71.88	72.62	73.36	74.12	74.88
−12	1.834	1.804	1.776	1.748	1.720	46	75.65	76.43	77.21	78.00	78.80
−11	1.987	1.955	1.924	1.893	1.863	47	79.60	80.41	81.23	82.05	82.87
−10	2.149	2.116	2.084	2.050	2.018	48	83.71	84.56	85.42	86.28	87.14
−9	2.326	2.289	2.254	2.219	2.184	49	88.02	88.90	89.97	90.69	91.59
−8	2.514	5.475	2.437	2.399	2.362	50	92.51	93.5	94.4	95.3	96.3
−7	2.715	2.674	2.633	2.593	2.553	51	97.20	98.2	99.1	100.1	101.1
−6	2.931	2.887	2.843	2.800	2.757	52	102.09	103.1	104.1	105.1	106.2
−5	3.163	3.115	3.069	3.022	2.976	53	107.20	108.2	109.3	110.4	111.4
−4	3.410	3.359	3.309	3.259	3.211	54	112.51	113.6	114.7	115.8	116.9
−3	3.673	3.620	3.567	3.514	3.461	55	118.04	119.1	120.3	121.5	122.6
−2	3.956	3.898	3.841	3.785	3.730	56	123.80	125.0	126.2	127.4	128.6
−1	4.258	4.196	4.135	4.075	4.016	57	129.82	131.0	132.3	133.5	134.7
−0	4.579	4.513	4.448	4.385	4.320	58	136.08	137.3	138.5	139.9	141.2
0	4.579	4.647	4.715	4.785	4.855	59	142.60	143.9	145.2	146.6	148.0
1	4.926	4.998	5.070	5.144	5.219	60	149.38	150.7	152.1	153.5	155.0
2	5.294	5.370	5.447	5.525	5.605	61	156.43	157.8	159.3	160.8	162.3
3	5.685	5.766	5.848	5.931	6.015	62	163.77	165.2	166.8	168.3	169.8
4	6.101	6.187	6.274	6.363	6.453	63	171.38	172.9	174.5	176.1	177.7
5	6.543	6.635	6.728	6.822	6.917	64	179.31	180.9	182.5	184.2	185.8
6	7.013	7.111	7.209	7.309	7.411	65	187.54	189.2	190.9	192.6	194.3
7	7.513	7.617	7.722	7.828	7.936	66	196.09	197.8	199.5	201.3	203.1
8	8.045	8.155	8.267	8.380	8.494	67	204.96	206.8	208.6	210.5	212.3
9	8.609	8.727	8.845	8.965	9.086	68	214.17	216.0	218.0	219.9	221.8
10	9.209	9.333	9.458	9.585	9.714	69	223.73	225.7	227.7	229.7	231.7
11	9.844	9.976	10.109	10.244	10.380	70	233.7	235.7	237.7	239.7	241.8
12	10.518	10.658	10.799	10.941	11.085	71	243.9	246.0	248.2	250.3	252.4
13	11.231	11.379	11.528	11.680	11.833	72	254.6	256.8	259.0	261.2	263.4
14	11.987	12.144	12.302	12.462	12.624	73	265.7	268.0	270.2	272.6	274.8
15	12.788	12.953	13.121	13.290	13.461	74	277.2	279.4	281.8	284.2	286.6
16	13.634	13.809	13.987	14.166	14.347	75	289.1	291.5	294.0	296.4	298.8
17	14.530	14.715	14.903	15.092	15.284	76	301.4	303.8	306.4	308.9	311.4
18	15.477	15.673	15.871	16.092	16.272	77	314.1	316.6	319.2	322.0	324.6
19	16.477	16.685	16.894	17.105	17.319	78	327.3	330.0	332.8	335.6	338.2
20	17.535	17.753	17.974	18.197	18.422	79	341.0	343.8	346.6	349.4	352.2
21	18.650	18.880	19.113	19.349	19.587	80	355.1	358.0	361.0	363.8	366.8
22	19.827	20.070	20.316	20.565	20.815	81	369.7	372.6	375.6	378.8	381.8
23	21.068	21.324	21.583	21.845	22.110	82	384.9	388.0	391.2	394.4	397.4
24	22.377	22.648	22.922	23.198	23.476	83	400.6	403.8	407.0	410.2	413.6
25	23.756	24.039	24.326	24.617	24.912	84	416.8	420.2	423.6	426.8	430.2
26	25.209	25.509	25.812	26.117	26.426	85	433.6	437.0	440.4	444.0	447.5
27	26.739	27.055	27.374	27.696	28.021	86	450.9	454.4	458.0	461.6	465.2
28	28.349	28.680	29.015	29.354	29.697	87	468.7	472.4	476.0	479.8	483.4
29	30.043	30.392	30.745	31.102	31.461	88	487.1	491.0	494.7	498.5	502.2
30	31.824	32.191	32.561	32.934	33.312	89	506.1	510.0	513.9	517.8	521.8
31	33.695	34.082	34.471	34.864	35.261	90	525.76	529.77	533.80	537.86	541.95
32	35.663	36.068	36.477	36.891	37.308	91	546.05	550.18	554.35	558.53	562.75
33	37.729	38.155	38.584	39.018	29.457	92	566.99	571.26	575.55	579.87	584.22
34	39.898	40.344	40.796	41.251	41.710	93	588.60	593.00	597.43	601.89	606.38
35	41.175	42.644	43.117	43.595	44.078	94	610.90	615.44	620.01	624.61	629.24
36	44.563	45.054	45.549	46.050	46.556	95	633.90	638.59	643.30	648.05	652.82
37	47.067	47.582	48.102	48.627	49.157	96	657.62	662.45	667.31	672.20	667.12
38	49.692	50.231	50.774	51.323	51.879	97	682.07	687.04	692.05	697.10	702.17
39	52.442	53.009	53.580	54.156	54.737	98	707.27	712.40	717.56	722.75	727.98
40	55.324	55.91	56.51	57.11	57.72	99	733.24	738.53	743.85	749.20	754.58
41	58.34	58.96	59.58	60.22	60.86	100	760.00	765.45	770.93	776.44	782.00
42	61.50	62.14	62.80	63.46	64.12	101	787.57	793.18	798.82	804.50	810.21

附表 11　不同温度下干燥空气中的声速

温度/℃	v/(m/s)	温度/℃	v/(m/s)	温度/℃	v/(m/s)	温度/℃	v/(m/s)
0	331.450	10.5	337.760	20.5	343.663	30.5	349.465
1.0	332.050	11.0	338.058	21.0	343.955	31.0	349.573
1.5	332.359	11.5	338.355	21.5	344.247	31.5	350.040
2.0	332.661	12.0	338.652	22.0	344.539	32.0	350.327
2.5	332.963	12.5	338.949	22.5	344.830	32.5	350.614
3.0	333.265	13.0	339.246	23.0	345.123	33.0	350.901
3.5	333.567	13.5	339.542	23.5	345.414	33.5	351.187
4.0	333.868	14.0	339.838	24.0	345.705	34.0	351.474
4.5	334.169	14.5	340.134	24.5	345.995	34.5	351.760
5.0	334.470	15.0	340.429	25.0	346.286	35.0	352.040
5.5	334.770	15.5	340.724	25.5	346.576	35.5	352.331
6.0	335.071	16.0	341.019	26.0	346.866	36.0	352.616
6.5	335.370	16.5	341.314	26.5	347.516	36.5	352.901
7.0	335.670	17.0	341.609	27.0	347.445	37.0	353.186
7.5	335.970	17.5	341.903	27.5	347.735	37.5	353.470
8.0	336.269	18.0	342.197	28.0	348.024	38.0	353.755
8.5	336.568	18.5	342.490	28.5	348.313	38.5	354.039
9.0	336.866	19.0	342.784	29.0	348.601	39.0	354.323
9.5	337.165	19.5	343.077	29.5	348.889	39.5	354.606
10.0	337.463	20.0	343.370	30.0	349.177	40.0	354.890

附表 12　铜-康铜热电偶分度（自由端温度为 0℃）

工作端温度/℃	0	1	2	3	4	5	6	7	8	9	de/dt（vu）
0	0.000	0.039	0.078	0.116	0.155	0.194	0.234	0.273	0.312	0.352	38.6
10	0.391	0.431	0.471	0.510	0.550	0.590	0.630	0.671	0.711	0.751	39.5
20	0.792	0.832	0.873	0.914	0.954	0.995	1.036	1.077	1.118	1.159	40.4
30	1.201	1.242	1.284	1.325	1.367	1.408	1.450	1.492	1.534	1.576	41.3
40	1.618	1.661	1.703	1.745	1.788	1.830	1.873	1.916	1.958	2.001	42.4
50	2.044	2.087	2.130	2.174	2.217	2.260	2.304	2.347	2.391	2.435	43.0
60	2.478	2.522	2.566	2.610	2.654	2.698	2.743	2.787	2.831	2.876	49.8
70	3.920	2.965	3.010	3.054	3.099	3.144	3.189	3.234	3.279	3.325	44.5
80	3.370	3.415	3.491	3.506	3.552	3.597	3.643	3.689	3.735	3.781	45.3
90	3.827	3.873	3.919	3.965	4.012	4.058	4.105	4.151	4.198	4.244	46.0
100	4.291	4.338	4.385	4.432	4.479	4.529	4.573	4.621	4.668	4.715	46.8

附表 13 一些气体的折射率（入射光波长为 λ=589.3nm）

物质名称	折射率（n_0）	物质名称	折射率（n_0）
空气	1.0002926	水蒸气	1.000254
氢气	1.000132	二氧化碳	1.000488
氮气	1.000296	甲烷	1.000444

（气体在正常温度和压力下测得）

附表 14 一些液体的折射率

物质名称	温度/℃	折射率（n_0）	物质名称	温度/℃	折射率（n_0）
水	20	1.3330	二硫化碳	18	1.6255
乙醇	20	1.3614	三氯甲烷	20	1.446
甲醇	20	1.3288	甘油	20	1.474
乙醚	22	1.3510	苯	20	1.5011
丙酮	20	1.3591			

附表 15 一些晶体和光学玻璃的折射率

物质名称	n_0	物质名称	n_0
熔凝石英	1.45843	重冕玻璃 ZK_8	1.61400
氯化钠	1.54427	火石玻璃 F_8	1.60551
氯化钾	1.49044	重火石玻璃 $2F_1$	1.64750
萤石	1.43381	重火石玻璃 ZF_6	1.75500
冕玻璃 K_6	1.51110	钡火石玻璃 B_aF_8	1.62590
冕玻璃 K_9	1.51630	重钡火石玻璃 ZB_aF_3	1.65680

附表 16 一些单轴晶体的折射率 n_0 和 n_e

物质名称	n_0	n_e	物质名称	n_0	n_e
方解石	1.6584	1.4864	硝酸钠	1.5874	1.3361
晶态石英	1.5442	1.5533	锆石	1.923	1.968
电石	1.669	1.638			

附表 17 一些双轴的折射率

物质名称	n_α	n_β	n_γ
云母	1.5601	1.5936	1.5977
蔗糖	1.5397	1.5667	1.5716
酒石酸	1.4953	1.5353	1.6046
硝酸钾	1.3346	1.5056	1.5061

附表 18　汞灯光谱线波长

颜色	波长/nm	相对强度	颜色	波长/nm	相对强度
紫外部分	237.83	弱			
	239.95	弱			
	248.20	弱			
	253.65	很强			
	265.30	强			
	269.90	弱	黄绿	567.59	弱
	275.28	强	黄	576.96	强
	275.97	弱	黄	579.09	强
	280.40	弱	黄	585.93	弱
	289.36	弱	黄	588.89	弱
	292.54	弱	橙	607.27	弱
	296.73	强	橙	612.34	弱
	302.25	强	橙	623.45	强
	312.57	强	红	671.64	弱
	313.16	强	红	690.75	弱
	334.15	强	红	708.19	弱
	365.01	很强			
	366.29	强			
	370.42	弱			
	390.44	弱			
紫	404.66	强	红外部分	773	弱
紫	407.78	强		925	弱
紫	410.81	弱		1014	强
蓝	433.92	弱		1129	强
蓝	434.75	弱		1357	强
蓝	435.83	很强		1367	强
青	491.61	弱		1396	弱
青	496.03	弱		1530	强
绿	535.41	弱		1692	强
绿	536.51	弱		1707	强
绿	546.07	很强		1813	弱
	567.59			1970	弱
				2250	弱
				2325	弱

附表 19　钠光灯光谱线波长

颜色	波长/nm	相对强度	颜色	波长/nm	相对强度
黄	588.99	强	黄	589.59	强

附表 20　氢灯光谱线波长

颜色	波长/nm	相对强度	颜色	波长/nm	相对强度
紫	410.17	弱	红	656.29	强
蓝	434.05	弱			
青	486.13	弱		以上属巴耳末线系	

附表 21　氦灯光谱线波长

颜色	波长/nm	相对强度	颜色	波长/nm	相对强度
紫	388.86	强	青	471.31	弱
紫	396.47	弱	绿	492.19	弱
紫	402.62	弱	绿	501.57	强
紫	412.08	弱	绿	504.77	弱
紫	414.38	弱	黄	587.56	很强
蓝	438.79	弱	红	667.81	强
蓝	447.15	强	红	706.52	强

附表 22　氖灯光谱线波长

颜色	波长/nm	相对强度	颜色	波长/nm	相对强度
蓝	453.78	弱	橙	618.21	强
蓝	456.91	强	橙	621.73	较强
青	478.89	弱	橙	626.65	较强
青	479.02	弱	红	630.48	很弱
绿	533.08	弱	红	633.44	较强
绿	534.11	弱	红	638.30	强
绿	540.06	弱	红	640.22	强
黄	585.24	强	红	650.65	强
黄	588.19	弱	红	659.81	强
黄	594.48	较弱	红	667.83	弱
黄	596.54	较弱	红	692.95	较弱
橙	614.31	较弱	红	703.24	较弱
橙	616.36	较弱	红	717.39	较弱

附表 23　光在有机物中偏振面的旋光率

旋光物质，溶剂，浓度	波长/nm	[ρ]	旋光物质，溶剂，浓度	波长/nm	[ρ]
葡萄糖＋水，c=5.5，(t=20℃)	447.0	96.62	酒石酸＋水，c=28.62，(t=18℃)	350.0	−16.8
	479.0	83.88		400.0	−6.0
	508.0	73.61		450.0	6.6
	535.0	65.35		500.0	7.5
	589.0	52.76		550.0	8.4
	656.0	41.89		589.0	9.82
蔗糖＋水，c=26，(t=20℃)	404.7	152.8	樟脑＋水，c=34.70，(t=19℃)	350.0	378.3
	435.8	128.8		400.0	158.6
	480.0	103.05		450.0	109.8
	520.9	86.80		500.0	81.7
	589.3	66.52		550.0	62.0
	670.8	50.45		589.0	52.4

其中，$[\rho]=\dfrac{100\times\theta}{lc}$，$\theta$表示温度为$t$℃时在所给溶液中振动面的旋转角；$l$表示透过旋光溶液厚度，单位为分米；$c$为溶液的浓度。